Henno Martin · Menschheit auf dem Prüfstand

Springer-Verlag Berlin Heidelberg GmbH

Henno Martin

Menschheit auf dem Prüfstand

Einsichten aus 4,5 Milliarden Jahren
Erd-, Lebens- und Menschheitsgeschichte

Zweite Auflage

Mit 46 Abbildungen

 Springer

Professor Dr. Henno Martin
Ludwig-Beck-Straße 19
37075 Göttingen

Die Deutsche Bibliothek – CIP-Einheitsaufnahme
Martin, Henno:
Menschheit auf dem Prüfstand : Einsichten aus 4,5 Milliarden
Jahren Erd-, Lebens- und Menschheitsgeschichte / Henno Martin.
– 2. Aufl. – Berlin; Heidelberg; New York; Barcelona;
Budapest; Hong Kong; London; Milan; Paris; Santa Clara;
Singapur; Tokyo : Springer, 1996

ISBN 978-3-642-80105-1   ISBN 978-3-642-80104-4 (eBook)
DOI 10.1007/978-3-642-80104-4

SPIN 10512164   32/3136-543210 – Gedruckt auf säurefreiem Papier

Vorwort

Am Ende eines langen Lebens, das von Jugend an der Freude, der Erforschung und dem Nachdenken über die Natur in all ihrer Vielfalt gewidmet war, bin ich zu einer naturwissenschaftlich begründeten Weltsicht gelangt. Sie entwickelte sich, nach einem Studium bei begeisternden Lehrern (Hans Cloos, Paul Niggli, Hans Stille), in jahrzehntelangen erdgeschichtlichen Forschungen und deren praktischen Anwendungen in den Wüsten, Steppen und Gebirgen Namibias. Die so gewonnenen Erkenntnisse wurden durch Besuche in anderen Ländern und Klimazonen vertieft, in Lehrveranstaltungen verwendet und in zahlreichen Veröffentlichungen bekanntgemacht. Dabei habe ich versucht, mich auf dem laufenden zu halten über die raschen Fortschritte in anderen Zweigen der Naturwissenschaften, habe – wie ich hoffe mit unvoreingenommenen Gedanken – Abschnitte der menschlichen Geschichte betrachtet und mich mit offenen Augen an den künstlerischen Schöpfungen der verschiedenartigen Kulturen gefreut. In der Sicht dieses Weltbildes ist der Mensch mit seiner biologischen und geistigen Natur – die nicht voneinander zu trennen sind – mit all seinen Stärken und Schwächen ein Sproß des Evolutionsgeschehens, ein Geschöpf des Kosmos.

Auf der Erde hat der Mensch, in allerjüngster Zeit, einen weit höheren Stand von Erkenntnisfähigkeit erlangt als je eine andere Lebensform vorher. Er ist das einzige Lebewesen, das – bis zu einem gewissen Grad – verantwortlich ist für sein Tun, weil er gezielt vorausplanen kann. Allerdings erweisen sich manche menschliche Eigenschaften – die auch ein Erbe seines Evolutionsweges sind – als so schädlich für ein verantwortliches und vernünftiges Zusammenleben in Großgesellschaften, daß man an der menschlichen Zukunft verzweifeln könnte, wenn der Mensch endgültig so geschaffen wäre, wie er jetzt ist. Andererseits zeigt die Betrachtung von Evolutionswegen, daß jede erreichte Stufe weitere Verbesserungen möglich macht. Der Mensch ist verbesserungsfähig, weil er unvollkommen und zwiespältig ist!

Lebewesen können nur als Ergebnisse (Geschöpfe) eines fortschreitenden, geschichtlichen Prozesses verstanden werden. Geschichtliche Entwicklungen können und müssen immer wieder unter verschiedenen Blickwinkeln betrachtet werden, wenn man sich ein Bild von ihnen machen will. Ich habe mich der Betrachtung von Höherentwicklungen zugewendet, vor allem solchen, die eine Fortsetzung in der menschlichen geistig-kulturellen Evolution gefunden haben. Die Entwicklung war ein zunächst sehr langsamer, aber sich ständig beschleunigender Aufbau von Erkenntnis gewinnenden und Informationen vermehrenden Fähigkeiten. Nur auf einem breiten, bis zum Anfang der Erdgeschichte hinabreichenden Fundament konnte dieses Gebäude emporwachsen, nur indem Fähigkeiten auf schon bewährte Fähigkeiten getürmt wurden.

Es war kein geplantes Bauwerk. Die Menschheit hat bisher Glück gehabt, denn unzählige Tier- und Pflanzenarten sind ausgestorben, haben aber – so weit sie kamen – immer das breite Fundament, den erdumspannenden Leistungsverbund des Ökosystems verstärkt und seine Tragfähigkeit erhöht.

Zusammen mit seiner Intelligenz ist dem Menschen Verantwortung für sein Tun und Lassen zugewachsen. Er ist aus dem Paradies des unbekümmerten Lebens, Tötens und Betens für Siege entlassen worden. Ich hoffe, daß dieses Buch hilft, das Verständnis für die großen Zusammenhänge zu vertiefen.

Ich habe versucht, das Buch so allgemeinverständlich wie möglich zu halten durch weitgehende Vermeidung von wissenschaftlichen Fachausdrücken und Beschränkung von Literaturzitaten, die den Gedankenfluß stören würden. Für Leser, die sich weiter mit Fragen der Evolution beschäftigen möchten, füge ich als Anhang eine Liste von Büchern und Schriften an, in denen hier angesprochene Themen eingehender, zumeist gut verständlich, mit mehr Einzelheiten behandelt werden.

In den letzten zwei Jahren war es mir infolge zunehmender Sehbehinderung und einiger Krankheiten unmöglich, manche einschlägigen Veröffentlichungen angemessen zu berücksichtigen. Manche meiner Vermutungen haben inzwischen Unterstützung erfahren. Neue Erkenntnisse, die das Gesamtkonzept meines Buches in Frage stellen würden, scheinen nicht dabei zu sein.

HENNO MARTIN

Für Henno, Maximilian und Insa

Danksagung

Ganz besonderen Dank schulde ich meinen Freunden und Kollegen Otto H. Walliser und Jürgen Schneider für ihre konstruktiv kritische Durchsicht des Manuskriptes. Die Zusammenstellung des paläontologischen Bildmaterials verdanke ich Herrn Walliser. Ohne die Unterstützung meiner Frau, die mir viel einschlägige Literatur vorlas, als mein Sehvermögen zu schwinden begann, hätte ich die begonnene Arbeit nicht zu Ende führen können. Für wertvolle persönliche Mitteilungen danke ich Dieter Meischner, Rüdiger Vollbrecht und Günter Bräuer. Reinhold Wittig war immer ein aufgeschlossener, ideenreicher Gesprächspartner. An der EDV-Umsetzung des Manuskriptes haben sich Hermann Papst, Klaus Warmke, Markus Harmann und Volker Ratmeyer beteiligt. Mein Sohn Michael hat mit großem Einsatz die Korrekturen eingearbeitet und die druckreife Version des Manuskriptes erstellt. Meine Schwiegertochter Helga Martin hat mich stets in meiner Arbeit unterstützt.

Vom Springer-Verlag erhielt ich wertvolle Hilfe von der sorgfältigen Copyeditorin Karin Dembowsky, von Wolfgang Engel, der bei der Glättung mancher Unebenheiten des Textes half und zusammen mit Martina Deißenberger und Monika Huch viele von den Abbildungen beschaffte und das Sachwortverzeichnis erstellte. Für die Erlaubnis, die beiden Bilder von den Kalaharibuschmännern zu verwenden, danke ich Alice Mertens herzlich.

HENNO MARTIN

Inhaltsverzeichnis

Teil II Evolution der Menschheit

Teil III   Zur Natur des Menschen

Einführung

Gibt es für die Menschheit eine lebenswerte Zukunft? – Die Zweifel wachsen von Tag zu Tag. Die Menschen sind zwar zu Beherrschern der Erde geworden, aber es ist eine kurzsichtige, rücksichtslose Herrschaft, die durch Umweltzerstörung, Überbevölkerung und maßlose Verschwendung von Rohstoffen – insbesondere Energievorräten – die eigene Zukunft gefährdet. Dabei war noch vor 30 Jahren die Hoffnung verbreitet, daß weitere naturwissenschaftliche und technische Fortschritte der Menschheit eine sorgenfreie Zukunft bescheren würden. Nun aber ist deutlich geworden, daß gerade die rasanten Fortschritte auf diesem Gebiet die verderblichen Entwicklungen ständig beschleunigen.

Wie kann das klügste Geschöpf in unserem Sonnensystem so unvernünftig sein? – Ist der Mensch ein Ebenbild Gottes, das sich vom Teufel verführen ließ, wie die Schöpfungslegende behauptet? – Oder haben hierarchische soziale Strukturen aus edlen Wilden Ausbeuter sozial schwächerer Bevölkerungsschichten gemacht, wie von den Theoretikern der amerikanischen und französischen Revolution und später von Marx und Lenin geglaubt wurde? – Oder ist die menschliche Natur hoffnungslos aggressiv, wofür die Geschichte sprechen könnte? – Fragen über Fragen! Wie man vernünftige Antworten findet, um den sich anbahnenden Katastrophen zu begegnen? – Nicht, indem wir über unser Denken und unser Fühlen sinnieren. Das haben Menschen bereits seit mehreren tausend Jahren getan und sich dabei in einem Gestrüpp von Mythen, Religionen, Philosophien und Ideologien verstrickt.

Grundlagen von Erkenntnissen können nur Erkenntnisse sein, die sich auf Fakten berufen. Die umfassendste, durch unzählige Fakten gestützte Grundlage ist die Hypothese der Evolution des Kosmos und des Lebens auf der Erde. Beide sind untrennbar miteinander verknüpft. Beide haben ihren heutigen Stand in einer Entwicklung von Milliarden Jahren erreicht. In bezug auf die obengenannten Probleme interessiert vor allem die Evolution des Lebens, in welche die

Entwicklung unserer Vorfahren eingebettet war. Während der langen Geschichte des Lebens sind unzählige Tierarten ausgestorben, die vorher erfolgreich waren. Vielleicht lassen sich aus dieser Geschichte Entwicklungsregeln ableiten, die erkennen lassen, wo und warum unser Denken und Handeln uns in die Irre führen. Ich möchte versuchen, einige Hauptlinien der Lebensentwicklung durch die Erdgeschichte zu verfolgen, in der Hoffnung, zu verstehen, welche Entwicklungen als Fortschritte im Sinne einer Höherentwicklung betrachtet werden können und wo im scheinbaren Erfolg tödliche Gefahren lauern.

Teil I

Erdgeschichte

Der »Grand Canyon«, Arizona, USA. Schichten sind Geschichte. Leonardo da Vinci (1452–1519) hat als erster erkannt, daß ein Stapel von Schichten eine Altersabfolge ist, in der die obersten die jüngsten sind, und daß Schichten auch Geschichte enthalten können, z. B. versteinerte Muscheln als Beweise ehemaliger mariner Entstehung. Die Schichten der 1600 m hohen Wände des Canyons wurden während der etwa 300 Mio. Jahre langen Zeit des Paläozoikums abgelagert (s. Zeitskala S. 8). In dieser Zeitspanne ändern sich die Versteinerungen (Fossilien) von urtümlichen Formen unten zu wesentlich moderneren oben und gewähren kleine Einblicke in die Evolution der marinen Tierwelt

Dokumente der Erdgeschichte

Die Erde ist vor etwa 4,5 Mrd. (4500 Mio.) Jahren zusammen mit der Sonne und den anderen Planeten aus einer kosmischen, aus Gasen, kosmischem Staub und Sternentrümmern bestehenden Wolke entstanden.

Von Geschichte läßt sich nur sprechen, wenn es möglich ist, Ereignisse, schriftliche Dokumente, Entstehung von Bauwerken usw. in eine zeitliche Reihenfolge zu bringen. In diesem Sinne wird von Erdgeschichte, oder geologischer Geschichte gesprochen. Geschichte kann man nur mit Hilfe von Dokumenten, die Vergangenes bewahren, rekonstruieren und verstehbar machen. Das gilt auch für die Erdgeschichte.

Griechische Naturphilosophen dachten schon vor Aristoteles über die Deutung versteinerter Muscheln nach. Der geniale Leonardo da Vinci (1452–1519) war der erste, der eine gut begründete Deutung von solchen Beobachtungen veröffentlichte. Es dauerte dann noch etwa 200 Jahre, bis naturwissenschaftlich interessierte Männer begannen, über geologische Beobachtungen systematisch nachzudenken – nicht nur über astronomische und physikalische – und aus ihnen geschichtliche Folgerungen abzuleiten. Es wurde oben behauptet, daß die Erde ein Alter von etwa 4,5 Mrd. Jahren hat. Es wird später gesagt werden, daß es seit mehr als etwa 420 Mio. Jahren Fische gibt. Woher wissen wir das? Welche Arten von Dokumenten machen solche Behauptungen möglich? – Es sollen nur einige, besonders wichtige genannt werden:

Die Aufeinanderfolge von Gesteinsschichten, die in vielen Felswänden sichtbar ist, wurde als eine Altersfolge erkannt, in der normalerweise die obersten die jüngsten sind. Bei Gebirgsbildungen können zwar ältere Schichtfolgen auf den Kopf gestellt werden. Das läßt sich aber meist erkennen.

Die Art der Gesteine läßt erkennen, ob sie durch die Erstarrung von Gesteinsschmelzen (Lava, vulkanische Asche, Granit) entstanden sind oder durch die Verfestigung von Ablagerungen (Sedimenten) wie Sand, Geröll, Schlamm, Kalk usw. Die Strukturen der Gesteine ermöglichen oft Rückschlüsse auf die Umweltbedingungen und das Klima zur Zeit ihrer Entstehung, etwa Wüste, tropisches Klima, Eiszeit, Meer- oder Flußablagerungen. Die Sedimente enthalten nicht selten versteinerte Reste von Lebewesen, vor allem von deren Hartteilen: Muschelschalen, Knochen, Zähne, manchmal ganze Skelette oder andere Lebensspuren wie Grabbauten oder Tierfährten, die Auskunft über die Lebensweise und die herrschenden Umweltbedingungen geben. Aber selbst bei sehr unvollkommener Erhaltung läßt sich oft die Zugehörigkeit zu einer bestimmten Art, Gattung oder Familie des Tierreichs ableiten. Daß bei der Deutung der Umweltbedingungen versteinerte oder in Kohle umgewandelte Pflanzen und deren Sporen und Pollen eine sehr wichtige Rolle spielen, braucht kaum betont zu werden. Das sind die Forschungsgebiete der Paläontologen und Paläobotaniker, die die Entwicklung ausgestorbener Lebensformen erkunden.

Diese Forschungen ließen erkennen, daß mit zunehmendem Alter der Schichten die in ihnen eingeschlossenen Versteinerungen (Fossilien) den heute lebenden Arten immer unähnlicher werden. Eine Unterteilung der Erdgeschichte mit Hilfe von Fossilien wurde möglich. Die wirklichen Alter blieben lange unbekannt.

Das Alter (vor der Jetztzeit) von bestimmten Mineralen, die radioaktive Elemente enthalten, läßt sich ermitteln, denn radioaktive Atome zerfallen in einem gleichmäßigen Zeittakt – der aber von Element zu Element verschieden ist – in einfachere Atomarten (Tochterelemente). Der Zeittakt ist unabhängig von Druck, Temperatur oder chemischer Verbindung und gehorcht einer einfachen statistischen Regel: Die Hälfte der Atome zerfällt in einer bestimmten Zeit, die Hälfte der übriggebliebenen wieder in derselben Zeit usw. Man nennt diese Zeit die Halbwertszeit eines radioaktiven Elementes. Das Alter eines Minerals oder von anderen Substanzen ergibt sich aus dem Verhältnis der in ihm enthaltenen radioaktiven Atome zu deren Tochteratomen. Diese von Physikern entdeckte Methode, mit Hilfe radioaktiver Elemente und deren Tochterelementen das Alter von

Materialien zu bestimmen, wurde von W. F. Libby auf den radioaktiven Kohlenstoff angewendet. Damit wurde es möglich, das Alter organischer Substanzen, z. B. Holz, Holzkohle und Knochen, zu datieren, die der jüngsten, geschichtlichen und vorgeschichtlichen Vergangenheit angehörten. Er wurde für diese Entdeckung mit dem Nobelpreis ausgezeichnet. Das Prinzip ist einfach, die Meßmethoden aber kompliziert und aufwendig. Speziallaboratorien in vielen Ländern vervollständigen laufend die Altersdaten. Das Alter von Gesteinen, die keine geeigneten Minerale enthalten, kann eingegrenzt werden, indem man ältere und jüngere bestimmt. Vulkanische Gesteine sind oft besonders gut geeignet für diesen Zweck.

Die erdweite Anwendung solcher sogenannter radiometrischer Altersbestimmungen – es sind heute Tausende – hat es möglich gemacht, die Gesteinsfolgen (Formationen), welche pflanzliche und/oder tierische Fossilien enthalten, mit wirklichen Altersangaben zu versehen. Das Ergebnis ist eine Alterseinteilung der Erdgeschichte, die in zwei Abbildungen graphisch dargestellt ist.

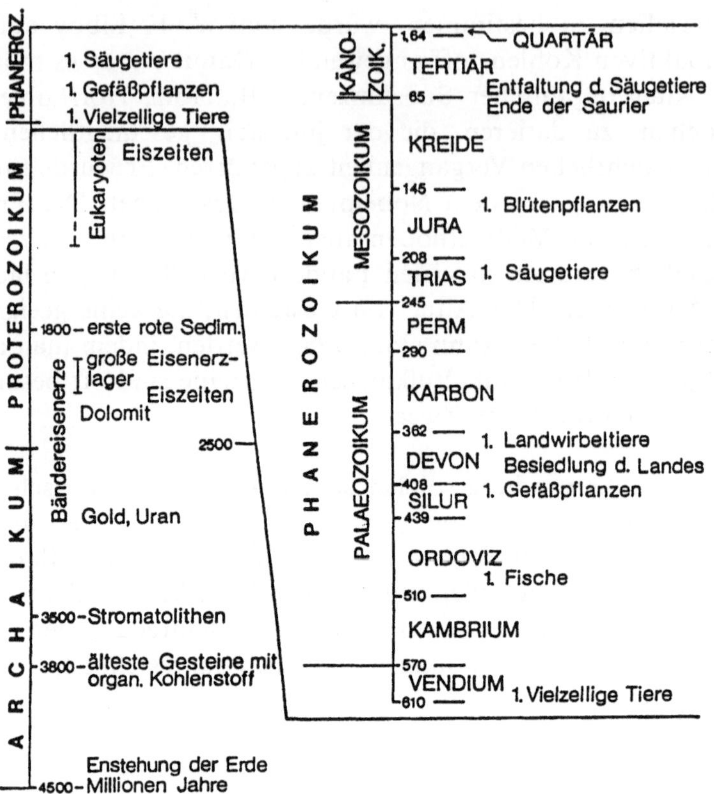

Vertikale Abfolge größerer Abschnitte der Erdgeschichte von der Entstehung (*unten*) bis zur Gegenwart mit den gebräuchlichen Namen und wichtigen, später im Text erwähnten Ereignissen. Die vertikalen Abstände sind proportional zu den Zeitspannen. Der *rechte Teil* zeigt das Phanerozoikum (die Zeit der Tiere) in vergrößertem Maßstab

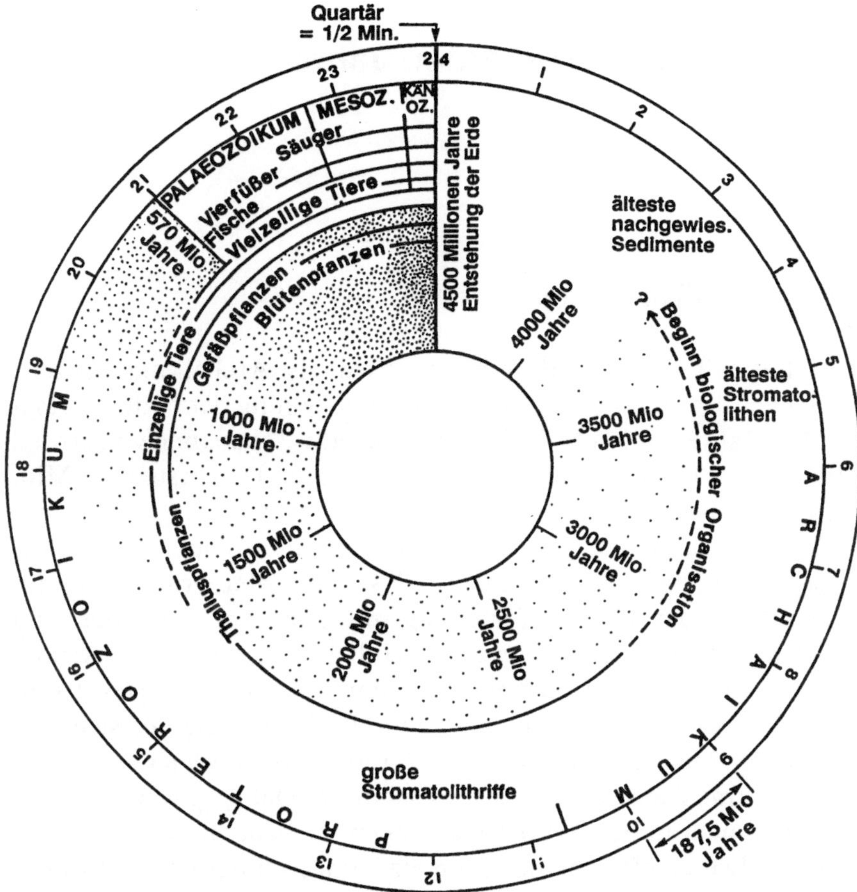

Die »Erdzeituhr«. Zur Erleichterung der Vorstellung für die ungeheueren Zeiträume ist in dieser Darstellung die Ergeschichte, unter Bewahrung der zeitlichen Proportionen, auf 24 h verkürzt und auf ein entsprechend unterteiltes »Zifferblatt« aufgetragen worden. Die Geschichte beginnt mit der Entstehung der Erde vor 4,5 Mrd. Jahren bei »0« und endet bei »24« (heute). Eine Stunde entspricht 187,5 Mio. Jahren; 1 min: 3,125 Mio. Jahren; 1 s: 50000 Jahren. Die kontinuierliche Beschleunigung vieler Evolutionswege ist offensichtlich: Nach etwa 5 h waren Einzeller entstanden, aber erst um 21 Uhr zeigt sich eine reiche Entwicklung von Vielzellern; erst in den letzten 20 Minuten des Tages entfalten die Säugetiere vielfältige Leistungsfähigkeiten; den modernen Menschen gibt es erst seit 2 s, Schriftzeichen aber wurden erst im letzten Zehntel der letzten Sekunde vor Mitternacht erfunden

2 Archaikum – 4,5 bis 2,5 Milliarden Jahre

Die erste Milliarde Jahre

Der älteste Teil der Erdgeschichte wird als Archaikum (Urzeit) bezeichnet. Er umfaßt die Zeit von der Entstehung der Erde bis etwa 2,5 Mrd. Jahre vor heute (Tab. S. 8), also eine Zeitspanne von etwa 2 Mrd. Jahren. Die Zustände auf der Erde während der ersten 700 Mio. Jahre sind bisher nicht durch Gesteinsvorkommen belegt.

Theoretische Überlegungen auf Grund von astronomisch-physikalischen Beobachtungen, der Analyse von Meteoriten und der Erkenntnisse der Planetenforschung mit Hilfe von Satelliten und Mondlandungen machen es wahrscheinlich, daß die Erde aus einer Zusammenballung von kosmischem Staub, Gasen und Sterntrümmern (Meteoriten) entstanden ist. Durch die Energie der sich verdichtenden Massen und den Zerfall radioaktiver Elemente wurde soviel Wärme freigesetzt, daß alles schmolz. Dabei gingen wohl die Gase, die nicht in der Schmelze gefangen blieben, an den Weltraum verloren. Die Oberfläche der Schmelze, ungeschützt der Weltraumkälte ausgesetzt, erstarrte. Aber die Kruste wurde immer wieder durch Umwälzungen der Schmelze aufgebrochen, verschluckt, aufs Neue aufgeschmolzen, ein eindrucksvolles Schauspiel, das sich heute im kleinen an Lavaseen beobachten läßt. Eine stabile Kruste konnte sich wohl für eine lange Zeit nicht bilden, denn die Erde war zu dieser Zeit dem Einsturz großer Meteorkörper und Kleinplaneten ausgesetzt. Das hat die Mondforschung ergeben! Der viel kleinere Mond konnte keine Gase und keinen Wasserdampf festhalten. Deshalb blieben die Einschlagsnarben (Mondkrater) dort erhalten.

Auf der Erde kühlte sich die Oberfläche trotz weiträumiger Überflutungen durch Lava bald so weit ab, daß aus dem Erdinneren und aus der Lava aufsteigender Dampf zu Wasser kondensieren konnte. Die sich bildende Atmosphäre bestand wohl, ähnlich der unserer Nachbarplaneten, zu etwa 90% aus Kohlendioxid

(CO$_2$), dazu Schwefeldioxid, Methan, Stickstoff und Spuren von Edelgasen. Das entspricht in etwa auch der Zusammensetzung der Gase, die heute noch aus großen Lavaseen, z. B. auf Hawaii, austreten.

Die ältesten Dokumente

Die älteste bekannte Gesteinsfolge wurde im Fjordgebiet von Südwestgrönland gefunden. Sie hat ein Alter von 3,8 Mrd. Jahren. Diese Isua-Formation enthält Sedimentgesteine, die zwar bei einer Gebirgsbildung starke Veränderungen erlitten haben, aber trotzdem noch Schlußfolgerungen über ihre Entstehungsbedingungen zulassen. Die Untersuchungen brachten zwei wichtige Erkenntnisse: Es gab fließendes Wasser auf der Erde und vielleicht auch schon primitives Leben, jedenfalls aber organische Verbindungen, aus denen Leben entstehen konnte (s. Kapitel »Evolution von Leben aus unbelebter Materie«, S. 24):

1. Nur fließendes Wasser konnte granitische Gesteine zu Sand zerkleinert und diesen zusammen mit anderen Sedimenten in einem Becken von unbekannter Größe abgelagert haben. Das bedeutet, daß es Flüsse gab und natürlich auch Regenwolken.
2. Die Ablagerungen enthalten organischen Kohlenstoff. Der Gehalt entspricht dem Durchschnittsgehalt von jüngeren Sedimenten. Es gibt Argumente, die dafür sprechen, daß dieser Kohlenstoff durch Photosynthese gebildet wurde. Dazu aber sind nur pflanzliche Lebewesen in der Lage. Wenn diese Deutung richtig ist, dann könnte erstes Leben schon vor etwa 4 Mrd. Jahren entstanden sein.

Warum sind bisher keine ähnlich alten Ablagerungen auf anderen Kontinenten gefunden worden? – Wahrscheinlich waren zu jener Zeit Gebirgsbildungen und Vulkanismus weit häufiger als heute, denn für beide liefert die radioaktive Wärmeproduktion in der Erde die Energie. Die Wärmeproduktion war aber damals etwa dreimal so hoch wie heute. Aus diesem Grunde konnten sich damals noch keine größeren, kontinentähnlichen Krustenplatten bilden. Was entstand, wurde wohl bald wieder bis zur Unkenntlichkeit umgestaltet. Im Laufe der Zeit wurde dann mit zunehmender Abkühlung die Erhaltung erdgeschichtlicher Dokumente besser.

Der Nachweis von Wasser zu dieser frühen Zeit ist für die Deutung der Lebensentwicklung von größter Wichtigkeit, denn ohne Wasser kann kein irdisches Leben existieren. Es ist aber nicht selbstverständlich, daß es schon vor 3,8 Mrd. Jahren Wasser in flüssiger Form gab. Einerseits haben die Astrophysiker (Astronomen, die die Physik der Sterne erforschen) gute Gründe für die Annahme, daß die damals noch junge Sonne weniger stark strahlte als später. Es wäre deshalb denkbar, daß Wasser nur in Form von Eis vorliegen konnte, außer in der Umgebung von Vulkanen. Andererseits ist es denkbar, daß der Treibhauseffekt der CO_2-Atmosphäre, trotz der geringeren Sonnenstrahlung, das Klima so stark erhitzte, daß nur Wasserdampf existieren konnte. Es ist auch keineswegs selbstverständlich, daß das relativ empfindliche Gleichgewicht zwischen Einstrahlung, Ausstrahlung und Wärmestau das Erdklima bis heute verhältnismäßig konstant gehalten hat, obwohl später als Folge der Lebensentwicklung das Kohlendioxid weitgehend aus der Atmosphäre verschwand und durch Stickstoff und Sauerstoff, die ganz andere Eigenschaften haben, ersetzt wurde. Darüber wird später noch mehr zu sagen sein.

Die zweite Milliarde Jahre

Die ältesten Lebensspuren

Aus der Zeit vor etwa 3,5 Mrd. Jahren sind im südlichen Afrika und in Westaustralien dicke, nur relativ wenig veränderte Gesteinsfolgen erhalten geblieben. Sie enthalten die ersten sicheren Spuren des Lebens. Es sind Strukturen, die den Namen Stromatolithen bekommen haben. Sie bestehen aus millimeterdünnen Lagen, die unregelmäßig bucklige, immer nach oben gewölbte Gebilde formen. Im Querschnitt zeigt sich ein zwiebelschalenähnlicher Bau. Glücklicherweise gibt es solche Gebilde auch heute noch. Sie wachsen heute in stark salzigen Seen und einigen übersalzenen Meeresbuchten in Westaustralien und am Persischen Golf. Sie finden sich auch in den dazwischenliegenden Zeiten in vielen marinen Ablagerungen. Die ältesten Stromatolithen sind nur zentimetergroß. Später erreichen sie in manchen Formationen Größen von mehreren Metern. Man hat die Entstehung dieser Gesteinsstrukturen an den heute vorkommenden studiert.

Es handelt sich nicht um einfache Versteinerungen. Ihr laminierter Bau entsteht durch das Wechselspiel von zwei Prozessen: dem

Stromatholithstruktur aus etwa 3,5 Mrd. Jahren alten Sedimenten der Warrawoona
Formation in Westaustralien

Wachstum von schleimigen Filmen und Matten, die aus einzelligen, kugel- oder fadenförmigen Algen und Bakterien bestehen. In einem zweiten Akt wird dieser klebrige Film von chemisch ausgefälltem Sediment bedeckt, das dann wieder von dem Film überwachsen wird, ein Vorgang, der sich im Gezeiten- und Tagesrhythmus wiederholt. Die mikroskopisch kleinen Einzeller (Cyanobakterien) gewinnen die Energie für ihre Lebensvorgänge durch Photosynthese, bei der unter der Wirkung von Sonnenlicht Kohlendioxid mit Wasser zu Zuckerverbindungen vereinigt wird, unter Abgabe von Sauerstoff.

In den 3,5 Mrd. Jahre alten australischen Stromatolithen wurden ebenfalls mikroskopisch kleine, fadenförmige Strukturen gefunden. Haben sie auch Photosynthese betrieben, wie fast alle heute lebenden Pflanzen? – Diese Schlußfolgerung ist gerechtfertigt, denn die alten Sedimente dieser Zeit enthalten organischen Kohlenstoff in ähnlicher Menge und Zusammensetzung wie heutige Sedimente. Es dürfte also auch damals schon Sauerstoff von diesen primitiven Pflanzen, die zwar eine Zellhaut (Membran) aber keinen Zellkern haben, gebildet worden sein. Daß dieser Prozeß mit einiger Wahrscheinlichkeit schon 300 Mio. Jahre früher eine Rolle spielte, wurde oben erwähnt. Dafür spricht auch die Überlegung, daß sich ein so komplizierter Prozeß sicherlich nur in einer langen Entwicklung herausbilden und durchsetzen konnte. Auf das Problem der Entstehung des Lebens komme ich in dem Kapitel »Evolution von Leben aus unbelebter Materie«, S. 24, zurück.

Für das Verständnis der Evolution ist dieser Befund von grundlegender Bedeutung. Biologen haben schon lange erkannt, daß alle höher entwickelten Lebewesen letzten Endes von den Stoffen leben, die Pflanzen aus Wasser, Kohlendioxid und Mineralstoffen mit Hilfe des Sonnenlichtes herstellen. Mehr als 3,5 Mrd. Jahre ununterbrochener Entwicklung waren nötig, um die herrlich bunte Vielfalt der Lebewelt, in die wir hineingeboren wurden, entstehen zu lassen. Jetzt zerstören wir um kurzfristiger Vorteile willen die so behutsam und langsam gewachsene fruchtbare Vielfalt!

Lebensbedingungen des Archaikums

Was wissen wir über die Umwelt, in der die ältesten stromatolithenbildenden Organismen lebten? – Die Untersuchung der Gesteinsfolgen hat einige Erkenntnisse erbracht. Die wichtigste: Es gab damals schon Ozeane. Das läßt sich an den Gesteinen des Barberton-Berglandes im südlichen Afrika ablesen. Der unterste Teil des Schichtstapels besteht aus vielen kilometerdicken Lavaergüssen, deren Strukturen zeigen, daß sie unter Wasser erstarrt sind und wohl einmal ein Stück Ozeanboden gebildet haben. Sie werden überlagert von unter Wasser abgelagerten, vulkanischen Tuffgesteinen, feingeschichtetem Feuerstein und Konglomeraten (Geröllpackungen). Den Abschluß bildet die dicke Ablagerung einer Flußmündung. Es sind jetzt zu Quarziten verfestigte Sandschüttungen. Eine Studie der Schüttungsstrukturen hat ergeben, daß zur Zeit der Ablagerung Gezeiten geherrscht haben und daß der Gezeitenhub wahrscheinlich größer war als heute. Daraus ergeben sich zwei Schlußfolgerungen: Zum einen war der Mond schon der Begleiter der Erde und wahrscheinlich der Erde näher als heute. Zum zweiten mündete der Fluß in einen Ozean, der so groß war, daß Gezeiten auftreten konnten.

In Westaustralien deuten Vorkommen von Gips darauf hin, daß das Meerwasser wahrscheinlich eine ähnliche Zusammensetzung hatte wie heute und daß vielleicht in bestimmten Gebieten auch Trockenheit und Wärme herrschten. Diese Feststellung führt zu der Frage, ob sich aus den Ablagerungen auch ein Anhaltspunkt für die Zusammensetzung der Atmosphäre ableiten läßt. Das ist der Fall.

Unter den Meeresablagerungen gibt es ein charakteristisches Gestein, feingeschichtete, eisenreiche Sedimente (Bändereisensteine). Sie bestehen aus einer Wechsellagerung von chemisch ausgefällten Eisenmineralien und von Kieselsäure (jaspisartigem Quarz) in millimeterdicken Bändchen. Eisenerze von diesem Typus sind in der Zeit vor 3,5–2 Mrd. Jahren an vielen Stellen entstanden. Etwa 70% der Eisenproduktion stammt heute aus solchen Vorkommen. In geologisch jüngeren Formationen gibt es kaum mehr Erze von diesem Typ. Den Meeresräumen muß damals weit mehr Eisen zugeführt worden sein als in jüngeren Zeiten. Warum? – Einmal dürften auf den Festländern basaltische, eisenreiche, vulkanische Gesteine viel größere Gebiete bedeckt haben als heute; die radioaktive Wärmeproduktion war ja noch höher als heute. Aber auch aus den heutigen Basaltlandschaften transportieren die Flüsse kaum mehr gelöstes Eisen als in anderen Gegenden. Was hat das mit der Zusammensetzung der Atmosphäre zu tun? – Der Zusammenhang ist einfach: Eisen wird durch Verwitterung aus Gesteinen freigesetzt und dann durch den Sauerstoffgehalt des Wassers, das den Sauerstoff aus der Luft aufnimmt, zu praktisch wasserunlöslichen Eisenverbindungen oxidiert. Das Eisen bleibt deshalb auf dem Festland zurück. Unter einer sauerstoffarmen oder -freien Atmosphäre dagegen konnten eisenhaltige Lösungen die Meere in ausreichender Menge erreichen, um große Eisenlagerstätten zu bilden. Es gibt noch mehrere Gründe, die dafür sprechen, daß die Uratmosphäre ursprünglich praktisch sauerstofffrei war. Die Bändereisenerze scheinen diese Hypothese zu stützen und machen es wahrscheinlich, daß bis vor etwa 2 Mrd. Jahren nur sehr wenig Sauerstoff in der Luft vorhanden war, obwohl im Meerwasser die Produktion von organischem Kohlenstoff durch Photosynthese und auch die von Sauerstoff damals schon mindestens 1,5 Mrd. Jahre lang in vollem Gang war. Dafür spricht, daß die Bändereisensteine in Schichtfolgen liegen, deren durchschnittlicher Gehalt an organischem Kohlenstoff in etwa dem von modernen Sedimenten entspricht.

Warum reicherte sich dieser Sauerstoff nicht in der Atmosphäre an? – Er wurde wahrscheinlich gleich zur Oxidation des durch Flüsse eingespülten Eisens und zur Bildung von Sulfaten (Schwefelverbindungen) verbraucht. An der Ausfällung des Eisens waren wahrscheinlich auch einzellige Bakterien maßgeblich beteiligt. Dafür spricht die

mikroskopische Entdeckung von gut erhaltenen Zellstrukturen in 2
Mrd. Jahre alten Lagen, die der amerikanischen Gunflint-Eisenfor-
mation zwischengelagert sind. Unter ihnen befinden sich sogenannte
Eisenbakterien, deren Gestalt und Größe denen heute lebender
Formen entspricht.

Diese Kombination von Beobachtungen verschiedener Art mit
theoretischen Überlegungen ist ein Beispiel für die Methoden, mit
denen wissenschaftliche Hypothesen gebildet und dann durch weitere
Untersuchungen bestätigt, verworfen oder verbessert werden.

Über die Rolle des Sauerstoffs im weiteren Verlauf der biologischen Evolution und der Erdgeschichte wird später noch mehr zu
sagen sein.

Die Gesteinsfolgen, die zwischen 3,5 und etwa 3,0 Mrd. Jahren vor
heute abgelagert wurden, sind nach ihrer Ablagerung gefaltet und von
granitischen Schmelzmassen intrudiert worden, die so groß sind, daß
diese Granite heute das Bild ganzer Landstriche prägen. Durch diese
Umwälzungen wurde die Erdkruste zu Gebirgen verdickt. Durch
deren Abtragung wurden die granitischen Gesteine entblößt, und die
Flüsse schütteten große Sandmassen ins Meer. Verdickung und
Abtragung schufen erste kleine Kontinente, deren Kruste so stabil
war, daß sie von späteren Gebirgsbildungen teilweise verschont blieb.
Damit bahnte sich vor 3 Mrd. Jahren ein neuer Abschnitt der
Erdgeschichte an.

Ein kleiner Urkontinent

Die Entwicklung eines kontinentalen Erdkrustentyps war vor etwa 3
Mrd. Jahren so weit fortgeschritten, daß im südlichen Afrika ein
Stück erhalten blieb, das seither keine große Umgestaltung mehr
erfahren hat. Woher weiß man das? – Die Antwort ist einfach. Auf
diesem Stück Erdkruste entstanden während der folgenden Milliarde
Jahre durch Senkungsvorgänge mehrfach große Becken, die, in
Verbindung mit Meeresüberflutungen und weiträumigem Vulkanismus, mit dicken Sedimentfolgen gefüllt wurden. Diese existieren noch
heute und sind seit ihrer Ablagerung von keiner Gebirgsbildung
durchgeknetet worden, obwohl sich an ihren Rändern Gebirge
türmten, deren Schutt die Becken füllte. Nirgends sonst auf der Erde
ist die Zeit zwischen 3 und 2 Mrd. Jahren vor heute so vollständig
geologisch belegt. Die Gesteine und ihre Entstehungsbedingungen
sind hervorragend untersucht, denn sie enthalten den größten Teil des

Mineralreichtums von Südafrika. In bezug auf das Thema dieses Buches interessieren vor allem die Ablagerungen des Witwatersrand-Beckens, die sich in der Zeit vor etwa 2,8 Mrd. Jahren bildeten. In ihnen sammelten sich in dieser langen Zeit Sedimentstapel von vielen Kilometern Dicke.

Das Witwatersrand-Becken hatte ursprünglich eine Ausdehnung von mindestens 300×120 km. Es wurde während der langen Zeit der Senkung vor allem mit Sandschüttungen (heute zu Quarziten verfestigt) gefüllt. Diesen sind Geröllhorizonte (Konglomerate) zwischengelagert. Im untersten Teil der Schichtfolge, die ein Alter von etwa 2,8 Mrd. Jahren hat, findet sich ein klimatischer Hinweis: Gerölle mit Kratzern und Schleifspuren, wie sie beim Transport durch Gletscher entstehen. Falls diese Deutung zutrifft, war das Erdklima schon damals dem heutigen ähnlich geworden. 400 Mio. Jahre später war das sicher der Fall. Das bedeutet, daß die Strahlungskraft der Sonne seither keine Änderungen erfahren hat, die für die Evolution des Lebens verhängnisvoll gewesen wären. Die Abkühlung könnte mit der wachsenden Sauerstoffproduktion durch die Lebewesen zusammenhängen. Das soll später diskutiert werden.

Das Witwatersrand-Becken enthält die größten bekannten Goldlagerstätten der Erde. Das Gold ist in vielen Geröllagen konzentriert. Diese haben seit ihrer Entdeckung im Jahre 1886 den größten Teil des Goldes geliefert, das sich in menschlichem Besitz befindet. Das Gold liegt in Form von kleinen Nuggets und Körnchen, zusammen mit anderen Schwermineralen, zwischen den Geröllen an der Basis der Konglomeratbänder. Derartige Goldvorkommen sind aus heutigen Flußablagerungen wohlbekannt. Sie werden von Goldsuchern Seifen genannt und durch Waschen gewonnen. Wenn ein Fluß die Abtragungsprodukte eines goldhaltigen Gebietes transportiert, kann Gold in solchen Flußkiesen konzentriert werden. Es gibt aber einen Unterschied, der Aussagen über den Zustand der Erdatmosphäre erlaubt: Die Witwatersrand-Konglomerate enthalten zusammen mit den Goldnuggets auch kleine Geröllchen und Körner von Pyrit (Schwefeleisen) und von dem Uranmineral Uraninit. Diese kommen in heutigen Goldseifen nicht vor, auch dort nicht, wo sie in den Gesteinen, aus denen das Gold stammt, vorhanden sind. Dieser Unterschied war zunächst schwer zu erklären. Die Ursache erwies sich aber als relativ einfach. Der messingfarbene Pyrit wird bei der Verwitterung und beim Transport durch den Sauerstoffgehalt von Luft und Wasser rasch zu weichem, unansehnlichem Brauneisen oxidiert. Ähnlich ergeht es dem Uraninit. Die Schlußfolgerung ist klar: Die Erdatmosphäre muß vor 2,5 Mrd. Jahren noch weitgehend frei von Sauerstoff gewesen sein. Diese Deutung wird unterstützt durch kanadische Konglomerate, die ein Alter von etwa 2,4 Mrd. Jahren haben und ebenfalls Uran, Pyrit und Gold enthalten.

Im Laufe der letzten Jahre hat sich die Erkenntnis durchgesetzt, daß die teilweise recht hohen Goldgehalte durch die Tätigkeit primitiver, prokaryotischer (zellkernloser) Einzeller entstanden sind. Die höchsten Goldgehalte sind erstaunlicherweise nicht an Ansammlungen von Nuggets gebunden, sie kommen in dünnen, im Maximum etwa 2 cm dicken, schwarzen asphaltähnlichen Säumen und Flözchen vor. Das Material ist reich an verschiedenen organischen Verbindungen, die auf einen biologischen Ursprung und die Beteiligung von Photosynthese hindeuten. In diesem Material ist das Gold in Form von dünnen Häutchen, verzweigten Aggregaten und unregelmäßigen Gebilden vorhanden, die ihre Form beim Transport in strömendem Wasser, zwischen Geröllen, nicht bewahrt haben könnten. Der Schluß ist zwingend: Dieses Gold wurde in gelöster Form transportiert und dann ausgefällt. Nun wird ja Gold durch die meisten Säuren und Lösungsmittel nicht angegriffen. Experimente haben aber gezeigt, daß Prokaryoten organische Verbindungen produzieren können, mit deren Hilfe Gold sowohl gelöst als auch ausgefällt werden kann. Das gilt auch für Pyrit und Uran. Jedenfalls sprechen viele Beobachtungen und Überlegungen für die Annahme, daß in den Strömungsrinnen und dem flachen Wasser des Witwatersrand-Beckens primitive Organismen rasenartige, ausgedehnte Kolonien bildeten, in denen sowohl Goldkörnchen hängen blieben als auch gelöstes Gold abgesetzt wurde. Ohne die Tätigkeit dieser Myriaden winzigster, lebender Schleimfäden und Klümpchen würde heute, mehr als 2,5 Mrd. Jahre später, die Goldmetropole Johannesburg nicht existieren. Diese Millionenstadt, deren Hochhäuser um die noch höheren Hügel von gelblichweißen, aus Quarzstaub bestehenden Abraumhalden herumgebaut sind, ist ein Beispiel für die zeitenüberspringenden, gänzlich unvorhersehbaren Wirkungen, die eine so große Rolle in der Evolution spielen.

Da haben heute Lebewesen, die sich selbst für klug halten, deren Vorfahren vor 2,5 Mrd. Jahren mikroskopisch kleine Schleimklümpchen waren, um des goldenen Erbes willen Morde begangen, einen bösartigen Kolonialkrieg geführt, in dessen Verlauf 23000 Frauen und Kinder in Konzentrationslagern starben, sie haben mit ungeheurem

Über den tiefsten Bergwerken der Erde wächst die Industrie- und Kapitalmetropole Johannesburg um die hohen Halden von ausgelaugtem Quarzstaub herum. Uraltes Gold und hochtechnisierte Profitgier haben Rassenkonflikte und Sozialprobleme hier konzentriert

Einsatz von technischem Können und menschlicher Arbeitskraft die tiefsten Bergwerke der Erde gegraben, haben einen Betondschungel errichtet, in dessen Zentrum fast niemand wohnt, dessen luxuriöse Auslagen in den Abendstunden keine Bummler betrachten, weil Raub und Mord an der Nachtordnung sind. In dieses Vakuum bringen jeden Morgen Vorortzüge und Busse Zehntausende schwarzer und brauner Arbeiter, deren Wohnungen in den Ghetto-Satellitenstädten oft kein elektrisches Licht und keine Kanalisation haben. Ohne dieses Gold hätte die ganze Konzentration von Industrie in dieser Region nicht stattgefunden, wäre die Geschichte des ganzen Landes anders verlaufen, wären vielleicht seine rassisch-sozialen Probleme nicht in eine so ausweglose Sackgasse geraten, und das alles wegen eines Metalls von sehr geringem praktischen Nutzen. Auf den verschlungenen, vielfältig mit der Vergangenheit rückgekoppelten Wegen der Evolution führt mancher Weg, der erfolgreich begann, in eine tödliche Falle.

Nach der Füllung des Witwatersrand-Beckens leiteten Erdbewegungen mit Verwerfungen und weitverbreitetem Vulkanismus die Bildung eines neuen großen Beckens ein. In diesem Transvaal-Becken kam, etwa zwischen 2,3 und 2,1 Mrd. Jahren vor heute eine bis zu 12 km dicke, hauptsächlich marine Schichtfolge zur Ablagerung, die einige Auskunft über die Klima- und Lebensbedingungen gibt, die damals auf diesem Teil der Erde herrschten. Aus der Vielzahl von geologischen Dokumenten greife ich die heraus, die Erkenntnisse über die Evolution des Lebens erlauben.

Eine große Änderung gegenüber den Ablagerungen der vorangegangenen Zeiten ist die weite Verbreitung und das große Volumen von Kalken und Dolomiten (Karbonatgesteinen, Verbindung von Kalzium und Magnesium mit Kohlendioxid). Es sind die ältesten bisher bekannten großen Karbonatablagerungen der Erdgeschichte. Sie zeigen häufig Stromatolith-Strukturen. Dicke Lagen sind oft ganz aus ihnen aufgebaut. Einzelne Strukturen erreichen Größen von bis zu 2 m, während sie eine Milliarde Jahre früher nur zentimetergroß waren. In dieser langen Zeitspanne haben sich die primitiven, zellkernlosen Bakterien an unterschiedliche Wassertiefen, -temperaturen, Salzgehalte, Strömungsverhältnisse angepaßt und dadurch die Bildung von Formationen von Kalkstein ($CaCO_3$) und Dolomit ($CaMgCO_3$) veranlaßt, Ablagerungen, die Dicken von mehr als 1000 m und Ausdehnungen von Tausenden von Quadratkilometern erreichten. Es ist, in diesem Umfang, ein neuer Vorgang in der Erdgeschichte. Er hatte zwei bedeutsame Folgen: Erstens wurde ein

Teil des Kohlenstoffes, den die Photosynthese treibenden Lebewesen in Form von Kohlendioxid (CO_2) der Atmosphäre und dem Wasser entziehen, in gesteinsbildende Minerale eingebaut und dadurch der Kohlendioxidgehalt der Atmosphäre vermindert und der Sauerstoffgehalt vermehrt. Zweitens entstanden dicke Gesteinspakete mit mechanischen und chemischen Eigenschaften, die sich von den bisher gebildeten in mancher Beziehung unterschieden, mit vielerlei Folgen für die spätere Struktur von Gebirgen und die Bildung von Erzlagerstätten. Im Laufe der Erdgeschichte nahm die Bildung solcher Gesteine zu. Es sei an Korallenriffe, die Kalkalpen und Kreideformationen erinnert. Für menschliche Kulturen wurden sie zu wichtigen Rohstoffquellen.

Auch andere Mikroorganismen hatten sich weiterentwickelt und benutzten Photosynthese zum Aufbau ihrer Körper. Das beweisen die relativ hohen Gehalte an organischem Kohlenstoff in vielen Ablagerungen des Transvaal-Beckens und gleich alten Schichten anderer Kontinente.

Die Verringerung des CO_2-Gehaltes der Luft, der treibhausähnlich Sonnenwärme zurückhält, hat möglicherweise einen beträchtlichen Einfluß auf das Klima gehabt. Es ist vielleicht kein Zufall, daß im Transvaal-Becken eine etwa 2,3 Mrd. Jahre alte Eiszeitablagerung auf die Dolomitbildung folgt und daß im südlichen Kanada weit größere, ähnlich alte Ablagerungen einer Vergletscherung gefunden wurden. Der Einfluß der Lebensentwicklung auf die Erdgeschichte hat in dieser Zeit stark zugenommen.

Dabei spielt die wachsende Sauerstoffproduktion eine große Rolle. Noch war der Sauerstoffgehalt der Luft wohl verschwindend gering, noch wurde das durch Verwitterung auf den Festländern freigesetzte Eisen durch die Flüsse in gelöster Form in die Meere transportiert. Das Meerwasser hatte einen beträchtlichen Gehalt an gelöstem Eisen. Durch Verbindung mit dem von den Organismen in wachsender Menge erzeugten Sauerstoff wurde das gelöste Eisen in Form von wasserunlöslichen Eisenoxid-Mineralen ausgefällt und bildete in manchen Meeresbecken, z. B. dem Transvaal-Becken, ungeheure Eisenerzlager. Es war ein erdweiter Prozeß. Die stärkste Eisenerzsedimentation fand in der Zeit vor etwa 2,2–2 Mrd. Jahren statt. Das Wasser der Meere wurde damals weitgehend von gelöstem Eisen befreit.

Auch dabei haben wieder Einzeller eine wichtige, vielleicht entscheidende Rolle gespielt. Es gibt – wie oben erwähnt – heute

Einzeller, die bei ihrem Stoffwechsel Eisen konzentrieren. Wahrscheinlich gab es nahe Verwandte schon vor 2 Mrd. Jahren. Es ist natürlich ein seltener Glücksfall, wenn so empfindliche Strukturen bei der Versteinerung erkennbar bleiben. Da aber Tausende von Geowissenschaftlern mit immer besseren Methoden in allen Ländern tätig sind, verdichten sich die Funde zu einem immer genaueren Bild von der Evolution des Lebens.

In bezug auf die Veränderung der Atmosphäre in diesem Abschnitt der Erdgeschichte sei noch hervorgehoben, daß die Anreicherung von freiem Sauerstoff ein sich selbst verstärkender Vorgang war. Vorher war der im Meer durch Photosynthese gebildete Sauerstoff sofort durch die Entstehung von Eisenmineralen wieder verbraucht worden, nun aber begann er sich, mit zunehmender Verarmung der Meere an gelöstem Eisen, im Wasser anzureichern, um schließlich in die Atmosphäre auszutreten. So wurde durch den Sauerstoff der Luft und des Regens immer mehr Eisen auf den Kontinenten festgehalten, so daß der Sauerstoffüberschuß im Wasser zunahm. Dadurch konnte dann noch mehr Sauerstoff in die Atmosphäre gelangen, ein Prozeß mit Selbstverstärkung. Auch heute erzeugen die einzelligen Organismen des Meeres weit mehr Sauerstoff als alle auf dem Land lebenden Pflanzen! 70% des gesamten irdischen Sauerstoffs werden im Meer produziert, dort aber von atmenden Organismen größtenteils wieder verbraucht.

Mit der Bildung von freiem Sauerstoff beginnt, wenn auch sehr, sehr langsam, ein neuer Abschnitt der Lebens- und Erdgeschichte. Das Leben fängt an, sich seine ureigene Atmosphäre zu schaffen. Etwa eine Milliarde Jahre später sollte diese Entwicklung es Lebewesen ermöglichen, das Einzellerstadium zu überwinden und größere Körper mit vielen ungeahnten, wunderbaren Fähigkeiten zu bilden. – Über die vielfältige Rolle des Sauerstoffs wird später noch ausführlicher zu berichten sein. Es sei aber hier noch angemerkt, daß die Menschheit jetzt dabei ist, in einem gigantischen, arrogant überheblichen Raubbau dieses wundervolle Erbe aufs Spiel zu setzen!

Erster Hinweis auf atmosphärischen Sauerstoff

Vor 2 Mrd. Jahren hätte noch kein Feuer auf der Erde gebrannt. Die Luft enthielt noch zu wenig Sauerstoff. Aber einen ersten Hinweis gibt es schon in der Dullstroom-Formation, die zu den jüngsten Gesteinen des Transvaal-Beckens gehört und ein Alter von etwa 2,1

Mrd. Jahren hat. Diese Formation besteht aus basaltischen Lavaergüssen und Ablagerungen vulkanischer Asche (Tuff). Wie kann sich in solchen Gesteinen der Einfluß von Sauerstoff zeigen? – Nun, unter dem Einfluß von Sauerstoff werden schwarze Eisenverbindungen zu roten oder ockerfarbenen Verbindungen oxidiert. Ablagerungen der vorangegangenen Zeiten, gleichviel ob vulkanischen oder sedimentären Ursprungs, sind grün, grau oder schwarz gefärbt, soweit sie nicht in jüngerer Zeit durch sauerstoffhaltiges Grundwasser verändert wurden. Auch die oben erwähnten vulkanischen Schichten sind grau, enthalten aber einen rotgefärbten Tuffhorizont. Das macht es wahrscheinlich, daß während oder unmittelbar nach der Ablagerung besondere Bedingungen, vielleicht Feuchtigkeit und erhöhte Temperatur, den geringen Sauerstoffgehalt der Luft wirksam werden ließen.

Nach dem obigen schwachen Hinweis auf freien Sauerstoff finden sich erst etwa 300 Mio. Jahre später, vor etwa 1,8 Mrd. Jahren, dicke, weit ausgedehnte Ablagerungen von roten Sandsteinen, Quarziten und Geröllpackungen in zwei weit voneinander entfernten Gebieten. Das eine ist die Waterberg-Folge in Südafrika, das andere die Roraima-Formation, die ein hohes Plateau in Venezuela bildet. Woher die rote Farbe? – Es wurde schon gesagt: Sie ist das Ergebnis der Oxidation von eisenhaltigen Mineralen durch Sauerstoff der Luft und des Regens. Das große Volumen dieser Schichten und die sicher lange Zeit ihrer Bildung sprechen dafür, daß damals der Sauerstoff der Luft die biologischen und geologischen Vorgänge nachhaltig zu beeinflussen begonnen hatte. Wie hoch der Sauerstoffgehalt vor 1,8 Mrd. Jahren war, läßt sich zur Zeit nicht abschätzen.

Bis etwa vor 2 Mrd. Jahren war Sauerstoff für alle Organismen ein sehr giftiges Abfallprodukt der Photosynthese. Dieser selbsterzeugte Giftmüll begann, die weitere Entwicklung des irdischen Lebens zu gefährden. Glücklicherweise zog sich der Vorgang über Hunderte von Jahrmillionen hin, viel Zeit für Anpassungsprozesse, und sicher gab es immer – wie auch heute noch – sauerstofffreie Lebensräume. Wäre die Lösung dieses Problems nicht gelungen, wir würden nicht existieren.

In dieser Phase betrat das Leben den Weg, der zu allen späteren Höherentwicklungen führte. Ich will deshalb hier den Überblick über die Erdgeschichte unterbrechen, um zu fragen: Wie konnte Leben überhaupt entstehen?

3 Evolution von Leben aus unbelebter Materie

Kosmos und Leben bestehen aus Energie, die im Laufe der Expansion des Kosmos, in einem Evolutionsprozeß, zu vielerlei Energiekonzentrationen kondensiert. Für den Beginn dieses Prozesses – soweit zur Zeit abschätzbar, vor mehr als 15 Mrd. Jahren – hat man bislang eine Explosion (Urknall) einer ungeheuren Energiekonzentration angenommen. (In jüngerer Zeit werden auch andere Möglichkeiten diskutiert.) Sie enthielt die gesamte Energie des heutigen Kosmos, der sich seither entwickelt. Das ist ein geschichtlicher Vorgang – also eine Evolution –, denn die Energie verdünnt sich bei ihrer Expansion, nach einem statistischen Gesetz. Der Vorgang ähnelt dem einer Menschenmenge, die nach einer Versammlung auseinanderstrebt. Man kann dann aus den Abständen der Menschen voneinander die Zeit seit dem Ende der Versammlung berechnen. Ohne Berücksichtigung des Zeitablaufs läßt sich kein Evolutionsprozeß verstehen.

In den ersten Augenblicken der kosmischen Energieexplosion herrschte absolutes Chaos, d. h. es gab keinerlei geordnete Strukturen. Dann kondensierte in dem Chaos Energie zuerst zu winzigsten, später größeren Energiesystemen (Elementarteilchen, Atomen, Galaxien, Fixsternen, Planeten). Die verschiedenartigen Energiesysteme haben Lebenszeiten von Milliardstel Sekunden bis zu vielen Milliarden Jahren, und alle sind miteinander durch ständige Energieübertragungen bzw. -austausche verknüpft. Es ist eine Selbstorganisation, ein Schöpfungsgeschehen, das noch immer voll im Gange ist. An ihm sind mehrere Kräfte beteiligt: die Schwerkraft (Gravitation), elektromagnetische Kraft, schwache anziehende und abstoßende Kernkräfte. Alle so entstandenen und entstehenden Energiekonzentrationen nehmen Raum ein.

Welcher Art sind solche Energiesysteme? – Es sind Strukturen. Was sind Strukturen? – Es sind Ordnungsmuster der verschiedensten Art. Wie entsteht Ordnung aus Chaos? – Das geschieht immer durch Energieaustausch oder Energieübertragungen und zwar – das verdient festgehalten zu werden – sowohl bei der Bildung von unbelebten als auch belebten Strukturen. Dazu ein paar Beispiele:

- Ein Planetensystem stabilisiert sich im Spannungsfeld gegeneinander gerichteter Anziehungs- und Fliehkraft.
- Wasser entsteht durch die Vereinigung von positiv geladenen Sauerstoffatomen mit negativ geladenen Wasserstoffatomen im Spannungsfeld von anziehenden und abstoßenden elektromagnetischen Kräften. Gerade das Wasser zeigt, daß seine Struktur ganz andere Eigenschaften besitzt als die Atomarten seiner Bestandteile. Das Ganze ist immer mehr als die Summe seiner Teile! Diese Regel gilt für alle Evolutionsprozesse in der unbelebten und der belebten Natur.
- Die gegenseitige Anziehung ungleicher elektrischer Ladungen und die Abstoßung gleicher sind der Kitt aller chemischen Verbindungen. Man könnte – vermenschlichend – von einer Kooperation gegensätzlicher Kräfte sprechen. Sowohl die nach geometrischen Gesetzen gewachsenen Kristalle von Mineralien als auch die langen, vermehrungsfähigen Molekülketten der Erbprogramme (des genetischen Codes) haben sich in solchen elektromagnetischen »Entscheidungsschritten« (ja oder nein; paßt oder paßt nicht) zusammengefunden.

An dieser Stelle wird mancher fragen: Kann das alles sein? – Natürlich nicht. Ein Haufen Ziegelsteine ist keine Mauer, obwohl beide durch ihr Gewicht zusammengehalten werden. Man kann auch ein Haus mit rechteckigen oder runden Fensteröffnungen bauen, aber man kann runde Fenster nicht in rechteckige Öffnungen einpassen. Es müssen also sowohl die Formen als auch die Abmessungen zusammenpassen, wenn eine Struktur entstehen soll.

Was aber sind Strukturen? – Es wurde schon gesagt: Strukturen sind Ordnungsmuster. Jede Art von Ordnung beginnt entweder mit einer räumlichen Anordnung von Gleichartigem, z. B. Perlen zu einer Kette, oder mit der Trennung von Ungleichartigem: Großes von Kleinem; Eckiges von Rundem; Rauhes von Glattem; gerade Zahlen von ungeraden; usw. Wie aber entsteht Ordnung? – Ordnung ist immer das Ergebnis von Energieübertragung. Kann das stimmen? Wie steht es bei der Trennung von Kieselsteinen nach ihrer Größe durch ein Sieb? Fallen sie nicht von selbst durch die Maschen? – Nein, Sieb und Steine müssen erst, entgegen der

Schwerkraft, vom Erdboden gehoben, und es muß dadurch ihre arbeitsfähige (potentielle) Energie erhöht werden. Erst dann kann – unter Verlust von potentieller Energie – aus dem unsortierten Chaos eine Ordnung entstehen. Wie aber, wenn ich nur in Gedanken eine Reihe von Zahlen nach ihrer Größe ordne? – Auch dabei wird in meinem Gehirn Energie in Form von Blutzucker transportiert und in elektrischen Entladungen – unter Abgabe von Wärme – auf ein niedrigeres Energieniveau reduziert. Sogar die nicht an Materie gebundenen schnellen elektromagnetischen Energieträger, die Licht-, Radio- und Röntgenstrahlen, durcheilen den Raum in genaustens meßbaren Wellenzügen, wie sich in jedem Lehrbuch der Physik nachlesen läßt.

Der Schluß ist zwingend: An jeder Strukturbildung sind außer anziehenden bzw. abstoßenden Kräften auch immer die geometrischen Gesetzmäßigkeiten des Raumes beteiligt, die schon von den alten griechischen Denkern entdeckt wurden. Das zeigen eindrucksvoll die achtseitigen Doppelpyramiden von Diamantkristallen, die nur aus einer einzigen Atomart (Element), dem Kohlenstoff, gebildet sind. Diese Betrachtungen zeigen, daß

1. jede Strukturbildung Energie erfordert,
2. jede Strukturbildung ein Ausleseprozeß ist, der in zeitlich geordneten Ja-Nein-Entscheidungsschritten räumlich geordnete Strukturen schafft,
3. solche Strukturen Eigenschaften besitzen, die sich nicht aus der einfachen Zusammenzählung ihrer Teile ergeben (ich erinnere an die oben erwähnte Bildung von Wasser aus Sauerstoff und Wasserstoff).

Damit ist die Bedeutung der Selbstorganisation von Strukturen in der unbelebten Natur noch keineswegs erschöpft, denn jede Struktur bewahrt Information über bestimmte Bedingungen ihrer Entstehung, d. h. ein Stück Vergangenheit. Hierauf hat C. F. v. Weizsäcker aufmerksam gemacht. Zwei Beispiele mögen das verdeutlichen:

Diamanten entstehen in der Natur nur unter dem gewaltigen Druck und der hohen Temperatur, die in der Erde in 170–200 km Tiefe herrschen. Das weiß man aus Experimenten, in denen künstliche Diamanten erzeugt werden. Dies ist eine Information, die zur Deutung des Baus der Erdkruste beiträgt.

Gesteinsplatten, die versteinerte Reste von fischähnlichen Ichthyosauriern enthalten, haben eine unvergleichlich größere Menge an Information bewahrt, z. B. daß die Fundstelle vor 190 Mio. Jahren den Boden eines warmen Meeres bildete, Reptilien sich an viele verschiedene Umweltbedingungen angepaßt hatten, Flüsse große Mengen Schlamm in die Meeresbucht brachten und vieles mehr.

Gibt es eine Möglichkeit, die Menge an Informationen abzuschätzen, die eine Struktur enthält? – Das ist der Fall, seit man gelernt hat, Computer zu konstruieren und mit ihnen zu arbeiten. Schon vor 150 Jahren hatte Samuel Morse mit der Erfindung des nach ihm benannten Alphabetes, das nur aus Strichen und Punkten besteht, bewiesen, daß man mit nur zwei Symbolen jede Art von Information in jeder Sprache aufzeichnen kann. In der Computersprache werden dafür die Symbole 1 und 0 verwendet. In dieser digitalen Verschlüsselung werden nicht nur alle Fernsehprogramme und scharfe Bilder von entfernten Planeten auf Fernsehschirme gebracht, sondern auch die kompliziertesten Rechenoperationen durchgeführt. In der Computersprache wird jede Betätigung einer Auswahlschaltung (ja oder nein) als ein Bit bezeichnet. Da oben gezeigt wurde, daß jede Struktur das Ergebnis von digitalen Auswahlschritten (paßt oder paßt nicht) ist, läßt sich diese Bezeichnung auch auf natürliche Strukturen anwenden. Deshalb definieren Informatiker den Informationsgehalt einer Struktur durch die Anzahl von Bits (Entscheidungsschritten), die zur Strukturbildung notwendig waren bzw. zu ihrer eindeutigen Beschreibung. Daß die Beschreibung eines Saurierskelettes, ja die einer Muschel, unvergleichlich mehr Bits erfordert als die eines Diamanten, dürfte einleuchten.

Da jede Struktur und Strukturänderung Informationen bewahrt, wächst der Informationsgehalt des Kosmos in unvorhersehbarer Weise in die Zukunft hinein. Alles, was für uns beobachtbar und meßbar ist, ist das Ergebnis der Selbstorganisation kosmischer Energien: Sowohl die aus den unvorstellbaren Räumen des Weltalls leuchtenden Galaxien, die Sonnen mit ihren Planeten, die dünne Gas- und Wasserhülle der Erde, die Kristallstrukturen der Gesteine als auch die Moleküle unserer Körper. Es ist ein Evolutionsgeschehen, eine fortschreitende Schöpfung, die auf der Erde, in den letzten 4 Mrd. Jahren, die ganze wundervolle Vielfalt der Pflanzen und Tiere hervorgebracht hat und in allerjüngster Zeit Menschen, die über all dies und sogar sich selbst nachdenken können. Diese Schöpfung ist noch immer in vollem Gange.

Wie aber konnte aus unbelebter Materie Leben entstehen, das so ganz andere Eigenschaften besitzt als unbelebte Strukturen, und wie konnte sich daraus die Vielfalt des heutigen Lebens entwickeln? – Für diese Evolution lassen sich sowohl kosmische als auch chemische Voraussetzungen erkennen. Obwohl beide miteinander eng verknüpft sind, sollen sie der Übersichtlichkeit halber getrennt behandelt werden.

Die kosmischen Voraussetzungen

1. Eine Sonne von einer Größe, die eine gleichmäßige atomare Fusion garantierte.
2. Ein Planet in einem Abstand, in dem die Einstrahlung weder allgemeine Oberflächentemperaturen von mehr als 100°C erzeugte – wie auf der Venus – noch sie so tief sinken ließ, daß Wasser praktisch nur als Eis existieren konnte, wie das heute auf dem Mars der Fall ist.
3. Der Planet mußte eine Größe haben, bei der seine Anziehungskraft eine Atmosphäre aus verschiedenen Gasen festhalten konnte.
4. Der Planet mußte aus einer Vielzahl von Elementen bestehen, unter denen die reaktionsfreudigen Elemente Wasserstoff, Stickstoff, Kohlenstoff, Natrium, Kalium, Kalzium, Schwefel, Chlor und Phosphor nicht zu selten sein durften.
5. Der Planet mußte eine innere Wärmeproduktion haben, die groß genug war, um für Milliarden Jahre immer wieder große Umgestaltungen der Oberfläche zu verursachen. Diese Voraussetzungen können im Laufe der Entwicklung des Kosmos nur durch Ketten von unzähligen Zufällen entstehen. Bei der ungeheuren Zahl entstandener und entstehender Sterne kommt diesen Voraussetzungen aber ein gutes Maß an Wahrscheinlichkeiten zu.

In unserem Sonnensystem waren diese Voraussetzungen nur für unsere Erde gegeben. Die Oberflächentemperatur der Venus ist mit etwa 400°C zu heiß, die des Mars zu kalt für eine erfolgreiche Lebensentwicklung.

Die chemischen Voraussetzungen

Die chemischen Bedingungen unterschieden sich von den heutigen vor allem durch das Fehlen von freiem Sauerstoff in der Atmosphäre und den Gewässern. Das machte viele chemische Reaktionen möglich, die heute nur in Laboratorien erzeugt werden können. Dazu kam, daß die radioaktive Wärmeproduktion im Inneren der Erde etwa dreimal so hoch war wie heute. Das hatte zur Folge, daß der Vulkanismus und die Umwälzungen und Wiederaufschmelzungsprozesse in der enstehenden Gesteinskruste entsprechend intensiver waren. Für die zukünftige Evolution der Lebewesen war es ein wichtiger Abschnitt der Erdgeschichte, denn durch die wiederholten Aufschmelzungen trennte sich leichteres Material von den schwereren Gesteinen des Erdmantels, der den größten Teil des Erdkörpers bildet. Die leichteren Schmelzen enthalten die lebenswichtigen Elemente Kalzium, Kalium und Natrium in großer Menge. Die Schmelzen begannen – zu granitischen Gesteinen erstarrt –, die Kerngebiete entstehender Kontinente zu bilden. Ohne diese Sonderungsprozesse wären nie Festländer mit ihrer später so vielfältigen Pflanzen- und Tierwelt entstanden. So untrennbar sind Erd- und Lebensgeschichte miteinander vernetzt!

In dieser Anfangsphase gab es sicher Gewässer in weit größerer Zahl als heute, die dicht nebeneinander – oder miteinander verbunden – sehr unterschiedliche Temperaturen, Salzgehalte, wasserhaltige Moleküle und Spurenelemente enthielten. Die Erde war ein riesiges Laboratorium für die Entstehung vielfältiger neuer Moleküle. Damit hatte die Erdgeschichte eine große Auswahl an Milieubedingungen für die erste Phase der Lebensentstehung bereitgestellt.

Es war für viele Chemiker eine Überraschung, als ihre Forschungen im letzten Jahrhundert zu der Erkenntnis führten, daß Lebewesen aus denselben Elementen bestehen wie unbelebte Stoffe. Nichts findet sich in Lebewesen, das nicht auch in Steinen, Erde, Wasser oder Luft vorhanden ist. Aber es hatte sich ergeben, daß in den Organen der Lebewesen die Elemente in großen, sehr komplizierten Atomstrukturen (Molekülen) vorhanden sind, die nur in Lebewesen gebildet wurden, z. B. die ungeheuere Zahl der Eiweiße. Man nannte sie organische Stoffe. Aus ihrer Erforschung erwuchs die organische Chemie. Nachdem die Evolution der Lebewesen von einfacheren zu sehr vielfältigen und erstaunlich leistungsfähigen Formen erkannt war, wurde natürlich die Frage gestellt, ob Leben »nur« eine besondere Form von Chemie ist. Und, wenn das bejaht werden mußte, gab es dann überhaupt einen Sinn in dem ganzen Geschehen? Oder gab es eine besondere, nur im Lebendigen wirkende Kraft, eine Lebenskraft, die Lebendiges von unbelebter Natur unterschied? – Dies glaubten viele Biologen und Philosophen annehmen zu müssen. Das Wirken einer nicht physikalisch-chemischen Kraft ließ sich jedoch nirgends nachweisen. Aber war der Uranfang des Lebens ohne eine solche Kraft überhaupt denkbar?

Mit dieser Frage wurde das Problem auf das Gebiet der Molekularbiologie, das Studium der biologischen Prozesse im Bereich der Moleküle verschoben. Die Frage lautete nun: Können einfache organische Verbindungen außerhalb von Lebewesen entstehen? Die Frage wurde 1953 durch ein seinerzeit sensationelles Experiment von Stanley Miller beantwortet.

Er mischte Kohlendioxid (CO_2), Methan (CH_4) und Ammoniak (NH_3), die in der Uratmosphäre wohl reichlich vorhanden waren, in einem teilweise mit Wasser und Kohlendioxid und Stickstoff gefüllten Glaskolben und schickte elektrische Entladungen durch die Mischung. Gewitter mit Blitzen waren im älteren Archaikum mit seinem starken Vulkanismus sicher wesentlich häufiger als heute. Das Ergebnis übertraf alle Erwartungen. Schon nach 24 Stunden waren, neben anderen Verbindungen, 3 von den 20 Aminosäurearten entstanden, aus denen alle biologisch gebildeten Eiweißarten bestehen! Millers Experiment ist natürlich vielfach wiederholt worden. Dabei zeigte sich, daß nicht nur elektrische Entladungen solche Synthesen bewirken, sondern auch ultraviolettes Licht, gewöhnliches Licht und sogar Hitze, und daß, wenn die Versuche lange liefen, neben vielen anderen Verbindungen, auch Bausteine von Nukleotiden entstanden, die die wesentlichen Bestandteile des Erbmaterials sind.

Auf der Urerde standen für solche Prozesse nicht Tage oder Monate, sondern Millionen Jahre zur Verfügung. Wahrscheinlich war unter diesen Bedingungen die Entstehung vermehrungsfähiger Nukleotid- und Aminosäureketten unvermeidlich. Leben konnte nicht nur, es mußte wohl entstehen und wahrscheinlich nicht nur auf der Erde, sondern auch auf vielen anderen der Milliarden mal Milliarden Planeten im Kosmos.

Zunächst eine Vorbemerkung. Man wird nie genau die Bedingungen und exakten chemischen Reaktionen kennen, die zur Bildung der ersten Eiweißmoleküle geführt haben, ebensowenig wie man je wissen wird, aus welcher Sorte Holz mit welchen Werkzeugen das erste Rad gemacht wurde. In solchen geschichtlichen Fragen kann man nur im Prinzip klären, ob es nach unserer Kenntnis überhaupt möglich war.

Dafür sprechen zwei Argumente: Zum einen gehören im Kosmos gerade die wichtigsten Bausteine der Lebewesen, Wasserstoff, Sauerstoff, Kohlenstoff, Stickstoff, Natrium, Kalium, Chlor, Schwefel und Phosphor, zu den häufigsten Elementen. Kohlenstoff, der vielseitigste Baustein des Lebens, entsteht massenhaft gegen Ende der Evolution von Sternen, wenn durch die Fusion von Heliumatomen zu Kohlenstoff unter ungeheurer Energieabgabe der Stern sich zu einem Roten Riesen aufbläht oder als Supernova explodiert. Dabei werden die neugebildeten Atome zusammen mit den Trümmern ehemaliger Planeten in den Weltraum geschleudert, wo sie dunkle, kalte Gas- und Staubwolken bilden, aus denen wieder neue Sterne mit Planeten entstehen können, z. B. unser Sonnensystem.

Manche Steinmeteoriten sind reich an Kohlenstoff und enthalten sogar Verbindungen, von denen man früher geglaubt hatte, sie würden nur in Lebewesen gebildet. Selbst in 1000 Lichtjahren entfernten, kalten, dünnen kosmischen Gas- und Staubwolken wurden bei radioastronomischen Untersuchungen Methan, Ammoniak, zwei Verbindungen von Kohlenstoff und Schwefel und auch Formaldehyd festgestellt. Das spricht für die Stabilität dieser für Lebensprozesse wichtigen Moleküle unter extremen Bedingungen. Wahrscheinlich enthält auch das Eis der Kometen große Mengen dieser und ähnlicher Verbindungen.

Da Kometen im älteren Archaikum wahrscheinlich viel häufiger auf die Erde stürzten, konnten mit deren Wasser auch immer wieder Kohlenstoffverbindungen, die dem Stoffwechsel dienen konnten, die Uratmosphäre und die Gewässer erreichen.

Es wird zum zweiten geschätzt, daß die ersten Seen und Meere reich waren an unbelebten, organischen Verbindungen, so reich, daß von einer »Ursuppe« gesprochen wird. Unter Bedingungen, die sicher noch rascher wechselten als heute, man denke nur an den Tages- und Jahresrhythmus und den viel stärkeren Vulkanismus, muß in dieser Brühe ein chemisches Chaos von aufbauenden und abbauenden Reaktionen geherrscht haben. Wie konnten da, aus relativ einfachen Verbindungen, komplizierte Eiweißmoleküle oder gar Nukleinsäureketten – die Hauptbestandteile aller Lebewesen – in großen Mengen entstehen? – Es ist wiederholt behauptet worden, das sei statistisch gar nicht möglich. Dieses Argument sticht nicht: Die verschiedenen

Moleküle sind statistisch nicht gleichwertig. Manfred Eigen hat darauf hingewiesen, daß in einer solchen Mischung die Zahl der sich am raschesten bildenden Moleküle – das sind die energiereicheren – wächst, so daß für die langsameren immer weniger geeignetes Material übrigbleibt. Es findet also eine Konkurrenz der Reaktionszeiten statt, ein Ausleseprozeß, der eine gewisse Ähnlichkeit mit der Darwinschen Auslese hat, sich aber ganz im Reich des Unbelebten abspielt. Darwinsche Auslese (oft auch »natürliche Auslese« genannt) bezeichnet den Prozeß, durch den Lebewesen sich an Umweltbedingungen und deren Änderungen anpassen. Diese Auslese ist das Ergebnis der statistischen Wahrscheinlichkeit, daß unter den unterschiedlich geeigneten Nachkommen die geeignetsten die meisten Nachkommen haben werden. Laborexperimente und Computersimulationen haben gezeigt, daß auf diese Weise schließlich auch Eiweißmoleküle und vermehrungsfähige Ketten von Nukleotidmolekülen entstehen können. Es standen ja mehrere hundert Jahrmillionen zur Verfügung!

Zum Verständnis des Übergangs von unbelebter Strukturbildung in Lebensprozesse scheint mir eine kurze Betrachtung der Beziehung zwischen Struktur und Dauerhaftigkeit nützlich.

Der große Unterschied:
Betrachtungen über Struktur und Zeit

Es wurde oben angeführt, daß jede Struktur, gleichviel welcher Entstehung, Informationen und eine gewisse Dauerhaftigkeit besitzt. Es gibt z. B. Diamantkristalle (kristallisierter Kohlenstoff), die ihre Struktur seit 3 Mrd. Jahren bewahrt haben, obwohl sie heute an der Erdoberfläche unter Druck- und Temperaturbedingungen existieren, die sich radikal von denen unterscheiden, die bei ihrer Bildung tief in der Erde geherrscht haben. Diese Stabilität ist das Ergebnis der starken elektrischen Bindungskräfte, die Kohlenstoffatome verbinden können, wenn sie unter hohem Druck zusammengepreßt werden. Ein solcher Diamant enthält noch dieselben Kohlenstoffatome wie vor 3 Mrd. Jahren. Dagegen besitzen lebende Strukturen eine Dauerhaftigkeit ganz anderer Art. So haben Lebewesen die Fähigkeit, sich zu vermehren, seit mehr als 3,5 Mrd. Jahren weitervererbt. Dabei wurden aber nicht bestimmte Atome weitergereicht, obwohl auch in diesen Strukturen Kohlenstoff die wichtigste Rolle spielt. Vielmehr werden einzelne Atome immer wieder ausgetauscht. Was vererbt wird, ist eine Anleitung (Information) für die Bildung von Strukturen, die bestimmte Leistungen möglich machen, z. B. zu gehen, zu schwimmen, zu sehen, bestimmte Stoffe zu verdauen. Es sind – mit anderen Worten – Funktionen (Leistungsfähigkeiten), die im Evolutionsgeschehen eine gewisse Dauerhaftigkeit besitzen.

Die Behauptung, daß der Unterschied zwischen unbelebten und belebten Strukturen in der Vermehrungsfähigkeit der letzteren besteht, bedarf einer Ergänzung: Vermehrung ist nur mit Stoffwechsel möglich. Stoffwechsel bedeutet Energieaustausch mit der Umwelt. Es werden Stoffe – alle Stoffe sind ja Energieformen – und auch verschiedene Formen von Energien, z. B. Licht und Wärme, aufgenommen, und Unbrauchbares wird ausgeschieden: Ich erinnere an die Sauerstoffkrise. Der Stoffwechsel macht Lebewesen bis zu einem gewissen Grad unabhängig von ihrer Umwelt, verleiht ihnen ein Maß an Selbständigkeit, das unbelebte Systeme nicht besitzen. Diese Selbständigkeit zeigt sich in der wunderbaren Fähigkeit, sich selbst zu reparieren, Wunden zu heilen und – bei höherentwickelten Formen – auch das eigene Verhalten zu korrigieren. Menschen haben allerdings die Neigung entwickelt, anstatt von diesem großen Vorrecht Gebrauch zu machen, vor allem andere zu kritisieren.

These

Für alle Lebewesen, von den einfachsten bis zu den höchstentwickelten, ist Stoffwechsel ein lebenslanger Austausch von *Information* mit der Umwelt – also eine *Kommunikation*. Leben lebt von Kommunikation. Vorausgreifend sei gesagt: Höherentwicklungen sind das Ergebnis wachsender Kommunikationsfähigkeit. Als besonders fruchtbare Entwicklungen der Kommunikationsfähigkeit haben sich die Evolution von Nervennetzen (s. Kapitel »Evolution von Nervensystemen und Gehirnen«, S. 57) und die Evolution von Sprache (s. Kapitel »Evolution von Sprache«, S. 227) erwiesen. Dogmen dagegen beschränken Kommunikation.

Der Kopierapparat des Lebens

Das Wunder der Vermehrungsfähigkeit von Erbinformationen ist in den letzten 50 Jahren durch die über alle Erwartungen erfolgreichen molekularbiologischen Forschungen aufgeklärt worden. Die chemische Struktur der Erbprogramme (Nukleinsäuren) wurde 1953 von James Watson und Francis Crick entschlüsselt. Diese Lebensstruktur besteht aus einem schraubenartig gedrehten Doppelstrang (Helix) von Nukleotidsequenzen, meist DNS genannt (Zellkernbausteinen). Jede enthält einen als Base bezeichneten Abschnitt. Insgesamt gibt es nur 4 verschiedene Basen – bei allen Lebewesen dieselben –, die in unterschiedlicher Reihenfolge die Erbinformationen festschreiben, ähnlich Buchstaben in Worten. Mit diesem System läßt sich jegliche Art von Information ebensogut aufbewahren und weitergeben wie mit Schriftzeichen oder dem oben erwähnten Morse-Code, der nur aus Strichen und Punkten besteht. Die molekulare Erbschrift hat den Namen genetischer Code bekommen. Die Vermehrung durch Selbstkopierung ist ein chemisch komplizierter, aber im Prinzip einfacher Vorgang: Die Nukleotidfolgen der beiden Stränge sind einander in ähnlicher Weise zugeordnet wie photographische Negative und Positive. Jedes kann in das andere umkopiert werden und so fort.

Dieser Prozeß ist jetzt so gut erforscht und so wenig geheimnisvoll, daß es u. a. möglich geworden ist, einzelne Erbfaktoren (Gene) von Menschen auf Bakterien zu übertragen, etwa zur Insulinproduktion. Diese Gentechnologie wird jetzt rasch zu einer Großindustrie. Selbst die Züchtung von Menschen mit bestimmten Eigenschaften könnte Wirklichkeit werden, eine Idee, die Aldous Huxley vor 50 Jahren in seinem boshaften Zukunftsroman »Schöne Neue Welt« ausgesponnen hatte.

Mit dem vermehrungsfähigen genetischen Material war eine Struktur entstanden, die zwischen unbelebt und belebt vermittelt. Was mußte dazukommen, um die Selbstkopierung verbesserungsfähig zu machen? – Nun, die Selbstkopierung durfte nicht fehlerfrei sein, denn auch Milliarden identischer Kopien enthalten keine neue Information über ihre Bildungsbedingungen. Für gelegentliche Fehler (Mutationen) ist aber gesorgt. Sie sind aus physikalischen Gründen unvermeidbar, denn die Wärmebewegung rüttelt und zerrt ständig an allen Molekülen, wodurch schwache Bindungen gelöst werden können. Verschiedene Arten harter Strahlung verursachen ebenfalls Schäden. So wurden und werden aus Kopien Individuen! Die Evolution war unvermeidlich geworden! Die unterschiedlichen Erbprogramme konnten durch Auslese der Geeignetsten an unterschiedliche Milieubedingungen angepaßt werden. So wurde die Darwinsche Auslese wirksam!

Ist das *alles*? – Natürlich nicht. Lebewesen bestehen nicht nur aus Nukleotidsträngen. Für sich allein können diese die notwendigen Stoffwechselleistungen nicht bewirken, sie liefern nur die »Anleitungen« dafür. Dazu bedarf es der Enzyme (Eiweißstoffe). Eine bestimmte Nukleotidsequenz liefert den »Bauplan« für die Enzyme. Diese sind in ungeheurer Vielfalt vorhanden; sie ermöglichen im Organismus alle Stoffwechselreaktionen, bei denen aus der Umwelt aufgenommene Substanzen (z. B. Glucose) umgesetzt werden. Hierdurch werden erst Lebensprozesse möglich. Enzyme sind somit »Organe« der Erbanlagen! Aber gerade der Prozeß der enzymatischen Weitergabe von Erbanlagen ist nicht fehlerfrei, und somit eine Ursache für Ausleseprozesse. Hierzu zählen auch die schon erwähnten Mutationen: spontane zufällige Erbgutänderungen.

Ich möchte betonen, daß an diesen Lebensprozessen, so kompliziert sie auch sind, nur bekannte chemische Gesetze und die wechselseitigen Anpassungen ihrer Formen (Platos »Formursache«) beteiligt sind wie bei Schlüssel und Schloß.

Wer das enttäuschend findet, der möge bedenken, ob es nicht doch einem Wunder nahekommt, daß Lebewesen mit so wenigen relativ einfachen Naturgesetzen die Fähigkeit erlangt haben, Informationen nicht nur zu sammeln und zu vermehren, sondern sie zu verbessern. Der Unterschied zwischen unbelebten und belebten Strukturen läßt sich nun knapp definieren: Unbelebte Strukturen bewahren Informationen, belebte vermehren Informationen.

Das Geheimnis der Lebensvielfalt mit ihrer Formenfülle und ihren phantastischen Leistungsfähigkeiten liegt in der Vererbbarkeit der Lebensprozesse und deren intimer Verflechtung mit der Erdgeschichte. Jedes Lebewesen – selbst jedes durch Gentechnik neugeschaffene – hat eine Geschichte von mehr als 3,5 Mrd. Jahren. Menschliche Kulturen sind letzte Zweiglein dieser Geschichte.

Es war eine vielstufige, sich ständig beschleunigende Schöpfung. Ihre Grundregel läßt sich schon auf dieser untersten Stufe erkennen und in die knappen Worte fassen:

Auf die Nachkommen kommt es an!

Das ist ein Leitmotiv dieses Buches. Ich möchte schon hier vorausschicken, daß wir zur Zeit in katastrophaler Weise gegen diese Regel verstoßen, denn wir hinterlassen unseren Nachkommen eine ausgeplünderte Erde.

Aber noch bin ich mit dieser Betrachtung ganz am Anfang, bei den nährstoffreichen ersten Meeren. Die ersten lebenden, sich wechselseitig kopierenden Nukleotidstränge fanden sich in einem Schlaraffenland und hatten keine Schwierigkeit, sich zu vermehren. Es ist unwahrscheinlich, daß ihr genetischer Code schon einheitlich war. Ihre Vermehrungsrate war wohl wesentlich höher als bei heutigen Bakterien, denn die zu kopierenden Stränge waren weit kürzer. Unter diesen Bedingungen mußten die, welche die wirkungsvollsten Enzyme herstellten, die anderen bald verdrängen. Dieses erste Leben in Form von winzigsten, im Wasser treibenden Fädchen, Klümpchen und schleimigen Filmen auf festen Oberflächen war den Umwelteinflüssen noch schutzlos ausgeliefert. Die Sterberate war entsprechend hoch, aber – oh Schreck – eine Wiederverwendung der Abbauprodukte war nur beschränkt möglich, denn viel abgestorbenes Material wird für immer in Schlamm begraben. Deshalb konnte der anfängliche Überfluß nicht lange währen. Wahrscheinlich bahnte sich, schon ehe die erste Zelle entstand, eine Nährstoffverknappung an.

Wahrscheinlich aber hatten, bevor die Versorgungskrise zu gefährlich wurde, manche von den vermehrungsfähigen Schleimpartikelchen eine Entwicklung begonnen, die zu wachsender Selbständigkeit führen sollte: die Bildung einer Zellhaut (Membran).

4 Die Welt der Einzeller

Vorteile einer Zellhaut

Zellmembranen, wie wir sie heute finden, sind »Organe« der Zelle, die diese von vielerlei Umwelteinflüssen abkoppeln und dadurch ein Überleben unter nicht optimalen, ja sogar sehr ungünstigen Bedingungen möglich machen. Das geschieht in einem Auswahlverfahren, das dem Gebrauch von Filtern ähnlich ist: Manche schädliche Einwirkung wird ausgeschlossen oder stark vermindert, Nützliches wird durchgelassen. Es gab sicher viele Anläufe, bis sich ein Erbprogramm durchsetzte, das mit den noch heute gebrauchten 4 Nukleotiden geschrieben war und eine besonders vorteilhafte Membran erzeugte. Der Vorteil muß so groß gewesen sein, daß alle anderen verdrängt wurden. Alles heutige Leben stammt von dieser Urzelle ab.

Dazu die Frage: Müßte die Anleitung zur Bildung einer Zellhaut nicht im Programm vorgesehen sein, bevor sie entstehen kann? – Das ist nicht der Fall: Es ist gut bekannt, daß sich an der Grenze zwischen Materialien, die unterschiedliche physikalische Eigenschaften haben, Grenzflächen mit membranähnlichen Eigenschaften bilden können. Ich erinnere an die Oberfläche von Wasser, auf der manche Insekten laufen können. Auch die Grenzen zwischen unbelebten gallertartigen Substanzen und Wasser zeigen ähnliche Eigenschaften. Das gilt auch für Eiweißverbindungen, wie sie gemäß der Erbinformationen synthetisiert werden und diese umgeben. An dieser Grenze werden sich automatisch bestimmte Abfälle des Stoffwechsels angereichert haben, so daß ein gewisser Schutz entstand, der nicht vorprogrammiert war, der aber, wenn er sich als vorteilhaft erwies, die Vermehrung des betreffenden Erbprogramms begünstigte. Die Einzelheiten dieses geschichtlichen Vorgangs werden nie bekannt werden, aber die Möglichkeit zu dieser Selbstorganisation hat bestanden. Ähnliche Vorgänge finden auch an Grenzen zwischen unbelebten Substanzen statt. So kann z. B. ein Quarzkristall, der in einer wässrigen Lösung wächst, von andersartigen Kriställchen überwachsen werden und dadurch vor weiteren Änderungen der den Quarzkristall umgebenden Lösung geschützt werden. Zwischen Zellen, die in Stoffaustausch mit einem sich ändernden Milieu standen, wird es zu unzähligen Grenzflächeneffekten gekommen sein, bis schließlich eine allen anderen überlegene Zellmembran entstand, die der Urmutter allen heutigen Lebens. Das wird wahrscheinlich vor etwa 3,8–4 Mrd. Jahren gewesen sein.

Mit der ersten Zellmembran, der Abgrenzung vom Selbst zum Nicht-Selbst, entstand die Notwendigkeit zu leben und damit zugleich Eigennutz und Lebensgier und – Milliarden Jahre später –, mit der Bildung sozialer Verbände, der Egoismus.

In dieser Zeit muß auch – es wurde schon oben gesagt – der Nährstoffreichtum der Meere oder bestimmter Meeresgebiete drastisch von den Urorganismen geplündert worden sein. In dem verschärften Konkurrenzkampf fand wohl eine rasche Auffächerung in viele Arten mit unterschiedlichen Größen und Leistungsfähigkeiten statt. Eine Zeit, ähnlich der späteren Auffächerung der Vielzeller. Es entstanden sicher bald Spezialisten, die abgestorbenes Material verwerten konnten und auch Arten, die von lebenden Zellen lebten, wie das noch heute der Fall ist. Da ein physikalisches Gesetz (Entropiegesetz) – es gilt für den ganzen Kosmos – es unmöglich macht, eine Energie, die eine bestimmte Arbeit vollbracht hat, voll zurückzugewinnen, drohte der Evolution des irdischen Lebens das Aus, kaum daß sie richtig begonnen hatte, denn viele organische Abfälle wurden in den Meeren von Schutt und Schlamm begraben und so aus dem Kreislauf gezogen. Das beweist der oben erwähnte relativ hohe Gehalt an organischem Kohlenstoff, den schon die ältesten Sedimente zeigen. Auf einer so verarmten Erde hätte Leben wahrscheinlich nicht ein zweites Mal entstehen können. Die Falle allzugroßen Erfolgs drohte schon auf dieser Stufe der Evolution zuzuschnappen.

Daß es uns gibt, verdanken wir einigen winzigen Bakterienarten. Sie hatten, *rechtzeitig*, die Photosynthese entdeckt.

Rettung durch Photosynthese

Die Entwicklung der Photosynthese, d. h. der Bildung von energiereichen Zuckerverbindungen aus Kohlendioxid und Wassermolekülen mit Hilfe von Sonnenlicht, ist – wie oben berichtet – seit mindestens

3,5 Mrd. Jahren in Gang. Durch Photosynthese wurden viele Bakterien, Algen und alle höheren Pflanzen zu Selbstversorgern und auch zu Nahrungsquellen für alle anderen Höherentwicklungen im irdischen Ökosystem. Auch die viel später entstandenen fossilen Energievorräte (Kohle, Erdöl und Erdgas), die wir jetzt so kurzsichtig verschwenden, sind das Ergebnis dieses Prozesses. Dieser komplizierte Vorgang wird durch Chlorophyllmoleküle (Blattgrün) bewirkt. Seine restlose chemisch-physikalische Aufklärung ist 1988 durch die Verleihung des Nobelpreises ausgezeichnet worden. Es verdient hervorgehoben zu werden, daß an diesem Vorgang nur wohlbekannte physikalisch-chemische Gesetze beteiligt sind. Das Chlorophyll ist ein phantastischer biologischer Akkumulator. Aber die Bildung von energiereichen Zuckerverbindungen war nicht problemlos: Als Abfallprodukt entstand Sauerstoff (O_2), der durch seine chemische Aggressivität das Leben als Giftmüll bedrohte. Wie konnten die winzigen Photosytheseapparate winzigster Bakterien zu Organellen (»Orgänchen«) größerer Zellen werden und schließlich zur Lebensgrundlage aller Pflanzen von einzelligen Algen bis zu Bäumen, die Jahrtausende leben können? Nun, nachdem vor mindestens 3,5 Mrd. Jahren die Photosynthese entdeckt worden war, bevölkerten wohl bald die mit Sonnenkollektoren ausgestatteten Organismen in vielen Arten und ungeheuren Zahlen alle Ozeane. Da konnte es nicht ausbleiben, daß die süßen Winzlinge zu einem gefundenen Fressen für größere Zellen wurden. Wahrscheinlich gab es Zellen, die sich mehr einverleibten, als sie verdauen konnten, so daß einige Zeit fanden, sich an das fremde Milieu anzupassen. Dafür spricht neben anderen Argumenten, daß Chlorophyllkörperchen durch eine doppelte Membran von dem Eiweißkörper (Plasma) der Zelle getrennt sind. So konnte wechselseitige Anpassung zu einem Lebensverbund, einer Symbiose führen. Und siehe da, die Kooperation erwies sich als ungleich erfolgreicher als die Konfrontation. Das sollte sich im weiteren Verlauf der Evolutionsprozesse immer wieder zeigen, sowohl zwischen den verschiedensten Tier- und Pflanzenarten als auch in den menschlichen kulturellen Entwicklungen.

Toleranz und Kooperation vergrößern immer die Leistungsfähigkeiten! Darauf werde ich noch mehrfach hinweisen.

Das Leben hatte mit der Entwicklung von Zellen und Photosynthese ein beträchtliches Maß an Selbständigkeit erlangt. Damit war die Grundlage für die Entwicklung des irdischen Ökosystems schon vor mindestens 3,5 Mrd. Jahren gelegt. Aber noch trieben die win-

zigen Wesen, zufälligen Strömungen ausgeliefert, passiv umher oder
lebten, zu schleimigen Filmen verklebt, wie die Mikroorganismen der
Stromatolithen auf festen Oberflächen, sie hatten also keine Möglichkeit, sich ihre Umweltbedingungen auszuwählen.

Wanderer erleben mehr

Wann in der Milliarden Jahre langen Geschichte der Einzeller der
Schritt zu selbständiger Fortbewegung erfolgte und ob er mehrfach
erfolgte, was wahrscheinlich ist, ist unbekannt, aber heute besitzen
viele Einzeller, sowohl zellkernlose Prokaryoten als auch zellkerntragende Eukaryoten, Geißeln oder Wimpern, mit denen sie aktiv
schwimmen und auch die Richtung bestimmen können. Die Bewegungsapparate, rotierende Geißeln und Wimpern, schlängelnd schla-
gende Schwänzchen, sind dem Reibungswiderstand des Wassers
angepaßt. Sie enthalten also eine Erkenntnis (im Sinne von K. Lo-

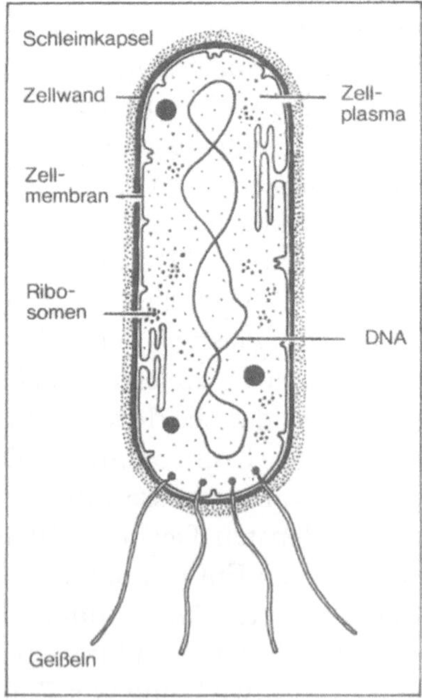

Strukturschema eines zellkernlosen Einzellers. Die Erbinformation (DNA) bildet
den Strang im Inneren der Zelle, findet sich aber auch in Teilen der randständigen
Ribosomen. Die Geißeln ermöglichen aktive Fortbewegung. Länge 0,5–10 µm

renz) über eine physikalische Eigenschaft des Wassers. Bezeichnet man Lernen als die Fähigkeit, aus vergangenen Ereignissen, Mißerfolgen oder Erfolgen auf zukünftige Möglichkeiten zu schließen, dann entspricht die Anpassung eines Bewegungsapparates an Wasser durchaus der Gestaltung eines Flugzeuges mit Hilfe von Versuchen in einem Windkanal.

Die schließlich gefundene günstigste Form ist in beiden Fällen eine Erinnerungsstruktur an die gemachten Erfahrungen, gleichviel ob das Ergebnis in einem Computer oder einer Körperform für die Zukunft gespeichert ist. Die Nützlichkeit einer solchen aktiven Fortbewegung ist offensichtlich. Es ist eine Bewegungsart, die noch immer von den Keimzellen (Spermien) vielzelliger Tiere und auch vieler Pflanzen benutzt wird. Selbständige Fortbewegung führt zu vermehrten Erfahrungen und macht es möglich, günstigere Umweltbedingungen aufzusuchen bzw. schädliche zu meiden. Noch wichtiger für zukünftige Entwicklungen war es, daß im Zuge selbständiger Fortbewegungen auch Erfahrungen in der vierdimensionalen Ganzheit von Raum und Zeit gesammelt wurden, etwa die Beziehungen zwischen dem Energieeinsatz (Stoffwechsel) und der Geschwindigkeit einer Ortsänderung. Ich behaupte, daß schon auf dieser Stufe – unbewußte – Grunderfahrungen gemacht wurden, ohne die der späte Nachkomme aktiver Einzeller, Albert Einstein, seine große Entdeckung nicht hätte machen können. Daß die aktive Fortbewegung einen großen Einfluß auf die Entwicklung von Körperformen gehabt hat, wird im Kapitel »Symmetrien der Körperformen«, S. 77, besprochen.

Vermehrung ohne und mit Sexualität

Als Sexualität wird der Austausch von Erbgut (Genen) zwischen Individuen bezeichnet. Dieser Vorgang ist auf der Stufe der zellkernlosen Einzeller (Bakterien) nicht mit der Vermehrung verbunden. Vielmehr lagern sich gelegentlich zwei Bakterien aneinander und tauschen einen Teil ihrer Gene – nicht alle – aus. Das ist eine Vorstufe der Sexualität. Dann trennen sie sich wieder. Das ist keine Vermehrung, verändert aber die Körperchemie der beiden, ein nützlicher Vorgang, der den Befall durch Viren erschwert, die in erbgleichen Populationen Seuchen verursachen, auch bei Bakterien. Die Vermehrung erfolgt zu anderen Zeiten durch Teilung. Weibliche oder männliche Individuen gibt es nicht.

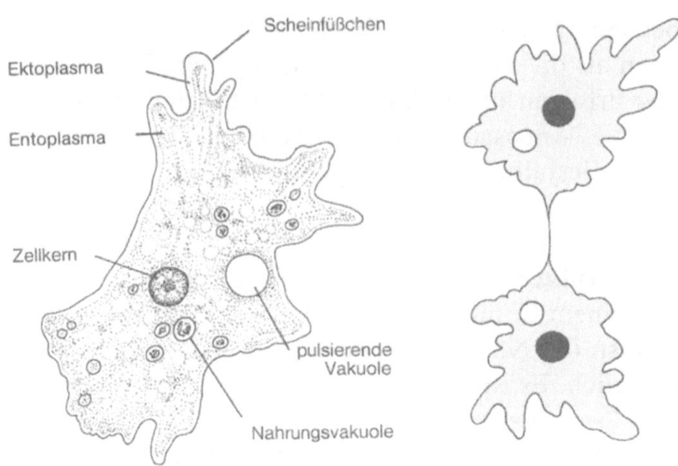

Links: Schema einer Amöbe. Amöben sind zellkerntragende Einzeller, deren Erbmaterial im Zellkern konzentriert ist. Die Vakuolen sind Verdauungs- und Entsorgungsorgane. Der formlos plastische Körper kann sich durch Ausstülpungen (Scheinfüßchen) und deren Einziehung kriechend fortbewegen. Vergrößerung 450-fach. *Rechts:* Schema ungeschlechtlicher Fortpflanzung durch Zellteilung am Beispiel der Amöbe. Der Zellkern teilt sich. Die Vakuole wird neu gebildet

Eine neue Entwicklungsstufe – sie wurde zur Grundlage aller späteren Höherentwicklungen – wurde mit dem Einschluß des Erbgutes in einen Zellkern erreicht, der durch eine Membran vom Eiweißkörper (Plasma) der Zelle getrennt ist. Gesteine, in denen sich mikroskopische erste Reste zellkerntragender Organismen erkennen lassen, haben ein Alter von etwa 1,5–1,3 Mrd. Jahren. Sogar in einer 2 Mrd. Jahre alten Gesteinsfolge wurden in Amerika Hinweise entdeckt. Die Verlagerung des Erbgutes in den Zellkern bewahrt dieses vor Schädigung durch Stoffwechselprozesse im umgebenden Eiweißkörper und ermöglicht eine besser geordnete Weitergabe bei der Zellteilung (Kernteilungsspindel). Bewährte Informationen sind so besser geschützt. Bei der Paarung, d. h. bei der sexuellen Fortpflanzung von Vielzellern, verschmelzen deren unterschiedliche Keimzellen. Dabei kommt es zu einer zufälligen Aufteilung der verschiedenen Merkmale der beiden Zellen. Hierbei entstehen neue Merkmalskombinationen. Zellvermehrung und Wachstum erfolgen anschließend durch Zellteilung. Die Nachkommen bei der zweigeschlechtlichen Fortpflanzung erhalten somit die elterlichen Gene in neuer Kombination, besitzen also unterschiedliche Eigenschaften. Das hat den großen Vorteil, daß jede Generation für die Darwinsche Auslese eine neue Kombination individueller Eigenschaften bereitstellt. Die Anpassungsfähigkeit der Evolutionsprozesse wird nun durch die Weitergabe von vorgefertigten Bauelementen (Modulen), die sich schon bei Vorfahren bewährt haben, beschleunigt. Vergleicht man diese Art von Informationsvermittlung mit unserer Sprache, so könnte man sagen, daß die Erbinformationen nicht in einzelnen Buchstaben, sondern in ganzen Wörtern, Sätzen und später – im Laufe der Höherentwicklung von Vielzellern – in ganzen Abschnitten weitergegeben werden. Auf der Stufe der Einzeller gab und gibt es noch keine Trennung in weibliche und männliche Individuen, wohl aber eine Kooperation von Individuen beim Genaustausch.

Mit obigen Betrachtungen über die Entstehung des Lebens und die Milliarden Jahre währende Evolution der Einzeller hoffe ich gezeigt zu haben, daß schon in dieser Phase Fähigkeiten angelegt wurden, ohne die es nie zur Evolution von Menschen gekommen wäre. Der nächste große Fortschritt, der unzählige neue Entwicklungswege öffnete, war die Evolution von Vielzelligkeit.

5 Von der Einzelzelle zu vielzelligen Lebewesen

Die meisten Lebewesen, die wir mit bloßem Auge sehen können, haben Körper, die aus vielen Zellen aufgebaut sind. Sie beherrschen in vielen Landstrichen das Bild der Erdoberfläche. In den erdgeschichtlichen Dokumenten der Felswände finden sich ihre schwachen Spuren zum ersten Mal in Schichten, die ein Alter zwischen etwa 630 und 600 Mio. Jahren vor heute haben und in flachen Meeresbecken abgelagert wurden. Es sind verschiedenartige Abdrücke in marinen Sand- und Schlammschichten von Organismen, die noch keine festen Skelette haben, obwohl einige blattartige Formen bis zu 50 cm lang werden. Es wird noch diskutiert, ob sich in dieser recht reichen, nach einem Ort in Australien »Ediakara« genannten Fauna Vorfahren später lebender Arten befinden oder ob sie ganz ausgestorben sind. Erst in etwas jüngeren Schichten finden sich an einigen Orten winzige Skelette und Schalen von Tieren, deren Nachkommen sich im Kambrium rasch zu erstaunlicher Vielfalt entfaltet haben.

Für die Zeit der Entstehung vielzelliger Lebewesen gibt es zur Zeit keine guten Abschätzungen des Sauerstoffgehaltes der Luft. Es sollen aber einige allgemeine Bemerkungen zu den Problemen gemacht werden, vor die das Leben gestellt wurde.

Leben mit freiem Sauerstoff

Es wurde oben berichtet, daß sich ein gewisser Sauerstoffgehalt der Luft vor etwa 1,8 Mrd. Jahren durch die Rotfärbung von festländischen Ablagerungen bemerkbar machte. Wahrscheinlich war der Sauerstoffgehalt der Atmosphäre damals noch nicht groß genug, um eine Ozonschicht in der hohen Atmosphäre zu bilden, welche die tödliche Ultraviolettstrahlung von der Erdoberfläche abhalten konnte. Wenn dem so war, dann war die oberste Wasserschicht ein tödliches Milieu. Einzeller, die von Strömungen an die Oberfläche getragen wurden, sanken leblos zu Boden, sicher eine willkommene

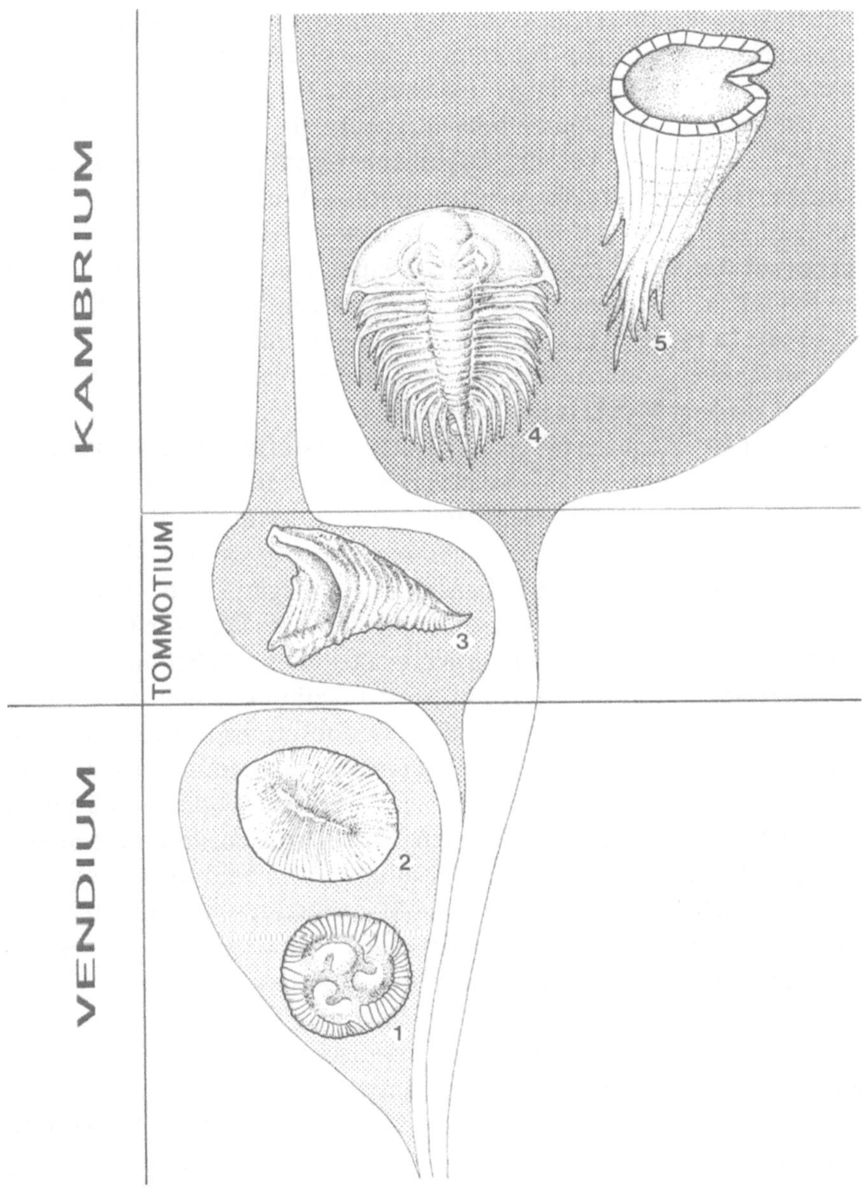

Schema der Faunenabfolge zwischen dem obersten Präkambrium (Vendium) und dem Kambrium mit Abbildungen einiger charakteristischer Fossilien. Die skelettlose Ediacara Fauna, repräsentiert durch *Tribrachidium* (*1*) und *Dickinsonia* (*2*), scheint vor dem Kambrium ausgestorben zu sein. Die unterkambrische Fauna des Tommotium mit Leitfossil *Tommotia* (*3*) ist im wesentlichen ausgestorben, bevor die kambrische Vielfalt begann. Diese ist im Unterkambrium durch den Trilobiten *Olenellus* (*4*) und den Kalkriffe aufbauenden *Archaeocyathus* (*5*) vertreten. Die Fossilien sind ohne Maßstab

Nahrungsquelle für viele Verwerter von organischem Material. Es entwickelten sich Erbprogramme, die es möglich machten, aus solchen Substanzen mit Hilfe des Sauerstoffes Energie zu gewinnen (Verbrennung). Der Nutzeffekt übertraf alle anderen Arten von Energiegewinnung, über die Organismen verfügten. Mehr Energie ermöglichte schnellere Vermehrung und die Entwicklung kräftigerer Bewegungsapparate, Vorteile, die durch die Darwinsche Auslese verbessert werden konnten und sicher auch wurden. Nun hängt aber die Fähigkeit, Energie einzusetzen, ganz wesentlich von der Körpergröße ab. In dieser Beziehung sind Vielzeller im Vorteil. Dieser läßt sich weiter vergrößern, wenn feste Körperteile (Stützskelette oder Panzer) starken Muskeln Halt geben.

Es gibt Überlegungen, daß der Luftsauerstoffgehalt etwa zur Zeit der Entstehung von harten Skeletten oder Panzern die kritische 10%-Marke erreicht oder überschritten haben könnte (Preston Cloud). Damit hätte sich die oberste Wasserschicht von einer Todeszone in einen besonders günstigen Lebensraum für Organismen verwandelt, die ihre Energie durch Photosynthese gewinnen. Das dürfte zu einer beschleunigten Zunahme des Sauerstoffgehaltes geführt haben. Vielleicht erreichte er schon im Kambrium ungefähr das heutige Niveau.

Der neue Lebensraum war aber nicht nur durchsonnt, er war auch eine Zone gefährlicher Sturmwellen und Gezeiten an den Küsten. So zarte Wesen wie die Urheber der oben erwähnten Abdrücke hätten in diesem Bereich nicht leben können. Doch wurden, mit steigendem Sauerstoffgehalt, massivere Körper möglich und bald sogar Gehäuse, und natürlich gab es reichlich geschützte Buchten und Lagunen, in denen vielerlei Entwicklungen stattfanden und, wenn sie sich bewährten, sich von dort aus weiter verbreiten konnten.

Vielleicht spielte bei der damaligen, außerordentlich raschen Evolution der Vielzeller auch eine klimatische Entwicklung mit, denn nur etwa 40 Mio. Jahre nach dem Auftreten zarter Vielzeller finden sich Versteinerungen von Vertretern aller heute lebenden Tierklassen mit Ausnahme der Wirbeltiere. Für eine starke Klimaänderung sprechen die geologischen Dokumente der Zeit zwischen 900 und 600 Mio. Jahren vor heute, die auf allen Kontinenten Anzeichen für die Tätigkeit von Gletschern und andere Eiszeitspuren enthalten, die mit Ablagerungen von wärmeren Klimaperioden abwechseln. Es gab sicher – ähnlich wie in der jüngsten Vergangenheit – mehrere Eiszeiten, die zu erdweiten, raschen, oft drastischen Änderungen der Umweltbedingungen führten. Das bringt für viele Lebensgemeinschaften großen Streß oder Untergang, für andere Möglichkeiten für neue Anpassung und Ausbreitung in neue Lebensräume; Vorgänge, die die Evolution beschleunigen, wie sich bei der Betrachtung solcher Vorgänge immer wieder zeigt. Vorgreifend sei bemerkt, daß es wahrscheinlich kein Zufall ist, daß die menschliche Entwicklung in eine Zeit besonders rascher Klimaänderungen fiel.

Wir werden wohl nie wissen, welche Entwicklungsschritte im einzelnen zur Entstehung massiverer Körper geführt haben. Daß solche Schritte Überlebensvorteile boten, wird im nächsten Kapitel näher erläutert. Die Voraussetzungen für die Entwicklung spezialisierter Organe waren schon bei vielen Einzellern vorhanden, die über Organellen für verschiedene Aufgaben der Versorgung und Entsorgung und über Bewegungsapparate verfügten.

Vorteile und Probleme massiverer Körper

Heute übertrifft die biologische Produktivität der obersten Zone der Meere bei weitem die der Kontinente. Einige Probleme der Besiedlung wurden kurz erwähnt. Im offenen Meer können auch zarte Vielzeller sehr erfolgreich leben. Das zeigen die Quallen. Wie gefährlich die Küsten für diese skelettlosen Gallertglocken sind, zeigt sich oft nach Sturmtagen, wenn sie zu Tausenden auf dem Sand sterben. An solche normalen Verluste haben sich Lebewesen immer durch erhöhte Vermehrungsraten angepaßt, wenn es genügend Nahrung gab.

Anders an Felsküsten. Dort können viele zarte Einzeller im turbulenten Wasser leben, weil sie so klein sind, daß sie nicht zerschlagen werden, und Verwandte der einzelligen oder mehrzelligen Stromatolithenkolonisten können als glitschiger Film Felsen besiedeln, dagegen brauchen die Napfschnecken, die diese abweiden, massive, schwere Gehäuse und starke Muskeln.

Wer sich in diesem Milieu nicht festhalten oder fest verankern kann, wie die erdweit verbreiteten Miesmuscheln, braucht kräftige Muskeln zum Schwimmen oder um sich im Sand einzugraben. Dabei bestimmte die Ernährungsweise und das Schutzbedürfnis die Wahl des bevorzugten Lebensraumes und damit die Richtung der möglichen Verbesserungen durch den Darwinschen Auslesemechanismus. Das Geheimnis erfolgreicher Anpassungen beruht darauf, daß durch diese Auslese (Selektion) immer nur schon vorhandene, bewährte Erbanlagen verbessert werden.

Die Bewegungsapparate von Quallen, Würmern, Schnecken und Tintenfischen wurden aus vorhandenen, verschiedenartigen Bauplänen entwickelt, nicht von Grund auf neu erfunden. Evolution ist Weiterentwicklung erfolgreicher Anlagen, also ein Lernprozeß.

Zum Verständnis der Entwicklung von Bauplänen für größere, kraftvollere Körper sind ein paar theoretische Überlegungen nützlich. – Für sehr kleine Körperchen genügen Formänderungen des gallertartigen Zellplasmas zur Fortbewegung. Amöben leben damit sehr erfolgreich. Für schwerere Körper und raschere Bewegungen wird Stützgewebe von Vorteil, und gegen Freßfeinde und verletzende Wasserbewegung kann ein festes Außenskelett schützen. Entwicklungen solcher Apparaturen wurden von der Auslese durch besser und damit weit vorteilhafter ausgestattete Nachkommen belohnt. Das konnte aber erst geschehen, nachdem sich im Körper gelegene Atmungsorgane (Zirkulationssysteme) gebildet hatten, denn solange die Atmung durch Diffusion durch die Oberfläche des Körpers erfolgen mußte, wären dickere Muskeln verkümmert und ein Panzer tödlich gewesen.

Sauerstoffatmung

Nachdem vor ca. 600 Mio. Jahren der Sauerstoffgehalt der Luft etwa 10% erreicht hatte, konnten mehrzellige Organismen mit stärkeren Muskeln und schützenden Skeletten entstehen. Das wurde möglich, weil die Verbrennung von Nahrung mit Sauerstoff eine 18–20mal größere Energieausbeute ergibt als die Gärung ohne Sauerstoff, mit der Hefepilze auskommen müssen. Mit der Gärung als Energiequelle hätten sich keine vielzelligen Muskeln bilden können. Es entstanden nun viele neue Entwicklungslinien, deren Vertreter als Versteinerungen erhalten blieben. Ihr massenhaftes Auftreten markiert den Beginn des Paläozoikums (s. Tab. S. 8).

Die Bildung von Außenskeletten aus Kalziumkarbonat, Kalziumphosphaten und Chitin erfolgte dann rasch. Jedenfalls traten viele verschiedene, später erfolgreiche Entwicklungslinien mit skelettbildenden Formen in die kambrische Zeit.

Für die biochemisch-biologische Entwicklung wurden die Folgen der jetzt weitverbreiteten Skelettbildungen groß. Seit dem Kambrium ist die Karbonatsedimentation in den Ozeanen weitgehend durch riffbildende, tierische (z. B. Korallen) und pflanzliche (Algen) Organismen kontrolliert worden. Diese entzogen dem Oberflächenwasser so viel gelöstes Kalziumkarbonat, daß dessen anorganische Ausfällung drastisch reduziert wurde. Diese hatte wohl vorher das Wachstum von Stromatolithen stark begünstigt. Ab dem Ordoviz hat dann das ungleich vielfältigere Riffwachstum in den tropischen Ozeanen unzählige neue, verschiedenartige Lebensräume erzeugt. Ihre Labyrinthe, Abgründe und bunten Bewohner entzücken heute viele Taucher. Das irdische Ökosystem erweiterte sich beträchtlich!

Die Bildung mächtiger Riffkalke und die Entstehung dicker Schichtfolgen aus den zerkleinerten Resten von Kalkskeletten verschiedener Art hat seither die Strukturen vieler Gebirge wesentlich beeinflußt. Ohne die Tätigkeit riffbildender Organismen hätten die Kalkalpen nicht ihre schroffen, zackigen Gipfel, die Gebirge des Balkans nicht die tiefen Höhlen und Höhlenflüsse. Auch das größte Bauwerk, das Lebewesen je auf der Erde hervorgebracht haben, das 2000 km lange Barriereriff vor der Küste Australiens, ist ihr Werk. Solche Kalkmassen sind im Laufe von Gebirgsbildungen bis in Tiefen von 20 km in die Erdkruste hinabgezogen worden, um schließlich, durch Druck und Hitze verändert, als Marmor wieder an die Oberfläche gehoben zu werden. Viele heutige Landschaften verdanken den Kalk- und Dolomitgesteinen ihre Geländeformen und ihre Böden. Auf diese Weise wirkt die biologische Evolution, über hunderte Millionen Jahre hinweg, von der Atmosphäre und der Erdoberfläche bis tief in die Erdkruste hinab.

Bevor ich einige weitere Evolutionsschritte betrachte, noch ein kurzer Blick auf die Entwicklung der Pflanzen. Diese bildete und bildet die Grundlage für die tierische Evolution, denn nur durch Photosynthese entsteht organische Substanz, die tierischen Organismen als Nahrung dienen kann. Aus pflanzlichen Vorfahren hat sich wahrscheinlich auch der erste tierische Einzeller entwickelt. Dafür spricht nicht nur die nahe biochemische Verwandtschaft ihrer Moleküle, sondern auch die Tatsache, daß es noch heute Einzeller gibt, die – je nach Bedarf – ihren Stoffwechsel von Photosynthese auf die Verdauung organischer Substanz umstellen können, und andererseits sogenannte fleischfressende Pflanzen, die kleine Tiere fangen und zur Ergänzung ihres nährstoffarmen Standortes verdauen.

Noch einmal zurück zu den Problemen, die sich bei der Evolution von Körpern ergeben, die mit Organen für verschiedenartige Bedürfnisse ausgestattet sind. – Es dürfte klar sein, daß Organe nur nützlich sein können, wenn ihre Tätigkeiten sinnvoll aufeinander abgestimmt sind. Auf die biologische Grundlage von Tätigkeiten werde ich

Riffe als Landschaftsgestalter: Der »Wilde Kaiser« bei Kufstein. Riffkalke eines
warmen Meeres der Trias-Zeit wurden in der alpinen Gebirgsbildung hoch empor-
gehoben und geben jetzt der Landschaft ihren besonderen Charakter (s. dazu auch
Kap. Symbiosen S. 118 und Tabelle S. 8)

später näher eingehen. Für die augenblicklichen Überlegungen soll
Tätigkeit (Aktivität) im Sinne des allgemeinen Sprachgebrauchs
verstanden werden. – Ruderapparate, z. B. Geißeln oder Wimpern,
wie viele Einzeller sie besitzen, sind nur von Vorteil, wenn sie nicht
nur zum Aufsuchen einer Nahrungsquelle benutzt werden können,
sondern auch zur Flucht vor einem schädlichen Einfluß. Es muß also
eine Erkennungsstruktur, eine Empfindlichkeit für einen solchen
Einfluß geben und die Fähigkeit, den Bewegungsmechanismus
schnell umzuschalten. Einzeller sind so klein, daß molekulare Schaltungen ohne Zeitverlust funktionieren. Das ist bei größeren Abmessungen nicht mehr gewährleistet, wenn z. B. eine chemische oder
mechanische Einwirkung am Vorderende die Schwanzbewegung
verändern soll.

Es mußte eine schnelle Signalübermittlung gefunden werden. Sie
wurde gefunden. Die Körperflüssigkeiten aller Lebewesen enthalten,
wie das Meerwasser, in dem sie ihren Ursprung haben, elektrisch

geladene Teilchen (Ionen) in ungeheuerer Zahl und dadurch eine gute elektrische Leitfähigkeit. Durch die Konzentration von Ionen können elektrische Spannungen aufgebaut werden, können elektrische Signale übertragen werden. Die Möglichkeit ist schon bei Einzellern angelegt. Sie wurde bei der Evolution von Vielzellern aus ersten Ansätzen bis zur Bildung von Nerven und Nervennetzen verbessert.

Ein idealeres Übertragungssystem ist physikalisch nicht denkbar. Natürlich dürfen sich Signale von verschiedener Bedeutung nicht gegenseitig stören. Gerade das kann mit elektrischen Impulsen am besten gewährleistet werden. Bei allen Stämmen vielzelliger Tiere ist dieses System zu oft unglaublicher Perfektion entwickelt worden.

Es ist dies ein gutes Beispiel für die Selbstorganisation von Lebewesen durch ihre eigenen Aktivitäten. Diese werden durch Umwelteinflüsse angeregt: Licht, chemische Stoffe, Wärme, Erschütterungen usw. Dabei werden diejenigen Individuen begünstigt, die für die Änderungen solcher Umwelteigenschaften am empfindlichsten sind. Die Darwinsche Auslese verstärkt Empfindlichkeiten, wo diese nützlich sind. Dadurch wurde schon auf niederer Stufe die Grundlage für spezialisierte Empfindlichkeiten gelegt, die später zur Entwicklung der Fähigkeiten, zu sehen, zu riechen und zu hören geführt hat. Die Selbstorganisation spiegelt in zunehmendem Maße bestimmte Eigenschaften der Umwelt wider. Konrad Lorenz hat dieses Geschehen verallgemeinernd in den Satz gefaßt: »Evolution ist ein Erkenntnis gewinnender Prozeß«.

Es dürfte einleuchten, daß jeder Zuwachs an einverleibter, vererbbarer Umwelterfahrung die Vielfalt der Reaktionsmöglichkeiten vergrößert. Jedes neue Verhaltensprogramm kann zu mehreren neuen Entwicklungslinien führen. Die meisten enden allerdings in Sackgassen. Davon später mehr.

Gibt es, abgesehen von der Evolution stärkerer Körper und koordinierter spezialisierter Organe, noch ein gemeinsames, übergeordnetes Prinzip, das Vielzelligkeit so erfolgreich macht? – Ja: Vielzeller (von winzigen Insekten bis zu Elefanten und denkenden Menschen) verdanken ihre Leistungsfähigkeit der arbeitsteiligen Kooperation erbgleicher Zellen. Wieder sehen wir: Kooperation lohnt sich!

Wie wirkten sich die großen Vorteile der Vielzeller auf die Evolution der Einzeller aus? Wurden letztere verdrängt? – Im Gegenteil – das wird vielleicht manchen erstaunen –, ihre Lebensbereiche und Evolutionsmöglichkeiten wurden in vielfältiger Weise erweitert. In ihrer Milliarden Jahre langen Geschichte hatten sich unzählige Bakterien zu Spezialisten in der Aufbereitung und Verwertung von allem denkbaren organischen Material entwickelt. Sie zerlegen dieses dabei in seine Ausgangsprodukte (Wasser, Kohlendioxid, Stickstoff und mineralische Stoffe). Ohne ihre Tätigkeit würde das ganze Ökosystem bald auf seinen eigenen Abfällen zugrunde gehen. Die Evolution immer größerer Körper stellte ihnen wachsende Massen von Fäkalien und toten Körpern zur Verfügung, von denen ganze Bevölkerungen herrlich leben konnten. Das Angebot wurde und wird noch vermehrt, sobald es Viren und/oder Bakterien gelingt, das Abwehrsystem von Vielzellern zu überwinden, deren Kadaver dann ebenfalls viele Generationen von Recyclingspezialisten ernähren. Sie bilden die breite Grundlage des irdischen Ökosystems, ohne die keine Höherentwicklung möglich wäre.

Mit diesen Überlegungen können wir nun in den Teil der Erdgeschichte eintreten, der sich durch eine sich rasch beschleunigende Evolution der Tiere und höheren Pflanzen (Gefäßpflanzen) auszeichnet, in die paläozoische Epoche, die mit der kambrischen Zeit beginnt.

6 Paläozoikum – 570 bis 245 Millionen Jahre

Kambrische Vielfalt

Fast alle populären Darstellungen der Erdgeschichte beginnen mit der kambrischen Epoche (s. Tab. S. 8 und Abb. S. 45). Das hat historische Gründe. Die Entwicklung der Geologie als einer geschichtlichen Wissenschaft begann mit der Erkenntnis, daß sich in einer Folge von Gesteinsschichten die Versteinerungen oft von unten nach oben – also von den älteren zu den jüngeren Ablagerungen hin – ändern und daß sich die Reihenfolge solcher Änderungen in weit auseinanderliegenden Gegenden wiederholt. Ähnlichkeiten zwischen älteren und jüngeren Formen führten zu der Hypothese, daß letztere von den älteren abstammen könnten. Systematische Forschungen begannen in England. Man begann, die Gesteinsfolgen mit Hilfe der Versteinerungen (Fossilien) zu ordnen. Es ergab sich eine Altersfolge, in der die ausgestorbenen Tiere und Pflanzen in den jüngeren Schichten den heute lebenden immer ähnlicher wurden und sich in den jüngsten, noch nicht versteinerten Ablagerungen nicht oder kaum mehr von vielen noch lebenden unterscheiden lassen. Die Sandsteine, Kalke, Tonschiefer, Sande und Kiese waren zu einem Geschichtsbuch geworden, dessen größere Abschnitte sich auf allen Kontinenten wiederfinden. Es war eine relative Altersfolge. Über die wirklichen Alter klafften die Schätzungen weit auseinander. Die ältesten Schichten, die noch gut erkennbare, wenngleich recht fremdartige Fossilien enthielten, wurden zuerst in Westengland gefunden, in einem Gebiet, das die Römer Cambria genannt hatten. So wurde dieser Abschnitt Kambrium genannt. Man fand unter diesen Schichten ältere Ablagerungen von großer Mächtigkeit ohne Fossilien. Deshalb konnten sie nicht geordnet werden und wurden unter dem Namen Präkambrium (Vorkambrium) zusammengefaßt. Die erdweite Anwendung der im Kapitel »Dokumente der Erdgeschichte«, S. 5, beschriebenen radiometrischen Methode zeigte, daß die Zeit vom Kambrium bis heute nur wenig mehr als den achten Teil der Erdgeschichte umfaßt. Die oben erwähnten älteren Abdrücke von Vielzellern wurden sehr viel später gefunden.

Warum auf einmal die Fülle von Versteinerungen in kambrischen Schichten? – Die Ursache wurde schon oben berührt. Weichtiere, die kein äußeres oder inneres Skelett besitzen, hinterlassen nur ganz ausnahmsweise erkennbare Abdrücke oder Spuren. Skelettbildungen aber, zur Versteifung des Körpers, als Halt für kräftige Muskeln und als Schutz, wurden erst nützlich, wenn Körper eine gewisse Größe erreichten, und vielleicht erst möglich, nachdem der Sauerstoffgehalt der Atmosphäre ein bestimmtes Niveau erreicht hatte. Deshalb ist die Annahme gerechtfertigt, daß alle Arten, die sich als Fossilien im Kambrium finden, skelettlose vorkambrische Vorfahren hatten.

Jedes Lehrbuch der Paläontologie zeigt Abbildungen von den vielgestaltigen Tieren der kambrischen Meere. Mit Ausnahme der Wirbeltiere waren schon Vertreter aller großen Stämme des Tierreiches vorhanden, mit Anpassungen an sehr unterschiedliche Lebensweisen. Was gefunden wurde, ist sicher nur ein kleiner Ausschnitt aus dem damaligen Tierleben. Festländische Ablagerungen aus dieser Zeit sind noch frei von Lebensspuren.

Mit Kotpillen gefüllte Gänge im unterkambrischen schwedischen Hardeberga Sandstein: Spuren großer Würmer (*Scolicia*), die nährstoffreichen Sand fraßen

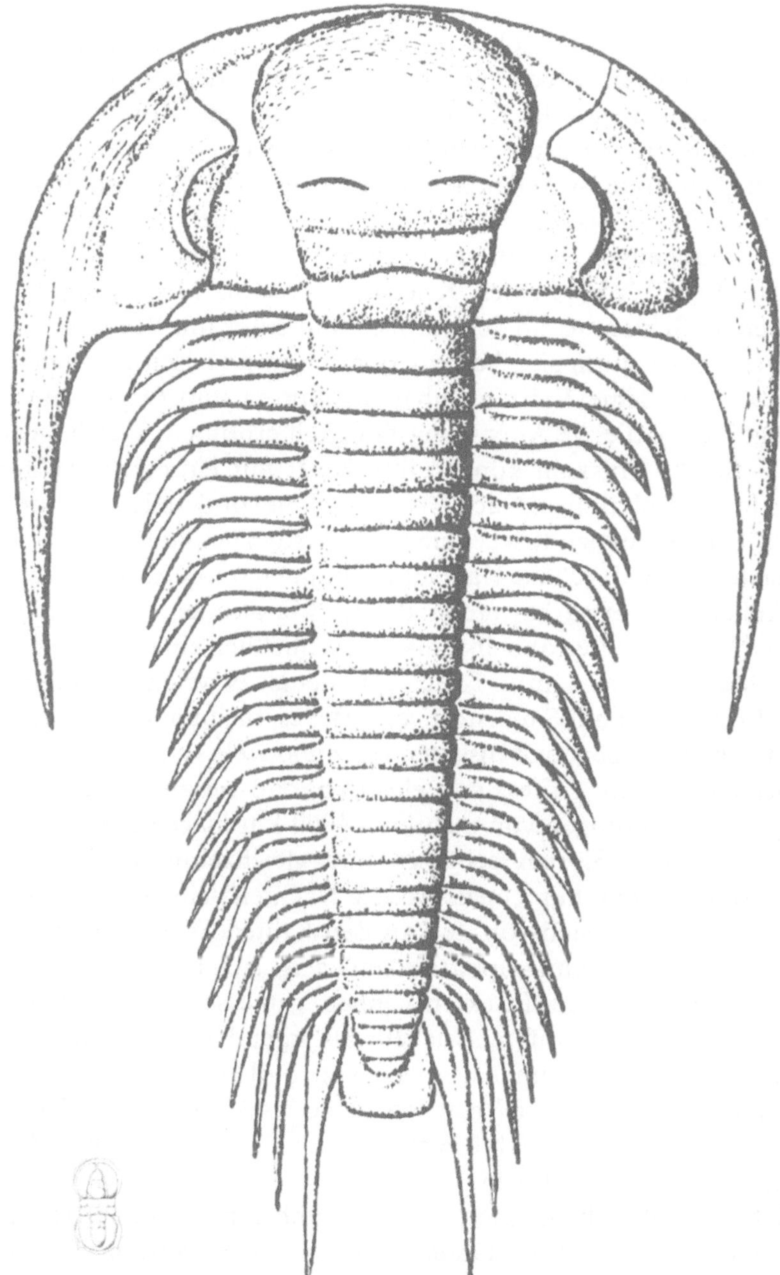

Der große Trilobit *Paradoxides* neben dem Winzling *Pisiformes* (im richtigen Größenverhältnis). Die sexuelle Fortpflanzung hat durch die Erzeugung von Nachkommen mit breit gestreuten Begabungen die Anpassungsfähigkeit an unterschiedliche Umweltbedingungen wesentlich erhöht und zu einer raschen Auffächerung der kambrischen Lebenswelt in viele Arten, Familien und Ordnungen geführt

An der Spitze der Evolution, was Sinnesorgane und körperliche Leistungsfähigkeit anbelangt, standen die Gliedertiere (Arthropoden), aus denen sich die Krebstiere und Insekten entwickelten. Sie sind noch heute der artenreichste Zweig der Tierwelt. Ihre bestentwickelten Vertreter waren in der kambrischen Zeit die Trilobiten. Sie hatten schon damals Augen, Fühler und sicher auch Geruchsorgane. Die Facettenaugen waren nach dem Prinzip der Insektenaugen gebaut. Beine ermöglichten Kriechen auf dem Meeresgrund und Graben im Schlamm, ein Schwanzschild diente zum Rudern.

Wenn ein Stamm sich besonders rasch und vielseitig entwickelt, dann müssen seine Vertreter über Strukturen und Organisationen verfügt haben, die die Anpassungsfähigkeit erhöhten. Welche waren das? – Starke Muskeln können ihre Kraft nur einsetzen, wenn sie einen festen Halt haben. Nachdem sich schon vor dem Kambrium für die größer werdenden Körper ein Gefäßsystem gebildet hatte, so daß Sauerstoff nicht durch die Haut aufgenommen werden mußte, konnte die Außenhaut verstärkt werden. Bei den Mutationen, deren Abänderungen Experimenten ähneln, entstand schließlich ein ideales biologisches Material, das Chitin. Frisch gebildet ist es weich und schmiegsam. Im Kontakt mit Sauerstoff verhärtet es, bleibt aber elastisch. Es kann so hart werden, daß Insekten Holz und viele andere Materialien zerbeißen können, so fest und elastisch, daß sie auf hauchdünnen Flügeln Wanderungen von mehreren 1000 km machen können. Als Panzer kann es Körper schützen und gleichzeitig Muskeln Halt gewähren. Es hat nur einen großen Nachteil, ein Tier kann nur wachsen, wenn es sich von Zeit zu Zeit häutet. Wie erfolgreich die entstandenen Bewegungsapparate sind, zeigt sich beim Vergleich mit anderen Tierstämmen. Insekten können, gemessen an ihrer Körpermasse, weit mehr Kraft entwickeln als irgendein Wirbeltier. Man denke nur an die Sprungleistungen von Flöhen oder Heuhopsern. Warum sind, bei so vielen Vorteilen, keine Insekten von Hundegröße, für die ein Löwe eine leichte Beute wäre, entstanden? – Diese Frage werde ich später behandeln.

Ich habe oben behauptet, daß im Kambrium die Gliedertiere an der Spitze der Evolution standen. Das ist eine Bewertung. Wodurch ist sie zu rechtfertigen? Wie beurteilt man Entwicklungsniveaus? – Viele Versteinerungen von Trilobiten lassen deutlich facettierte Augen erkennen. Ihr Weltbildapparat muß schon gut entwickelt gewesen sein, denn Sehen ist nur nützlich, wenn es ein Wiedererkennen, also eine Art Gedächtnis gibt. Sie haben trotzdem nicht überlebt, während ein weit primitiverer, muschelähnlicher Zeitgenosse fast unverändert noch heute vorkommt. – Was ist Nützlichkeit? Sind diese Fragen überhaupt sinnvoll?

Doch zunächst zu der Entwicklung von Nerven und Gehirnen, denn ohne solche wären Trilobiten nicht erfolgreich gewesen.

Evolution von Nervensystemen und Gehirnen

Gehirne sind die bei weitem kompliziertesten Strukturen in unserem Sonnensystem. Gehirne sind Wunder der Selbstorganisation. Gehirne ermöglichen es Zugvögeln, sich am Lauf der Gestirne und dem Magnetfeld der Erde orientierend, auf ererbten Zugrouten über Kontinente und Ozeane hinweg ihre Ziele zu erreichen. Das höchstentwickelte Gehirn, das menschliche, enthält etwa 10 Milliarden Nervenzellen (Neurone) und etwa 10000 Milliarden Schaltstellen (Synapsen). Die Gesamtlänge der Nervenfasern addiert sich zu etwa 500000 Kilometern, würde also etwa 12mal um den Äquator reichen! Das sind wahrhaft astronomische Größenordnungen in kleinstem Raum! Menschen haben sogar die Fähigkeit erlangt, bewußt über sich selbst und den Kosmos nachzudenken und Pläne für die Zukunft zu machen, die allerdings oft fehl gehen.

Wie sind so erstaunliche Fähigkeiten entstanden? – Auch das genaueste Studium des Baus und der Funktionen von Gehirnen, die solches leisten, kann diese Frage nicht beantworten, denn ihre Entstehung ist ein langer geschichtlicher Prozeß, der von vielen anderen Entwicklungen und Zufällen beeinflußt wurde. Man könnte ebensogut versuchen, die Bauformen gotischer Kathedralen (s. Abb. S. 242) aus ihrer Bauweise abzuleiten. Bei einem solchen Versuch würden viele Fragen offen bleiben: Warum ist die Achse Ost-West orientiert? Warum gibt es eine Krypta, eine Apsis, warum Spitzbögen? Das sind Strukturen, die nur aus der jahrhundertelangen Entwicklungsgeschichte christlicher Kirchen verstehbar sind.

Die Entwicklungsgeschichte von Nervensystemen und Gehirnen ist ungeheuer lang. Sie reicht etwa 600 Mio. Jahre zurück bis zur Entstehung größerer vielzelliger Lebewesen mit spezialisierten Organen (Zellverbänden) für verschiedene Aufgaben, z. B. Fortbewegung, Nahrungsaufnahme, Verdauung, Fortpflanzung. Eine solche Arbeitsteilung war gegenüber einfachen Zellhaufen nur von Vorteil, wenn die verschiedenen Tätigkeiten aufeinander abgestimmt werden

konnten. Bei kleinen Abmessungen geschah dies wohl, wie bei
Einzellern, durch die Ausbreitung (Diffusion) von chemischen Pro-
dukten, die von den Zellen bei der Einwirkung bestimmter Umwelt-
reize gebildet wurden, z. B. Nahrungs- oder Schadstoffe, Änderungen
der Temperatur oder der Lichtverhältnisse usw. Vielzellige Organismen, die damit auskommen, gibt es auch heute noch, z. B. Schleim-
pilze.

Es leuchtet ein, daß im Vergleich mit dieser chemischen, wenig
detaillierten, bei größeren Körpern relativ langsamen Weitergabe von
Informationen die elektrische Übermittlung durch Nervenfasern ein
großer Vorteil werden mußte.

Es gibt keine versteinerten Nervenzellen. Trotzdem lassen sich
einige Entwicklungsschritte ableiten, denn es gibt heute lebende
Tierarten, die sehr einfache Nervenstrukturen haben, die man
untersuchen kann. Das einfachste Nervensystem, das den ganzen
Körper diffus durchzieht, besitzen die kleinen Süßwasserpolypen
(Hohltiere). Jeder Reiz an irgendeiner Stelle breitet sich in allen
Richtungen aus, bei Wiederholung immer weiter. Mehrfacher Gebrauch erhöht also die Leitfähigkeit. Das ist eine Erscheinung, die
sich auch in den Nerven hochentwickelter Tiere wiederfindet. Lernef-
fekte konnten nicht nachgewiesen werden.

Die skelettlosen, sehr erfolgreichen Quallen überwältigen ihre
Beute mit langen, raffiniert gebauten Nesselfäden, die auch für
Schwimmer sehr schmerzhaft sein können. Sie besitzen ein einfaches
Nervennetz im Rand ihres glockenförmigen Mantels. Es koordiniert
beim Schwimmen das rhythmische Schlagen der Glocke. Eine
Konzentration von Nervenzellen, die man ein primitives Gehirn
nennen könnte, ist nicht vorhanden. Worin besteht der Nutzen für
die Qualle? – Das Nervennetz ermöglicht aktives Schwimmen, leitet
aber nur solche Umwelteinwirkungen weiter, deren Stärke oder
sonstige Beschaffenheit für die Qualle lebenswichtig sind. Durch
solche Reize werden die Nervenzellen aktiviert, d. h. es werden
elektrische Impulse hervorgerufen. Was bedeutet diese Umwandlung
einer aus der Umwelt kommenden Einwirkung (Reiz) in ein elektrisches Signal? – Sie koppelt den Organismus von der Umwelt ab. Er
gewinnt dadurch mehr Selbständigkeit. Eine Änderung der Temperatur oder der Lichtintensität (Helligkeit) oder eine mechanische
Berührung sind in elektrische Entladungen übersetzt worden, die
Symbole für Umweltereignisse sind. Das ist eine Erkenntnis von
größter Wichtigkeit für das Verständnis der ganzen weiteren Ent-

wicklung. Über Symbole wird später noch mehr zu sagen sein. Hier möchte ich nur daran erinnern, daß unsere Sprache aus Tonsymbolen besteht, die durch die Tätigkeit von Nervenschaltungen erzeugt und vom Hörer verstanden werden. Wir erfinden auch ständig bewußt neue Symbole. So werden Fernsehbilder mit Hilfe elektromagnetischer Symbole gesendet und empfangen. Die Farben, die wir dabei wahrnehmen, sind selbst Symbole für bestimmte Wellenlängenbereiche des Lichts, eine Symbolik, die wir von unseren tierischen Vorfahren geerbt haben!

In Computern können alle Arten von Informationen, Wörter, Schrift, Bilder, Farben, Zahlen usw. in elektrische Symbole übersetzt, verarbeitet und gespeichert werden. Das erfordert erhebliche Stromquellen. Wie aber kommt Elektrizität in die Nervenleitungen? – Den Nerven wird, im Gegensatz zu Computern, kein Strom von außen zugeführt. Die Elektrizität ist hausgemacht. Die impulserzeugenden Entladungen entstehen, unter Verbrauch von Stoffwechselenergie, je nach Bedarf in jeder einzelnen Nervenzelle oder Synapse durch Ionenwanderungen (Bewegungen von Natrium-, Kalium-, Chlorund Kalziumteilchen, die elektrische Ladungen tragen). Das ist ein Wunderwerk. Energievergeudung war von vornherein, seit der Entstehung der ersten Nervenzellen vor etwa 600 Mio. Jahren, ausgeschlossen. Da kann keine Leitung durchbrennen!

Die Entwicklung elektrisch kodifizierter Symbole zur Vermittlung von Umweltgeschehnissen hat die Vielzeller auf ein höheres Evolutionsniveau gehoben, denn elektrische Impulse sind unbegrenzt modulierbar und können schneller übertragen werden als chemische Botenstoffe. Diese haben aber ihre Bedeutung nicht verloren. Sie hat sich sogar im weiteren Verlauf der Evolution durch Wechselwirkung mit dem Nervensystem noch vergrößert.

Es bleibt festzuhalten, daß die Bildung von Nervensystemen ein entscheidender Schritt zu größerer Selbständigkeit war.

Vor 600 Mio. Jahren gab es, neben ganz ausgestorbenen Stämmen, schon Vorfahren von Würmern, Muscheln, Schnecken, Gliedertieren, deren heutige Nachfahren alle über leistungsfähige Nervensysteme verfügen. Ihre versteinerten Urahnen lassen zwar keine Nervensysteme erkennen, wohl aber Fortbewegungsorgane, die komplizierter sind als die von Quallen. Das rechtfertigt den Schluß, daß ihre Nervensysteme komplizierter waren als die von Quallen, denn die Abstimmung der Bewegungen von Beinen, Fühlern, Freßwerkzeugen usw. erfordert Informationsaustausch zwischen den verschiedenen

Teilen des Bewegungsapparates und zwischen diesen und den Sinnesorganen (Geruchssinn, Tastsinn usw.).

Wie konnten aus einfachen Nervennetzen, mit denen Quallen und viele Würmer und Weichtiere erfolgreich leben, zentrale Nervensysteme in Köpfen entstehen, wie sie sich bei allen höher entwickelten Gliederfüßern und Wirbeltieren finden? – Diese Entwicklung ist ein Ergebnis der Fortbewegung: Höher entwickelte Tiere besitzen eine Längsachse und eine zweiseitig-symmetrische Körperform, ursprünglich Anpassungen an energiesparendes Schwimmen im Wasser. Die Fortbewegung erfolgt in Richtung der Körperachse. Da ist es nützlich, wenn der Mund und die wichtigsten Sinnesorgane am Vorderende konzentriert sind, denn dort erfolgt die intimste Berührung mit der Umwelt und ihren Gefahren. Das macht eine Konzentration von Schaltkreisen am Vorderende nützlich. Bei höher entwickelten Gehirnen hat die Abstimmung und Wechselwirkung der Schaltkreise, die den verschiedenen Organen zugeordnet sind, erstaunliche Vollkommenheit erreicht. Diese Vervollkommnung wurde natürlich nicht in gradlinigen Entwicklungen erreicht. Es hat sicher unzählige kurze und längere Entwicklungswege gegeben, die sich nicht bewährt und deshalb keine lebenden Nachkommen hinterlassen haben. Nur eine relativ kleine Zahl von Organisationsmustern wurde über Hunderte Millionen Jahre ständig verbessert. Das ist möglich, weil auf dem Prüfstand der Darwinschen Auslese nur solche Änderungen (Mutationen) Bestand haben, die die Funktion des gesamten Organismus nicht beeinträchtigen. Das führt zu einer ständigen Verbesserung der wechselseitigen Abstimmung sich entwickelnder Organe durch deren Gebrauch.

Anatomische Studien lassen erkennen, daß das Gehirn der Reptilien sich aus dem von Fischen entwickelt hat. Dabei hat der Zwang, sich laufend und kletternd in hindernisreicher Umgebung zu bewegen, sicher die Abstimmung des Sehens mit dem Bewegungsapparat wesentlich verfeinert. Der Geruchssinn, schon bei den Fischen gut entwickelt, wurde zum Erkennen vieler neuer Gerüche verbessert. Er sollte später für die meisten Säugetierarten von überragender Bedeutung bleiben. In vielen Entwicklungslinien der Säugetiere, und noch mehr bei Insekten, wurde der Geruchssinn in Verbindung mit vom Körper produzierten Duftstoffen zu einem wichtigen Mittel sozialer Bindung und Kommunikation. Bei Säugetieren, die in Familien und Sippenverbänden leben, sind individuelle Unterschiede des Körpergeruchs zur Grundlage persönlichen Erkennens und damit auch persönlicher Gefühlsbindungen und Freundschaften, sogar zwischen verschiedenen Arten, geworden. Das zeigen eindrucksvoll Freundschaften zwischen Hunden, Katzen und anderen Haustieren. Da zum Erkennen auch das Aussehen gehört, ist es klar, daß bei solchem individuellen Lernen auch Verbindungen zwischen Sehzentrum und Riechzentrum des Gehirns entstehen mußten, ein gutes Beispiel für die perfekte Abstimmung getrennter Gehirnregionen. Solche Abstimmungen machen das individuelle Lernen außerordentlich anpassungsfähig, (s. Kapitel »Evolution von Lernfähigkeit«, S. 138).

Weit vorausgreifend sei bemerkt, daß bei Menschen die noch weit anpassungsfähigeren Kommunikationsmöglichkeiten der Mimik und der Sprache die soziale Bedeutung von individuellen Gerüchen weitgehend verdrängt haben. Versuche zeigen aber, daß Babys den Geruch ihrer Mütter kennen und durch ihn beruhigt werden.

Hier bleibt festzuhalten, daß schon die einfachsten Gehirne Instrumente zur Verarbeitung und Übermittlung elektrochemischer Symbole sind.

Wirbeltierabstammung

Die Urahnen der Wirbeltiere sind nicht als Fossilien bekannt. Es waren sicher skelettlose Weichtiere, die wohl schon vor dem Kambrium den Entwicklungsweg, der zu den Fischen, Amphibien, Reptilien, Vögeln und Säugetieren führte, eingeschlagen hatten. Gibt es trotzdem Methoden, mit denen die Grundzüge ihres Bauplanes abgeleitet werden können? – Es gibt sie. Ein noch heute lebender Seitenzweig hat, trotz Anpassung an eine sehr spezialisierte Lebensweise, noch viele primitive Bauelemente bewahrt. Wie aber läßt sich bei derartigen Anpassungen entscheiden, welche Merkmale urtümlich, welche später erworben sind?

Als gute Hilfe hat sich das Studium der Embryonalentwicklung erwiesen. Es nutzt die Erkenntnis, daß bei vielen Organismen der Embryo wesentliche Stadien der Evolution andeutungsweise wiederholt. So zeigt der menschliche Embryo in einem bestimmten Alter die Anlage der Kiemenbögen unserer Fisch-Vorfahren.

Die primitiven Wirbeltierverwandten sind kopflos, haben aber entlang dem Rücken einen durch Gewebe versteiften Achsenstab, der Längenänderungen des weichen Körpers verhindert. Der Achsen-

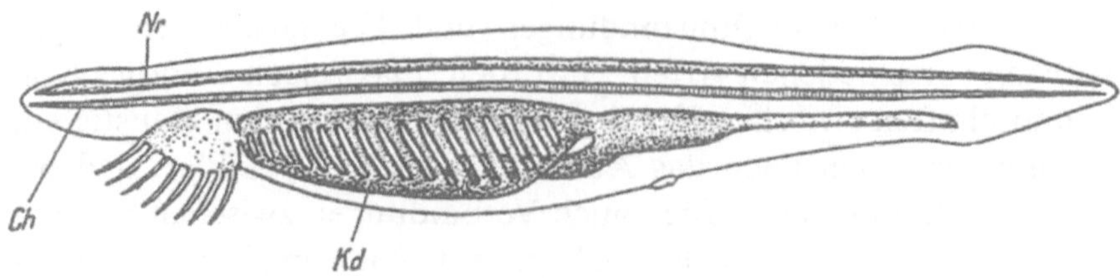

Das heute lebende Fischlein *Branchiostoma lanceolatum* kann als Modell eines primitiven Chordatieres aufgefaßt werden. Es hat keinen Schädel und kein Maul. Im Kiemendarm wird Nahrung aus dem Wasser gefiltert. *Ch* = Chorda, *Nr* = Neuralrohr mit Nervenstrang, *Kd* = Kiemendarm

stab, die Chorda, wird später von der Wirbelsäule umgeben, die in Abschnitte gegliedert ist, die Muskelbündeln zugeordnet sind. Diese ermöglichen durch rhythmische Verbiegungen der Chorda eine schlängelnde Vorwärtsbewegung. Ein Beißapparat ist nicht vorhanden. Der vordere Teil des Darmsystems ist als Filterapparat für die aufzunehmende Nahrung ausgebildet. Dieser ist nach außen offen. Aus ihm wurde später der Kiemenapparat der Fische. Die Körperform ist zweiseitig-symmetrisch, was auf eine freischwimmende Urform deutet. Diese dürfte im obersten Präkambrium gelebt haben.

Nach diesen Betrachtungen wende ich mich dem Teil des Paläozoikums zu, der auf die kambrische Zeit folgt (s. Tab. S. 8).

Die ältesten bekannten fossilen Wirbeltiere, Panzerfische, sind in Sedimenten des Ordoviz gefunden worden. Zwischen den hypothetischen präkambrischen Ahnen und den ersten Funden klafft vielleicht eine Zeitspanne von mehr als 100 Jahrmillionen, für die der Entwicklungsweg bisher nicht durch Funde belegt ist. Aber die Organisation der Panzerfische macht eine Abstammung von einem einfachen Chordatier sicher.

Die Panzerfische waren durch dicke Knochenpanzer und Knochenschuppen geschützt. Die ältesten bisher gefundenen hatten keine Beißwerkzeuge und keine beweglichen Unterkiefer. Mit ihren runden Mäulern nahmen sie wahrscheinlich Schlamm auf und filterten organische Stoffe heraus. Augen- und Nasenöffnungen lassen auf entsprechende Sinnesorgane schließen. Die ältesten Fundstellen sind sehr selten. Es ist deshalb sehr wahrscheinlich, daß gleichzeitig an einer anderen Stelle schon eine verwandte Art mit einem anpassungsfähigeren Freßapparat lebte.

Die letzte Phase des Silurs brachte große geographische Veränderungen. Durch die Verschiebungen von Erdkrustenplatten entstanden große Gebirge, wo vorher Ozeanbecken waren. Die Hochgebirge und auch ihre Vorberge waren Stürmen, Regen und tropischen Gewittern – Europa und Nordamerika lagen im Tropengürtel – schutzlos preisgegeben, denn es gab noch keine Wälder oder andere Pflanzendecken. Die Erosion war entsprechend stark, so daß die Flüsse gewaltige Sedimentmassen in neu entstandene Meeresbecken schütteten und sich zu weiten Deltas verzweigten. Es entstanden ständig sich ändernde Landschaften, die mit verzweigten Flußrinnen, schlammigen Altwassern, Lagunen mit Süß-, Brack- und Salzwasser vielerlei Lebensräume (Biotope) enthielten, die neue Anpassungen herausforderten. Das Ergebnis war eine Auffächerung der Panzerfische in den folgenden 10–20 Mio. Jahren in zahlreiche Gattungen und Arten, von denen viele bald ausstarben und durch besser angepaßte verdrängt wurden. Es entstanden auch Arten, die bis zu 1 m groß und mehr wurden. Ihre dicken Knochenplatten werden häufig als Versteinerungen gefunden.

Die Umweltänderungen waren nicht nur geographischer Natur. Auf Grund von Kontinentverschiebungen und Wanderung der Pollagen kam es an der Wende vom Ordoviz zur Silur-Zeit zu einer Eiszeit in der nordwestlichen Sahara. Eisbedeckung und Gletschertätigkeit wurde auch in Südamerika und im Gebiet der Kap-Provinz in Südafrika festgestellt.

Diese großen geographisch-klimatischen Veränderungen haben wohl zum Aussterben vieler vorher erfolgreicher Lebensformen geführt und damit neue Entwicklungen möglich gemacht. Das Erlöschen so vieler Arten und der Beginn neuer Evolutionslinien hatten dazu geführt, die Grenze zwischen dem älteren und mittleren Paläozoikum an die Basis der silurzeitlichen Ablagerungen zu legen.

In bezug auf die auffällig massiven Knochenpanzer der Panzerfische muß gefragt werden, gegen wen sie schützten. Die Darwinsche Auslese erfordert ja, daß eine Entwicklung nur weiterführen kann, wenn sie für ein Lebewesen nützlich ist. Bei der Besprechung des Körperbaus der Gliedertiere habe ich erwähnt, welche Nachteile eine Panzerung haben kann. Die Panzerfische müssen relativ langsam und schwerfällig gewesen sein und dadurch in ihrer Entwicklungsfähigkeit beschränkt. Trotzdem hatten sie sich für mehr als 50 Millionen Jahre bewährt. Wer waren die Feinde bzw. für die Überwältigung welcher Beute war der Panzer von Vorteil? Diese Frage hat bisher keine befriedigende Erklärung gefunden. Ich erwähne diesen Befund, weil für die meisten langfristigen Entwicklungen einleuchtende Erklärun-

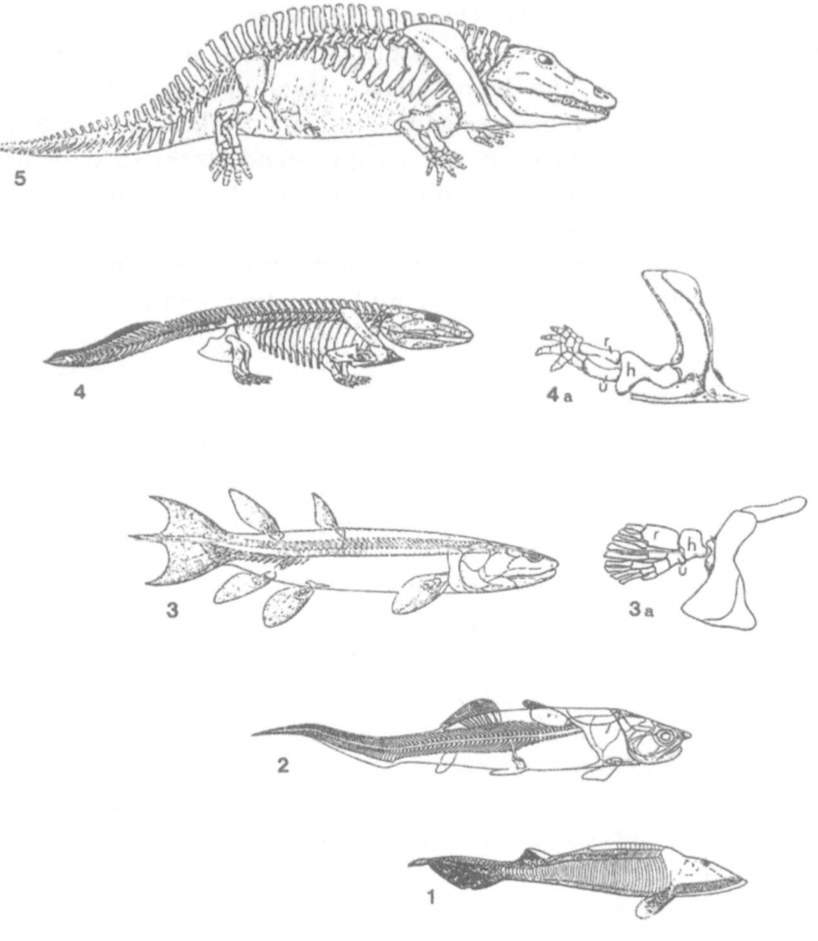

Schema der Wirbeltierevolution von den Knochenfischen zu den Amphibien in der Zeit zwischen dem Unterdevon und Unterperm am Beispiel charakteristischer Vertreter einiger Entwicklungsstufen (ohne Größenmaßstab). Es sei betont, daß die abgebildeten Tiere keine Glieder einer Ahnenkette sind. Ihre Evolutionswege endeten in Sackgassen.

5 – *Eryops,* ein großes Amphibium aus dem Unterperm
4 – *Ichthyostega* (ältestes Amphibium, Oberdevon)
4a – Schultergürtel und Vorderextremität eines frühen Amphibiums
3 – Der Quastenflosser *Eusthenopteron* (Oberdevon)
3a – Schultergürtel und obere Extremität eines Quastenflossers lassen die Möglichkeit ihrer Umbildung zu Arm, Hand und Fingern erkenne
2 – Der Panzerfisch *Coccosteus* (Mitteldevon)
1 – Der kieferlose *Hemicyclaspis* (Unterdevon)

gen gefunden wurden. Nach ihrer Hauptblüte im Unterdevon starben die Panzerfische schon am Ende des Devons aus. Sie gehören also nicht zu den Vorfahren der später so erfolgreichen Fische, die zu Ahnen aller heute lebenden Wirbeltiere wurden.

Die ältesten durch Fossilien belegten Fische lebten in den Meeren der Silur-Zeit und entwickelten sich im Laufe der Devon-Zeit zu großer Vielfalt. Sie hatten keine schweren Panzer und waren deshalb wohl zu schneller Flucht und ebenso schnellem Angriff fähig. Vielleicht hatten ihre bisher nicht durch Fossilfunde dokumentierten Vorfahren sich in den Schlupfwinkeln von Kalkriffen der vorangegangenen Zeit des Ordoviz entwickelt. Sie zeigen alle typischen Wirbeltiermerkmale: Eine in Wirbel gegliederte, dadurch biegbare, knöcherne Wirbelsäule – ein Erbe der Chordatiere – umschließt und beschützt den Hauptnervenstrang. Der Schädel ist mit gut entwickelten Augenhöhlen und Abdrücken von Nervensträngen ausgerüstet.

Ich möchte an dieser Stelle etwas näher auf die Evolution von Augen eingehen, denn ihre Entwicklung hat in der Diskussion der Darwinschen Hypothese eine wichtige Rolle gespielt.

Evolution von Augen

Augen, wunderbare Instrumente zur Erkennung der Umwelt, mit Linsen durchsichtig wie Glas, mit von Nervenzellen besetzten Projektionswänden im richtigen Abstand für den Empfang scharfer Bilder, mit anpassungsfähiger Nah- und Ferneinstellung; dazu im Gehirn ein leistungsfähiges Speicher- und Auswertungszentrum! – Wie kann eine so komplizierte, vielseitig abgestimmte Perfektion entstanden sein?

Es ist immer wieder behauptet worden, daß durch Mutation und Auslese allein eine so perfekte Optimierung unmöglich sei. Unmöglich könnten – so wird argumentiert – die Wirkungen der Auslese auf die zufälligen Änderungen der Erbanlagen eine solche Perfektion erzeugen, jedenfalls nicht in den dafür zur Verfügung stehenden geologischen Zeitspannen. Wie, wird gefragt, ist es möglich, daß eine die Linse verbessernde Änderung dem Organismus einen Vorteil verschaffen kann, wenn nicht abgestimmte Änderungen im Netzhaut- und Nervenapparat dazukommen? Ist es nicht statistisch millionenfach wahrscheinlicher, daß die dort auftretenden Änderungen nicht auf die ersten abgestimmt sind? Bevor so ein Zufallstreffer kommt, müßten doch viele schädliche, ebenfalls vererbliche Änderungen auftreten? – Mir haben diese Argumente auch einmal eingeleuchtet. Sie sind aber falsch angesetzt.

Organe entstehen nur – wie schon oben erwähnt –, wenn sie dem Organismus nützen, d. h. seine Funktionsfähigkeit erhalten oder verbessern. Durch die Auslese werden also nicht nur einzelne Teile des Sehapparates geprüft, sondern immer auch ihre gegenseitige Abstimmung und das zugeordnete Nervensystem. Das bedeutet, daß Organe in bezug auf ihren Nutzen für eine bestimmte Lebensweise geprüft werden. Wir können jetzt fragen: Für welche Tätigkeit ist die Entwicklung von Augen ein Vorteil? – Wir brauchen nur daran zu denken, wie hilflos wir im Dunkeln sind, um zu wissen, daß auch schon die primitivste Art von Sehen für Tiere, die sich aktiv in ihrer Umwelt bewegen, von unschätzbarem Vorteil ist. Der Vorteil wächst mit der Schnelligkeit der Ortsänderung. Dieser Schluß wird dadurch bestätigt, daß Tiere, die ihre Nahrung suchen, Augen entwickelt haben: Insekten, Krebse, Schnecken, Cephalopoden (Kopffüßer), selbst eine Muschel (Pecten), die als Fluchtreaktion durch Auf- und Zuklappen ihrer Schalen schmetterlingsartig flatternd schwimmen kann, besitzt am Mantelrand einen Saum primitiver, lichtempfindlicher Strukturen. Die Möglichkeit für diese Entwicklungen – wie für die aller anderen Sinnesorgane – liegt zweifellos in der Empfindlichkeit für vielerlei Arten von Umwelteinflüssen, die viele primitive Organismen auszeichnet. So ist eine gewisse Lichtempfindlichkeit (Phototropie) bei vielen pflanzlichen und tierischen Einzellern erkennbar. Ist nicht die Nutzung des Lichtes zur Photosynthese einer der frühesten Evolutionsschritte gewesen? Es ist deshalb wohl kein Zufall, daß unsere Augen gerade den Wellenlängenbereich des Lichtes wahrnehmen, der auch bei der Photosynthese wirksam ist. Die Voraussetzungen zur Konzentration von lichtempfindlichen Zellen am Vorderende mehrzelliger Tiere waren somit gegeben, denn dort findet der intimste Kontakt mit der Umwelt statt.

Über die Einzelheiten der Evolution unserer Vorfahren bis zu unseren Fisch-Ahnen im Silur werden wir wohl nie direkte Kunde bekommen.

Aber es gibt auch heute Tiere, die – wie die oben erwähnte Muschel – mit ganz primitiven Sehwerkzeugen auskommen. An solchen lassen sich Entwicklungsstadien erkennen, aus denen sich Evolutionsszenarien ableiten lassen (H. v. Ditfurth, 1976). Die Entwicklung beginnt mit Konzentrationen lichtempfindlicher Zellen. Sie dürfen natürlich nicht mit der mehr oder weniger lichtundurchlässigen Körperhaut bedeckt sein, sind aber weit verletzlicher als diese. Die Gefährdung kann verringert werden, wenn sie am Boden von Grübchen liegen. Dieser Vorteil vergrößert sich, wenn aus den Grübchen tiefere Näpfe werden. Mit zunehmender Vertiefung wird der Sichtwinkel verengt, so daß die Richtung einer Lichtquelle oder die Bewegung eines Schattens genauer erkannt werden können. Der Effekt verstärkt sich, wenn der Napf zu einer Hohlkugel wird und die Öffnung sich weiter verengt, dann entsteht auf der Rückwand ein immer schärferes Bild. Es ist der Effekt, der bewußt mit der Blende in der Optik einer Kamera erzielt wird. Aus einer primitiven Schutzvorrichtung ist ungeplant eine primitive Optik geworden; ein typischer Selbstorganisationsvorgang! Wie aber konnte so ein nacktes Napfauge mit einer Linse verschlossen werden? – Nun, ein tieferer Napf hatte einen Nachteil: In ihm konnten sich Fremdkörper sammeln. Dafür gab es eine Abhilfe, der Napf konnte mit durchsichtigen Zellen gefüllt und mit einer durchsichtigen Hornschicht bedeckt werden. Hornzellen sind ja ein Bestandteil jeder Wirbeltierhaut. Die Bildung einer Linse wurde möglich.

Zurück zu der Frage: Warum haben schädliche Mutationen, etwa an der Form des Napfes, der Anordnung der Sehzellen, den Nervenleitungen zum Gehirn oder den Verrechnungsschaltungen im Gehirn eine folgerichtige Entwicklung nicht unmöglich gemacht? – Um das zu verstehen, muß noch einmal nach dem Nutzen von Augen gefragt werden: Augen sind wichtige Steuerungsorgane für die Fortbewegungen eines Lebewesens in seiner Umwelt. Pflanzen sind auch lichtempfindlich, brauchen aber keine Augen, weil das Licht, mit dessen Hilfe sie ihre Nahrung gewinnen, zu ihnen kommt. Wenn Bäume herumrennen müßten, hätten sie auch Augen entwickelt. Ihr Konkurrenzkampf um Licht hat ihr Höhenwachstum bewirkt. Deshalb gibt es Wälder.

Wichtig für die weitere Entwicklung ist, daß auch das primitivste Auge seine Steuerungsfunktion nur erfüllen kann, wenn es mit einem verläßlich arbeitenden Nervenzentrum verbunden ist. Dieser Verbund ist eine funktionelle Einheit. Jede Störung würde sich, gleichviel an welcher Stelle, sehr nachteilig auswirken. Die Auslese wird daher diese Einheit vor Störungen durch Erbänderungen schützen. Dagegen werden Änderungen, die diesen Verbund und seine Funktion verbessern, von der Auslese begünstigt werden. Nur in diesem Verbundsystem kann sich z. B. die durch Erbänderungen vergrößerte

Zahl der lichtempfindlichen Zellen, kann sich die über ihnen gebildete durchsichtige Schutzhaut, die sich zu einer Linse verdickt hat, weiterentwickeln usw.

Mit anderen Worten: Die Auslese verbessert nicht einzelne Teile eines Apparates unabhängig voneinander, sondern verbessert ganze bewährte Funktionsverbände. Sie bewahrt solche Systeme und begünstigt ihre Verbesserungen. Das ist das Prinzip der Selbstorganisation. Diese ist gerichtet, nicht durch einen vorgegebenen Plan – etwa ein Auge mit Linse zu konstruieren –, sondern weil die Tätigkeiten der Lebewesen und die Funktionen ihrer Organe die Auslese in bestimmte Bahnen lenken.

Die Tatsache, daß durch die Tätigkeiten (das Verhalten) von Lebewesen die Auslese in bestimmte Bahnen gelenkt wird, macht das statistische Argument, von dem diese Betrachtung ausging, hinfällig. Rupert Riedl (1986) hat diese Zusammenhänge ausführlich dargelegt.

Die durch Tätigkeiten ausgerichtete Auslese kann in kurzer Zeit sinnvolle Veränderungen an Erbanlagen hervorbringen. Wir tun dasselbe, nach demselben Prinzip, wenn wir Tiere mit bestimmten Eigenschaften züchten (z. B. Windhunde, Milchkühe).

Noch ein Aspekt muß in diesem Zusammenhang erwähnt werden. Lebewesen verändern durch ihre Tätigkeit ihre Umwelt – wir tun das zur Zeit in katastrophalem Maße –, und sie leben und entwickeln sich zusammen mit unzähligen anderen Lebewesen unter ständigen wechselseitigen Beeinflussungen (Rückkoppelungen). Jede Evolution einer bestimmten Art ist immer nur ein Teil einer gemeinsamen Entwicklung (Koevolution) vieler Arten, ja sie ist letztlich nur ein Teil des umfassenden, unendlich vielfältig bunten Ökosystems Erde, zu dessen Evolution jedes Lebewesen durch seine Aktivitäten einen Beitrag liefert. Außerdem fördert die natürliche Auslese die gegenseitigen Abhängigkeiten der Lebewesen.

Ich muß noch einmal auf die Existenz von Augen zurückkommen. Diese haben sich bei vielen Tieren zu so perfekten Bildapparaten entwickelt, daß aus ihrer Struktur die Gesetze der optischen Physik abgeleitet werden können (K. Lorenz). Ja, sogar das Milieu, in dem das Auge gebraucht wird, ob in Luft oder in Wasser, läßt sich erschließen. Es gibt sogar eine Fischart (Schützenfisch), die bifokale Augen hat, mit denen sie unter Wasser gut sehen kann, und sogar, ein wenig auftauchend, mit gezieltem Wasserstrahl Insekten von über dem Wasser hängenden Pflanzen herunterspucken kann, ein gutes Beispiel für die Lenkung der Auslese durch die Tätigkeit von

Lebewesen. Die Erkenntnis, daß solche Perfektion sich ohne einen vorgegebenen Plan entwickeln kann, ist für mich eine froh machende Erkenntnis. Liefe die Evolution nach festen Plänen ab, dann wäre der Kosmos ein Uhrwerk, dann wäre jeder Schritt vorherbestimmt, dann wären alle Lebewesen, und natürlich auch wir selbst, nur Automaten, dann wären unser Wille, unsere Freuden und unsere Trauer nur Illusionen, und all unsere Anstrengungen könnten an dem vorgezeichneten Ablauf nicht das mindeste ändern, wären also sinnlos. Wir wären mit all unserem Fühlen, Wollen und Tun nur Hampelmänner. – Dem ist nicht so. Es hat auch noch nie ein Mensch sich so verhalten, als glaube er das. Aber immer wieder haben Philosophen und auch Naturwissenschaftler in bezug auf die Evolution so argumentiert, als ob diese Schlußfolgerung zwingend wäre.

In den letzten Jahren hat, vor allem in der Amtszeit Reagans in Amerika, ein primitiver Bibelglauben wieder beträchtlich an Boden gewonnen. Seine Verfechter weisen darauf hin, daß die Wissenschaftler keine absoluten Wahrheiten feststellen können und daß deshalb die Offenbarungen der Bibel ebenso glaubwürdig, ja glaubwürdiger seien als die Evolutionshypothese. Wahrscheinlich hat der Erfolg dieses Argumentes viel mit dem Schwund des Glaubens an Wissenschaft und Technik als Glücksbringer für die Menschheit zu tun. Wer an die Bibel als eine Offenbarung Gottes glaubt, muß sich aber fragen lassen, warum ein allmächtiger Gott seine Geschöpfe sündig werden läßt, sie dafür bestraft und gleichzeitig für seinen Zorn, seine Liebe und Gerechtigkeit Verehrung verlangt. Auf diese und ähnliche Fragen erhält man die Antwort, daß das eben Gottes unergründliches Geheimnis sei.

Natürlich beschäftigen auch den Naturwissenschaftler die Fragen, warum Menschen für ihr soziales Zusammenleben so unvollkommen ausgerüstet sind, warum sie ein Gewissen haben, warum sie um vermeintlicher Werte willen grausamer miteinander kämpfen als um Nahrung. Die Verhaltensforscher bemühen sich um diese Probleme. Ich werde darauf bei der Besprechung der menschlichen Evolution zurückkommen.

Das war eine weite Abschweifung von den Augenhöhlen und Abdrücken von Nervensträngen im Schädeldach versteinerter Fischskelette. Sie schien mir notwendig, um dem Aufspüren von Evolutionslinien eine breitere Perspektive zu geben.

Die Eroberung des Festlandes

Mehr als 3,5 Mrd. Jahre lang waren die Festländer lebensfeindliche Wüsten von nacktem Fels und mit Geröll, Sand und Staub bedeckten kahlen Ebenen.

Der Wechsel vom Leben im Meer zum Landleben bedeutete eine gewaltige Verhaltensänderung für Tiere, die ihre ganze Evolution im Wasser erlebt hatten. Warum eine solche Verhaltensänderung? – Das Land muß Nahrung geboten haben. Für die ersten tierischen Aussteiger aus dem Wasser kann das nur pflanzliche Nahrung gewesen sein, denn nur Pflanzen können ohne organische Nahrung leben. Funde von Sporen deuten an, daß möglicherweise schon vor etwa 700 Mio. Jahren Pflanzen begonnen hatten, Feuchtgebiete auf dem Land zu besiedeln. Die Pflanzen waren jedenfalls die Vorhut der Landnahme des irdischen Ökosystems. Für sie boten wohl die Deltagebiete mit ihren Lagunen im Gezeitenbereich, Tümpeln und Rinnen die vielfältigsten Möglichkeiten für neue Anpassungen. Es ist deshalb wohl kein Zufall, daß die ältesten Fossilien von Pflanzen, die zwar noch im Wasser wuchsen, aber Sprosse in den Luftraum reckten, in Deltaablagerungen gefunden wurden, die ein Alter von etwa 430 Mio. Jahren (Silur-Zeit) haben. Die Luftsprosse besaßen Sporenträger, wie heute noch Moose, Farne und Pilze. Die Sporen (Keimzellen für ungeschlechtliche Fortpflanzung) konnten durch den Wind weiter verbreitet werden als im Wasser. Zur Versorgung der Luftsprosse waren dünne Gefäße entstanden und zur Versteifung natürlich Stützgewebe, Vorläufer von Zellulose und Holz. Dadurch wurde ein höheres Wachstum möglich, wohin mehr Sonne lockte. Dieser Vorteil konnte noch vergrößert werden durch die Entwicklung besserer Gefäß- und Wurzelsysteme. So zogen sich die Gefäßpflanzen an ihren Schöpfen aus dem Sumpf!

Die Pflanzen wurden sicher von Anfang an von Bakterien und anderen Mikroorganismen begleitet. Als erste höher organisierte Tiere stiegen die Gliedertiere den neuen Nahrungsquellen folgend auf das Land. Sie waren dafür gut ausgerüstet. Sie hatten schon im Wasser feste Chitinpanzer entwickelt. Diese boten kräftigen Muskeln Halt und konnten auch außerhalb des Wassers das Körpergewicht tragen. Ihre Beine besaßen Gelenke, die es möglich machten, den Vorteil der Hebelwirkung auszunutzen, und sie hatten Augen. Der Panzer konnte sogar vor Austrocknung schützen. Die Atmung mußte natürlich dem neuen Milieu angepaßt werden.

Wir wissen nicht, wann Pflanzen zuerst größere Landgebiete bedeckten. Die ältesten Kohlenflöze mit Baumstämmen von mehr als 10 m Länge sind aus dem Devon bekannt. Damals, vor etwa 370 Mio. Jahren, gab es wahrscheinlich schon ein reiches Insektenleben auf dem Land. Die Aussicht, kleine Insekten – die meisten waren zuerst sicher klein – als Fossilien in festländischen Sedimenten zu finden, ist äußerst gering. Aber sie scheinen sich rasch zu großer Vielfalt entwickelt zu haben, denn schon etwa 80 Mio. Jahre später, in den Sumpfwäldern der oberen Karbonzeit, lebten Libellen mit 66 cm Flügelspannweite, sie waren also größer als irgendein heute lebendes Insekt.

Die Insekten hatten zunächst einen beträchtlichen Entwicklungsvorsprung vor den Wirbeltieren. Das hat, nachdem es erkannt wurde, zu der Frage geführt, warum die Insekten ihren Vorsprung im weiteren Verlauf der Erdgeschichte nicht beibehalten konnten. Die Antwort ist recht einfach. Die Ursache ist mechanischer Natur. Ein aus Röhren zusammengesetztes Außenskelett hat bei kleinen Abmessungen sehr gute Festigkeitseigenschaften, viel bessere als ein entsprechendes Innenskelett. Mit wachsender Körpergröße wird aber das Innenskelett günstiger. Die Insekten konnten im Größenwachstum nicht mithalten. Es gibt keinen Käfer, der größer ist als etwa 20 cm.

Unter den vielen Fischarten, die sich in der Devon-Zeit in den Weltmeeren ausbreiteten, stellten unter den Knochenfischen die Quastenflosser (Crossopterygier) die meisten Arten. Das läßt eine große Anpassungsfähigkeit (Evolutionsfähigkeit) erkennen. Sie besaßen vier kräftige, fünfstrahlige – daher unsere fünf Finger – Flossen, die eine Gelenkstruktur hatten und eine leistungsfähige Schwimmblase. Zwei interne Nasenöffnungen in dem stark verknöcherten Schädel sprechen für eine Spezialisation des Geruchssinnes. Diese Spezialisationen müssen sich Hand in Hand mit der Entwicklung der Koordinationszentren im Gehirn gebildet haben, anderenfalls würden sie keine verbesserten Reaktionen ermöglichen. Die Crossopterygier vererbten ihren amphibischen Abkömmlingen ein breites, entwicklungsfähiges Fundament von Organen und Fähigkeiten, das ihren Nachkommen schließlich das Laufen, Klettern, Schwimmen und Fliegen ermöglichen sollte und in ferner Zukunft sogar einen Besuch auf dem Mond.

Ein mariner Zweig der Crossopterygier, die Coelacanthiden, ist noch im Mesozoikum durch einige Funde nachgewiesen. Man hatte gedacht, sie seien vor etwa 50 Mio. Jahren ausgestorben. Es war deshalb eine wissenschaftliche Sensation, als 1938 auf einem Fischmarkt an der südafrikanischen Küste ein großer Crossopterygier entdeckt wurde, ein lebendes Fossil. Im Laufe der Jahre wurden weitere Exemplare, auch ein paar lebende, in dem Gebiet der Komoren zwischen Afrika und Madagaskar gefangen und kürzlich auch in ihrem Lebensraum gefilmt.

Doch zurück zur Devon-Zeit. Die Quastenflosser hatten schon viele Organisationsmerkmale der Amphibien erworben, doch Zwischenformen wurden bisher nicht als Fossilien gefunden. Sie haben wahrscheinlich in kleinen Populationen in abgegrenzten Gebieten im Mittel- und Oberdevon gelebt. Damals herrschten in weiten Teilen von Nordamerika und Europa-Asien mehr oder weniger aride Bedingungen (Old Red), in denen Austrocknungen und Überflutungen wechselten, so daß die Fähigkeit, gelegentlich Luft zu atmen und über Schlammflächen zu kriechen, vorteilhaft wurde.

Als Modell für eine ähnliche Entwicklung können die heute lebenden Schlammspringer angesehen werden. Es sind Fische, die in Mangrovenwäldern bei Ebbe auf Insekten Jagd machen, indem sie mit kräftigen Stummelflossen über den Schlamm hüpfen und sogar auf Baumwurzeln klettern.

Ein Fossil einer solchen Zwischenform wurde, wie gesagt, bisher nicht gefunden, wohl aber die Spur eines solchen Tierchens auf einer etwa 360 Mio. Jahre alten Schichtfläche in der Old-Red-Formation in Schottland. Sie zeigt deutlich, daß dieser Fisch über eine austrocknende Schlammfläche robbte, indem er sich mit seinen stummelig fleischigen Flossen abstieß, wohl auf der Suche nach einem anderen Tümpel (Spektrum der Wissenschaft, 1983), eine schöne Bestätigung für das Evolutionsmodell für Amphibien.

An der Wende vom Devon zum Karbon, vor etwa 360 Mio. Jahren, sind zwei getrennte Gruppen von Amphibien durch Fossilien nachgewiesen. Die eine mit kleinen stark spezialisierten Formen scheint schon im Karbon ausgestorben zu sein. Die zweite (Labyrinthodonten) ist im Karbon nur durch im Wasser lebende Formen vertreten. Aus dieser Gruppe sind die Reptilien hervorgegangen.

Welche Anpassungen waren für das Landleben notwendig, welche erwiesen sich für weitere Entwicklungen als vorteilhaft? – Die Kiemenatmung mußte ganz zugunsten der Lungenatmung unterdrückt werden. Trotzdem besitzen auch wir noch immer, wie unsere Embryonalentwicklung zeigt, die Anlage zur Kiemenbildung in unserem Erbgut. So konservativ sind Evolutionsprozesse! Sie müssen es sein, denn in jeder erfolgreichen Organisation steckt ein Stück

Umwelterkenntnis, jede ist ein Stein des Fundamentes, auf dem weitergebaut werden kann. Es darf nicht unnötig geschwächt werden. Das gilt auch für menschliche Kulturen, wie ich später zu zeigen hoffe.

Zurück zu den Amphibien. Aus den vier fünfstrahligen Flossen wurden zuerst fünfzehige Füße, später dann (bei Reptilien, Säugetieren und Vögeln) Krallen, Hufe, erneut Flossen, Flügel und Hände.

Für das Leben an Land mußte der Körper gegen Austrocknung geschützt werden. Bei den Amphibien geschieht dies durch Absonderung einer zähen Schleimschicht. Entsprechende Drüsen sind schon bei Fischen vorhanden. Ein Beispiel für den Erfolg dieser Anpassung sind die großen afrikanischen Ochsenfrösche, die sogar in den Sandgebieten der Kalahari leben, wo Wasser nur für ein paar Wochen im Jahr kleine Senken füllt. In guten Regenzeiten laichen sie in solchen Pfannen und verteidigen sogar ihre Brut gegen Feinde. Bei Beginn der Trockenzeit graben sie sich metertief in den Sand und verschlafen dort lange Monate, bis ausgiebiger Regen den Sand bis zur Tiefe ihres Schlafplatzes durchfeuchtet. – Für viele Kröten und Salamanderarten hat sich durch die Auslese aus der Feuchtigkeit bewahrenden Schleimschicht auch ein gegen Freßfeinde schützender Giftüberzug entwickelt. Bei einigen Arten sind Gifte entstanden, die Schlangengiften an Gefährlichkeit nicht nachstehen. In Südamerika machen manche Indianerstämme gefürchtete Pfeilgifte aus solchem Schleim.

Trotz solcher im ganzen erfolgreicher Entwicklungen konnten sich die vielen, teilweise recht großen Amphibien, die in der Perm-Zeit lebten, nicht weiterentwickeln. Sie starben aus. Vielleicht weil Amphibien in einer Beziehung nicht gut an das Landleben angepaßt sind: Sie müssen ihre Eier im Wasser ablegen, und der Dottervorrat ihrer Eier ist zu klein, um die Jungtiere ausreifen zu lassen. Sie müssen schon im Larvenstadium als Kaulquappen, noch mit Kiemen versehen, schlüpfen, um sich im Wasser schwimmend Nahrung zu suchen.

Die wirkliche Eroberung der Festländer gelang einem zunächst unbedeutenden Zweig der Amphibien durch seine Entwicklung zu Reptilien. Dieser bedeutende Evolutionsschritt erfolgte im obersten Paläozoikum. Im folgenden Mesozoikum (mittlere Tierzeit) erlebten sie eine phantastische Blüte, die dann kurz vor Beginn des Neozoikums (Neutierzeit) recht unvermittelt endete. Mit der erfolgreichen Evolution der Wirbeltiere sind nun alle großen Ordnungen des Tierreiches in die Erdgeschichte eingetreten und zu Akteuren im

Schöpfungsdrama geworden. Es scheint mir deshalb angebracht, im folgenden Kapitel die Grundregeln des Dramas zu besprechen sowie ihre Einbindung in die ständig wechselnde Bühnenausstattung driftender Kontinente, sich öffnender Ozeane, wachsender und zerfallender Gebirge und die Anforderungen oft radikaler Klimaänderungen.

Wer das Drama einfach als einen Kampf aller gegen alle beschreibt, der verkennt seinen vollen Gehalt gänzlich, denn seine vielfältig verstrickten Handlungen spielen gleichzeitig auf vielen Ebenen. Da wechseln friedliche Konkurrenz mit Aggression, Kooperation mit raffinierter Täuschung, Kampf mit Flucht. Da wächst aus Sterben neues Leben, wird manches Erbe zu einem Fluch, und überall schwirren Amors Pfeile. Der Reporter aber muß zur Beschreibung des bunten Geschehens immer wieder zu den Begriffen »Nutzen« und »Vorteil« greifen. Diese werden im ersten Abschnitt des nächsten Kapitels näher betrachtet.

7

Die großen Herausforderungen

Was des einen Eule,
ist des anderen Nachtigall

Nützlichkeit und Vorteil

Es ist zweckmäßig, diese Begriffe zuerst von der Seite des Sprachgebrauchs zu betrachten, denn in der Sprache finden tausendfältige Erfahrungen ihren Ausdruck.

Gibt es eine absolute Nützlichkeit? Ist ein Quarzkristall nützlich, oder ein Sandkorn, ein Stück Brot, eine Mitteilung? – Diese Fragen sind so nicht zu beantworten, denn Nützlichkeiten sind Beziehungen. Nach ihnen kann nur gefragt werden, wenn auch gefragt wird, für wen und wozu. Nützlichkeit muß einen Bezug haben. Was für einen Fleischfresser nützliche Nahrung ist, bedeutet für seine Beute Schmerz und Tod. Dagegen ist die Nektarsuche der Biene nützlich für ihr Überleben und nützlich für die Vermehrung der Blütenpflanzen. Wer beurteilt in solchen Fällen, was nützlich ist? Wer ist der Beurteiler? – Man liest gelegentlich, daß die Evolution eine bestimmte Entwicklung, z. B. die Bildung von Hufen, begünstigt. Das ist eine unzulässige Personifizierung. Es gibt *die* Evolution nicht. Es gibt nur Evolutionsprozesse, und diese bewerten auch nichts. Sie begünstigen bestimmte Varianten eines Erbprogrammes. Das ist ein komplizierter, aber doch im Prinzip automatischer Vorgang ähnlich der Sortierung von Kieseln durch ein Sieb. Dabei werden die Größenklassen getrennt, aber nicht beurteilt. Über die Verwendbarkeit entscheidet dann ein Maurer. Bei Evolutionsprozessen fällt niemand Entscheidungen. Die Auslese ergibt sich aus vielfältigen Wechselwirkungen zwischen ererbten Verhaltensweisen und sich ändernden Umweltbedingungen. Für Lebewesen ist nützlich, was ihrer Vermehrung dient. Ist vielleicht nur das nützlich, was der Empfänger als nützlich begreift? – Keineswegs. Amöben z. B. wählen Nahrung und vermeiden für sie schädliche Substanzen aufgrund chemischer Merkmale. Es wäre eine unzulässige Vermenschlichung zu sagen, daß die Amöbe ihre Umwelt durch Auswählen beurteilt. Man kann aber wohl sagen, daß eine solche Wahl, auch wenn sie völlig unbewußt geschieht, wie bei unserer eigenen Verdauung, für die Amöbe und für uns nützlich ist.

Das bedeutet, daß im Evolutionsgeschehen Nutzen zuerst und vor allem Eigennutz ist, der aber – wie ich zeigen werde – auf höheren Entwicklungsstufen, mit der Entwicklung von individuellem Lernvermögen, ungeahnte Erweiterungen erfährt. Nützlichkeiten sind das Ergebnis der Wechselwirkung zwischen ererbten Verhaltensweisen und Umweltbedingungen im weitesten Sinn, also auch den Umweltänderungen, die Lebewesen selbst hervorrufen. Dazu Beispiele: Tarnfarben und -muster sind weit verbreitet in der Tierwelt. Bei vielen Insekten sind ganz erstaunliche Anpassungen entstanden. Die »wandelnden Blätter« sind wohl manchen Lesern bekannt. Die Tarnung schützt aber nur, wenn sich die Insekten bevorzugt auf den Büschen aufhalten, deren Blätter ihnen ähnlich sind, und wenn sie sich nur sehr langsam bewegen und dabei leicht hin- und herschwanken, wie Blätter in einem leichten Luftzug. Tiere, deren Verhalten von diesem Schema infolge einer Mutation abweicht, werden bald von scharfäugigen Vögeln aus der Erbfolge entfernt. Aber – es gibt keine Evolution ohne ein Aber –, der Tarnungserfolg schränkt zugleich den Lebensraum drastisch ein. Das ist eine der unzähligen Wechselwirkungen. Ein ursprünglich kleiner Tarnvorteil ist durch die Darwinsche Auslese zur Perfektion verbessert worden, aber auf Kosten eines Verlustes allgemeinerer Anpassungsfähigkeit. Das kann den Fortbestand der ganzen Art gefährden, wenn die Wirtspflanze aus irgendeinem Grund aussterben sollte.

Ein Vorteil ohne Nutzen ist undenkbar, aber im Evolutionsprozeß bleibt nicht jeder Vorteil auf Dauer nützlich. Darüber wird später – in bezug auf menschliches Verhalten – noch ausführlich zu sprechen sein.

Wie unterscheiden sich Vorteil und Nutzen? – Beim Nutzen ist zu fragen, für wen. Bei Vorteil ist zu fragen, vor wem. Wer schneller rennt, hat einen Vorteil vor dem Verfolger. Vorteile beziehen sich auf Konkurrenten. Beide Begriffe dienen der Beschreibung sehr realer Wechselwirkungen im Spannungsfeld von Lebewesen und Umwelt und im Spannungsfeld konkurrierender Individuen und Populationen (Fortpflanzungsgemeinschaften).

Ich habe nun so oft von Wechselwirkungen gesprochen, daß es nötig ist, daran zu erinnern, daß Wirkungen das Ergebnis von Energieübertragungen sind. Im physikalischen Bereich können Wechselwirkungen einen Energiefluß bündeln und ausrichten. Laserstrahlen sind ein gutes Beispiel. Auch viele biologische Prozesse kommen auf ähnliche Weise zustande. So beruht das Laufen oder Fliegen auf den genau abgestimmten Wechselwirkungen von gegeneinander gerichteten Muskeln. Gilt das auch für die so auffällige Ausrichtung der verschiedenartigen Entwicklungslinien, die die Evolution des Lebens auszeichnen? – Das ist der Fall. Nützlichkeiten wirken richtungsgebend! Stimmt das? – Ja, denn durch die Darwinsche Auslese können zufällig entstandene Nützlichkeiten verbessert werden, ohne daß daran eine Absicht beteiligt ist.

Aus diesen Überlegungen ergibt sich der umgekehrte Schluß: Neue Entwicklungen müssen nützlich sein, einen Vorteil bringen! Für die Deutung ihrer Entstehung muß immer gefragt werden: Warum waren sie nützlich?

Diese Fragen sind das wichtigste Rüstzeug der Evolutionsforschung. Ich habe von ihnen schon oben Gebrauch gemacht bei der Besprechung der Vorteile, die vielzellige Lebewesen vor Einzellern haben und der Evolution von Nervensystemen und Augen.

Das Nützlichkeitsprinzip macht auch sehr allgemeine Erscheinungen wie die Symmetrien von Körperformen und die Entstehung von ökologischen Wechselwirkungen verständlich, die in den folgenden Abschnitten behandelt werden.

Symmetrien der Körperformen

Die große Mehrzahl aller Tiere – Elefanten, Schlangen, Kröten, Wölfe, Spinnen, Krokodile, Fledermäuse, Rinder, Fische, Schmetterlinge usw. – besitzt zweiseitig symmetrische Körperformen. Die beiden Körperhälften sind symmetrisch (spiegelbildlich) zu einer Symmetrieebene angeordnet und haben auch eine Bauch- und Rückenseite. Warum zwei gleiche Körperhälften? Warum eine Symmetrieebene, obwohl die inneren Organe keine symmetrische Anordnung zeigen? – Wir erinnern uns, daß die Lebewesen im Wasser entstanden sind. Es war nützlich für sie, sparte Energie, wenn die Körperformen sich den Strömungseigenschaften des Wassers anpaßten. Jede Abweichung von der zweiseitigen Symmetrie erzeugt bei der Vorwärtsbewegung bremsende Wirbel und erschwert die Einhaltung einer Richtung. Wir geben unseren Booten und Schiffen aus diesem Grund eine entsprechende Symmetrie. Deswegen ist es nützlich, wenn Fortbewegungsapparate, Ruder, Schiffsschrauben, Flossen, Beine symmetrisch angeordnet sind. Warum außerdem eine Ober- und Unterseite? – Für Organismen, die sich aktiv bewegen, ist die Anziehungskraft der Erde eine wichtige Orientierungshilfe, die es möglich und nötig macht, eine stabile Gleichgewichtslage einzuhalten oder schnell wieder zu erreichen. Das ist so nützlich, daß sich bei vielen Tieren empfindliche Gleichgewichtsapparate gebildet haben (bei Säugetieren im Ohr). Wichtige Organe wie Augen und Fühler sind in ihrer Lage an dieses Symmetriesystem angepaßt. Jede Abweichung als Folge von Mutationen ist nachteilig und wird durch Auslese unterdrückt. Es gibt natürlich auch Ausnahmen. Flundern haben beide Augen auf einer ihrer flachen Seiten. Das ist eine spezielle Anpassung, denn sie bewegen sich mit der anderen Seite flach an den Meeresboden geschmiegt. Über die Entwicklung dieser merkwürdigen Ausnahme gibt ihr Jugendstadium Auskunft. Sie beginnen nach dem Schlüpfen ihr Leben als normale Fischlein, dann wandern die Augen langsam in die neue Lage, ein Beweis dafür, daß ihre Vorfahren symmetrisch gebaut waren. Es ist dies ein Beispiel für eine schon lange bekannte Evolutionsregel: An Embryonal- und Jugendformen lassen sich noch oft frühere Evolutionsphasen erkennen. Das gilt sogar für weit in der Vergangenheit liegende Vorfahrensstadien. So läßt sich – es wurde schon erwähnt – beim menschlichen Embryo ein Fischstadium erkennen, obwohl unsere Vorfahren dieses schon vor etwa 360 Mio. Jahren verlassen haben! Diese Regel ist eine eindrucksvolle Bestätigung der Evolutionshypothese.

Da Körpersymmetrie vor allem eine Anpassung an aktive Fortbewegung ist, liegt der Gedanke nahe, daß bei sehr langsamer Fortbewegung oder Übergang zu einer festsitzenden Lebensweise die zweiseitige Symmetrie verloren geht. Beobachtungen bestätigen das.

Die Bewegungsapparate selbst sind ein gutes Beispiel für die Anpassungen des Körperbaus an die Gesetze der Mechanik. Wer je schwere Lasten bewegen mußte, weiß, wie nützlich dazu ein Hebel ist. Alle Kraftübertragungen von Muskeln auf Arme, Beine, Finger, Flügel, Zähne erfolgen nach diesem Prinzip. Dabei entscheidet die Länge der Hebel und Sehnen über den Wirkungsgrad. Als Hebel und Widerlager dienen die Knochen bzw. die Chitinröhren der Insektenglieder. Natürlich müssen auch Plätze und Anwachsstellen für die zugeordneten Muskeln vorhanden sein. Gute Beispiele sind die Sprungbeine einer Heuschrecke oder das Brustbein einer Taube, an dem die starken Flugmuskeln angewachsen sind. Alle Einzelelemente, zu denen auch die Flächen der Gelenke gehören, müssen aufeinander abgestimmt sein. Nicht nur das, ein Muskel ist noch keine Maschine! Er kann sich nur zusammenziehen, ein einmaliger Akt! Wie können daraus Flügelschläge oder der rhythmische Gang von Pferdehufen werden? – Das Prinzip ist einfach, der Vorgang kompliziert. Dem Muskel, der das Gelenk beugt, muß ein Streckmuskel zugeordnet sein, der ihn wieder in die Ausgangslage zurückzieht. Erst dieser ganze Apparat entspricht einer Maschine, und um wirkungsvoll zu sein, muß die Tätigkeit der Beuge- und Streckmuskeln durch Nerven genau aufeinander abgestimmt sein! Man denke an den blitzschnellen Wechsel komplizierter Bewegungen bei guten Jongleuren oder Tennisspielern! Wie kann solche Perfektion entstehen? – Bei den genannten Beispielen spielt Übung eine große Rolle, aber die notwendigen Muskeln und Nerven müssen vorhanden sein, sind ererbt, sonst gäbe es nicht die unterschiedlichen Begabungen. Nicht jeder kann ein guter Jongleur werden, auch nicht mit noch so viel Übung. Daher immer wieder die Frage: Kann die Entwicklung zu solch vollkommenen Abstimmungen wirklich durch zufällige Mutationen im Wechsel mit Darwinscher Auslese enstanden sein? – Bei der Beurteilung dieser Frage ist zweierlei zu berücksichtigen: erstens die Länge der Zeit; jeder heute existierende Bewegungsapparat ist im Laufe von Abermillionen Generationen entstanden. Zweitens haben sich die Beine und Flügel der Säugetiere und Vögel aus einfachen Flossenstummeln entwickelt, die sich beim Watscheln und Hüpfen auf Schlamm bewährt hatten. Es gab – wie heute – in jeder Generation erbliche Unterschiede in der Leistungsfähigkeit, und damit die statistische Wahrscheinlichkeit, daß bessere Leistungsfähigkeit weiter vererbt wurde, schlechtere dagegen entweder sofort oder mit der Zeit der Auslese zum Opfer fiel. Schrittchenweise Verbesserung bewährter Anlagen – mit dieser Methode werden heute mit Hilfe von Computern in Millionen Schritten Aufgaben gelöst, die vor zehn Jahren noch unlösbar waren. Im betrachteten Fall war es die Verbesserung von Bewegungsapparaten. Die Richtung der Verbesserungen ergab sich aus den Verhaltensweisen der Tiere. Dies ist eines der vielen Beispiele für das Selbstorganisationsvermögen der Natur. Dieses ist überall erkennbar, von der Entstehung von Atomen aus Energiekonzentrationen bis zu den unvorstellbar gewaltigen, lichtsprühenden Sternspiralen und der Vereinigung von Atomen zu Molekülen und diesen zu den winzigen Grundsubstanzen zarter, entwicklungsfähiger, Erkenntnisse sammelnder Lebewesen.

Entwicklung ökologischer Wechselwirkungen

Ökologie ist die Wissenschaft vom Zusammenleben. Alles Leben ist seiner Natur nach darauf angewiesen, sich zu vermehren. Die Darwinsche Auslese bewirkt, daß die dazu am besten Geeigneten sich schneller ausbreiten und anderen die Lebensgrundlage wegnehmen können. Zur Beschreibung dieser Beziehung ist gelegentlich der vermenschlichende Ausdruck Egoismus (Ichsucht) verwendet worden. Das ist nicht gerechtfertigt, denn den Lebewesen fehlt, abgesehen vom Menschen, ein ausgeprägtes Ichbewußtsein. Sie sind selbstbezogen, *nicht* egoistisch!

Der Darwinsche Ausleseprozeß ist oft – nicht von Darwin selbst – zur Rechtfertigung von Eroberungen und Unterdrückungen benutzt worden. Wäre diese einseitige sozialdarwinistische Deutung richtig, dann wäre die Evolution das Ergebnis eines erbarmungslosen Kampfes aller gegen alle. Warum haben dann die Vielzeller nicht die Einzeller ausgerottet, die Pflanzenfresser nicht die Pflanzen? Wie könnte es dann farbenprächtige Blumen geben, warum zusammen mit Löwen, Geparden und Wildhunden auch Millionen schlanker Gazellen in den afrikanischen Savannen? – Die Darwinsche Auslese ist das Ergebnis vielfältiger Wechselwirkungen. Diese sind so zahlreich, daß nur ein paar Beispiele herausgegriffen werden können:

- Wenn es nicht die unvorstellbar artenreichen Einzeller gäbe, die gelernt haben, jedes natürliche, organische Material chemisch aufzubereiten, so wären die Vielzeller schon lange auf ihren eigenen Abfällen und Leichen verhungert.
- Sobald Pflanzenfresser ihre Nahrungspflanzen so stark schädigen, daß sie Hunger leiden, sinkt ihre Vermehrungsrate. Dasselbe ist der Fall, wenn Fleischfresser die Zahl ihrer Beutetiere zu stark reduzieren. Das ist ein weit verbreiteter Selbstregulierungsvorgang, durch den die Zahlen von Jägern und ihrer Beute sich immer wieder auf ein für beide nützliches Verhältnis einpendeln.
- Bei den sich selbstregulierenden Abstimmungen spielt das Nahrungsangebot eine große Rolle. Wenn z. B. in der Kalahari-Steppe in einer längeren Periode von Trockenjahren der Bestand an Antilopen sinkt, dann geht auch bald die Zahl der Löwen zurück, weil weniger Junge überleben.

Das Verhältnis pendelt sich daher so ein, daß die Zahl der Beutegreifer immer sehr viel kleiner bleibt als die der Beutetiere, und auch die körperliche Überlegenheit reicht nicht aus, um ersteren über längere Zeit ein bequemes Luxusleben zu ermöglichen. So berichtet H. v. Lawick, daß in der wildreichen Serengeti nur etwa jeder fünfte Angriff von Löwen erfolgreich ist. Aus diesem Grunde fallen den Beutegreifern vor allem ganz junge oder in irgendeiner Weise behinderte Tiere zum Opfer. Die Population wird so gesund und leistungsfähig gehalten.

Besonders günstige Umstände können zur ungehemmten Vermehrung einer Population führen. Das führt immer zu einer Katastrophe. So bei den Lemmingen in der arktischen Tundra. In Jahren, in denen der Bestand zu dicht geworden ist, bilden sich Wanderzüge, wobei Millionen Tiere schließlich in reißenden Flüssen oder im Meer ertrinken. Im südlichen Afrika kam es noch im letzten Jahrhundert zu Wanderungen von Zehntausenden von Springbock-Gazellen, die sich selbst immer weiter drängten. Ein solcher Zug endete in den Wellen des Atlantischen Ozeans. Tausende wurden von den Nachfolgenden hineingedrängt. Meistens aber beenden Seuchen, also eine explosionsartige Vermehrung von Viren oder Mikroorganismen, eine ungehemmte Vermehrung.

Die Vermehrung der Menschheit hat heute ein solches Stadium erreicht. Doch verhindert die moderne Medizin einen natürlichen Ausgleich, sicher zum Nachteil des Gesundheitszustandes zukünftiger Generationen.

Eine weniger dramatische Art von Wechselwirkungen hat die gleichzeitige Entwicklung (Koevolution) von Blütenpflanzen und Insekten hervorgebracht, bei der Insekten Nektar finden und für die Pflanzen Blütenstaub transportieren. Wie konnte eine solche, für beide nützliche Beziehung entstehen? – Erinnern wir uns: Die Pflanzen produzieren mit Hilfe des Sonnenlichtes Nährstoffe. Von diesen lebt letzten Endes das ganze Tierreich. Hauptenergieträger sind verschiedene Zuckersorten. In den Gefäßen höherentwickelter Pflanzen werden diese als süßer Saft zu den wachsenden Organen transportiert. Insekten haben wohl schon vor etwa 400 Mio. Jahren, als sie den Pflanzen aufs Land folgten, gelernt, daß sich diese konzentrierte Nahrung leicht durch Anbohren von jungen Trieben gewinnen läßt. Myriaden von Insekten, z. B. Blattläuse, leben so. Die schnellwüchsigen Fortpflanzungsorgane der Pflanzen waren wohl besonders ergiebig. Vielleicht erwies es sich als nützlich, wenn dort Saft ausgeschwitzt wurde, weil die Insekten dann nicht tiefer bohrten. Da konnte es nicht ausbleiben, daß

Insekten, bedeckt mit Blütenstaub, andere Pflanzen derselben Art aufsuchten.

Die Befruchtung wurde sicherer. Die Produktion von Samen konnte ohne Nachteil verringert werden. So könnte der Anfang gewesen sein. Es war eine Höherentwicklung, die viele Verbesserungen möglich machte: immer vielfältigere Blütenformen, -farben und Duftstoffe (darunter auch Aasgerüche), die Insekten anlockten; Mechanismen, die Insekten mit Blütenstaub befrachteten; Blüten, die Insekten einsperrten, bis eine Befruchtung erfolgt war. Zu welch grotesken Beziehungen gegenseitige Anpassungen führen können, zeigt eine Orchidee, deren Blüte dem Weibchen einer Insektenart so ähnlich ist, daß Männchen zu Kopulationsversuchen verlockt und dabei mit Blütenstaub überschüttet werden. Sexwerbung statt Nektar! Unsere Werbebranche macht mit ähnlichen Tricks Millionengewinne! Sind wir wirklich so vernünftig, wie wir uns einbilden?

Kooperative Evolution (Koevolution) an Stelle von Konkurrenz ist so erfolgreich, daß es Tausende von Beispielen gibt: Statt Insekten sind auch Vögel, z. B. Kolibris, oder Fledermäuse, letztere für die gewaltigen afrikanischen Affenbrotbäume, zu Überträgern von Blütenstaub geworden; viele Samen werden von Tieren verbreitet, weil sie in nahrhaftes Fruchtfleisch verpackt sind. Noch enger ist die Kooperation bei der körperlichen Verschmelzung (Symbiose) von Organismen geworden, die nicht miteinander verwandt sind. Zwei Beispiele seien genannt: Flechten und viele riffbildende Korallen. Flechten finden sich in allen Klimazonen, von Felsflächen in der Antarktis, auf denen die Temperatur nur für ein paar Stunden im Jahr über dem Gefrierpunkt liegt, bis in die Tropen. Zu dieser Symbiose von Pilz und Alge trägt der Pilz Mineralstoffe bei, die Alge (eine Pflanze) Produkte der Photosynthese. Viele Korallen, die Riffe bilden, bestehen aus einer Symbiose von Algen mit kleinen Polypen, die mit ihren Fangarmen Mikroorganismen aus dem Meerwasser fischen. Korallenriffe sind die bei weitem größten von Lebewesen geschaffenen Bauwerke der Erde. Das große Barriereriff vor der Ostküste Australiens hat eine Länge von mehr als 2000 km und ein Volumen, das die große chinesische Mauer und die Pyramiden tausendfach übertrifft.

Mit den bekannten kooperativen Beziehungen – die meisten sind wahrscheinlich noch nicht erforscht – ließe sich ein ganzes Buch füllen. Die vielleicht für die Höherentwicklung wichtigste sei noch kurz erwähnt: Kein vielzelliges Tier könnte seine Nahrung ohne die Hilfe von Bakterien, die in seinen Eingeweiden leben, verdauen.

Diese und noch viel kompliziertere Wechselwirkungen, z. B. Nahrungsketten, Einflüsse auf das Klima durch große Waldgebiete, haben im Laufe der Jahrmillionen die verschiedensten Pflanzen und Tiere, von den kleinsten bis zu den größten, zu einem ungeheueren Verbundsystem zusammenwachsen lassen, dem erdumspannenden irdischen Ökosystem.

Ein Ökosystem kann als Verbundsystem sehr unterschiedlicher Leistungsfähigkeiten verstanden werden, die in wechselseitiger Anpassung, Förderung und Begrenzung entstanden sind. Es ist ein Verbund konkurrierender *und* kooperierender Fähigkeiten: Das Gesamtsystem gewinnt seine Energie durch eine optimale Ausnutzung der Sonneneinstrahlung. Der Begriff Leistungsfähigkeit bedarf vielleicht einer Definition: Leistung ist die Fähigkeit, Energie um- und einzusetzen, also eine Arbeit zu verrichten. Lebewesen sind Leistungssysteme, die ihre Leistungen mit Hilfe von Stoffwechselenergie vollbringen. Was aber sind Fähigkeiten? – Es sind keine festen Eigenschaften, wie die Härte eines Gegenstandes. Es sind Möglichkeiten, bestimmte Leistungen zu vollbringen, z. B. zu laufen, zu fliegen, zu sehen, Nachkommen zu zeugen usw. Lebewesen selbst sind ebenfalls Leistungsverbundsysteme. Je höher ein Lebewesen entwickelt ist, um so vielfältigere Fähigkeiten stehen ihm zur Verfügung, an um so vielfältigere Umweltbedingungen ist es angepaßt und kann es sich anpassen.

Ökologische Wechselwirkungen sind durchaus nicht auf Wechselwirkungen wie die Konkurrenz um Ressourcen, die Bildung von Nahrungsketten und kooperative Koevolutionen beschränkt. Ihre Wirkungen umfassen die ganze Erde in vielfältiger Weise. Wenige Hinweise mögen genügen:

- Die biologische Bildung mächtiger Kalkriffe durch Korallengerüste oder Stromatolithen hat die Gestalt vieler Gebirge und Landschaften und dadurch die Evolution vieler Pflanzen- und Tiergesellschaften wesentlich beeinflußt.
- Jeder Wald ist ein außerordentlich leistungsfähiger Verbund, der nicht nur unzählige Pflanzen und Tiere beherbergt, sondern auch ein ausgezeichneter Wasserspeicher und Erosionsschutz ist. Daß große Waldgebiete das gesamte Erdklima beeinflussen (Sauerstoffproduktion, Treibhauseffekt), hat sich selbst bei Politikern herumgesprochen.

■ Pflanzen, Bakterien, Pilze und unzählige Klein- und Kleinstlebe-
wesen sind maßgeblich an der Verwitterung von Gesteinen und der
Bildung fruchtbarer Böden beteiligt, ohne die die Festländer öde
Wüsteneien wären. In der Tat, die ganze Erdoberfläche mit ihren
Gewässern, Böden bis in Tiefen von mehreren Metern und ihrer
Lufthülle sind Teile eines Ökosystems, das nicht nur in sich selbst,
sondern auch mit der Vergangenheit vielfältig vernetzt ist.

Die Menschheit ist jetzt dabei, diesen Leistungsverbund, der die
Sonnenenergie in unübertreffbar ökonomischer Weise und mit
phantastischem Wirkungsgrad nutzt, in gieriger Habsucht zu schädigen, ohne Rücksicht auf ihre eigenen Nachkommen. Als Vergleich
fällt mir nur die Ausbreitung von Krebsmetastasen ein, die einen
Menschen durchwuchern und mit ihm sterben.

Es zeichnen sich hier Evolutionsschritte ab, auf die ich kurz
eingehen möchte, denn an ihnen läßt sich erkennen, was mit dem
Begriff Höherentwicklung gemeint ist. Dabei spielt Informationsaustausch verschiedener Art die entscheidende Rolle.

Informationsaustausch (Kommunikation) hat die Evolution des
Ökosystems im Laufe der Erdgeschichte in wachsendem Maß beeinflußt und die Evolution von Höherentwicklungen begünstigt.

Die Entwicklung beginnt, wie nicht anders zu erwarten, mit dem
Austausch von chemischen Botenstoffen. Diese ermöglichen schon
bei Einzellern, später dann bei Vielzellern das Sichfinden von
Fortpflanzungspartnern. Dieser Prozeß vergrößert die Nützlichkeit
von Riechorganen und den diesen zugeordneten Nervenstrukturen
um ein Vielfaches. Im Laufe der Evolution werden auch alle anderen
Sinnesorgane in die Kommunikation einbezogen. Zunächst sind diese
Entwicklungen das Ergebnis der Darwinschen Auslese, und die
möglichen Verbesserungen sind an die Weitergabe von Generation zu
Generation gebunden. Ein individueller Informationsaustausch ist
nicht möglich. Diese Möglichkeit ergab sich schließlich bei akustischen, in vielfältiger Weise abwandelbaren Signalen im Zuge wachsender, individueller Lernfähigkeit. Sogar zwischen verschiedenen
Arten findet ein Informationsaustausch statt, wenn sie im selben
Milieu leben, so wenn Alarmrufe von Vögeln zu Warnrufen für
andere Tiere werden, oder wenn die gesteigerte Leistungsfähigkeit
einer Art zu Leistungssteigerungen bei konkurrierenden Arten führt.
Mit der Sprachentwicklung wurde der Austausch persönlicher Erfahrungen und Erwartungen zum Hauptträger der menschlichen Ent-

wicklung und in Kombination mit dem Gesichtssinn über Bilder und
Schrift zum Instrument der Kulturentwicklung.

Auf eine kurze Formel gebracht läßt sich sagen: Ökosysteme
organisieren sich durch ständigen, teils gewaltsamen, teils kooperativen Informationsaustausch.

Auf den Informationsbegriff selbst und die Bedeutung von
Information in der unbelebten und belebten Welt wurde oben schon
ausführlicher eingegangen.

Diese Vorgänge sind natürlich in vielerlei Weise mit den ständigen
Umgestaltungen der Erdoberfläche verknüpft, die ihren Ursprung im
Inneren der Erde haben. Davon handelt der folgende Abschnitt.

Geologie und Ökologie

Bei der kurzen Darstellung von Höherentwicklungen, die im Zuge der
Eroberung der Festländer entstanden, habe ich vorausgreifend die
Saurier erwähnt. Ich muß nun noch einmal zurückgreifen auf die
großen geographischen und klimatischen Umgestaltungen, welche
den Übergang vom Paläozoikum zum Mesozoikum begleitet haben.
In diesem erreichten die Saurier ihre größte Blütezeit, bevor sie vor
dem Beginn des Neozoikums recht plötzlich ausstarben. Ohne diese
Umgestaltungen hätte die Evolution vieler Tiere sicher ganz andere
Wege genommen.

Im großen gesehen ist die Evolution ein Ergebnis von ständig
neuen, zu neuen Anpassungen führenden Erfahrungen in Wechselwirkung mit sich ändernden Umweltbedingungen. Große Veränderungen führten immer wieder in geologisch oft recht kurzer Zeit zum
Aussterben vieler, vorher gut angepaßter Arten und zur Entstehung
vieler neuer Zweige des Lebensbaumes. Solche Einschnitte mit
großen, kontinentweiten oder sogar erdweiten Wirkungen wurden
schon früh von den Geologen entdeckt und zur Einteilung der
Erdgeschichte verwendet. Einige Beispiele:

Nachdem vor ca. 600 Mio. Jahren der Sauerstoffgehalt der Luft
eine bestimmte Marke erreicht hatte, konnten vielzellige Organismen mit stärkeren Muskeln und diese stützenden Skeletten
entstehen. Es entstanden viele Entwicklungslinien, deren Vertreter
als Versteinerungen erhalten blieben. Ihr massenhaftes Auftreten
markiert den Beginn des Paläozoikums (s. Tab. S. 8). Daß die Zu-

nahme des Sauerstoffgehaltes unter gleichzeitiger drastischer Reduzierung des wärmedämmenden CO_2-Gehaltes das Gesamtklima abgekühlt haben dürfte, wurde schon erwähnt. – Gegen Ende des Paläozoikums hatten viele geographische Umgestaltungen stattgefunden: In der Karbon-Zeit lagen Europa und Nordamerika weitgehend in der Tropenzone. Aus warmen Meeren wuchsen große Gebirgsgürtel empor, in deren Vorländern und Senken tropische Sumpfwälder gediehen. Aus diesen entstanden die Kohlenflöze, die 300 Mio. Jahre später die Energie für große Industriereviere und -städte liefern sollten. Die warmen Meere wurden verdrängt und unter den Sand- und Geröllmassen der aufsteigenden Gebirge begraben, und Nordamerika wurde mit Europa-Asien zu einer riesigen Landmasse verschweißt, die nun größtenteils im Trockengürtel der Erde lag. Gleichzeitig waren die ebenfalls zu dem Superkontinent Gondwanaland vereinigten Südkontinente, einschließlich Indiens, weitgehend von Eis bedeckt.

An der Wende von der Karbon- zur Perm-Zeit waren die Klimagegensätze auf der Erde wohl etwa ebenso groß wie heute. Schon vorher, während des Karbons (s. Tab. S. 8), hatten Amphibien und erste Reptilien begonnen, günstige Landstriche zu besiedeln. Unter den sicher oft raschen Klimaänderungen starben viele Arten aus, so daß Lebensräume für neue Entwicklungswege sich öffneten.

Bei solchen Klimagegensätzen konnte selbst eine bescheidene Erhöhung der Körpertemperatur neue Lebensräume erschließen und rasch zur Entstehung neuer Entwicklungslinien führen, von denen eine schließlich die Säugetiere, eine andere die Vögel hervorbrachte. Das aber lag damals noch weit in der Zukunft.

Es folgte eine lange Zeit eisfreier Polargebiete. In der mittleren Perm-Zeit verschwanden auch die letzten Eisreste aus Australien. Die Pole lagen im Nord- und Südpazifik, wo Meeresströmungen selbst in der Polarnacht die Bildung von Eisfeldern verhinderten. Das Klima im Inneren der Superkontinente wurde zunehmend arid. Die Gebirgsketten waren weitgehend eingeebnet. Es fehlte also, abgesehen von der Umrandung des Pazifiks, an wolkenkondensierenden Hochgebirgen.

In der Trias-Zeit, dem Beginn des Mesozoikums, setzten sich diese Bedingungen fort. Die Kontinente blieben überwiegend arid. Doch bahnte sich Neues an: Große Grabenzonen, ähnlich dem heutigen Roten Meer, begannen aufzureißen. Aus diesen entstanden in der Folgezeit der atlantische und indische Ozean. Zunächst aber war ihr Einfluß auf das Großklima gering.

Vom Beginn der Jura- bis in die obere Kreide-Zeit erweiterten sich nicht nur die neuen Ozeane, auch weite Gebiete auf allen Kontinenten wurden von warmen, flachen Meeren überflutet, während gleichzeitig die Räume der heutigen zirkumpazifischen und euroasiatischen Hochgebirgsketten von Tiefseegräben und Inselketten eingenommen wurden. Das Ergebnis war ein warmes, weitgehend maritimes Klima mit weit geringeren jahreszeitlichen Schwankungen, als sie heute existieren. Wärmeliebende Pflanzen gediehen sogar in der Antarktis. Diese Bedingungen währten etwa 150 Mio. Jahre lang, eine ideale Zeit für die Evolution von wechselwarmen Reptilien.

Die Änderungen der geologisch-geographischen Bedingungen haben während der ganzen Erdgeschichte der Entwicklung von Ökosystemen vielerlei Grenzen gesetzt. Lebewesen haben solche Herausforderungen, wenn sie nicht an ihnen zugrunde gingen, oft mit Höherentwicklungen beantwortet.

8

Mesozoikum –
245 bis 65 Millionen Jahre

Reptilien über alles

Während des Mesozoikums (Mittlere Tierzeit) entwickelten sich die Reptilien zum vielseitigsten und leistungsfähigsten Stamm des Tierreichs. Sie besiedelten, aufgefächert in viele Entwicklungslinien, alle Lebensräume. Kleine Arten konnten Schutz in Felsspalten und Baumhöhlen finden. Riesige Pflanzenfresser, die größten Landtiere der Erdgeschichte, weideten in Sümpfen, die ihnen wohl auch einen gewissen Schutz vor dem größten Fleischfresser, dem Tyrannosaurus, boten, der bis zu 6 m hoch aufgereckt auf zwei Beinen lief und ein Maul voll dolchartiger Zähne und Krallendolche der kurzen Vorderbeine zum Angriff einsetzen konnte. Die Entwicklung solcher Superbewaffnung hatte aus manchen Beutetieren wandelnde Festungen gemacht. So ist der Nacken von Triceratops durch einen breiten Knochenkragen und der Kopf durch drei Hörner geschützt. – Flugsaurier verschiedenster Größe waren durch Flügel, die fledermausähnlich mit Haut bespannt waren, in den Luftraum vorgestoßen. Das größte bisher gefundene Skelett hat 17 m Spannweite, die Abmessung eines kleinen Flugzeugs. Ein Kondor bringt es nur auf 4 m. – In den warmen Meeren der Jura- und Kreide-Zeit machten schwimmende Saurier Jagd auf Fische. In kaltem Wasser hätten sie sicher nicht leben können. Das sind nur einige besonders auffällige Entwicklungen.

Bedenkt man, wie gering die Wahrscheinlichkeit ist, daß kleinere, auf dem Land lebende Tiere als Versteinerungen erhalten bleiben, dann drängt sich die Vorstellung auf, daß damals das Lebensbild der Erde von einer unvorstellbaren Vielfalt von Reptilien geprägt war. Diese große Evolutionsfähigkeit muß das Ergebnis einer Kombination von günstigen, sich ergänzenden Erbanlagen gewesen sein. Welches waren die wichtigsten?

An erster Stelle die gesicherte Sauerstoffversorgung durch Lungenatmung. Diese war schon in der Devon-Zeit bei den Quastenflossern vorbereitet, die an das Leben in oft austrocknenden und sauerstoffarmen Tümpeln angepaßt waren. Die Verbesserung der Lungenatmung bei den Amphibien ermöglichte den bis zu mehrere Meter großen Lurchen das Leben in den Kohlensümpfen der oberen Karbon-Zeit vor etwa 300 Mio. Jahren.

Die Entwicklung zu Reptilien ging nicht von diesen großen, in ihrer Lebensweise stark spezialisierten Formen aus, denn etwa gleichzeitig mit diesen lebten auch schon die ältesten bisher bekannt gewordenen Reptilien auf dem Land. Ihre Entdeckung war ein schönes Beispiel geologischer Detektivarbeit:

Im Jahr 1872 untersuchte John Dawson an der Küste der Bay of Fundy (Kanada) in Schichten der Oberkarbonzeit ein Vorkommen von noch aufrecht stehenden, hohlen Baumstümpfen, eine geologische Seltenheit. Er hatte vorausgesagt, daß die Hohlräume Reste von kleinen Amphibien oder Reptilien enthalten könnten. Die Vorhersage stimmte. Es fanden sich tatsächlich Reste von kleinen Reptilien. Gewußt wo!

Es waren kleine Tierchen. Das entspricht der allgemeinen Entwicklungsregel, daß neue Entwicklungslinien mit kleinen, wenig spezialisierten Formen beginnen, während stark spezialisierte aussterben. Wahrscheinlich hatten sich noch früher amphibische Vorfahren an ein abwechslungsreicheres Milieu angepaßt, in dem sie ihren Laich in Tümpeln ablegten, die jedoch oft austrockneten, und in denen gefräßige Insekten, z. B. Libellenlarven, der wehrlosen Brut auflauerten. Unter solchen oder ähnlichen Bedingungen wurde jede Verringerung der Abhängigkeit der Fortpflanzung vom Wasser zu einem Vorteil. Diese Verselbständigung wurde durch zwei miteinander gekoppelte Evolutionsschritte erreicht:

1. Die Befruchtung der Eizellen im Körper des Weibchens anstatt im Wasser während des Ablaichens. Das machte
2. die Entwicklung eines größeren Dottersackes möglich mit einer Nahrungsreserve, die das Ausreifen der Jungtiere ermöglichte. Die Fortpflanzung konnte mit weniger Eiern gesichert werden, eine Energieeinsparung für den Organismus des Muttertieres.

Diese Evolutionslinie erwies sich als verbesserungsfähig: Sobald der Nahrungsvorrat ausreichte, ein fertiges Jungtier schlüpfen zu lassen, konnte eine festere Eihülle dessen Reifung schützen, und die Eiablage konnte aus dem gefährlichen Wasser in Verstecke verlegt werden, was die notwendige Zahl der Eier weiter verringerte.

Auffächerung der Dinosaurier in der Trias-, Jura- und Kreidezeit

Auch diese Entwicklung war verbesserungsfähig, das zeigt der Vergleich von Amphibieneiern mit denen von Reptilien. Bei letzteren ist der Keim innerhalb des Eies durch eine Membran in einem Flüssigkeitsbett geschützt. Das ermöglicht ein freies, unbehindertes Wachstum, bessere Atmung und Ableitung von Stoffwechselabfällen. Diese Organisation hat sich seither so gut bewährt, daß ihr Grundplan auch heute noch bei den Vögeln und Säugetieren vorhanden ist.

Die Fähigkeit, Körper von gewaltigem Gewicht über Land zu befördern, wurde durch das von den Quastenflossern ererbte innere Knochengerüst ermöglicht.

Das Leben in Luft in einem warmen Klima erforderte einen Schutz gegen Austrocknung. Der Schleimfilm der Amphibien war nicht optimal. Dagegen erwies sich eine Verhornung der Außenhaut in Form von Schuppen als nützlich. Diese waren eine Neubildung, kein Erbe der Fische. Daß aus den Hornzellen später Federn und Haare werden konnten, zeigt die unvorhersehbaren Möglichkeiten evolutionärer Vorgänge.

So viel über die mechanischen Grundlagen der Reptilienentwicklung. Was hat sich über die Organisation des Gehirns erfahren lassen? – Die Gehirne vieler heute lebender Reptilien sind natürlich gut untersucht und ihre Formen und Abmessungen mit denen von Vögeln, Säugetieren und mit Ausgüssen von versteinerten Schädeln verglichen worden. Die Untersuchungen haben zu dem Schluß geführt, daß das Gehirn besser ausgebildet war als das der Amphibien, aber weniger gut als das der von ihnen abstammenden Vögel und Säugetiere. Die Kleinheit des Gehirns der kolossalen Dinosaurier ist erstaunlich.

Die Dinosaurier gehörten nicht zu der Entwicklungslinie, die zu den Säugetieren führte, und wahrscheinlich auch nicht zu der der Vögel, obwohl es viele, auch kleine Dinosaurierarten gab, die auf zwei Beinen liefen.

Die Vorfahren der Säugetiere gehörten zu dem entwicklungsfähigsten Zweig der Reptilien, den Therapsiden (Säugetierähnliche). Diese sind schon in Schichten der Perm-Zeit in Südafrika und Rußland durch Funde von 292 Gattungen nachgewiesen und hatten sich damals schon in mehrere Entwicklungslinien aufgefächert. Bei einigen wurden Hinweise auf ein Haarkleid gefunden, vielleicht eine Anpassung an das noch kühle Klima der Gondwana-Kontinente (Afrika, Südamerika, Antarktika, Australien und Indien), die, zu einem großen Kontinent vereinigt, gerade eine große Eiszeit erlebt hatten. Unterschiedliche Zahnformen und Gebisse verraten Anpassungen an verschiedenartige Ernährungs- und Lebensweisen.

Ein verbesserter Atemmechanismus ist an der Bildung von Rippen mit Gelenken erkennbar. Verbesserte Atmung bedeutet Energiegewinn. Das ist eine Voraussetzung für eine erfolgreiche Temperaturregulierung. Die Frage, ob es damals warmblütige Reptilien gab, wird z. Z. viel diskutiert.

In bezug auf die Entwicklung des Gehirns deutet sich mit einer starken Vergrößerung der Riechlappen eine Evolution an, die später bei den Säugetieren große Bedeutung erlangt hat. Die Verbesserung des Riechvermögens war Voraussetzung für die Entwicklung von Duftdrüsen, die für die Nahrungssuche und die Feinderkennung, aber auch für das soziale Verhalten eine große Rolle bei den Säugetieren spielen.

Gibt es im steinernen Geschichtsbuch Dokumente, die bei Reptilien auf solche höheren Fähigkeiten schließen lassen? – Man ist geneigt zu bezweifeln, daß so etwas in Stein überhaupt bewahrt werden kann. Es gibt aber einige Hinweise. So war es eine Sensation, als 1926 eine Expedition in der Wüste Gobi Gelege mit Dinosauriereiern fand. Darunter ein Nest, in dem die noch unausgebrüteten Eier beisammen lagen, wie in einem Vogelnest. Wurde es vielleicht von einem Elterntier bewacht? Dafür spricht einer der mongolischen Funde: Neben einem Nest lag das Skelett eines kleinen Raubsauriers, der offensichtlich gewaltsam umgebracht worden war. Ein ertappter Eierräuber? Noch überzeugender ist eine vor kurzem in Montana (USA) von J. R. Horner gemachte Ausgrabung eines Dinosauriernestes. Er fand im Bereich des Nestes die Skelette von 18 etwa ein bis zwei Wochen alten jungen Hadrosauriern. Daß sie sich nach dem Schlüpfen noch so lange am Nest aufhielten, spricht für eine Betreuung und wahrscheinlich Fütterung durch ein Elterntier. Das kann eigentlich nicht erstaunen, denn es gibt heute ja sogar Fische, Maulbrüter, deren Männchen die Jungen beschützen, indem sie die ganze Brut in ihr Maul nehmen; und unser einheimischer Stichling baut ein Nest. Die afrikanischen Krokodile vergraben ihre Eier im Sand und bewachen das Nest, bis die Kleinen schlüpfen: Unvergeßlich ist ein Filmbericht, der zeigt, wie eine Krokodilmutter ihre geschlüpften Kinderchen mit rührender Sorgfalt in ihrem zähnestarrenden Maul sammelt und in den Fluß trägt. Auch die großen Pythonschlangen rollen sich auf ihren Eiern zusammen und geben während der Brutzeit sogar etwas Wärme an sie ab. – Aber diese heutigen Beispiele

Eine Dinosaurierfährte von Münchehagen

von Brutfürsorge beweisen nicht unbedingt etwas für die mehr als 100 Millionen Jahre zurückliegenden Zeiten, denn in dieser Zeit haben sich Lebensweise und Organisation fast aller Lebewesen mehr oder weniger stark geändert. Dieses Argument gilt aber nicht für steinerne Zeugnisse, die erkennen lassen, daß es Saurierarten gab, die in Herden, vielleicht sogar in Familienverbänden lebten. Letzteres könnte als Anzeichen von Brutpflege gedeutet werden.

In Deutschland befindet sich eine eindrucksvolle Gruppe von Saurierfährten in einem aufgelassenen Steinbruch bei Münchehagen, ungefähr 40 km westlich von Hannover. Die Fährten der großen elefantenfüßigen Tiere sind in den mit Wellenrippeln bedeckten

Sandboden – jetzt Sandstein – einer unterkreidezeitlichen flachen Bucht oder Lagune eingedrückt. Die Spuren von 6 Individuen – die längste etwa 60 m weit sichtbar – überqueren die Schichtplatte in gleicher Richtung. Die Fährte eines zweibeinigen, dreizehigen Dinosauriers weist in eine andere Richtung. Das Naturdenkmal lohnt einen Besuch. Die geologischen Umstände sind auf Farbtafeln gut erklärt.

Für ein längeres Zusammenleben in Familienverbänden und Herden sprechen die Fährten, die 23 Elefantenfuß-Dinosaurier auf einer frühkreidezeitlichen Schichtfläche in Texas (USA) hinterlassen haben. Es sind Fährten von alten und jungen Tieren, die dicht gedrängt in derselben Richtung zogen. Andere Vorkommen machen es wahrscheinlich, daß kleine schnelle, auf zwei Beinen laufende, beutegreifende Dinosaurier in Rudeln jagten, ähnlich Wölfen.

Die Deutung dieser massierten Spuren führt zu der Frage, wie solche Familien oder Herden den Kontakt zwischen den Mitgliedern aufrecht erhielten. Waren Duftstoffe das Kommunikationsmittel? – Die Riechfähigkeit hatte sich ja, im Verhältnis zu den Fischen, bei vielen Reptilien verbessert. Vielleicht dienten auch akustische Signale diesem Bedürfnis. Heute könnten viele Vögel, aber auch Säugetiere, nicht ohne solche Verständigungsmöglichkeiten leben.

Bei solchen Beobachtungen und Überlegungen fragt man sich, welches Niveau die Lernfähigkeit bei Reptilien erreicht hat. Ist ihr Verhalten Ausdruck eines starren Erbprogrammes? Besitzen sie ein Erinnerungsvermögen, das sich – abgesehen von der Kenntnis des unmittelbaren Lebensraumes – auch auf Ereignisse erstreckt, die im Erbprogramm nicht vorgesehen sind? – An Säugetieren und Vögeln werden diese Fragen von den Verhaltensforschern mit vielen ausgeklügelten Experimenten untersucht. Ähnliche Versuche sind, meines Wissens, an Reptilien kaum gemacht worden. Zu diesen Fragen möchte ich ein Erlebnis berichten:

In den ersten Jahren des Krieges hatten wir uns, mein Freund, ich und unser Hund, um der Internierung zu entgehen, in Namibia, in der Namib-Wüste versteckt, wo wir von der Jagd lebten. Das Jahr 1941 war ein schlimmes Trockenjahr. Wir hatten, dem Wild folgend, unseren Wohnplatz verlegt und uns am Fuß einer Felskuppe eine kleine Behausung aus Felsplatten gebaut. Die Jagd mit der Pistole war leicht, denn wir konnten dem Wild an einer nahen Brackwasserquelle auflauern. Es gab für uns und unseren Hund Fleisch und Knochen im Überfluß, und auch Fliegen. Deshalb freuten wir uns, als sich einige Eidechsen und Geckos in unserem rohen Gemäuer ansiedelten. Die größte von diesen Eidechsen trug ein prächtiges, bronzefarbenes Schuppenkleid und ließ sich bald durch unsere Gegenwart kaum mehr bei der Fliegenjagd stören. Wir nannten sie Phillip. Schließlich kamen wir auf den Gedanken, die Eidechsen zu füttern. Wir fingen Fliegen, rissen ihnen einen Flügel aus und warfen sie in die Nähe der Eidechse. Es dauerte nicht lange, dann beobachtete diese jede unserer Bewegungen. Nun hielten wir ihr die zappelnden Fliegen mit zwei Fingern hin. Sie machte ein paar schnelle Schritte und schon hatte sie die Fliege geschnappt. Am zweiten Tag pfiffen wir jedesmal, wenn wir eine Fliege bereithielten. Am vierten Tag tauchte Phillip schon in der Mauer auf, wenn wir pfiffen. Wir gingen noch einen Schritt weiter und boten ihm auch tote Fliegen an, die er sonst nie angerührt hätte: Er nahm sie ohne Zögern. Dann boten wir Phillip ein quadratzentimetergroßes Stück Antilopenleber an. Er verschluckte es. Danach schlief er allerdings drei Tage in seinem Versteck.

Was war geschehen? – Die Eidechse hatte in nur vier Tagen gelernt, Töne, die weder in ihrer Umwelt noch in der ihrer Vorfahren vorkamen, mit Nahrung in Verbindung zu bringen und sogar eine ihr fremde Nahrung zu akzeptieren. Das waren keine angeborenen Reaktionen! Ererbt konnte nur eine erstaunliche individuelle Lernfähigkeit sein (s. Kapitel »Evolution von Lernfähigkeit«, S. 140).

Trotz ihrer außerordentlich erfolgreichen Evolution während des Mesozoikums starben die Saurier am Ende der Kreide-Zeit recht plötzlich aus, zu einer Zeit, als die noch sehr kleinen Säugetiere noch keine ernsthafte Konkurrenz für sie sein konnten. Zur Erklärung werden zur Zeit mehrere Hypothesen diskutiert.

Vom Ende der Saurier

Die Saurier starben in einer geologisch recht kurzen, aber doch einige Millionen Jahre umfassenden Zeitspanne am Ende der Kreide-Zeit, vor etwa 65 Mio. Jahren, aus. Damals starben auch andere, vorher artenreiche Tierstämme aus, so die Ammoniten (Kopffüßer), die mit den Tintenfischen und Kraken verwandt sind. Sie besaßen schwimmfähige, spiralig aufgerollte, gekammerte Gehäuse, die das Entzücken vieler Fossiliensammler hervorrufen. Die größten waren so groß wie Wagenräder. Kleine, reich verzierte hatten einen Durchmesser von einigen Zentimetern. Die Ammoniten hatten sich in einer Fülle von

Arten im Laufe des Mesozoikums über alle Meere verbreitet. Auch viele andere Tierfamilien starben ganz oder bis auf wenige Reste aus. Es ging ein großes Sterben durch die Welt.

Was kann die Ursache gewesen sein? – Es gibt viele Hypothesen. Keine ist bis jetzt ganz befriedigend. Eine Verdrängung durch Säugetiere kommt nicht in Frage, denn diese waren noch viel zu klein, um eine Konkurrenz für die Vielzahl kleiner und großer Reptilien, vor allem Dinosaurier, zu sein und für die vielen Gattungen mariner Tiere erst recht nicht. Man hat an eine Abkühlung des Klimas gedacht, aber einschneidende Abkühlungen machten sich erst mehr als 50 Mio. Jahre später bemerkbar. Dagegen dürfte eine Wechselwirkung zwischen geographischen und klimatischen Faktoren eine wesentliche Rolle gespielt haben.

Es wurde oben erwähnt, daß die etwa 180 Mio. Jahre des Mesozoikums durch ein ungewöhnlich gleichmäßiges, in weiten Gebieten maritim geprägtes Klima ausgezeichnet waren mit großen warmen Flachmeeren auf den Kontinenten und eisfreien Polargebieten. Solche langfristig günstigen Umweltbedingungen, die nur geringe Schwankungen aufweisen, begünstigen zwei evolutionäre Prozesse:

1. Es entstehen optimale Anpassungen und deren erbliche Festigung zu automatisierten Verhaltensweisen, meist gepaart mit einer Verminderung individueller Lernfähigkeit.
2. Die Körpergröße wird – bei ausreichendem Nahrungsangebot – zu einem Vorteil.

Beides dürfte bei der Entwicklung der Dinosaurier eine Rolle gespielt haben. Solche Optimierungen schränken die Anpassungsfähigkeit drastisch ein. Wird dieses Schicksal auch den Homo sapiens treffen?

Eine lange Zeit gleichmäßiger, »paradiesischer« Bedingungen beeinträchtigt die Evolutionsfähigkeit, mögliche Verbesserungen werden durch die Auslese nicht vorangetrieben, und vorhandene Fähigkeiten können verlorengehen. So ist durch mehrere Beispiele belegt, daß Vögel, die nicht vor Freßfeinden fliehen müssen, ihre Flugfähigkeit bald verlieren. Es kommt auch zu erblichen Schäden (Degenerationen), wenn das Erbprogramm nicht durch Anforderungen geprüft und anpassungsfähig gehalten wird. – Das ist eine Gefahr, die der Menschheit droht, wenn der Traum in Erfüllung gehen sollte, ein Paradies auf Erden zu schaffen, mit computergesteuerter Technik und Wirtschaft und Unterhaltungsprogrammen für jeden Geschmack. – Doch, makabren Spaß beiseite.

Gegen Ende der Kreide-Zeit begann der Ozeanspiegel erdweit zu sinken. Die Ursache könnte in einer großräumigen Absenkung des Darwin-Rückens im Westpazifischen Ozean und der Bildung neuer Tiefseegräben gelegen haben. Jedenfalls zogen sich die warmen Flachmeere aus den Kontinenten zurück. Die Länge der Meeresstrände verringerte sich beträchtlich, und das Klima wurde für weite Gebiete kontinentaler mit stärker ausgeprägten Jahreszeiten. Nahrungsketten wurden unterbrochen. Wahrscheinlich waren viele »verwöhnte« Tiere und Pflanzen diesen Veränderungen nicht gewachsen. Jedenfalls starben eine ganze Reihe von Saurierfamilien schon vor der kritischen 65-Millionen-Jahrgrenze aus. Daß die Ammoniten und viele andere Bewohner der Flachmeere die drastische Verkleinerung ihrer optimalen Lebensräume nicht überlebten, ist verständlich.

Die versteinerten Dokumente zeigen zwar, daß eine Wende sich seit einiger Zeit anbahnte. Trotzdem, das wirklich große Sterben, die biologische Grenze zwischen der Kreide- und Tertiär-Zeit, kam unerwartet. Diese Erkenntnis führte zur Erkundung der physikalisch-chemischen Natur der Grenze in ungestörten Schichtfolgen. Das gelang in marinen Schichten in Dänemark, Nordamerika, Neuseeland, Italien und Spanien. In jedem Fall war die Grenze unerwartet scharf und gleichartig. Sie bestand in jedem Fall aus einer tonigen Lage von nur ein paar Zentimetern Dicke, die relativ reich an Kohlenstoff war und eine für Sedimente weit überdurchschnittliche Konzentration des Spurenelementes Iridium enthielt. Auf der Erde kommt dieses Element in vulkanischen Gesteinen vor, die aus dem Erdmantel kommen, z. B. Basalterrgüssen, die aber im Bereich der Fundstellen fehlen. Häufiger als in Gesteinen der Kontinente ist es in Meteoriten. Könnte es sein, daß vor 65 Mio. Jahren ein oder mehrere Asteroide (Kleinplaneten), wie sie zu Tausenden zwischen Mars und Jupiter die Sonne umkreisen, die Erde getroffen haben? Von bekannten Einschlagkratern weiß man, daß schon Meteoriten von nur einigen Zehnermetern Durchmesser eine Energie besitzen, die sowohl sie selbst als auch das getroffene Gestein zu einer Wolke aus heißem Gas, Staub und geschmolzenen Gesteinstropfen explodieren läßt. Es bleibt ein großer Krater zurück. Deutschland wurde vor 14 Mio. Jahren von einem Großmeteoriten getroffen. Er erzeugte einen Krater von 25 km Durchmesser. Dieser wurde zunächst mit den Sedimenten eines Sees gefüllt. Heute liegt die kleine fränkische Stadt

Nördlingen in dem Rest des Kessels. Das ganze Vorkommen wurde gut untersucht, auch mit Hilfe von Bohrungen. Ein kleines Museum und ein Wanderweg zeigen die interessantesten Erscheinungen. Zur Zeit des Einschlags regneten Tektite, das sind glasig erstarrte Gesteinstropfen, auf Böhmen nieder, wo sie in Sedimenten des entsprechenden Alters vorkommen und schon lange, bevor man ihren Ursprung ahnte, wegen ihrer eigentümlichen, aerodynamischen Formen gesammelt wurden.

Könnte nicht – so eine von Luis und Walter Alvarez 1980 aufgestellte Hypothese – ein Asteroid eine riesige Gas- und Staubwolke bis in die Stratosphäre geschleudert haben, wo sie sich über die ganze Erde ausbreitete, wofür die erdweite Streuung der Fundorte spricht, während gleichzeitig ungeheure Waldbrände den Himmel mit Rauchwolken verdüsterten? Könnte eine solche Verdunklung, die vielleicht mehrere Monate währte, nicht sogar in den Tropen zu einem Temperatursturz geführt und viele wärmegewohnte Tiere vernichtet haben? Eine einschneidende kosmische Katastrophe?

Dieses Szenario erscheint nicht unmöglich, denn Chemiker und Physiker haben die Wirkungen eines Atomkrieges zwischen den USA und der UdSSR mit Hilfe von Modellrechnungen abgeschätzt und sind zu dem Schluß gekommen, daß bei Einsatz von etwa 75 Prozent der angehäuften Sprengköpfe allein die Feuerstürme der brennenden Städte und Wälder und der bis in die höchsten Luftschichten getragene Staub der Explosionen den Himmel längerfristig so verdüstern könnten, daß ein erdweiter drastischer Temperatursturz, ein nuklearer Winter, einen großen Teil der Pflanzen und des höher entwickelten Lebens auslöschen würde, und das ganz abgesehen von der radioktiven Verseuchung, die weite Landstriche auf Jahrtausende unbewohnbar machen würde! Mit der menschlichen Vernunft kann es nicht weit her sein!

Doch zurück zum Ende der Kreide-Zeit. Wie läßt sich die Asteroidhypothese prüfen? Zunächst durch genauere, mikroskopische Untersuchung der dünnen Grenzschichten. Zwei bedeutsame Hinweise wurden gefunden:

1. Kleine Quarzsplitter, deren Kristallgitter durch Schockwirkung in charakteristischer Weise deformiert ist. Solche Strukturen wurden bisher an allen gut untersuchten Großmeteoreinschlägen, z. B. dem Nördlinger Ries, beobachtet, aber nur ganz ausnahmsweise in Gesteinen, die durch Vulkanexplosionen geschockt waren.

2. Der Kohlenstoffgehalt der Grenzschichten ist zwar weit geringer als der vieler anderer Sedimente, er enthält aber sowohl in Dänemark und Spanien als auch in Neuseeland einen hohen Anteil an Rußpartikeln, die Waldbränden entstammen müssen, eine unerwartete Erscheinung in landfernen, marinen Sedimenten.

Beide Beobachtungen unterstützen die Asteroidhypothese. Aber wo war der zu erwartende Riesenkrater? Läge er auf einem Kontinent, so hätten Satellitenaufnahmen ihn zeigen müssen, selbst wenn er mit Sedimenten gefüllt im Amazonasurwald läge. Aber muß er auf dem Festland liegen? Die Ozeane nehmen eine weit größere Fläche ein als die Kontinente. Wie würde sich ein Einschlag in einen Ozean heute auswirken? Überschlagsberechnungen haben ergeben, daß ein Asteroid von einigen Kilometern Durchmesser durch das Wasser hindurch noch einen Riesenkrater in den Ozeanboden sprengen würde. Die Folge wäre ein ungeheurer Explosionspilz aus vergastem Gestein und überhitztem Wasserdampf, der die Atmosphäre aufreißen und glutheiße Stürme über benachbarte Kontinente jagen würde. Blitze würden vielerorts in den umgelegten, verdorrenden Wäldern Feuerstürme entfachen. Unvorstellbare Flutberge (Tsunamis) würden über den ganzen Ozean rollen und die Küsten verwüsten. Der Ozean würde bis in seine Tiefen umgewälzt. Die Auswirkungen auf das Klima lassen sich zur Zeit kaum abschätzen, würden aber sicher viele ökologische Nahrungsketten unterbrechen. Das Erlöschen fast der ganzen vorher existierenden kalkskelettetragenden marinen Mikrofauna würde durch diese Hypothese gut erklärt werden, nicht aber, warum auch viele Ammonitengattungen schon vorher verschwanden.

Andere Einwände gehen von der Tatsache aus, daß während der letzten 600 Mio. Jahre mehrmals in kurzer Zeit mehr als die Hälfte der bekannten Tierarten ausstarben, ohne daß in den entsprechenden Sedimenten erhöhte Iridiumwerte oder andere Anzeichen für einen Asteroideinschlag gefunden wurden.

Zur Erklärung solcher Episoden des Massensterbens wurde die Asteroidhypothese durch eine Annahme erweitert, die sich auf die Zustände im Schwarzen Meer stützen kann, wo heute nur in den obersten 250 m sauerstoffatmende Tiere leben können. Darunter, bis in die größte Tiefe von über 2000 m, ist das Wasser mit Schwefelwasserstoff vergiftet. Warum ist das nicht auch in anderen Ozeanen der Fall? Der Grund ist einfach. Dort sorgt der Zustrom von kaltem, schwerem, sauerstoffreichem Polarwasser für einen Austausch, so daß auch in den größten, ewig dunklen Tiefen noch bizarre, oft mit Leuchtorganen ausgestattete Tiere leben können. In Zeiten eisfreier Polargebiete könnte das sich radikal ändern. Dann könnten auch die Tiefen der großen Ozeane mit Schwefelwasserstoff vergiftet werden. In diesem Fall könnte die gewaltsame Umwälzung der Wassermassen bei einem Asteroideinschlag einen ganzen Ozean und seine Küsten vergiften. Auch der Einschlag eines Kometen könnte ähnlich wirken.

Was sind Kometen? – Sie bestehen aus Eis und kosmischem Staub. Ein kleiner Komet scheint im Jahr 1908 ein unbewohntes Gebiet der sibirischen Taiga getroffen zu haben. Er hinterließ keinen erkennbaren Krater, aber der Wald wurde in weitem Umkreis entwurzelt und verbrannt. Große Kometen wie der Halleysche haben Durchmesser von bis zu 15 km. Vor kurzem wurde durch Zufall der Einschlag eines Kometen auf der Sonne photographiert. Woher kommen diese kosmischen Besucher? Eine gängige Hypothese nimmt an, daß sie in großer Zahl in einem Gürtel den fernen Außenrand unseres Sonnensystems umkreisen und gelegentlich aus ihrer Bahn zur Sonne hin abgelenkt werden. Vielleicht könnte auf diese Weise periodisch eine größere Anzahl ins Innere des Sonnensystems gelangen, so daß die Erde dann im Laufe von einigen Millionen Jahren mehrfach getroffen werden könnte. Treffer in Ozeane könnten dann – so Erle Kauffmans Hypothese – wiederholt vergiftetes Tiefenwasser an die Oberfläche bringen, marine Lebewesen in Massen töten und mit katastrophalen Stürmen auch in Kontinenten große Verwüstungen anrichten. So könnte sich eine Periode des Massensterbens über Millionen Jahre verteilen. Das würde den paläontologischen Befunden besser entsprechen als der Versuch, jedes große Artensterben mit einem Kometen- oder Asteroideinschlag zu erklären. Es lassen sich aber auch Szenarien entwerfen, die die Umwälzungen ozeanischer Wassermassen ohne kosmische Katastrophen in Gang setzen, etwa große unterseeische Vulkanausbrüche. Auch so könnte in einem Ozean mit giftigem Tiefenwasser ein Massensterben ausgelöst werden.

Obige Beobachtungen sollen zeigen, wie viele Faktoren der verschiedensten Art, für die sehr schwer Beweise zu finden sind, mitspielen können, wenn erdweite Erscheinungen erklärt werden sollen. Das gilt auch für die Auswirkungen der menschlichen Tätigkeiten auf die zukünftige Klimaentwicklung. Forschung ist eine aufregende Detektivarbeit!

Gleichviel welche Ursachen das große Sterben am Ende der Kreide-Zeit bewirkt haben, es hat Platz geschaffen für die schnelle

Entfaltung der Säugetiere und Vögel, die den letzten großen Abschnitt der Erdgeschichte, das Känozoikum (Neutierzeit) auszeichnet.

Von den Reptilien zu den Säugetieren und Vögeln

Die auf allen Kontinenten, auch der Antarktis, gefundenen Skelette, Zähne und Abdrücke von Reptilien lassen erkennen, daß diese an vielfältige Lebensräume und Ernährungsweisen angepaßt waren. Von Froschgröße bis Haushöhe bevölkerten sie die Kontinente. In den Meeren machten fischähnliche Ichthyosaurier und mit langen Schlangenhälsen ausgestattete Schwimmsaurier und viele andere Jagd auf Fische. Sogar im Luftraum tummelten sie sich, wie oben erwähnt.

Jeder Versuch, sich das von Reptilien beherrschte Ökosystem der mesozoischen Zeiten vorzustellen, kann nur ein sehr kümmerliches Bild geben, denn es ist sicher, daß die Versteinerungen nur einen sehr kleinen, sehr zufälligen Ausschnitt darstellen.

All das ist heute bis auf wenige Reste verschwunden, ist durch eine ähnliche Vielfalt von Säugetieren und Vögeln ersetzt worden. Wie war das möglich? Was ist geschehen? Waren die Säugetiere eine neue Schöpfung, die mit den Reptilien nichts zu tun hat? – Dem ist nicht so. Die Gleichheit der chemischen Buchstaben der Erbinformationen beweist die Verwandtschaft. Sind aus hochbeinig laufenden, säugetierähnlichen Reptilien mit der Zeit Wölfe geworden, aus Ichthyosauriern Delphine? Sind den Flugsauriern anstelle der Flughäute Federn gewachsen? – Man hat diese Hypothese einmal diskutiert. Die versteinerten Dokumente sprechen entschieden dagegen.

Sehen wir uns die Dokumente an. Die ältesten bekannten Säugetierreste stammen schon aus der Trias-Zeit, noch bevor die Entwicklung der Reptilien ihren Höhepunkt erreichte. Es waren kleine, spitzmausähnliche Tierchen. Ihre spitzen Zähnchen sprechen für eine Insektennahrung. Die Abzweigung dieser kleinen Säuger von den Reptilien ist sicher noch früher erfolgt, vielleicht schon in der jüngeren Perm-Zeit von einer kleinen Art von Theriodontiern, die säugetierähnliche Gebisse und vielleicht schon ein Haarkleid hatten, wie oben erwähnt.

Wie konnten diese Tierchen sich gegen die Reptilien behaupten? Unter diesen gab es sicher Arten, die ebenfalls auf Insektenfang spezialisiert waren, und viele, für die die Kleinsäuger eine willkommene Beute waren. Die Säuger müssen einige entscheidende Vorteile gehabt haben. Welches sind diese? – Es sind Vorteile, die sich nicht aus den spärlichen Versteinerungen ableiten lassen. Dazu ist ein allgemeiner Vergleich der wichtigsten Körperfunktionen von Reptilien und Säugetieren erforderlich:

- Temperaturregulierung: Reptilien sind wechselwarm. Ihre Körpertemperatur paßt sich weitgehend der Umwelttemperatur an. Säugetiere und Vögel dagegen haben während ihres ganzen Lebens eine Temperatur, die nur in engen Grenzen schwankt, abgesehen von wenigen Ausnahmen während des Winterschlafs. Das gibt den Säugetieren einen großen Vorteil. Sie können auch in kühlen Nächten nach Beute suchen, wenn konkurrierende Reptilien zur Untätigkeit verurteilt sind. Das wird jedem klar, der in Afrika an einem kalten Morgen eine steife, bewegungsunfähige Puffotter findet, die am Abend kein geschütztes Versteck gefunden hat. Für kleine Tiere, deren Körper rasch auskühlt, ist der Vorteil besonders groß. Deshalb dürfte ein isolierendes Haarkleid wohl auch zuerst bei kleinen Tieren entstanden sein. Sie konnten sich in Felsspalten und Baumhöhlen vor stärkeren Reptilien verstecken – und konnten vielleicht sogar in kühlen Nächten Reptilien überwältigen –; Schlangen, die in enge Spalten und Höhlen kriechen können, entwickelten sich erst viel später.
- Fortpflanzung: In bezug auf diese wurden große Verbesserungen erreicht durch die Entwicklung einer Plazenta. Ansätze dazu sind schon bei einigen Sauriern vorhanden. Die Plazenta ermöglicht einen besseren Stoffaustausch mit dem Fötus durch verbesserte Ausscheidung von Abfallprodukten. Das ist eines der vielen Beispiele gekoppelter Entwicklung, denn gleichzeitig verbesserte sich die Nierenfunktion durch die Ausscheidung von Harnstoff anstelle von Harnsäure.
- Das Säugen der Jungen erhöht deren Aussichten zu überleben. Ob dabei das Muttertier Energie einspart gegenüber der sonst notwendigen Produktion von mehr Nachkommen, ist fraglich. Aber der Vorteil, Junge in schutzbietenden Höhlen zur Welt zu bringen, in denen es für sie keine freßbare Nahrung gab, machte wahrscheinlich die Entwicklung des Säugens zu einem großen Vorteil. Dieser sollte in der Folge die Grundlage für viele weitere verbesserungsfähige Entwicklungen abgeben: Saugen, anstelle von lecken, erforderte die Umbildung von Lippen, Zunge, Gaumen, Mund-

höhle und zugeordneten Muskeln. Damit wurden Vorbedingungen geschaffen für spätere soziale Kommunikation durch Mienenspiel, modulierte Lautgebung und schließlich Sprechen, Vorbedingungen auch für besseres Kauen durch Verschiebung der Nahrung im Maul während des Kauens. Das war eine sogenannte Voranpassung, die viel später den Pflanzenfressern nützlich wurde. Der enge Kontakt machte das Erkennen durch Duftstoffe nicht nur von Fortpflanzungspartnern – das gibt es auch bei Reptilien –, sondern auch von Familienmitgliedern nützlich. Die schon bei Reptilien gut entwickelten Riechzentren des Gehirns konnten weiter verbessert werden. So wurden spezielle Duftdrüsen zur Grundlage des sozialen Verhaltens vieler Säugetiere.

■ Wechselwirkung mit dem Ökosystem: Die Ursäuger waren Insektenfresser. Ihre reiche Entfaltung wurde durch eine neue Entwicklungsphase der Pflanzen und Insekten begünstigt. Eingeleitet durch die Entwicklung von Blütenpflanzen entstand deren Symbiose (Lebensgemeinschaft) mit Insekten, die in den Blüten Nahrung fanden und sie dabei befruchteten. Die unbewußte Kooperation war beiden nützlich. Es entstand eine Vielfalt neuer Arten und Anpassungen. Das bot den Insektenfressern viele Möglichkeiten zu eigener Entfaltung.

Die Voraussetzungen hätten nicht günstiger sein können. Ein durch Warmblütigkeit gesteigerter Stoffwechsel erforderte größere Nahrungszufuhr und stellte gleichzeitig mehr Energie für gesteigerte Tätigkeit bereit. Bei rastlosem Beutesuchen in den kleinräumig vielgestalteten Lebensräumen von Bäumen, Felsen und Flußufern, bei der Erbeutung von springenden, fliegenden, grabenden, stechenden, beißenden Insekten mußte jede Verbesserung der individuellen, nicht erblichen Lernfähigkeit zu einem Vorteil werden, zu einer Vergrößerung individueller Selbständigkeit. Die Entwicklungsfähigkeit der Großhirnlappen wurde verbessert.

Die Auffächerung von Entwicklungslinien wurde durch die Kleinräumigkeit vieler Biotope (Lebensräume) begünstigt. Denn diese können leicht voneinander durch Barrieren geographischer oder klimatischer Natur getrennt werden, die für kleine Tiere unüberwindbar sind, so daß sich in kleinen Populationen (Fortpflanzungsgemeinschaften) rasch erbliche Unterschiede herausbilden können. Solche Vielfalt erhöht die Entwicklungsfähigkeit. Gleichzeitig wurde mit dem Säugen und Betreuen der Jungen der Keim für

zukünftige soziale Bindungen und die mit diesen verknüpften Gefühlsregungen (Emotionen) gelegt. Damit ergab sich – das möchte ich
weit vorausgreifend betonen – schließlich die Möglichkeit zur Entstehung größerer Familienverbände, wachsender und sich verbessernder
Kooperation bis zur Entwicklung der Sprache und menschlicher
Kulturen. Von diesem erfolgreichen Weg sind wir jetzt abgewichen:
Wir sind dabei, unseren Enkeln eine vergiftete, ausgeplünderte Welt
zu hinterlassen!

Es waren kleine, fixe, neugierig alle Winkel durchstöbernde
Tierchen, die vor 200 Mio. Jahren die Entwicklung der Säugetiere
einleiteten. Zu ihren Nachkommen gehören gelehrige Elefanten,
baumhohe Giraffen, schnelle Antilopen und Pferde, das Heer der
Nagetiere, Fledermäuse, die mit Sonarpeilung in dunkler Nacht
Insekten jagen, geschmeidige Großkatzen, anhängliche Hunde, kluge, verspielte Delphine, Eisbären, die ihre Jungen in der eisigen
Polarnacht in Schneehöhlen gebären, kluge Schimpansen und denkende, an Gott glaubende und trotzdem Atom- und Chemiewaffen
bauende Menschen.

Die Entwicklung verlief zuerst sehr langsam. Nach mehr als 100
Mio. Jahren, in der Kreide-Zeit, waren die größten Säugetiere
wahrscheinlich noch kaum größer als Ratten. Sie schauten wohl noch
immer aus ihren Verstecken mit klopfenden Herzchen einem Saurier
nach, der seine Zunge in ihre Schlafhöhle gesteckt hatte. Wer sie
beobachtet hätte, wäre wohl kaum auf die Idee gekommen, daß ihre
Nachkommen einmal sich anmaßen würden, die Erde zu beherrschen.

Eine besondere Art der Höherentwicklung ist die Eroberung des
Luftraumes. Sie verdient eine nähere Betrachtung.

Fliegen, wie lernt sich das?

Viele Tiere, die ganz verschiedenen Zweigen des Tierreiches angehören, können mehr oder weniger gut fliegen, manche mit unglaublicher
Eleganz, andere mühsam flatternd oder nach einem Absprung eine
kleine Strecke segelnd. Die unvollkommenen Flieger lassen verschiedene Stufen des Erwerbs von Flugfähigkeit erkennen und auch den
Vorteil, den ihnen dieses Verhalten gibt. Es ist immer ein Vorteil, vor
Verfolgern in den Luftraum fliehen zu können. Bei Flughörnchen
(Nagetieren) ist es ein Sprung von einem Baum. Dem Absprung folgt

ein Segeln mit zwischen Beinen und Körper ausgespreizter Körperhaut. Eine »fliegende«, in Australien lebende Schlange segelt ähnlich auf ihrer ausgespreizten Bauchhaut. Sie kann dabei sogar steuern. Fliegende Fische beschleunigen ihre Flucht, bis sie auftauchend auf gespreizten, flügelähnlichen Flossen im Sonnenlicht glitzernd, aber für den Verfolger plötzlich unsichtbar geworden, in flachem Bogen wieder in die See tauchen.

Fliegen ist wohl zuerst immer Fluchthilfe. Das bleibt auch bei vervollkommnetem Flugvermögen noch so, soweit dieses nicht für den Nahrungserwerb lebenswichtig wurde, wie das bei Greifvögeln, Schwalben, Fledermäusen, Zugvögeln der Fall ist. Der Zusammenhang zeigt sich daran, daß Vögel, die keine Feinde mehr haben, relativ rasch ihre Flugfähigkeit verlieren. Das geschieht, wenn sie Inseln besiedelt haben, die unerreichbar für ihnen gefährliche Beutegreifer sind. Beispiele sind ein flugunfähiger Kormoran auf einer der Galapagos-Inseln, der Kiwi und mehrere andere Arten in Neuseeland, die große, von den Seefahrern ausgerottete Dronte auf Mauritius. Der Grund für den Verlust der Flugfähigkeit dürfte in der Energiebilanz zu suchen sein: Wenn Fliegen keinen Vorteil mehr bietet, sind die Tiere im Vorteil, die den großen Energieaufwand vermeiden.

Etwas anders liegen die Umstände bei den großen Straußenvögeln. Diese entwickelten Körpergrößen und Schnelligkeiten, mit denen sie sich gegen starke und schnelle Beutegreifer, z. B. die Geparden in Afrika, bis heute behaupten konnten. An diesem Überlebenserfolg ist ihr phantastisches Sehvermögen wesentlich beteiligt.

Die Entwicklung vom Sprungsegeln zum aktiven Fliegen, das die Fledermäuse zu solcher Vollkommenheit entwickelt haben – in Neuseeland gibt es eine Art, die Fische erbeutet –, war wohl ein recht geradliniger Weg.

Kann das Fliegen mit Federn auch das Ergebnis einer so geradlinigen Entwicklung sein? – Das scheint recht unwahrscheinlich. Federn sind nicht, wie Haut, ein alter Bestandteil des Körpers. Als Fluchthilfe können sie erst nützlich werden, wenn sie eine bestimmte Größe und Form haben. Welchen Nutzen konnten sie vorher haben? – Ohne Nutzen gibt es ja keine Darwinsche Verbesserung. Wozu dienen Federn noch, außer zum Fliegen? – Natürlich zum Warmhalten. Wir stopfen nicht umsonst unsere Federbetten damit.

Wärmeisolation durch Haare und Federn ist physiologisch nahe verwandt. Beide sind Gebilde der Hornzellen der Körperhaut, ebenso wie das Schuppenkleid der Reptilien, Krallen und Hörner. Federn hatten ihren Nutzen sicher schon Millionen Jahre, bevor sie zu Flughilfen wurden!

Man kann nicht hoffen, daß Anfangsstadien der Entwicklung von Federn jemals gefunden werden. Die Reptilien, bei denen diese Entwicklung begann, waren sicher sehr klein und lebten wohl im Schutz von Felsen und Bäumen mit günstigen Verstecken und Fluchtwegen. Es ist äußerst unwahrscheinlich, daß in diesem Milieu Fossilien mit erkennbaren Federn entstehen können. Trotzdem läßt sich in groben Linien ein mögliches Entwicklungsszenario entwerfen. Ein paar Annahmen sind notwendig:

- Die Tierchen müssen entwicklungsfähig gewesen sein, d. h. sie dürfen nicht an eine zu einseitige Nahrung angepaßt gewesen sein. Wahrscheinlich war es eine vielseitige Insektennahrung. Eine solche ist energiereich und erfordert gleichzeitig beträchtliche Aktivität und Lernvermögen zum erfolgreichen Aufspüren dieser auf vielerlei Weise lebenden Beute.
- Die Tierchen müssen in einer gemäßigten Klimazone gelebt haben, in der Warmblütigkeit vorteilhaft war. Dafür konnte Insektennahrung die nötige Energie bereitstellen.
- Warmblütigkeit ist aber nur von Vorteil, wenn sie aufrechterhalten werden kann. Das ist bei kleinem Körpervolumen schwieriger als bei großem. Unter solchen Umständen mußte jede Art von Wärmeisolation von großem Nutzen sein. Es könnten sich aus den Hornzellen der Haut ebensogut wie einfache Haare auch verzweigte Haare gebildet haben. So etwa könnte der Beginn der Federbildung erfolgt sein.
- Die Erweiterung des Lebensraumes in den Luftraum hinein hat den Überblick und damit den Handlungsspielraum ungeheuer vergrößert und damit viele neue Möglichkeiten des Nahrungserwerbs zugänglich gemacht.
- Jede Verbesserung der Flugleistung wurde zu einem Vorteil. Damit wurde auch die Verbesserung des Erinnerungsvermögens und damit die des Orientierungsvermögens nützlich. In dieser Beziehung übertreffen viele Vögel den Menschen bei weitem. So können Tauben komplizierte Muster, die in verschiedenen Orientierungen gezeigt werden, sicherer erkennen als Menschen. Und Zugvögel besitzen angeborene Navigationssysteme, die den Lauf der Gestirne oder die Änderungen des

Erdmagnetismus verwenden. Ähnliche Leistungen haben Menschen erst im Laufe von Jahrhunderten mit Hilfe von Instrumenten erreicht.

▪ Die Entwicklung erblicher Navigationssysteme ermöglichte vielen Vogelarten eine völlig neue Lebensweise. Sie können den Gang der Jahreszeiten ausnützen, indem sie das Jahr in verschiedenen Klimazonen verbringen. Sie ziehen z. B. im nordischen Sommer, dessen lange Tage das Füttern der Jungen begünstigen, dort ihre Jungen auf und verbringen dann den nordischen Winter in subtropischen Regionen. Die kleinen Grasmücken ziehen dazu jährlich vom südlichen Schweden ins südliche Afrika. Den Langstreckenrekord im Nonstop-Flug hält wahrscheinlich die Alaska-Goldammer. Sie erreicht ihr Winterquartier auf den Hawaiischen Inseln in einem pausenlosen dreiwöchigen Flug über die für sie tödliche Wasserwüste des Pazifischen Ozeans.

Die obigen Beispiele, die leicht vermehrt werden können, zeigen, daß die Evolution von Flugfähigkeit eine sehr erfolgreiche Höherentwicklung war. Sie vergrößerte die Unabhängigkeit von lokalen Umweltbedingungen in vielfältiger Weise und ermöglichte damit auch Höherentwicklungen des Gehirns zu wunderbaren neuen Fähigkeiten, z. B. Navigation über Tausende von Kilometern.

Ein fossiler Urvogel

Es war natürlich ein langer Evolutionsweg von einem Reptil mit Federkleid bis zu einem Vogel, dessen Vorderbeine zu Flügeln mit elastischen, tragfähigen Federn umgebildet waren. Die Wahrscheinlichkeit, daß Zwischenformen als gut erkennbare Fossilien erhalten bleiben und auch gefunden werden, muß äußerst gering sein. Doch das Unwahrscheinliche geschah. Im Jahre 1862 wurde in einem Steinbruch bei Solnhofen im fränkischen Jura ein etwa taubengroßes Skelett mit deutlichen Federabdrücken gefunden, ein Urvogel (Archaeopterix). Der Fund – heute im Britischen Museum in London – war sofort eine wissenschaftliche Sensation, denn Charles Darwin hatte nur zwei Jahre zuvor seine Hypothese über die Evolution der Arten veröffentlicht. Konnte der Fund Darwins Hypothese unterstützen? Das war der Fall. Die Paläontologen erkannten sofort, daß das Skelett viele typische Reptilmerkmale zeigte, so einen langen, aus

Der »Urvogel« Archaeopterix ziert 2 Briefmarken: das »Berliner« Exemplar, eine Marke der ehemaligen DDR; eine Rekonstruktion von Archaeopterix, eine polnische Marke

Wirbeln zusammengesetzten Schwanz, richtige Zähne im Schnabel, an den Flügeln sind noch drei recht lange Finger mit sehr scharfen Krallen vorhanden, um nur das Auffälligste zu nennen. Typische Vogelmerkmale sind – abgesehen von den Federn – noch weit seltener. Zu diesen gehören vor allem das Gabelbein, eine elastische Knochengabel, entstanden aus einer festen Verwachsung der Schlüsselbeine, die Verwachsung der untersten Rippen zu einer Knochenplatte und die Verschmelzung von Waden- und Schienbein zu einem festen Schaft. Was noch fehlt oder nur als Knorpel ausgebildet war und deshalb nicht erhalten blieb, ist die Kielform des Brustbeins, an dem die starken Flugmuskeln der Vögel Halt finden. Aber der Abdruck einer einzelnen Feder, die in der Nähe an einer anderen Stelle gefunden wurde, zeigt einen asymmetrisch gelagerten Federschaft, wie die Federn der Schwingen heutiger Vögel, ein Zeichen, daß die Flügel beim Abwärtsschlagen Auftrieb erzeugten. Dieser reichte wohl noch nicht zum Starten vom Boden, konnte aber den Gleitflug stark verlängern. Für die Notwendigkeit, von Bäumen zu starten, sprechen die nadelspitzen Krallen an den Zehen der Füße und Flügel, die ein geschicktes Klettern auf und in Bäumen ermöglichten. Eine ganze Reihe von Merkmalen sprechen dafür, daß dieser Urvogel einen Übergang vom Sprunggleiten zum vollen, aktiven Fliegen repräsentiert. Es sind bisher Reste von sechs Exemplaren gefunden worden. Die sorgfältigen anatomischen Studien zeigen, daß sie alle einer Art angehörten. Sie stammten von kleinen Reptilvorfahren ab, die auf den Hinterbeinen liefen und die Vordergliedmaßen zum Greifen gebrauchten. Wenn die Hypothese stimmt, daß Federn ursprünglich dem Wärmeschutz dienten, dann waren die Urvögel sicher warmblütig.

Gab es damals vor etwa 150 Mio. Jahren noch andere Vögel? – Die Erhaltungsbedingungen in den feinkörnigen Plattenkalken der ehemaligen Lagune von Solnhofen sind ein einzigartiger Glücksfall geologischer Dokumentation. Wären diese Kalke nicht ein so ausgezeichnetes Material für die Herstellung lithographischer Platten, Archaeopterix und die vielen anderen in ihnen gefundenen zarten Fossilien wären nie gefunden worden. Es ist deshalb sehr wahrscheinlich, daß es zur gleichen Zeit schon viele andere Vogelarten gab, vielleicht auch solche, die auf dem Weg zu den heutigen Vögeln schon weiter fortgeschritten waren. Dafür spricht ein Gewirr von Fußabdrücken, die Seevögel an einem Strand der unteren Kreide-Zeit, also nur etwa 20 Mio. Jahre später, in British Columbia hinterlassen haben.

Mit den Vögeln und Säugetieren haben nach mehr als 3500 Mio. Jahren einer ständig fortschreitenden, sich zunehmend beschleunigenden Evolution die leistungs- und entwicklungsfähigsten Stämme des Tierreichs die Bühne der Erdgeschichte betreten. Es war ein geschichtlicher Vorgang, der mit seinen vielen Verzweigungen dem Wachsen eines Baumes ähnlich ist. Man spricht deshalb mit Recht von einem Stammbaum des Lebens. Die Biologen und Paläontologen haben dieses Geschehen in seiner Gesamtheit oder in Teilen immer wieder in Form von Stammbäumen graphisch dargestellt. Es scheint mir – zur Vertiefung des Verständnisses – angebracht, an dieser Stelle ein Kapitel einzuschieben, in dem die Probleme und die Aussagekraft dieser Methode aufgezeigt werden.

9 Der Stammbaum des Lebens

Die erdgeschichtliche Evolution der verschiedenen Ordnungen und Stämme der Lebewesen wird in vielen Lehrbüchern in Form von Stammbäumen dargestellt. Diese haben eine gewisse Ähnlichkeit mit Familienstammbäumen, die eine von Generation zu Generation fortschreitende Verzweigung zeigen: Da sind Äste mit wenigen Zweiglein, andere, die viele neue Sprosse zeigen, und wieder andere, die ein Ende gefunden haben. Wie schnell sich das oft ändert! Ein üppiger Ast kann in wenigen Generationen absterben, ein schon auf eine Familie reduzierter wieder erstarken. Ist das ein gutes Abbild des wirklichen Geschehens? Nein, die Wirklichkeit ist viel komplizierter, denn solche Stammbäume geben oft nur die männliche Linie und höchstens kurze Stücke der weiblichen wieder. Um realistisch zu sein, müßten all die vielen weiblichen Linien dazu gezeichnet werden. Das ergäbe ein Gestrüpp anstelle eines Baumes. Das Gestrüpp ist so dicht, daß tausend Jahre zurückverfolgt fast jeder Westdeutsche, Belgier und Nordfranzose unter seinen Ahnen an irgendeiner Stelle Karl den Großen finden würde.

Der Stammbaum des irdischen Lebens, den Paläontologen, Zoologen und Molekularbiologen entworfen haben, hat nur eine oberflächliche Ähnlichkeit mit dem üblichen Familienstammbaum. Der Unterschied besteht darin, daß die Angehörigen verschiedener Zweige (Evolutionslinien) sich nicht erfolgreich paaren können. Selbst wenn sie so nahe miteinander verwandt sind wie Pferde und Esel, sind ihre Nachkommen unfruchtbar. Eine Art besteht aus Fortpflanzungsgemeinschaften (Populationen im Sprachgebrauch der Zoologen).

Die phantastisch bunte Vielfalt der heutigen Lebenswelt bildet die augenblickliche Krone des Lebensbaumes, der vor etwa 3,5 Mrd. Jahren zu wachsen begann. Dazu eine kleine Erinnerungsparade: Springböcke, die in hohen Fluchten, mit aufgestellten weißen Prunkhaaren, spielend eine rote Wüstenfläche überwinden; ein Kolibri, schwirrend vor einer tropischen Blüte; Elefanten an einer Wasserstelle; Geier, kreisend vor einer hochgetürmten Wolke; ein Mistkäfer, der eine Dungkugel rollt, die weit größer ist als er selbst; Löwen an einem Riß im gelben Steppengras der Kalahari; Delphine, übermütig vor dem Bug des Schiffes spielend; unter dem Mikroskop ein Tropfen aus einer Regentonne, in dem es von Mikroorganismen wimmelt; ein Tümpel voll Kaulquappen, auf dessen Oberfläche Taumelkäfer sich tummeln; leuchtende Schmetterlinge in der schmalen Sonnenbahn einer Lücke im grünen Dunkel des Urwalddaches; eindrucksvolle Tierfilme: eine Eisbärin, die ihrem Jungen auf eine Eisscholle hilft; eine Krokodilmutter, die ihre ausschlüpfenden Jungen vorsichtig in den Fluß trägt; ein Paradiesvogel, der seiner Braut eine blau ausgeschmückte Hochzeitslaube anbietet; der riesige Gorillamann, der der Verhaltensforscherin ganz vorsichtig ihren Kugelschreiber abnimmt, ihn betrachtet und wieder in die Hand legt. Es ist wundervoll, sich an all das und noch viel, viel mehr erinnern zu können. Wo man auch hinschaut, überall trifft der Blick Zweige des Evolutionsbaumes, der als Ökosystem die ganze Erde umspannt. Alle haben sich bis heute bewährt! Da gibt es raffinierte Anpassungen an eng begrenzte Lebensbedingungen, Lebenskünstler wie die Zugvögel, die zwischen Kontinenten wandern, und auch extrem konservative Formen, die sich in 500 Mio. Jahren kaum geändert haben.

Wie überzeugend ist der Evolutionsstammbaum, den die Wissenschaftler rekonstruiert haben?

Die Rekonstruktion von Entwicklungsstammbäumen stößt auf Schwierigkeiten, weil alle entscheidenden Schritte und Verzweigungen der Vergangenheit angehören. Trotzdem hat eine Kombination von drei Forschungsmethoden zu überzeugenden Ergebnissen geführt:

1. Die Alterseinstufung von Versteinerungen (Fossilien).
2. Der anatomische Vergleich dieser Dokumente miteinander und mit heute lebenden Arten, Familien und Gattungen.
3. Der molekularbiologische Nachweis, daß lebenswichtige Moleküle, z. B. das die Sauerstoffatmung ermöglichende Cytochrom C, sich in leicht abgewandelter Form bei so verschiedenen Lebewesen wie Bakterien, Insekten, Menschen, Elefanten und Pflanzen finden, und daß die Größe der Unterschiede dem Grad der Verwandtschaft entspricht und damit dem zeitlichen Abstand von der gemeinsamen Urform. Je länger der getrennte Evolutionsweg, um so größer der Unterschied.

Die auf diese Weise nachgewiesenen Verzweigungen bestätigen die
anatomischen und paläontologischen Erkenntnisse. Durch die Kombination dieser Methoden sind die großen Züge der Entwicklung
heute gut bekannt, aber die Einzelheiten lassen sich nur selten
rekonstruieren. Es ist vor allem ein Umstand, der es meist unmöglich
macht, die Einzelheiten in der Anfangsphase eines neuen Evolutionsweges zu rekonstruieren, etwa den Weg von den Reptilien zu den
Säugetieren. Die Neuanfänge beginnen in kleinen Populationen, die
erstens nur sehr selten als Fossilien gefunden werden und zweitens
sich rasch in nahe verwandte Unterarten auffächern. Wenn dann
Zehntausende Generationen später mehrere, individuenreichere Linien durch Fossilien nachweisbar sind, sind ihre Verwandtschaftsgra-
de im Gestrüpp der Auffächerung verborgen. Das gibt zu vielen
Spekulationen Anlaß. So ist es z. B. durchaus zweifelhaft, ob die
wenigen Funde, die von dem menschlichen Entwicklungsweg zeugen,
nicht verschiedenen, nahe verwandten Linien angehören. Eine zu
einer bestimmten Zeit zahlreiche Art kann leicht aussterben und
durch eine verwandte Art ersetzt werden, von der keine älteren Reste
gefunden wurden. Trotz solcher Unsicherheiten in den Einzelheiten
sind die Verwandschaften und zeitlichen Einordnungen in die Erdgeschichte im großen gut gesichert. Ähnliches gilt in verschiedenem
Maß für jede historische Entwicklung. So ist bekannt, daß die Che-
rusker im Jahre 16 n. Chr. drei römische Legionen vernichtet haben,
aber wo die Schlacht stattfand und wie sie im einzelnen verlief, ist
unbekannt.

Mit dieser Einschränkung ist ein Stammbaum des Lebens entworfen worden, der in der Urgeschichte der Erde wurzelt und sich in mehr
als 3,5 Mrd. Jahren zu der heutigen Vielfalt verzweigt hat.

In dieser Vielfalt stellen die Klein- und Kleinstlebewesen, zu denen
auch die Bakterien gehören, bei weitem die größte Zahl von Arten.
Ihre lebende Masse übertrifft die der größeren Lebewesen um mehr
als das Doppelte. Dies Verhältnis zeigt eindrucksvoll, daß die
höherentwickelten Arten die einfacheren nicht verdrängt haben und
auch nicht dabei sind, sie zu verdrängen. Diese bildeten und bilden
noch immer die breite Basis, ohne die höherentwickelte Linien weder
entstehen noch sich weiterentwickeln könnten. Das führt zu der
Frage, welche Bedingungen die Verzweigungen und Höherentwicklungen möglich gemacht haben. Vielleicht läßt sich dann auch
erkennen, welche Faktoren den Fortbestand erfolgreicher Entwicklungen gefährden, eine lebenswichtige Frage für die Menschheit, denn

der Evolutionsstammbaum zeigt klar, daß erfolgreiche Entwicklungen die Zukunft *nicht* garantieren!

Woher weiß man das? – Geht man heute an einem Strand spazieren, so findet man die Schalen bestimmter Muscheln in großer Zahl. Manchmal bedecken sie ihn wie ein Pflaster. An den Stränden anderer Kontinente findet man dieselbe Art oder Schalen, die so ähnlich sind, daß auch ein Laie die nahe Verwandtschaft erkennt. In Gesteinen, die vor 100 oder 200 Millionen Jahren entstanden sind, findet man wieder auf allen Kontinenten einander gleiche oder sehr ähnliche Muscheln, die aber den heute lebenden recht unähnlich sind, oft sogar ganz anderen, heute ausgestorbenen Familien angehört haben. Geologen und Paläontologen haben seit 200 Jahren Versteinerungen gesucht und in großen Sammlungen klassifiziert und aufbewahrt. Das hat es möglich gemacht, einen Stammbaum der Evolution zu konstruieren, und es hat sich gezeigt, daß im Laufe der Erdgeschichte bei weitem die meisten Familien und auch viele Ordnungen, die einmal erdweit verbreitet waren, ausgestorben sind. Sie sind durch andere ersetzt worden. Diese hatten sich oft schon weit in der Vergangenheit abgezweigt, aber lange Zeit nur eine geringe Rolle gespielt, wie z. B. die Säugetiere gegenüber den Reptilien.

Wie beginnt ein neuer Zweig? – Neue Zweige, die sich später als entwicklungsfähig erweisen, stammen immer von wenig spezialisierten Arten ab. Das sind solche, die nicht auf zu einseitige Nahrungs- oder Klimabedingungen angewiesen sind, die aber über eine breite Palette von Fähigkeiten verfügen, von denen keine zu sehr dominiert.

Aber, und das ist eine notwendige Frage, wie können sich wenig spezialisierte Lebensformen gegen spezialisiertere behaupten, und zwar so lange behaupten, bis eine Kombination ihrer Fähigkeiten ihnen Vorteil bringt? – Der Einwand wäre gerechtfertigt, wenn auf der Erde immer gleichbleibende Bedingungen geherrscht hätten. Dann wären schließlich alle Bereiche von optimal angepaßten Lebewesen bewohnt, die sich auch aneinander optimal angepaßt hätten. Ein Zustand, wie ihn, auf menschliche Gesellschaft und Wirtschaft bezogen, Politiker anstreben, versprechen und mehr oder weniger gewaltsam herbeiführen möchten! Aber ein so evolutionsfeindlicher, langweiliger Zustand konnte sich nicht einstellen, weil die Erde ein sehr aktiver Planet ist, auf dem immer wieder hohe Gebirgsketten aufgefaltet werden, neue Meeresbecken entstehen und wieder verlanden, Kontinente zerrissen werden und in andere Klimazonen driften, Meeresströmungen ihre Richtung ändern und Eiszeiten kommen und gehen. Kein bequemer Planet, aber ein anregender, der immer wieder Möglichkeiten für Neuanfänge bietet. Starke Veränderungen sind für spezialisierte Lebewesen oft tödlich, geben aber weniger spezialisierten die Möglichkeit, entstandene Freiräume zu besetzen. Je vielgestaltiger ein Freiraum ist, um so rascher entwickeln sich aus den Neusiedlern Unterarten und schließlich neue Arten, ein Vorgang, der Radiation (Auffächerung) genannt wird. Dies geschieht am raschesten, wo kleine Gruppen durch äußere Barrieren isoliert werden, denn in kleinen Populationen breiten sich Erbänderungen am schnellsten aus. Wir machen bei der Züchtung von Tieren und Pflanzen bewußt Gebrauch von dieser Regel.

Neue Lebensbedingungen entstehen auf zweierlei Weisen. Einmal durch die Kräfte, die, aus dem Inneren der Erde wirkend, die geographischen und klimatischen Verhältnisse verändern. Zweitens durch den Evolutionsprozeß selbst, der Lebewesen mit neuen Fähigkeiten ausstattet. Ein solcher Vorgang von erdweiter Bedeutung war die Besiedlung der Festländer. Daß die beiden Prozesse nicht unabhängig voneinander sind, wurde schon oben dargelegt. So hat z. B. die Sauerstoffproduktion durch Photosynthese der Lebensentwicklung ungeheure neue Möglichkeiten eröffnet. Ohne Luftsauerstoff wäre eine nennenswerte Festlandbesiedlung unmöglich gewesen. Das irdische Ökosystem konnte sich in phantastischer Weise erweitern. Jetzt sind wir dabei, die in Hunderten Millionen Jahren gewachsene Vielfalt in katastrophaler Weise zu schädigen.

Eine andere rein biologische Entwicklung, die Säugetieren und Vögeln das Leben und die Ausbreitung in kalte Klimazonen ermöglicht hat, war die Erwerbung von Warmblütigkeit. Dieser Fortschritt war nur unter gleichzeitiger Verbesserung von Brutfürsorge möglich (Brüten, Säugen, Verstecken, Verteidigen, Füttern). Diese notwendige Fürsorge konnte mit der Zeit durch verschiedene Arten der Kooperation der Elterntiere verbessert werden. Solche Kooperationen führten schließlich auf einigen Evolutionswegen zur Bildung soziallebender, kooperierender Sippenverbände. Einer davon wurde – in der erdgeschichtlich jüngsten Zeit – zur Grundlage menschlicher Kulturen. Er war durch eine Zunahme wachsender, sich erweiternder Kooperationen ausgezeichnet – trotz aller Kriege.

Zur Vertiefung des Verständnisses scheint es mir nützlich, bevor ich mich dem Entwicklungsweg zum Menschen zuwende, einige allgemeine Betrachtungen einzuschieben über die Rolle von kooperativen Verhaltensweisen im Evolutionsgeschehen. Dabei werde ich – um der Perspektive willen – zurückgreifen auf den Beginn der biologischen Evolution.

Erfolgsrezept: Kooperation

These

■ *Kooperation ist Arbeitsteilung und hat im Laufe von Höherentwicklungen immer wieder Auswege aus Sackgassen geöffnet.*

Der Begriff Kooperation ist dem menschlichen Sozialleben entnommen. Das fordert zu der Frage heraus, ob man ihn überhaupt auf nichtmenschliche Verhältnisse anwenden darf, bei denen wahrscheinlich oder sicher keine bewußten Entscheidungen beteiligt sind. Wie etwa soll man das Jagdverhalten von Löwen nennen, die sich eine Beute zutreiben? Da könnte etwas Bewußtsein mitspielen. Aber auch für die ungleich besser abgestimmte Zusammenarbeit eines Bienenvolkes, bei dem man sicher nicht von bewußter Übereinkunft sprechen kann, wird der Begriff verwendet. Wie aber steht es bei Symbiosen, etwa dem völlig unbewußt bleibenden, lebenswichtigen Zusammenwirken von Bakterien mit unserem Verdauungssystem? Ich möchte hier, in Anlehnung an den von Konrad Lorenz verwendeten Begriff »vernunftanaloges Verhalten«, von kooperationsähnlichem Verhalten sprechen. Ich verwende den Ausdruck in diesem Sinn und nehme an, daß es Übergänge zu bewußtem sozialen Verhalten gibt.

Wo beginnen in der Geschichte des Lebens solche Lebensvorgänge? Versuchen wir es bei den Einzellern; Mehrzeller sind ja schon ein Kooperationsverbund. Bei Bakterien und anderen Einzellern finden sich gelegentlich zwei Individuen zusammen und tauschen Stücke ihrer Erbanlagen aus, bevor sie sich wieder trennen. Das ist eine sexuelle Verbindung, aber keine Vermehrung. Diese findet zu anderer Zeit durch Teilung statt. Worin liegt der Nutzen dieser Kooperation? Sie verändert die Abwehreigenschaften der Zelle z. B. gegen den Befall von Viren. Die Viren haben aber einen großen Vorteil: Ihr sehr viel kürzerer genetischer Code kann viel schneller kopiert werden. Dadurch ist ihre Vermehrungs- und damit auch Mutationsrate sehr viel höher als die der Bakterien. Unter den unzähligen Spielarten, die so durch Zufall entstehen, findet sich immer einmal eine, die den chemischen Panzer durchdringen und die Abwehr der Zelle überwinden kann und sich dann rasend vermehrt. Ein gutes Beispiel für solche raschen Änderungen (Mutationen) bei Viren sind die uns jährlich aufs neue plagenden Grippeviren. Individualität hat schon auf dieser Evolutionsstufe einen hohen Wert für die Erhaltung der Evolutionsfähigkeit!

Läßt sich Kooperation, im oben definierten Sinn, nicht schon am Urbeginn des Lebens, bei der Vermehrung des genetischen Materials erkennen? Ich denke: Ja. Die Kopierung von Erbanlagen ist das Ergebnis des Austausches von Informationen, die in den Strukturen von Genen (Nukleotidketten, DNS) und denen von Aminosäureketten gespeichert sind. Der Austausch erfolgt mit Hilfe von kurzen Ketten von Botennukleotiden (RNS), die eine ähnliche Rolle spielen wie Wörter bei der Kommunikation zwischen Menschen. Die Grundlage des Lebens besteht von Anfang an in einem Informationsaustausch, einer Kooperation zwischen verschiedenartigen, mit der Vermehrung verknüpften molekularen Strukturen.

Eukaryoten

Die Höherentwicklung von zellkernlosen Prokaryoten zu Eukaryoten, deren Erbprogramm in einem Zellkern eingeschlossen ist, war vor etwa 1,5 Mrd. Jahren abgeschlossen. Daran waren mindestens zwei Kooperationsschritte beteiligt. Erstens erfolgte die Verbesserung eines unvollständigen Genaustauschs zur sexuellen Fortpflanzung, bei der alle Erbprogramme der vereinigten Zellen zusammengelegt werden, um dann an die Nachkommen in neuer Mischung weitergereicht zu werden. Das garantierte eine noch größere Vielfalt der Anlagen und damit noch bessere Abwehr gegen Seuchen. Dabei ermöglichte der Austausch größerer Genabschnitte – das sind bewährte molekulare Fertigbauteile – größere, und das heißt raschere Entwicklungsschritte und auch einen gewissen Ausgleich von Erbschäden. Was bei diesem Zufallsspiel schlecht zusammenpaßte, wurde in den nächsten Generationen schnell aussortiert. – Zweitens war nach der weitgehenden Ausfällung des im Meerwasser gelösten Eisens der Sauerstoffgehalt langsam auf ein Niveau gestiegen, das tödlich war für die Lebewesen, die seit

Milliarden Jahren an das praktisch sauerstofffreie Milieu angepaßt waren. Bevor es aber zu einem allgemeinen Aussterben in dem selbsterzeugten, giftigen Abfall der Photosynthese kam, rettete eine Kooperation den Fortbestand des Lebens, wie das schon in der Frühphase der Lebensentwicklung der Fall gewesen war, als der drohende Nahrungsmangel durch Photosynthese überwunden wurde.

Wie kam es zu der neuen, rettenden Kooperation? – Nun, die Eukaryoten enthalten in ihrem Zellplasma – nicht im Kern – einige hundert winzige Körperchen, Mitochondrien genannt. Es sind dezentralisierte Minikraftwerke, die mit Hilfe von Sauerstoff Energie gewinnen. Von diesen können viele ausfallen, ohne daß, wie bei unseren Mammutkraftwerken, gefährlicher Schaden entsteht. Das Erstaunlichste aber, noch nicht lange bekannt: sie haben ihr eigenes Erbprogramm und vermehren sich selbständig, unabhängig von der Vermehrung der Zelle! Das legt den Schluß nahe, daß es sich um eine Symbiose handelt, ein Verbundsystem ursprünglich selbständiger Lebewesen!

Die Einzelheiten dieser Entwicklung werden vielleicht unbekannt bleiben, ebenso wie die der Symbiose unseres Verdauungsapparates mit für uns lebenswichtigen Darmbakterien. Eine Verabredung war jedenfalls nicht im Spiel. Vielleicht drangen die mitochondrienähnlichen Vorläufer in die Zellen ein und vernichteten sie, bis einmal ein Abwehrmechanismus entstand. Vielleicht gehört der Einschluß des Erbgutes in einen Zellkern dazu. Vielleicht waren die winzigen Energiefabriken ein gefundenes Fressen für die größeren Zellen, bis erstere eine Abwehr gegen das Verdautwerden entwickelten. Wie dem auch war, die geglückte Symbiose war überall, wo es Sauerstoff gab, allen anderen Organismen überlegen. Bei den eukaryotischen Einzellern gibt es keinen Unterschied zwischen männlichen und weiblichen Zellen und auch keine Arbeitsteilung.

Symbiosen

Symbiosen sind nicht auf Einzeller beschränkt. Sie sind sehr weit verbreitet und außerordentlich erfolgreich. Ich kann hier nur wenige Beispiele nennen. Die Symbiose von größeren Zellen mit Mitochondrien wurde gerade erwähnt.

Das große Barriereriff. Diese, ganz von Lebensgemeinschaften aufgebaute Struktur, verdankt ihre Vielfalt nicht zuletzt den Herausforderungen, denen die Lebewesen durch häufige Änderungen des Meeresspiegels ausgesetzt sind, denn jedesmal sterben viele Arten ab, so daß Freiräume für neue Entwicklungen und Besiedelungen entstehen

■ Viele Riffkorallen sind Symbiosen von Polypen (Hohltieren) mit winzigen Algen. Ihr großer, ganze Landschaftsformen prägender Erfolg wurde schon oben erwähnt (s. Abb. S. 50).

■ Flechten, Symbiosen von Pilzen mit Algen, sind erfolgreiche Besiedler nackter Felsen und anderer Oberflächen in allen Klimagebieten.

■ Viele Pflanzen, vor allem auch Bäume, können nur in Kooperation mit Pilzen und Bakterien gedeihen, die auf ihren Wurzeln leben.

■ Kein Tier, das einen Verdauungsapparat besitzt, kann ohne die Mitwirkung von Bakterien leben.

■ Seit der Kreide-Zeit sind vielfältige, oft fein abgestimmte Kooperationen zwischen vielen Arten von Blütenpflanzen und Insekten entstanden. Erstere bieten Nahrung an, letztere transportieren – unbeabsichtigt – Blütenstaub für die Befruchtung. Vögel und Säugetiere sind oft an der Verbreitung von Samen beteiligt. Diese Kooperationen waren nie vorausgeplant. Sie sind dadurch entstanden, daß aus einem Verhalten, das ursprünglich die Pflanzen schädigte, wechselseitige Anpassungen entstanden, die für beide nützlich sind.

■ Auch Naturwälder und Steppen sind Kooperationsgemeinschaften, die sich selbst organisieren und einen sehr großen Einfluß auf das gesamte Ökosystem gehabt haben. Ihre Zerstörung durch den Menschen macht die Erde und ihr Klima weniger wohnlich.

Geschlechtspartner

Mehrzeller sind selbst eine perfekte Kooperation erbgleicher Zellen. Ihr doppelter Chromosomensatz enthält das vereinigte Erbgut der beiden Eltern. Es gibt keine Abgrenzungsmechanismen, die nicht in dem gemeinsamen Erbprogramm vorgesehen sind. Deshalb gibt es bei Organtransplantationen zwischen eineiigen, d. h. identischen Zwillingen, keine Abstoßungsreaktionen.

Unter den im Tier- und Pflanzenreich vorkommenden Vermehrungsweisen überwiegt bei weitem arbeitsteilige Kooperation, zu der die Partner unterschiedliche Leistungen beitragen. Diese führten zur Entwicklung unterschiedlicher körperlicher Ausstattungen und Verhaltensweisen (Wickler u. Seibt, 1990). Worin liegt der Vorteil gegenüber primitiven, noch heute lebenden Organismen (viele Algen und Sporentierchen), bei denen es keine Geschlechtsunterschiede gibt? – Deren winzige, nicht unterscheidbare Keimzellen werden in ungeheuerer Menge ins Wasser entlassen, wo jede mit jeder verschmelzen kann, die sie trifft. Warum ist das nicht so geblieben? Dann gäbe es keine unterdrückten Frauen und keine Homosexualität! Der Grund ist einfach: Das System arbeitet nur gut, wenn die Keimzellen in ungeheueren Mengen produziert werden, denn die Verlustrate ist ungeheuer hoch. Nur sehr kleine Zellen können in großen Massen produziert werden. Das bedeutet aber, daß der

Nährstoffvorrat für ein Jugendwachstum sehr klein ist, dieses also nur sehr kurz sein kann. Wenn aber im Laufe von Höherentwicklungen in der frühen Entwicklungsphase kompliziertere Organe wachsen müssen, etwa Wurzeln, Bewegungsapparate, Freßwerkzeuge usw., dann sind die im Vorteil, die ein größeres Startkapital an Nährstoffen mitbekommen, also größere Keimzellen. Der Energieaufwand der Eltern vergrößert sich entsprechend und auch der Verlust durch die Massen, die nicht zur Vereinigung kommen oder gefressen werden. In dem Jahrmillionen währenden Würfelspiel von Mutationen, Energiebilanz und Jugendentwicklung ergaben sich schließlich Überlebensvorteile für die Kombination von zweierlei Erbprogrammen, einem, das relativ wenige, große Keimzellen und einem, das ungeheuere Zahlen von winzigsten erzeugte. Computerprogramme haben diese Theorie bestätigt. Die arbeitsteilige, zweigeschlechtliche Fortpflanzung wurde die Grundlage aller Höherentwicklungen. Ihr Vorteil gegenüber allen anderen Vermehrungsweisen (Teilung, Knospung) beruht auf der verbesserten, evolutionsfähigen Vorsorge für die Jungen!

Verbesserungen, unter gleichzeitiger Höherentwicklung, wurden durch Fortschritte in der Kooperation der Eltern erreicht:

- Erleichterung der Partnerfindung durch Duftstoffe, Körperform, Färbung, Balzverhalten, Lautäußerungen.
- Verbesserung der Befruchtungsrate durch gleichzeitigen Ausstoß der Eizellen und Spermien ins Wasser, interne Befruchtung (schon bei einigen Fischarten), wurde zur Voraussetzung für das Leben auf dem Land. Dabei entstanden auf einigen Entwicklungswegen recht komplizierte Paarungsweisen. So überreicht bei einer Spinnenart das Männchen dem Weibchen ein gesponnenes Säckchen, das mit Spermien gefüllt ist; bei den violetten Prachtlibellen füllt das Männchen zuerst eine Brusttasche mit Spermien, in die das Weibchen beim Hochzeitsflug seine Geschlechtsöffnung einführt.
- Brüten und Brutfürsorge ermöglichten eine weitere Verringerung der energieaufwendigen Produktion von Eizellen, Eiern und Embryonen. Ein paar Beispiele mögen genügen: Schutz der ersten Jugendentwicklung kommt schon bei Fischen vor (Nester von Stichlingen). Auch über die Fürsorge von Geburtshelferkröten, Krokodilmüttern und Pythonschlangen wurde bereits berichtet. Unter Vögeln und Säugetieren ist Schutz der Jungen in Höhlen –

bei Eisbären in Schneehöhlen – weit verbreitet; Aufzucht (Fütterung, Körperpflege und Schutz) kann einem Elternteil, meist dem Weibchen, überlassen sein, oder beide können kooperieren. Im letzteren Fall füttert bei manchen Arten das Männchen während der Brutphase das Weibchen.

Im Kooperationsverhalten und damit den Beziehungen der Partner zueinander findet sich im Tierreich jede denkbare Kombination, von einmaligen, nur Sekunden währenden Sexualkontakten über häufige Partnerwechsel bis zur lebenslangen Einehe (Monogamie), z. B. bei vielen Vogelarten, den Zwergmungos und weitgehend in menschlichen Gesellschaften. In letzteren wird Partnertreue als eine hohe ethische Errungenschaft gewertet. Ob sie das ursprünglich wirklich war, kann bezweifelt werden, da sich diese Art der Beziehung in weit perfekterer Ausbildung auch im Tierreich findet, und das nicht nur bei relativ hochentwickelten Vogelarten und den Zwergmungos, sondern auch bei einem Insekt, einer in der Sahara lebenden Wüstenassel, die in anderer Beziehung recht primitiv ist. Diese Tierchen leben streng monogam – bis daß der Tod sie scheidet. Das Weibchen gräbt eine Wohnhöhle. Das Männchen und viele Generationen älterer Geschwister beteiligen sich an der Fürsorge für die Jungen. Von einer emotionalen Partnerbindung kann bei den Asseln wohl keine Rede sein. Ihr Verhalten ist das Ergebnis eines starren, genetischen Programmes, das unter den gegebenen Bedingungen mehr fortpflanzungsfähige Nachkommen garantierte als ständiger Partnerwechsel. Mit Ethik hat das nichts zu tun. Warum dann beim Menschen?

Den Menschen wird offensichtlich in dieser Beziehung durch das Leben in großen sozialen Verbänden ein Verhalten abverlangt, das in ihren Erbanlagen nur beschränkt verankert ist. Aber häufiger, meist mit Streit verbundener Partnerwechsel gefährdet den sozialen Frieden und das Gedeihen der Kinder (s. Kapitel »Ernährung und soziale Strukturen«, S. 172).

Auf vielen Evolutionswegen wurde die Fürsorge für die Jungen erweitert zur Entstehung von sozial lebenden Familien- und Sippenverbänden, in denen mehrere Generationen kooperieren. Einer von diesen Wegen führte zur Menschwerdung.

Kooperation in Familien und Sippen

Dies ist eine längere Zeiten übergreifende Zusammenarbeit, an der mehrere Generationen verwandter Tiere beteiligt sind. Solche Sozialstrukturen haben sich wohl immer aus einer Brutpflege entwickelt, indem heranwachsende Tiere sich an der Versorgung und dem Schutz jüngerer Geschwister beteiligten. Es ist die erfolgreichste Kooperationsweise, die auf der Erde entstanden ist. Diese Lebensweise findet sich nur bei relativ wenigen Tierarten: Bei staatenbildenden Insekten, manchen Vogelarten und einer größeren Zahl von hochentwickelten Säugetieren, z. B. soziallebenden Mäusen, Ratten, Hundearten, Walen, Affen und Menschen, um nur die bestbekannten zu nennen. Die geringe Artenzahl wird mehr als aufgewogen durch die Zahl an Individuen und die große Anpassungsfähigkeit, die sich in weiter Verbreitung zeigt.

So bilden nur etwa ein Prozent der Insektenarten Staaten, übertreffen aber an Individuenzahl und Durchsetzungsvermögen oft bei weitem alle anderen Insekten ihres Lebensraumes. Die soziallebenden Ratten stehen den Menschen an Individuenzahl nicht viel nach, trotz aller Vernichtungskampagnen.

Wohnbauten bzw. Territorien werden verbissen gegen Artgenossen verteidigt. Bei solchen Kämpfen gibt es keine angeborene Tötungshemmung, kein »moralanaloges Verhalten«, wie Konrad Lorenz angenommen hatte, auch nicht bei Wölfen. Dieses äußert sich nur gegenüber Rudelmitgliedern oder persönlich Bekannten. Das menschliche Feind Freundverhalten ist in dieser Beziehung keine Ausnahme.

Vom Eigennutz zum sozialen Verhalten

Stabilisierung sozialer Verbände

Das Leben in sozialen Verbänden ist offensichtlich sehr erfolgreich. Das führt zu zwei Fragen:

1. Worin liegt ihr Vorteil?
2. Warum ist diese Organisationsform nicht weiter verbreitet im Tierreich?

■ Zu 1. Der Verband bietet den einzelnen mehr Schutz als die eigenen Fähigkeiten. Mehr Augen sehen mehr, mehr Ohren hören mehr, mehr Nasen riechen mehr. Ein Hauptvorteil dürfte in der Erfahrung des Leittieres und anderer älterer Tiere liegen, der den Jungtieren zugute kommt. Die individuelle Lernfähigkeit der Individuen addiert sich! Die Anpassungsfähigkeit des Verbandes wächst. Dadurch wird mit der Zeit – durch Auslese – die Lernfähigkeit der Population verbessert. Wo überhaupt die Möglichkeit zur Verteidigung besteht, bietet die Sippe einen entscheidenden Vorteil. Diese Vorteile verbessern die Fortpflanzungsfähigkeit einer Population (Fortpflanzungsgemeinschaft).
Wodurch wird die Stabilität solcher Verbände bewirkt? Wodurch wird sie bedroht? – Verhaltensforscher haben solche Verbände über mehrere Generationen hinweg beobachtet und die Beziehungen der Tiere zueinander und zu Nachbarsippen beschrieben und photographisch dokumentiert.

■ Zu 2. Es hat sich gezeigt, daß der Zusammenhalt vor allem durch das Sexualverhalten gefährdet ist. Bei den meisten Brutpflege betreibenden Arten mit rasch heranwachsenden Jungen werden diese vor dem nächsten Fortpflanzungszyklus entweder von ihren Müttern vertrieben, oder, wenn sie schon geschlechtsreif sind, durch eigene Paarbildung voneinander getrennt. Auf welche Weise konnte diese erblich vorgegebene Wirkung des Fortpflanzungstriebes zugunsten sozialer Verhaltensweisen abgeändert werden? – Die Beobachtungen lassen mehrere Organisationsformen erkennen, durch die dies erreicht wurde. Im folgenden will ich ein paar typische Sozialstrukturen besprechen, vor allem im Hinblick auf Ähnlichkeiten mit menschlichen Verhaltensweisen.

Haremsverbände

Solche Sippen bestehen je nach Art aus einer unterschiedlichen Zahl von weiblichen Tieren und deren Nachkommen und werden von einem starken männlichen Tier geführt und beherrscht. Unter den Weibchen bildet sich eine Rangordnung, aber das Sagen hat allein der Sultan. Männliche Nachkommen wandern mit der Geschlechtsreife ab und umher, bis sie sich einen Harem und ein Territorium erobern können. Solche Kämpfe entscheiden über den Fortpflanzungserfolg der Männchen. Es ist daher zu erwarten, daß durch die Auslese die männliche Kampffähigkeit verstärkt wird. Das ist geschehen. In dieser Sozialstruktur sind die Männchen immer wesentlich größer, also stärker als die weiblichen Tiere und besitzen oft auch besondere Waffen (Geweihe, Hörner, gefährliche Eckzähne, wie z. B. die Paviane oder Moschushirsche).

Viele Affenarten leben auf diese Weise, auch mehrere Pavianarten in den afrikanischen Busch- und Baumsteppen, in denen unsere vor- und frühmenschlichen Vorfahren lebten. Das ist ihnen möglich, weil sie außer Früchten, Samen und Blättern auch reichlich Insekten, in Namibia vor allem Skorpione und gelegentlich kleine Säugetiere erbeuten. Es gibt sowohl unter den Männchen als auch unter den Weibchen eine Rangordnung. Bei kleineren Trupps stammen wohl die meisten Kinder von dem ranghöchsten Männchen ab. Die geschlechtsreifen männlichen Nachkommen wandern meist nicht ab und kommen schließlich auch zur Fortpflanzung, so daß aus der Familie eine Sippe wird. Schließlich wird der alternde Sultan von einem ranghohen Nachkommen besiegt und vertrieben. Dazu können sich auch zwei oder drei Männchen – wahrscheinlich Brüder – verbünden. Bei Gefahr decken die stärksten Männchen den Rückzug und setzen gelegentlich auch ihr Leben ein. Zwischen benachbarten Sippen kann es zu Territorialkämpfen kommen. Für die Kommunikation spielen Lautäußerungen eine große Rolle.

Die Schimpansen, unsere nächsten Verwandten, sind jahrzehntelang intensiv von Jane Goodall beobachtet worden. Sie haben eine ähnliche Sippenstruktur wie Paviane. Sie leben in tropischen Wäldern. Die Nahrung besteht aus Früchten und Blättern und wird durch den Genuß von Termiten und wohl auch anderen Insekten mit Eiweiß angereichert. Bei günstiger Gelegenheit fangen Männchen in gemeinsamer Jagd auch einmal einen jungen Pavian oder eine junge Antilope. Fleisch wird außerordentlich geschätzt. Erstaunlich ist, daß die Beute dem glücklichen Fänger nicht von ranghöheren Tieren abgenommen wird, daß diese vielmehr um Stücke betteln und das wie Menschen mit ausgestreckter, offener Hand. Es liegt im Belieben des erfolgreichen Jägers, ob er etwas abgibt oder nicht. Die Beute wird als sein Eigentum betrachtet. Eine andere unerwartete Erkenntnis betrifft das Verhalten gegenüber fremden Artgenossen. Es ist nicht so friedlich, wie man geglaubt hatte. Eine kleine Sippe, die sich abgesondert hatte, wurde schließlich von Männchen der größeren Sippe umgebracht.

Bei diesen »Feldzügen« wurden selbst Weibchen, wenn sie nicht brünstig waren, getötet, brünstige dagegen mitgenommen auf das eigene Gebiet, wo die Männchen sich dann reihenweise mit ihnen paarten. Eine bedrückende Ähnlichkeit mit menschlichen Kriegsbräuchen! Andererseits spielen junge Schimpansen friedlich mit jungen Pavianen. Es scheint mehr Ähnlichkeiten zwischen schimpansischem und menschlichem Verhalten zu geben, als man gedacht hatte. Eine Versorgung von Jungen durch ältere Geschwister findet nicht statt, würde bei der Ernährungsweise auch keinen Vorteil bringen. Zwischen Männchen und Weibchen wurden keine auffälligen emotionalen Beziehungen beobachtet. Da als Folge der langen Trag- und Säugezeit der Abstand zwischen Geburten etwa 3–4 Jahre beträgt und ein Weibchen während dieser Zeit für Männchen sexuell unattraktiv ist, können sich dauerhafte erotisch getönte Gefühlsbindungen gar nicht entwickeln. Das ist ein tiefgreifender Unterschied zwischen Schimpansen und Menschen, aus deren individuellem und kulturellem Leben solche Beziehungen gar nicht wegzudenken sind.

Die sexuellen Rivalitäten der Männchen werden weitgehend – entsprechend der etablierten Rangordnung – mit Imponiergehabe und Drohungen geregelt. Dadurch wird der Zusammenhalt der Sippe im allgemeinen nicht gefährdet. Auch die Ablösung des Führers durch einen Jüngeren führt nicht zu dessen Ausstoßung.

Auf die intellektuellen Fähigkeiten der Schimpansen werde ich später eingehen.

Mutterfamilien und Muttersippen

Es gibt reine Mutterfamilien. Das Beispiel der Wüstenassel wurde schon erwähnt. Eine ideale Sozialstruktur dieser Art hat Anne Rasa bei den Zwergmungos (Schleichkatzenart) in Kenia eingehend erforscht und in ihrem entzückenden Buch »Die perfekte Familie« hervorragend beschrieben. Die nur 20 cm großen Tierchen leben in Familienverbänden im Dornbuschgelände einer halbariden Region. Den Familien können 20–30 Tiere angehören. Alle sind Nachkommen eines Elternpaares, das in Einehe lebt. Die Mutter ist die Führerin der Familie. Sie wird mit der ersten Schwangerschaft größer und kräftiger als ihr Mann. Die Nahrung besteht aus Insekten aller Art, Mäusen und gelegentlich auch kleineren Schlangen, etwa einer jungen Puffotter. Die Zwergmungos sind erstaunlich unempfindlich gegen Gifte. An Kämpfen mit so gefährlicher Beute beteiligt sich die ganze Familie. Die Jungen kämpfen, den Bissen mit blitzschnellen

Sprüngen ausweichend, bis der abwartende Vater die Chance für einen tödlichen Biß findet.

Die Jagd besteht aus einem täglichen Fouragierzug. Er wird von der Mutter, die das etwa 4 km² große Buschgelände sehr gut kennt, geführt und endet jeden Abend an einem anderen Termitenhügel, in dessen Gängen übernachtet wird.

Die kleinen Gesellen leben gefährlich. Sie sind ständig bedroht durch größere Freßfeinde (Leoparden, Schakale, große Schlangen und vor allem mehrere Arten von Greifvögeln). Während sie zwischen Grasbüscheln, Reisighaufen und unter Dornbüschen herumstöbern, sind sie durch ständige Lautäußerungen miteinander in Kontakt, und immer halten zwei gleich alte, oft besonders befreundete Tiere an geeigneter Stelle Wache. Sie besitzen besondere Warnrufe für Flugfeinde und größere Bodenfeinde, die nur durch den gemeinsamen, entschlossenen Kampf abgewehrt oder vertrieben werden können. Anne Rasa beobachtete, wie die Familie sich gegen einen Schakal in einem dichten Dornbusch verschanzte und gemeinsam jeden Angriff mit so wütenden Bissen ihrer scharfen Zähnchen abwehrte, bis er sich trollte. Gegen Greifvögel finden sie einen gewissen Schutz durch Kooperation mit den großschnäbligen Tukanen. Einige von diesen pflegen den Fouragierzug zu begleiten, um aufspringende Heuschrecken zu schnappen. Ihre Warnrufe und Flucht in Deckungen dienen den Mungos als Warnung. Sie wissen diese Kooperation zu schätzen und versuchen nicht, die Tukane zu vertreiben, selbst wenn diese ihnen einmal in die Quere kommen.

Unter den Lebensbedingungen der Zwergmungos hätte kein einzelnes Tier, einzelnes Paar oder eine Kleinfamilie von weniger als 5 Mitgliedern eine Aussicht, längere Zeit zu überleben. In dieser Beziehung besteht durchaus eine gewisse Ähnlichkeit mit den Bedingungen, unter denen unsere vormenschlichen Vorfahren begannen, ihre Nahrungssuche von den Wäldern in die Savannen auszudehnen, denn sie besaßen weder körpereigene Waffen noch die Schnelligkeit zu erfolgreicher Flucht vor den vielen Arten großer Beutegreifer, die in diesem Lebensraum jagten. Nur fester Zusammenhalt, ständige Wachsamkeit und eine ausgezeichnete Geländekenntnis erfahrener Führer konnte eine größere Familie überleben lassen. In bezug auf diese Ähnlichkeit interessiert die Frage, welche sozialen Verhaltensweisen den Zusammenhalt von Zwergmungofamilien sichern.

Die Beobachtungen lassen keinen Zweifel daran, daß die Tiere sich persönlich genau kennen, nicht nur am Aussehen und Geruch, sondern auch an der Stimmlage (Frequenz) ihrer Lautäußerungen. Die wichtigste Gemeinsamkeit ist ein Familienduft. Er wird durch tägliches gegenseitiges Einsalben aller Mitglieder mit der Absonderung von Duftdrüsen erzeugt. Auch an jedem Schlafplatz wird ein trockener Ast oder Stamm auf diese Weise markiert. Zu den sozialen Aktivitäten gehören ausgedehnte morgendliche Begrüßungen mit Tänzen, bei denen sich Paare mit den Vorderpfoten umfassen und sich auf dem harten Lehmboden des Sockels des Termitenhügels halbaufgerichtet umeinander drehen.

Die emotionalen Bindungen scheinen recht stark zu sein: Tiere, die einander zugetan sind, pflegen zusammen Wache zu sitzen; ein krankes Tier wurde durch Anschmiegen »getröstet«; kommt ein versprengtes Tier zurück, so wird es mit viel Betätscheln begrüßt; als einmal – nach einem wilden Gefecht mit einer zahlenmäßig überlegenen Nachbarfamilie – der Vater fehlte, wartete die Familie zwei Tage lang am selben Schlafhügel, was sonst nie vorkam, und dann wurde der Zurückgekehrte mit viel Betätscheln und allgemeinem Tanzen begrüßt. Ein Teilen von erbeuteter Nahrung wurde nicht beobachtet, ist bei Insektennahrung auch kaum möglich, trotzdem zeigte der Vater einmal dem etwas schwächlichen »Nesthäkchen« einen großen Skolopender (giftiger Hundertfüßer), anstatt ihn selbst zu verspeisen.

Ich habe oben behauptet, daß die Entstehung von Großfamilien bei den meisten Tierarten durch die Sprengkraft der Sexualität verhindert wird. Wie wird das bei den Zwergmungos vermieden? – Der Vater verhindert die Begattung geschlechtsreifer Söhne und Töchter und frißt, wenn das einmal nicht gelingt, die Neugeborenen. Vielleicht wird die volle sexuelle Reifung auch durch von den Eltern abgegebene, hormonell regulierte Duftstoffe gehemmt. Macht einmal ein Paar sich selbständig, so ist seine Aussicht, eine überlebensfähige Familie zu gründen, sehr gering. Die Begattung der Eltern ist auf eine Periode von 3 Tagen beschränkt, in denen die Beobachterin mehr als 2000 Kopulationen zählte, bis der Vater vor Erschöpfung dabei einschlief. Eine gesicherte Vermehrung ist eine Notwendigkeit!

Gegen fremde Familien – sie tragen die falschen, täglich aufgefrischten Duftinformationen – herrscht Feindschaft, die bei Grenzverletzungen in erbitterten Kämpfen ausgetragen wird. Ein fremdes Tier, das Anschluß sucht, weil es seine Familie verloren hat, muß lange auf Abstand bleiben und zaghaft betteln, bis es akzeptiert wird.

Wenn der Vater oder die Mutter umkommt, übernimmt eine ältere Tochter bzw. ein männliches Tier die entsprechende Rolle.

Oben: Wachsam führt der Zwergmungovater die Jungen bei der Nahrungssuche. *Unten:* Mit kampfbereitem Schulterschluß beobachtet die Familie das Eindringen einer an Zahl überlegenen Nachbarfamilie in ihr Territorium. Die beiden Bilder illustrieren das gegensätzliche Verhalten gegen Angehörige bzw. fremde Artgenossen, das sich bei allen, in Familien- und Sippenverbänden lebenden Tieren findet.

Ich bin so ausführlich auf diese Beobachtungen eingegangen, weil sich bei diesen Tierchen, die nur im Familienverband leben können, einige Verhaltensweisen herausgebildet haben, die sich auch – in weniger starrer Form – bei Menschen finden: Opferbereitschaft für die Familie, ein sexuelles Tabu, emotionale Bindungen an Angehörige, gepaart mit Feindschaft und Aggression gegen Fremde. Das legt den Schluß nahe, daß manches Menschliche, das wir moralisch oder ethisch zu beurteilen geneigt sind, seinen Ursprung weit zurück auf dem vormenschlichen Teil unseres Evolutionsweges hatte.

Ein anderes gutes Beispiel für diese Sozialstruktur findet sich bei den Elefanten. Jede Sippe wird von einem älteren, erfahrenen weiblichen Tier geführt. Die Kinder der langlebigen Riesen wachsen langsam und brauchen bis zu 10 Jahre lang die Fürsorge der Mütter. Die Töchter bleiben auch dann bei ihren Müttern, wenn sie selbst Junge bekommen. So entstehen Familienverbände, die mehrere Generationen umfassen. Die Tiere kennen sich sehr genau am Geruch, wahrscheinlich auch an Lautäußerungen, die eine so tiefe Tonlage haben, daß menschliche Ohren sie nicht unterscheiden können. Nach Trennungen finden zärtliche Begrüßungen statt, bei denen sie sich die Rüsselspitzen in die Mäuler stecken. Die Jungbullen wandern ab, wenn sie geschlechtsreif werden. Auch die voll erwachsenen Bullen wandern viel umher. Das älteste Weibchen ist meist die Führerin der Großfamilie. Sie kennt die Gegend und die Wechsel genau, führt die Familie zur richtigen Zeit zu den geschätzten Früchten von Marula oder anderen Bäumen und passiert Stellen, an denen einmal etwas Bedrohliches geschehen ist, mit großer Vorsicht. Sie kennt auch benachbarte Familien, die von älteren Töchtern gegründet wurden. Solche Familien können gelegentlich an Wasserstellen oder Orten mit jahreszeitlich besonders günstigem Nahrungsangebot zusammenkommen und – nach gehöriger Begrüßung – für eine gewisse Zeit beisammenbleiben. Babys halten sich in der ersten Zeit fast nur unter dem mütterlichen Bauch oder in Reichweite ihres Rüssels auf. In Anpassung an den Größenunterschied von Mutter und Kind befinden sich die beiden Milchdrüsen vorn unter der Brust und nicht hinten unter dem Bauch, wo so ein kleines Wesen zwischen den gewaltigen Hinterbeinen durchaus gefährdet wäre. Die Fürsorge erstreckt sich nicht nur auf Ernährung und Verteidigung. Es wurde beobachtet, daß eine Mutter ihr Baby auf eine Uferböschung oder in den Bergen auf eine Felsstufe hinaufhob.

Gefühlsbindungen zwischen Familienmitgliedern sind sehr stark, daran lassen langjährige Beobachtungen durch Verhaltensforscher keinen Zweifel. Ein eindrucksvolles Erlebnis wurde mir von einem befreundeten Farmer im nördlichen Namibia erzählt: Er hatte bei seinem Haus ein Bohrloch für den Hausbedarf und zur Bewässerung eines kleinen Hausgartens. Das Wasser wurde in einem großen offenen Reservoir gesammelt. Eine Elefantenfamilie gewöhnte sich an, ab und zu dort zu trinken. Nachdem sie sich an die Nähe der Menschen gewöhnt hatten, demolierten sie immer wieder den mühsam gepflegten Garten. Verscheuchen ließen sie sich nicht. Schließlich besorgte sich der Farmer die Abschußgenehmigung für ein Tier. Er lieh sich das schwere Gewehr eines alten Elefantenjägers und ließ sich von diesem instruieren. Als die Elefanten das nächste Mal kamen, erwartete sie der Farmer am Reservoir. Ein großer Bulle begann als erster zu trinken. Das Gewehr auf den Rand des Reservoirs gestützt, schoß der Farmer ihn durchs Herz. Der Bulle tat ein paar Schritte und sackte zusammen. Zwei jüngere Tiere stützten ihn mit ihren Schultern. Er kam noch einmal in die Höhe, sackte wieder zusammen und verschied. Ein paar Tiere näherten sich, berührten ihn mit dem Rüssel. Dann gingen sie in die anbrechende Dämmerung davon. Der Elefantenjäger hatte meinen Freund gewarnt: »Gehen Sie nicht hin. Die Elefanten kommen zurück, und wenn sie dann frische Menschenwitterung finden, machen sie alles in der Umgebung kaputt.« Das Haus liegt erhöht. Der Platz ist von der Veranda gut einzusehen. Als der Mond über den Horizont kam, waren die Elefanten da, leise gekommen, schemenhafte Riesen. Sie standen umher. Der eine oder andere näherte sich dem Toten. Sie blieben mehrere Stunden. Sie kamen nie wieder an diesen Ort. Mein Freund sagte: »Ich hätte nie wieder einen Elefanten geschossen. Ich hätte lieber den Garten aufgegeben.«

Es ist offensichtlich, daß die großen Tiere in Sippenverbänden leben, die aus klugen, lernfähigen Individuen bestehen, die sich sehr gut kennen und einander zugetan sind.

Da muß man sich fragen, warum es keine ausgesprocheneren sozialen Aktivitäten gibt wie bei den Zwergmungos? – Vielleicht bleibt ihnen dazu keine Zeit. Die großen Tiere brauchen so viel Nahrung, daß sie fast die ganze Zeit mit Fressen und Wandern zwischen oft weit auseinanderliegenden Futterplätzen verbringen müssen. Auch zum Schlafen bleibt ihnen nur wenig Zeit.

Sippenstrukturen bei Beutegreifern

Obige Überlegung führt zu der Frage, welche Familien- und Sippenbeziehungen bei Tieren entstanden sind, die von energiereicherer Nahrung leben, also bei Beutegreifern. – In dieser Beziehung ist in der letzten Zeit vieles über kanadische Wölfe, afrikanische Wildhunde, Hyänen, Löwen und auch Zwergmungos bekannt geworden. Ich will auf einige Aspekte und Zusammenhänge zwischen Lebensweise und sozialem Verhalten eingehen, weil Ähnliches bei der menschlichen Entwicklung eine Rolle gespielt haben dürfte.

Alle diese Beutegreifer zeigen ähnliche, für sie lebenswichtige Verhaltensweisen:

- Sie leben in Familien- bzw. Sippenverbänden, deren soziale Struktur in Abhängigkeit von den Jagdmethoden variiert.
- Sie werden von einem älteren, erfahrenen Tier geführt. Das kann ein weibliches Tier sein, bei den Zwergmungos die Mutter der Familie. Die Rudel der afrikanischen Wildhunde und der Wölfe leben in hierarchisch gegliederten Sippen, die von dem stärksten männlichen Tier geführt werden. Auch unter den weiblichen Tieren entsteht eine Rangordnung, die in gelegentlichen Kämpfen geprüft wird.
- Jeder Verband, soweit er nicht einer Wanderung der Beutetiere folgen muß, besitzt ein Territorium. Dieses wird mit Duftmarken gekennzeichnet und gegen Nachbarverbände verteidigt.
- Die Jungen kommen in, oft von anderen Tieren gegrabenen, Erdbauten blind und fürsorgebedürftig zur Welt. Die Löwen benutzen aus begreiflichem Grund andere Verstecke.
- In solchen Rudeln begattet das führende Männchen die paarungsbereiten Weibchen.
- Während das Weibchen die Kleinen in einer Erdhöhle säugt und bewacht, wird ihm von den Mitgliedern des Rudels – auch den männlichen – Fleisch gebracht, ebenso den Jungen, sobald diese Fleisch zu sich nehmen können. Dies geschieht entweder im Maul oder im Magen. Im letzteren Fall wird es ihnen, wenn sie betteln, vorgewürgt.
- Bei den Wölfen und Wildhunden beteiligen sich an der Bewachung und dem Zutragen von Fleisch ältere weibliche und männliche Geschwister, Tanten und Onkel.
- Die Tiere erkennen einander und auch die Sippenzugehörigkeit am Geruch. Lautäußerungen (Knurren, Maunzen, Winseln, Bel-

len usw.) dienen ebenfalls dem Erkennen und der Kommunikation. Mienenspiel, Körpersprache (Zähnefletschen, Schwanzbewegungen) dienen der Mitteilung von Gemütszuständen.

- Zwischen den Tieren entwickeln sich starke Gefühlsbindungen. Es kommt vor, daß zwei gleichstarke männliche Löwen, wahrscheinlich Brüder, gemeinsam einer Sippe von Löwinnen und jüngeren Tieren vorstehen, daß also Verwandtschaft und Freundschaft die sexuelle Rivalität unterdrücken können. Bei Wildhunden und Zwergmungos wurde beobachtet, daß eine Sippe für ein bis zwei Tage ihre Jagdwanderung unterbricht, wenn ein Tier abhandengekommen ist, und daß zurückkehrende Tiere mit offensichtlicher Freude begrüßt werden.
- Jungtiere spielen ausgiebig miteinander. Bei älteren Tieren wurden gemeinsame Tätigkeiten, abgesehen von Zusammenarbeit bei der Jagd, nicht beobachtet. Sie verbringen viel Zeit mit Schlafen. Jungtiere lernen Jagdmethoden und das Erkennen von Beute weitgehend durch Nachahmung.

Wenn die jungen Wildhunde bei den Jagdzügen mitlaufen können, lassen die älteren Tiere ihnen beim Fressen den Vortritt. Dies altruistische Verhalten dürfte nützlich sein, denn der Jagderfolg hängt weitgehend von der Größe eines Rudels ab. Auch das Sexualverhalten hat sich dieser Anforderung angepaßt: Die geschlechtsreif werdenden Rüden verlassen das Rudel nicht. Dem Leithund wird der Anspruch auf eine paarungsbereite Hündin nicht bestritten. Er begleitet sie für einige Zeit, unter häufigen Kopulationen auf Schritt und Tritt, duldet aber schließlich ihre Paarung mit rangtieferen Rüden. Wahrscheinlich bleibt sie nach dem Ende ihrer Empfängnisfähigkeit noch einige Zeit paarungsbereit (H. van Lawick spricht von »Scheinläufigkeit«). Hat sich hier eine Entwicklung angebahnt, die der ähnelt, die bei Menschen zur dauerhaften Paarungsbereitschaft der Frauen geführt hat und damit zur Möglichkeit von Partnertreue?

Löwen können vielleicht als Gegenbeispiel gelten. Ihr Jagderfolg hängt nicht von der Sippengröße ab. Es kommt vor, daß Männchen, die sich ein neues Rudel erkämpfen, die Babys töten, die noch gesäugt werden. Die Mütter werden dann schneller wieder läufig.

Obige Ausführungen dürften gezeigt haben, daß auf vielen Evolutionswegen recht verschiedenartige soziale Familien- und Sippenstrukturen entstanden sind. Alle haben zur Kooperation von

Tieren verschiedenen Alters und Geschlechts geführt. Die menschliche Entwicklung zeigt gewisse Ähnlichkeiten zu einigen von diesen Wegen, gleicht aber keinem.

Verhaltensforscher haben in den letzten Jahrzehnten bei vielen verschiedenen Tierarten, die in Familien leben, recht unterschiedliche Arten der Kooperation studiert. Bei aller Verschiedenheit hat sich immer wieder eine allgemeingültige Regel bestätigt: Der Grad der Kooperation ist an den Grad der Verwandtschaft und der persönlichen Vertrautheit gebunden, so ist die Kooperationsbereitschaft zwischen Geschwistern, vor allem gleichalten, größer als zwischen Halbgeschwistern oder Vettern. Diese Regel gilt im großen und ganzen auch für menschliches Verhalten. »Vetternwirtschaft« ist nicht umsonst ein vielgebrauchter Begriff (s. S. 222).

In bezug auf die Kooperationen von Eltern mit ihren Nachkommen zum Vorteil von sozialen Verbänden haben Soziobiologen und auch einige Verhaltensforscher die Begriffe Versklavung und Ausbeutung verwendet.

Diese Begriffe entstammen menschlichen Sozialbeziehungen. Es sind vermenschlichende Begriffe, denen eine ethische Wertung anhängt. Das macht sie schlagwortartig einprägsam. Vielleicht war das der Grund für ihre Verwendung. Sklaverei war aber immer das Ergebnis von bewußter Gewaltanwendung. Gehorsam wurde oft mit bewußt grausamen Peitschenhieben erzwungen. Zur Ausbeutung gehört, daß das Unrecht rational eingesehen werden kann, auch wenn es dem Ausbeuter, etwa bei wirtschaftlicher Ausbeutung, vielleicht nicht bewußt wird. In nichtmenschlichen Entwicklungen kann von so viel rationalem Bewußtsein keine Rede sein.

Es gibt allerdings mehr als 30 Ameisenarten, die andere Ameisenarten als Sklaven halten. Sie überfallen deren Kolonien, töten die erwachsenen Tiere und tragen die Puppen in ihren eigenen Bau, eine Art macht sogar Gefangene. Diese bekommen dort nicht nur den charakteristischen Duft der Kolonie, sie übernehmen mit ihm auch automatisch (unter hormoneller Steuerung) die notwendigen Arbeiten zur Wartung der Puppen ihrer Herren, zur Säuberung und Ausbesserung des Baus. Eine Sklavenhalter-Art hat sich so ausschließlich an diese bequeme Lebensweise angepaßt, daß ihre Kiefer zu reinen Kampfwerkzeugen umgebildet wurden. Sie müssen verhungern, wenn sie nicht von Sklaven gefüttert werden! – Werden die Menschen der »fortschrittlichsten« Industrieländer bald so auf ihre neuen »Sklaven«, die Roboter und Denkmaschinen angewiesen sein, daß Maschinen dem Menschen auch seine Tätigkeiten vorschreiben müssen, wenn alles funktionieren soll? – Auf dem menschlichen Evolutionsweg sind aus dem Leben in Sippenverbänden schließlich Kulturen entstanden. Ich will deshalb – um der Perspektive willen – hier, weit vorgreifend, einige dieser ausschließlich menschlichen Entwicklungsschritte andeuten.

Vorausschau – von Sippen zu Völkern und Kulturen

Die Evolutionswege der Schimpansen und Menschen haben sich vor etwa 8 Mio. Jahren getrennt. Die gemeinsamen Vorfahren lebten wahrscheinlich in ähnlichen, von ranghohen Männchen dominierten Sippen, wie das bei Schimpansen, Gorillas und vielen anderen Affenarten immer noch der Fall ist. Auf dem menschlichen Weg ist eine wesentlich andere, erweiterungsfähigere Sozialstruktur entstanden, die vor allem durch wachsende Arbeitsteilung gekennzeichnet ist. Der Hauptgrund dürfte eine Änderung der Lebensweise gewesen sein: der Verlegung der Nahrungssuche von tropischen Wäldern in das offenere Gelände von Savannen und Savannengehölzen und einer Zunahme des Anteils tierischer Nahrung.

Bei Menschen haben sich die sozialen Verhaltensmuster von den Sippen – ich verweise auf das arabische Sprichwort (s. Kapitel »Am Anfang war das Dorf und die Vetternwirtschaft«, S. 222) – auf größere Gruppen (Stämme, Völker, Nationen, soziale Stände, Kasten, Glaubensgemeinschaften aller Art) ausgeweitet. Diese kulturellen Entwicklungen haben zu einer großen Vielfalt von Wertesystemen geführt. Aber noch immer herrscht der Doppelstandard im Verhalten: Toleranz und Freundschaft zwischen Mitgliedern, Ablehnung bis zu Feindschaft und Vernichtung gegen Fremde. Das sind Verhaltensmuster, die zusammen mit Überbevölkerung, Umweltzerstörung durch Ausbeutung der Natur und Massenvernichtungswaffen heute die Zukunft der Menschheit bedrohen.

Die Menschwerdung war aufs engste mit der beginnenden kulturellen Evolution verknüpft. Beide waren das Ergebnis von vielfältigen Wechselwirkungen zwischen:

- verbesserter Kommunikation durch Sprachentwicklung,
- Werkzeugentwicklung,

- Erweiterung der Nahrungsbasis durch Ackerbau und Viehzucht, die erst dörfliche und dann auch städtische Siedlungen ermöglichten,
- arbeitsteiligen Kooperationen, die individuelle Begabungsunterschiede nützlich und nutzbar machten und dadurch die Ausbreitung solcher Begabungen in der Bevölkerung begünstigten (Der Wert des Individuums für die Gesellschaft wuchs! Das kann nicht genug betont werden!),
- Wertesystemen, die in zeitübergreifendem Denken entstanden und als Traditionen über lange Zeiten wirksam blieben.

Dabei wurden straffe Kooperationsformen und die Entstehung hierarchischer Sozialordnungen vor allem durch ständige Kriege vorangetrieben.

Auch gemeinsame religiöse Zeremonien fördern die Kooperation zwischen Menschen verschiedener Herkunft und sozialer Stellung, wirken aber auch abgrenzend und schüren Feindschaft gegen Andersgläubige.

Das sind alles Prozesse, die sich selbst verstärken und in vielfacher Weise mit wirtschaftlichen und technischen Entwicklungen verknüpft sind.

Wie sieht das Ergebnis aus? – Die Menschen haben sich teilweise von dem Zwang ihrer biologischen Erbausstattung abgekoppelt. Das geschah mit Hilfe von sprachlicher Begriffsbildung, zeitübergreifendem Denken und der Entwicklung von kollektiven Wertesystemen, die von ihren Verkündern entweder als göttliche Offenbarungen gedeutet oder rational begründet wurden. Menschen sind mit ihrem wunderbar gewachsenen Lernvermögen in den Besitz technischer Machtmittel gelangt, die sie zu Herren über das irdische Ökosystem gemacht haben. Alle diese Fähigkeiten, auch die unterschiedlichen Wertesysteme, haben Menschen unbewußt und bewußt gegeneinander eingesetzt zur Förderung von individuellem und kollektivem Machtgewinn. Sie tun es noch immer. In dieser Beziehung ist das menschliche Verhalten noch durchaus eine Fortsetzung des Darwinschen Konkurrenzverhaltens mit kulturellen Mitteln.

Der scheinbar so triumphale Sieg über die Natur hat uns in eine Sackgasse geführt, eine Sackgasse, die zwischen wirtschaftlich-technischen Sachzwängen schon so eng geworden ist, daß es fraglich scheint, ob eine Umkehr noch möglich ist. Kann es überhaupt noch einen Ausweg geben? – Erinnern wir uns: Lebewesen haben immer wieder schwerste Krisen durch Kooperation überwunden. Sollte es nicht möglich sein, auch diese Krise durch eine nochmalige, bewußte, von erweiterter Erkenntnis geleitete Kooperation zu meistern? – Es müßte vor allem eine bessere Kenntnis der Beschränkungen unserer eigenen Natur sein, eine Kenntnis, die es uns möglich macht, gefährlich gewordene Neigungen willentlich zu bekämpfen. So etwas haben alle Religionen in der einen oder anderen Form von den Menschen gefordert, allerdings mit sehr unterschiedlichen Begründungen. Jetzt kann es nur ein Ziel geben: das Überleben der Menschheit unter lebenswerten Bedingungen. Der Weg? – Eine Kooperation aller Rassen, Völker und Kulturen in Kooperation mit der Natur, nicht gegen die Natur. Kooperation erhöhte noch immer die Evolutionsfähigkeit.

Dieser große Vorteil wird allerdings für die Partner mit einem Verlust an Selbständigkeit erkauft. Das erfordert meist ein sich Zusammenraufen. Demokratische Spielregeln können zwar viele Konflikte nicht verhindern, wohl aber entschärfen.

In den letzten Abschnitten war viel von sozialen Anpassungen die Rede. Da Anpassungen – gleichviel ob unbewußt oder bewußt – Lernvorgänge sind, scheint es mir angebracht, hier ein Kapitel mit allgemeinen Betrachtungen über die Evolution von Lernfähigkeit im Laufe der Geschichte des Lebens einzufügen. Auch dabei werde ich wieder vorausgreifen bis in die Bereiche menschlicher Kulturen.

11 Evolution von Lernfähigkeit

Der Mensch verdankt seine Sonderstellung unter den Lebewesen seiner großen Lernfähigkeit. Bei der Entwicklung dieser Fähigkeit haben ererbte Anlagen, durch Sprache und Schrift vermittelte kulturelle, kollektive Kenntnisse und Glaubensinhalte und individuelle Unterschiede im Lernvermögen zusammengewirkt. Dies wurde oben in verschiedenen Zusammenhängen angedeutet. Da solche Wechselwirkungen nicht leicht zu durchschauen sind, soll in diesem Kapitel die Entwicklung der Lernfähigkeit im Laufe des Evolutionsgeschehens verfolgt werden.

Alle Lebewesen zeigen in ihrem Körperbau, ihren Körperfunktionen und Verhaltensweisen Anpassungen an die unterschiedlichsten Umweltbedingungen. Wie sind solche oft erstaunlich perfekten Anpassungen entstanden? – An diesem Vorgang sind mehrere Prozesse beteiligt, die sich nicht scharf voneinander trennen lassen und sich auf aufsteigenden Evolutionswegen gegenseitig verstärken. Die Grundlage aller Anpassungen ist die Wirkung der Darwinschen Auslese, der alle Lebewesen unterworfen sind. Es ist ein automatischer, passiver Prozeß, der an den Generationswechsel gebunden ist. Ein gutes Beispiel ist die Entstehung von Tarnfarben und Tarnformen (Mimikry). Solche Anpassungsänderungen können relativ rasch erfolgen, wie Beobachtungen in einem nordenglischen Industrierevier gezeigt haben: Eine weißlich gefärbte Falterart hatte einen gewissen Schutz vor Vögeln gefunden, indem sie sich tagsüber an Birkenstämme setzte. Als mit der Industrialisierung Ruß die Stämme dunkel färbte, wurden die weißen Exemplare langsam durch dunkle ersetzt. Nachdem dann die Modernisierung den Rußausstoß soweit verringert hatte, daß die Birken wieder weiß wurden, gewannen die weißen Falter wieder die Oberhand.

In der Wirkung ist dieser Vorgang dem ähnlich, was wir Lernen durch Erfahrung nennen. Es ist aber keinerlei Bewußtsein oder Absicht daran beteiligt. Ich möchte diese Art einer durch Mutation und Auslese erzwungenen Anpassung genetisches Lernen nennen.

Genetisches Lernen

In dieser Phase ist der »Erkenntnisgewinn« (K. Lorenz) auf Anpassungsschritte beschränkt, die das Ergebnis der Wechselwirkung von Mutationen und Darwinscher Auslese sind. Bei Einzellern sind Verbesserungen und Neuanpassungen nur auf diese Weise möglich. Es ist ein außerordentlich erfolgreicher Prozeß. Er ist noch heute die unverzichtbare Grundlage des irdischen Lebens. Auch die Entstehung von Vielzelligkeit und die Bildung erster, einfacher Nervenleitungen, etwa bei Würmern und Quallen, waren das Ergebnis genetischer Lernschritte. Nervenleitungen machen einen sehr viel rascheren und genaueren Informationsaustausch zwischen Organen möglich, die sich nicht berühren, als das durch chemische Botenstoffe möglich ist. Schon mit sehr einfachen Schaltungen läßt sich eine Gedächtnisstruktur (Memory der Taschenrechner) konstruieren. Experimente mit der Meeresschnecke Aplysia haben gezeigt, daß schon ein Dutzend Nervenzellen, wohl kombiniert mit chemischer Rückkoppelung, eine Art Gedächtnis ergibt, das sich bei Quallen und Schnecken seit mindestens 600 Mio. Jahren bewährt hat. Da Gedächtnisstrukturen immer auch Erwartungsstrukturen sind (s. Kapitel »Evolutionsstufen und Evolutionsregeln«, S. 161), kann schon auf der Stufe von Aplysia eine gewisse individuelle Lernfähigkeit entstehen.

Wie ist das möglich? – Es ist möglich, weil die ererbten Schaltungen im Laufe der individuellen Entwicklung durch Gebrauch verstärkt werden bzw. bei Nichtgebrauch verkümmern können. Dieser Selbstorganisationsprozeß ist auch bei Menschen wirksam.

Das passive genetische Lernen erreicht mit der Entwicklung von Sinnesorganen eine höhere Stufe durch die Beteiligung von aktiven Verhaltensweisen. Ein gutes Beispiel ist die wechselseitige Verbesserung von Tarnung und Tarnverhalten im Laufe des Konkurrenzkampfes zwischen Beutegreifern und ihren Beutetieren, sobald die Augen daran beteiligt sind: So fliegt eine 20 cm lange Stabheuschrecke gezielt den Busch oder Baum an, in dessen Zweigen ihre Körperform unsichtbar wird; so setzt sich ein Einsiedlerkrebs eine Seeanemone passender Größe auf das Schneckenhaus, das er sich zur Wohnung gewählt hat. Ein ganzes Buch könnte mit Beispielen aus allen Ordnungen des Tierreichs gefüllt werden. Auch solche Verhaltensweisen sind das Ergebnis von erblichem, genetischem Lernen, an dem keine Vorgänge beteiligt sind, die menschlichem Denken entsprechen.

Die Erfolge des genetischen Lernens sind so – alle Phantasie übertreffend – vielseitig, daß sich die Frage aufdrängt: Welchen Vorteil haben menschliche Denkprozesse gebracht? Warum haben sie sich überhaupt entwickelt und aus welchen Vorläuferstadien?

Dazu zunächst die weitere Frage: Worin liegt der Unterschied zwischen genetischem Lernen und dem Lernen durch Erfahrung, etwa der Kenntnis eines Versteckes? – Der Unterschied ist grundlegend: Der genetische Erkenntnisgewinn ist erblich und deshalb recht starr. Dagegen führen Erfahrungen zu einem nicht vererblichen, individuellen Erkenntnisgewinn, der die Anpassungsfähigkeit und damit die Unabhängigkeit von den Umwelteinflüssen um viele Größenordnungen erhöht. Ich möchte diese Fähigkeit als individuelles Lernen bezeichnen. Es ist ein Lernen durch individuelle Erfahrungen.

Individuelles Lernen

Die Ausbildung dieser Fähigkeit beginnt schon mit der Entstehung von Nervennetzen bei primitiven Vielzellern. Solche Netze koordinieren die Zusammenarbeit der verschiedenen Organe (Muskeln, Ruder, Wimpern) des Bewegungsapparates, sie dienen – mit anderen Worten – dem Informationsaustausch zwischen diesen Organen, fassen sie zu einem nützlichen, arbeitsteilig kooperierenden Bewegungssystem, einem Ganzen zusammen. Diese Verschaltung macht es z. B. möglich, daß der Kontakt mit einem Hindernis auch Organe, die dieses gar nicht berührt haben, zu zweckmäßiger Tätigkeit anregt. Übung macht auch dabei den Meister, selbst bei primitiven Organismen, die nur sehr wenige Nervenzellen besitzen, wie Versuche gezeigt haben. Es kommt – mit anderen Worten – schon auf dieser Stufe zu bevorzugten Nervenschaltungen, die eine nützliche Reaktion erleichtern und beschleunigen und unnötige Bewegungen verhindern. Das spart Energie. Und ist eine Gewohnheit nicht eine Art Gedächtnis, das in Nervenschaltungen und Muskeln festgeschrieben ist? Die ersten Lernschritte unserer Kinder erfolgen noch immer auf diese Weise! Dieses individuelle Lernen ist das Ergebnis von Tätigkeiten des Individuums, durch die ein ererbtes Verhaltensmuster im Spannungsfeld von Erfolg und Mißerfolg verfeinert und an variable Umweltbedingungen angepaßt wird. Frederic Vester (1990) hat für diese Art des individuellen Lernens den Namen »anatomisches

Lernen« vorgeschlagen. Ich möchte hervorheben, daß dieser Beginn von individuellem Lernen aus Erfahrungen schon bei Tieren nachweisbar ist, z. B. bei primitiven Meeresschnecken (Aplysia), die noch keine Nervenkonzentration besitzen, die man ein Gehirn nennen könnte. Außerdem muß betont werden, daß dieser Lernvorgang natürlich von Anfang an durch das »Lust« und »Unlust« erzeugende Hormonsystem gesteuert wurde. Das Ergebnis war eine zunächst geringfügige Verbesserung von Anpassungsfähigkeiten. Das genetische Lernen wurde so durch Erwartungen – also eine neue zeitliche Dimension – erweitert. Zukünftiges wurde für das Individuum bis zu einem gewissen Grade vorhersehbar. Persönliche Erfahrungen begannen, das Verhalten und damit die weitere Evolution zu beeinflussen. Ich wage die Behauptung, daß dieser Anfang schon vor 600 Millionen Jahren – also vor der »kambrischen Vielfalt« – erfolgt war. Es war ein Schritt, der die Darwinsche Auslese erweiterte und der zur Zeit – in unserem Sonnensystem – im bewußten menschlichen Denken einen Höhepunkt erreicht hat. Es ist eine phantastische Gabe. Sie wurde uns nicht an einem bestimmten Zeitpunkt unserer Entwicklung geschenkt, sondern ist uns in weiteren, gleich zu besprechenden Höherentwicklungen der Lernfähigkeit im Laufe von Hunderten von Jahrmillionen langsam zugewachsen. Werden wir uns dieser Gabe wert erweisen? Wir stehen in diesen Tagen und Jahren auf dem Prüfstand.

Individuelles Lernen durch Versuch und Irrtum ist weit verbreitet im Tierreich: Schlechtschmeckende, unbekömmliche Nahrung oder wehrhafte Beute werden oft schon nach ein oder zwei Versuchen in Zukunft gemieden.

Welchen Vorteil bietet individuelles Lernen? Bringt nicht das rein genetische Lernen all die wunderbaren Anpassungen der Pflanzen hervor: von 7000jährigen Bristly-Cone-Koniferen auf den von Winterstürmen gepeitschten Höhen des Colorado-Plateaus bis zu Insekten erbeutenden und verdauenden Gewächsen auf extrem nährstoffarmen Standorten? – Der Vorteil ist außerordentlich groß, denn er ermöglicht Tieren unvergleichlich raschere und vielfältigere Anpassungen, etwa ein Revier und dessen Futterplätze, Verstecke, Fluchtwege u. a. kennenzulernen und zweckmäßig auszunutzen. Das können manche Schneckenarten, Kraken, Krebstiere, Insekten – ich erinnere an die Tanzsprache der Bienen –, viele Fischarten, Reptilien, Vögel, Säugetiere. Dazu gehört auch das Erlernen neuer Zusammenhänge – es sei an die Eidechse erinnert, die in vier Tagen lernte, daß ihr

völlig fremde Tonfolgen Futter bedeuteten. Auch das individuelle
Lernen ist ein Ausleseprozeß, denn was in den Gedächtnisstrukturen
von Nervennetzen gespeichert wird, ist eine für das Individuum
nützliche Auswahl aus dem Chaos von Umweltereignissen, denen
jedes Lebewesen ausgesetzt ist. In den letzten 600 Mio. Jahren hat
individuelles Lernen einen wachsenden Einfluß auf den Gang der
Evolution gewonnen, denn nachdem ein Anfang gemacht war, mußte
die Darwinsche Auslese weitere Verbesserungen des individuellen
Lernvermögens begünstigen. Der evolutionäre Erkenntnisgewinn
bekam eine neue Dimension!

Hat dieser Evolutionsschritt schnell zu einer Überlegenheit gegenüber dem genetischen Lernen geführt? – Das ist nicht der Fall. Zwar
können viele Tiere durch Ergänzung ihrer Erbanlage mit eigenen
Erfahrungen ein Revier recht genau kennenlernen, aber kein Tier
kann mit individuellem Lernen einen Wanderweg über Ozeane und
Kontinente seinem Gedächtnis einverleiben, während die angeborenen Navigationshilfen es Millionen von Zugvögeln ermöglichen, ihre
Brut- oder Überwinterungsgebiete zu erreichen. Menschen konnten
trotz ihres großen individuellen Lernvermögens erst nach Jahrhunderten astronomischer Beobachtungen mit Hilfe von gut ausgedach-
ten Instrumenten ähnliche Navigationsleistungen vollbringen. Erst
eine jahrtausendelange Sammlung von Erkenntnissen macht es
Menschen möglich, vollen Gebrauch von ihrem individuellen Lern-
und Denkvermögen zu machen. An dieser Sammlung sind zwei
unterscheidbare – aber sicher nicht scharf trennbare – Prozesse
beteiligt: ein kooperatives Lernen, das sich auch bei sozial lebenden
Tieren findet und ein kulturelles Lernen, das auf Menschen beschränkt ist.

Kooperatives Lernen

Bienen, Ameisen, Termiten, Wespen leben in sogenannten Insektenstaaten oder Kolonien. Diese sind oft mit menschlichen Staaten
verglichen worden. Es gibt einige oberflächliche Ähnlichkeiten. Die
Individuenzahlen können in die Hunderttausende, bei manchen
Termitenarten sogar in die Millionen gehen. Die Individuen verrichten in perfekter Kooperation sehr unterschiedliche, für die Kolonie
lebenswichtige Aufgaben (Brutpflege, Bauen, Sammeln, Verteidigung), für die sie oft körperlich speziell ausgerüstet sind; und – was

besonders menschenähnlich erscheint – es gibt Ameisenarten, bei denen benachbarte Kolonien sich Vernichtungsschlachten liefern. Aber es gibt keine Parteien, keine Wahlen oder Revolutionen, ein Ideal für die meisten Politiker, wenn es nicht auch keine Befehlsgewalt und keine Regierung gäbe! So ein Staat hat große Ähnlichkeit mit einem Organismus, dessen Zellen herumkrabbeln oder -fliegen, jede mit einem winzigen Gehirn ausgerüstet, aber das Ganze ohne eine zentrale Leitstelle. Die »Königin« ist keine Königin. Sie ist ein reines Geschlechtstier, die Mutter des Staates, die zeitlebens Eier legt. Ich glaube, nicht nur Politikern, sondern auch überzeugten Feministinnen würde ein solches perfektes Matriarchat sehr unmenschlich vorkommen.

Wie kommt die große Leistungsfähigkeit dieser sozialen Organisationen zustande? – Evolutionsgeschichtlich steht die Brutfürsorge weiblicher Tiere am Anfang dieser Entwicklung. Beispiele finden sich noch heute bei vielen Wespen- und Bienenarten. Es gibt Bienenarten, die dicht nebeneinander Röhren in Sandböden graben. In diesen wird aus Wachs eine Brutzelle gebaut und mit Nektar und Blütenstaub zur Ernährung der Larve gefüllt. Gefüttert wird nicht. Das sind recht gefährdete Brutmethoden; ein Wolkenbruch, ein großes Tier, das über den Brutplatz stapft, ein Vogel, der das Schlüpfen beobachtet, kann die Nachkommenschaft vernichten. Da mußten Nester, in denen viele Larven heranwachsen konnten und deren Versorgung und Verteidigung ältere Geschwister übernahmen, zu einem großen Vorteil werden. Mit anderen Worten, die Insektenstaaten, auch die langlebigen, sind Familienunternehmungen. Bei den Bienen sind alle Arbeiterinnen Schwestern. Sie machen sich keine Konkurrenz, denn ihre geschlechtliche Ausbildung wird durch eine chemische Substanz verhindert, die sie aufnehmen, wenn sie die Königin belecken. Kein Wunder, daß sie so reibungslos zusammenarbeiten und ihr kurzes Leben für den Stock opfern. In dieser Hinsicht ähneln sie wirklich Körperzellen, die ja auch zugunsten des Gesamtorganismus täglich zu Millionen verbraucht werden.

Wie aber können diese Staatsdienerinnen in perfekter Abstimmung die Aufgaben des Wabenbaues, der Fütterung, Reinigung und Klimatisierung des Stockes, der Verteidigung und rationellen Futtersuche durchführen ohne zentrale Lenkung, ohne eine Art Gehirn, um an den Vergleich mit einem Organismus anzuknüpfen? – Hubert Markl (1986) hat dieses Problem diskutiert und im Prinzip zufriedenstellend gelöst: Koordination erfordert Kommunikation. Die ist in

Insektenstaaten vorhanden. Jedes Tier ist Träger und Produzent von Duftstoffen, die Mitteilungen über seine Tätigkeit enthalten. Dazu kommen Signale durch Klopfen oder bei den Bienen die Mitteilung über eine neue Nektarquelle durch einen Tanz, der Auskunft über Flugrichtung und ungefähre Entfernung vermittelt. Die vielen Hunderte von Einzeltieren verfügen zu jeder Zeit über ein kollektives Wissen über den Zustand des Stockes, seiner Bewohner und seiner Umgebung, das die Kenntnis jedes Individuums um das Vielhundertfache übertrifft.

Der große Erfolg der staatenbildenden Insekten verleitet zu ungerechtfertigten Vergleichen mit menschlichen Organisationen. So ist ihr Erfolg einer »Ausbeutung« oder »Versklavung« von Nachkommen zugeschriebenen worden, eine ganz unzulässige Vermenschlichung und damit Bewertung. Man sollte nicht von Ausbeutung sprechen, wo es keinen Ausbeuter gibt! Kein Tier wird zu einer Tätigkeit gezwungen, keines bestraft!

Ein Insektenstaat kann als Superindividuum betrachtet werden, ähnlich wie ein Mensch oder ein Baum als Superkeimzelle betrachtet werden kann. In diesem Verbund verschiedener, sich überlappender Wechselwirkungen paßt sich jedes Tier aufgrund seiner angeborenen Verhaltensprogramme nicht nur seinem eigenen, augenblicklichen Erfahrungsstand an, sondern auch dem vieler anderer, ja selbst dem des ganzen Stockes, z. B. bei der Temperaturregelung.

Ähnlich wie in einem Großcomputer gleiche Bauteile (Module) verschiedene Aufgaben erfüllen können, je nachdem an welcher Stelle sie eingebaut sind, sorgen die fast identischen Erbprogramme dafür, daß die Tätigkeit jedes Tieres sinnvoll den Bedürfnissen des ganzen Stockes angepaßt wird. Die Tätigkeit des einzelnen Tieres richtet sich nach dem Teil seines Erbprogrammes, der von den eingehenden Informationen aktiviert wird. Das ist keine Ausbeutung oder Versklavung. Es ist das Ergebnis einer Selbstorganisation von komplizierten Wechselwirkungen, die ihrerseits das Ergebnis vielfältiger Kommunikationen sind. Es dürfte klar sein, daß die Evolution einer so erfolgreichen Organisation von kooperativen Verhaltensweisen ein langer Prozeß war. Die Zeit dazu war vorhanden. Sie ist etwa ebenso lang wie die der Entwicklung der Säugetiere. Die auf Wechselwirkungen beruhende Kooperation von Insekten und Blütenpflanzen hat vor etwa 100 Mio. Jahren begonnen. Was mit der Anlage einzelner Brutzellen und der Fütterung einzelner Larven begann, gedieh in Millionen Mutationsschritten zu einem Kommunikationsverbund der Nachkommenschaft, die dadurch für sich selbst zum wichtigsten Teil ihrer sozialen Umwelt wurde, ohne den kein einziges Tier, auch nicht die Königin-Mutter, lebensfähig bliebe.

Es sei hervorgehoben, daß die arbeitsteiligen Tätigkeiten eines Bienenvolkes oder anderen Insektenstaates – aus menschlicher Sicht – den Eindruck bewußter Planung erwecken. Da ist aber ebensowenig Planung im Spiel wie bei der Trennung und späteren Wiedervereinigung von Chromosomen im Fortpflanzungsgeschehen oder der im Zweitagerhythmus erfolgenden Selbsterneuerung der arg strapazierten menschlichen Magen-Darm-Schleimhaut.

Trotzdem gibt es unübersehbare Ähnlichkeiten mit menschlichen Organisationsformen, etwa Stadtstaaten. Der gewaltige Unterschied liegt in der weitgehend – durchaus nicht gänzlich – anderen Art der Kommunikation. Deren wirkungsvollste Komponenten sind bewußte Sprache, bewußtes Lernen und Lehren und bewußtes Planen.

Das individuelle Lernvermögen einer Biene scheint darauf beschränkt zu sein, die Lage eines neuen Blütenstandortes in bezug zu der Richtung zum Stock und zum Sonnenstand zu registrieren. Alles weitere, die Übersetzung dieser Information in einen Kommunikationstanz und die Fähigkeit, einen solchen zu verstehen, sind Ergebnisse des ererbten genetischen Lernens. In den Insektenstaaten hat die Kombination von genetischem und kooperativem Lernen seine bisher höchste Stufe erreicht. Wäre die Körpergröße von Insekten nicht aus physikalischen Gründen so beschränkt, sie wären vielleicht die Beherrscher des irdischen Ökosystems geworden. Die später angetretenen Wirbeltiere hätten keine Chance gegen sie gehabt.

Welche Rolle spielen bei dieser Art von kooperativem Erkenntnisgewinn die Geschlechtstiere? – Sie verbringen ihr Leben, abgesehen von einem kurzen Hochzeitsflug, völlig isoliert von Umwelteinflüssen, ja sogar von den meisten Aktivitäten in der Kolonie. Ihre Organe und Verhaltensweisen werden also keiner direkten Prüfung in der Umwelt ausgesetzt, nur auf dem Umweg über Hunderte oder Tausende von nicht fortpflanzungsfähigen Nachkommen müssen ihre Erbanlagen sich bewähren. Das ist ein statistischer Vorgang, der wohl manche Schwankung der Erbanlagen ausgleichen kann. Kooperatives Lernen beruht auf dem mehr oder weniger automatischen Austausch von individuellen Erfahrungen im Laufe arbeitsteiliger Zusammenarbeit. Es führt zu einer Synthese von Kenntnissen, die kein einzelnes Individuum für sich allein gewinnen kann. Diese Art des Lernens hat nichts mit politischen »Kollektiventscheidungen« zu

tun, die durch die Beeinflussung von Zuhörermassen durch überzeugende Redner zustande kommen. Eine Gleichschaltung von Emotionen ist kein kollektiver Erkenntnisgewinn. Solche Gleichschaltung ist
nur nützlich zur Mobilisierung von kollektiver Aggression oder
Abwehr.

Bei Menschen erfolgt kooperatives Lernen durch Erzählen, Fragen, in Schulen, durch Lesen in den kollektiven Gedächtnisspeichern
von Bibliotheken und Computern, auf der Walz bei Handwerkern.
Auf solche Weisen fand und findet eine rasche Erweiterung des
kollektiven Wissens statt, am raschesten dort, wo Toleranz Vielfalt
begünstigt.

Lernen in Familienverbänden von Säugetieren

Bei Säugetieren beginnt, ebenso wie bei Insekten und Vögeln, jede Art
von engerer sozialer Organisation mit der Fürsorge für die Jungen.
Vielerlei teilweise recht komplizierte Arten der Fürsorge finden sich
schon bei Fischen, Lurchen und Reptilien (Seepferdchen, Maulbrüter, Geburtshelferkröte, Krokodil).

Aber in diesen Fällen bleiben die Jungen und das Elterntier nur
kurze Zeit zusammen und zerstreuen sich vor der nächsten Fortpflanzungsperiode. Als soziale Familienverbände sollen nur die relativ
wenigen Fälle betrachtet werden, in denen ein Elternteil – meist das
Muttertier – oder beide Eltern für lange Zeiten mit Nachkommen
verschiedener Altersklassen zusammenleben. Beispiele wurden oben
besprochen.

An dem Erfolg dieser Lebensweise ist sowohl genetisches als auch
individuelles Lernen in vielfacher Wechselwirkung beteiligt. Im
Vergleich mit den sozialen Insekten sind vier sich ergänzende und
verstärkende Vorteile erkennbar:

1. Alle Tiere nehmen an der Auseinandersetzung mit der Umwelt
   teil, und fast alle sind als Erwachsene fortpflanzungsfähig. Dadurch kommt jede Verbesserung des individuellen Lernvermögens
   nicht nur dem betreffenden Tier, sondern auch dem kooperierenden Verband zugute.
2. Der Schutz durch ältere Geschwister und Erwachsene gewährt den
   Jungen eine Spiel- und Erkundungsphase, in der der Auslesedruck
   stark vermindert ist, was die Lernmöglichkeiten erhöht. Da die

Lernerfolge vorteilhaft für das Gedeihen des Verbandes sind, kann unter günstigsten Ernährungsverhältnissen eine Verlängerung der besonders lernfähigen Jugendphase von der Auslese begünstigt werden.

3. Gemeinsames Heranwachsen ist die Voraussetzung für das Entstehen verbesserter Kommunikation und persönlicher Bindungen, was wiederum dem ganzen Verband zugute kommt. Das gilt nicht nur für Tiere derselben Art. Auch Tiere, die ganz verschiedenen Evolutionswegen angehören, entwickeln Freundschaften, wenn sie zusammen aufwachsen und sich dadurch persönlich gut kennen, etwa Hund und Katze. Ein Hund erkennt auch das Gesicht seines Herrn genau und die Bedeutung seines Mienenspiels.

4. Durch Nachahmungslernen können sich Erfahrungen und erworbene Kenntnisse einzelner Individuen rasch in der ganzen Sippe verbreiten. Dafür gibt es gute Beispiele: Bei Vögeln, die ihre Jungen zwar nicht füttern, aber bei der Nahrungssuche führen, z. B. bei den Hühnern, lernen die Jungen durch Nachahmung, was freßbar ist. Berühmt wurde in England der Fall einer Blaumeise. Sie entdeckte, daß sich die Metallfoliendeckel der Milchflaschen, die morgens vor die Haustüren gestellt wurden, aufpicken ließen und leckere Sahne freigaben. Bald hatten die anderen Blaumeisen der Nachbarschaft den Trick abgeschaut, und die Kenntnis breitete sich in den folgenden Jahren über einen großen Teil von England aus, bis die Verpackung geändert wurde. In einem anderen gut dokumentierten Fall entdeckte eine Äffin in einem japanischen Naturpark, daß Süßkartoffeln, die als Futter ausgelegt wurden, durch Waschen leicht von der daranklebenden Erde befreit werden konnten. Die anderen Mitglieder der Sippe lernten das bald auch, mit Ausnahme des ranghöchsten Paschas. Es war vielleicht unter seiner Würde, etwas von einer Frau zu lernen.

Vorausgreifend sei gesagt, daß Lernen durch Nachahmung wahrscheinlich die Art und Weise war, mit der in der Altsteinzeit die Herstellung von Faustkeilen mehrere hunderttausend Jahre lang von Generation zu Generation übertragen wurde. Für Kleinkinder ist es wohl noch immer die wichtigste Art des Lernens.

Mit dem Sprechen erreichten Menschen eine höhere Stufe der Lernfähigkeit, die allen tierischen Möglichkeiten tausendfach überlegen ist. Ich nenne diese Phase kulturelles Lernen. Um die großen Zusammenhänge durchschaubar zu machen, füge ich – weit vorgreifend – schon hier einen kurzen Überblick ein.

Kulturelles Lernen

Am kulturellen Lernen sind alle oben besprochenen Arten des Lernens beteiligt. Mit dem Sprechen entstand die Fähigkeit, bewußt über vergangenes Tun und seine Folgen nachzudenken und Pläne für die Zukunft zu machen. Mit diesen Fähigkeiten entwickelte sich nicht nur Selbstbewußtsein, sondern die erschreckende Erkenntnis der eigenen Sterblichkeit und damit die Suche nach Deutung und Sinn, die alle Kulturen in vielfältiger Weise prägt. Das bewußte Lehren durch Anleitung war wohl eine viel spätere Entwicklung, die vielleicht schon in der jüngeren Altsteinzeit zusammen mit der Entstehung spezialisierter Werkzeuge entstand. Viel später wurden für die Metallgewinnung und -verarbeitung bestimmte Techniken entwickelt. Diese wurden geheimgehalten. Die Instruktionen betrafen Verfahrensweisen und ihre Reihenfolge. Die Zusammenhänge, das Warum, waren unbekannt. Mußte nicht die Verwandlung von Erz in ein Metall, das so ganz andere Eigenschaften hat, ein magischer Vorgang sein? Deshalb waren Anrufungen, Beschwörungen, Opfer, Zeremonien ein wesentlicher Bestandteil jeder Lehre. Mißerfolge wurden – und werden bei manchen Völkern noch heute – auf Versäumnisse bei den magischen Ritualen zurückgeführt. Das ist keineswegs unvernünftig, denn ohne die Möglichkeit, tiefere Zusammenhänge zu begreifen, war es sicher besser, sich an alle für erfolgreich gehaltenen Vorschriften zu halten, anstatt zu experimentieren.

Von größter Wichtigkeit für die soziale Stabilität waren wohl schon, seit die Sprachentwicklung eine gewisse Vollkommenheit erreicht hatte, die Einweihungsriten und Instruktionen, mit denen Jugendliche in das Erwachsenendasein eingeführt wurden. Sie finden sich in der einen oder anderen Form in allen Kulturkreisen. Diese Lehren, von Generation zu Generation weitergegeben, vermitteln in Mythen, Legenden, eindrucksvollen Zeremonien und – seit mindestens 30000 Jahren – auch Bildern und Figuren Deutungen der Geheimnisse von Geburt, Tod, der Entstehung der Welt. Solche Deutungen bilden auch immer die Grundlage eines Systems von

Geboten, Verboten und Tabus, durch die die sozialen Beziehungen und die Beziehung zur Umwelt geregelt werden. Von Generation zu Generation weitergegeben, spielen diese Traditionen für kulturelle Entwicklungen eine ähnlich stabilisierende Rolle wie Gene in der biologischen Evolution. Mit dieser geistigen Entwicklung hat das menschliche Leben eine Stufe erklommen, von der aus phantastische neue Evolutionswege zugänglich werden.

Mit der Entwicklung der Schrift (s. Kapitel »Von der Abbildung zur Schrift«, S. 267) wuchs das kollektive, kulturelle Wissen an Menge, Qualität und Vielfalt, trotz der ständigen Kriege und Zerstörungen, in einem Maße und Tempo, das jede an den Fortpflanzungszyklus gebundene, biologische Evolution um ein Vielfaches übertraf.

Der große Unterschied in der kooperativen Lernfähigkeit von Insektenstaaten und menschlichen Staaten und Kulturen beruht – darauf sei noch einmal hingewiesen – auf prinzipiell verschiedenartigen Organisationen, die das Ergebnis der Erbausstattung sind. Bei den Insektengemeinschaften, die aus nahezu erbgleichen Geschwistern bestehen, ist die individuelle Lernfähigkeit sehr beschränkt. Dagegen ist bei Menschen die individuelle Lernfähigkeit groß, ebenso wie die Neugier. Auch sind die Begabungen sehr unterschiedlich. Daher wächst sowohl das kooperative als auch das kulturelle Lernen aus einer breiten Basis vielfältiger Fähigkeiten empor. Der Erfolg ist offensichtlich. Er hat aber auch eine negative Seite: Die Zusammenarbeit erfolgt nicht so problemlos automatisch wie bei den geschlechtslosen Geschwistern in Insektenstaaten. Das gilt schon für die Familienverbände höherer Säugetiere, die durch Rangordnungen stabilisiert werden. Diese erfolgreiche Organisationsform hat sich in den Familien und Sippenverbänden der Sammler und Jäger fortgesetzt. Mit der Seßhaftigkeit und den sich aus dieser ergebenden Sachzwängen entstanden hierarchisch abgestufte Herrschaftssysteme. Da waren Interessengegensätze und Konflikte vorprogrammiert. Kein Wunder, daß die Geschichte jedes Staates, auch des erfolgreichsten, aus einer Kette von inneren Kämpfen und Revolutionen besteht. Nicht nur die Konkurrenz zwischen Staaten, auch die innerstaatlichen Machtkämpfe führten nach jeder Reform, die ein Herrschaftssystem erträglicher machte, schnell wieder zu neuen Machtkonzentrationen mit Machtmißbrauch. Bei all dem spielen oft wirtschaftliche und andere Sachzwänge eine weit größere Rolle als reines Machtstreben, denn gerade die

Erfolge erzeugen zwangsläufig Veränderungen, die neue Anpassungen notwendig machen. Die menschlichen Denkstrukturen machen es leider schwer, dies einzusehen, denn in Tausenden von Generationen, so lange die Veränderungen von Generation zu Generation nur gering waren, war die Beibehaltung erprobter sozialer Strukturen und Wirtschaftsweisen meistens eine gute Regel. Seit der Entstehung von Stadtstaaten und Großreichen stimmt dieses Rezept nicht mehr und stimmt immer weniger, wie heute jeder, der die Augen offen hat, überall sehen kann. So weit – so schlecht. Aber das ist nicht alles: Sobald Schwierigkeiten, Mißstände und Ungerechtigkeiten Widerstände hervorrufen, kommt eine andere alte Anlage zur Geltung, die Neigung, Widerstände mit Gewalt zu überwinden. Auch dieses Rezept war über Tausende von Generationen sehr oft erfolgreich. C. F. v. Weizsäcker hat das eindrucksvoll formuliert: »Wir sind alle Nachkommen von Siegern.« Die Sieger der Vergangenheit werden in Erzählungen, Bildern und Geschichtsbüchern gefeiert. Kein Wunder, daß in Krisenzeiten die Machthungrigen so oft die Führung übernehmen und eine Gefolgschaft finden, die sich ihnen begeistert unterordnet!

Die Erkenntnisgewinne und technischen Fähigkeiten der Menschen sind über alle Vorstellungskraft wunderbar. Hat doch die Evolution mit winzigsten chemischen Molekülketten begonnen und schließlich die Menschen nicht nur zur Selbsterforschung, sondern auch zur Erforschung des Kosmos ausgerüstet! Aber diese Erkenntnisse und Fähigkeiten sind mit unsagbaren Leiden für unzählige Millionen erkauft worden.

Das schlimmste Leid hat seinen Ursprung nicht in Naturkatastrophen wie Erdbeben, Vulkanausbrüchen, Überschwemmungen oder Trockenheiten. *Es wurde und wird Menschen von Menschen zugefügt.* Menschen können vielerlei Macht besitzen. Oft sind sie sich gar nicht bewußt, was sie damit anrichten. Auch Machtgewinn ist somit leider ein Ergebnis der Evolutionsprozesse. Es lohnt sich, ihn in einem späteren, besonderen Kapitel zu betrachten (s. Kapitel »Ist Macht verwerflich?«, S. 329). Doch zunächst einige Thesen zur Evolution von Lernfähigkeit.

Thesen

- Jedes Lernen ist das Ergebnis von Informationsgewinn.
- Lernfähigkeit beruht auf dem Zusammenwirken von genetischem Lernen, kooperativem Lernen, individuellem Lernen und Nachahmungslernen.
- Das genetische Lernen ist das Ergebnis der Weitergabe von bewährten Erbstrukturen. Verbesserungen sind nur als Folge von Mutationen beim Übergang von einer Generation zur nächsten möglich.
- Das individuelle Lernen ist das Ergebnis von Erfahrungen im Laufe des Lebens eines einzelnen Lebewesens. Diese Art von Lernen setzt ein Gedächtnis voraus.
- Die Verbesserung der individuellen Lernfähigkeit ist selbst ein Teil des genetischen Lernens. Die Lerninhalte aber ändern sich mit den Lebensumständen. Dadurch wird die Anpassungsfähigkeit beträchtlich verbessert.
- Das Lernen durch Versuch und Irrtum ist wohl die älteste Form des individuellen Lernens. Es zeigt sich auffällig in der Vermeidung schlechtschmeckender oder giftiger Beute. Bei den betroffenen Beutetieren hat das oft zur Entwicklung auffälliger Schreckfarben geführt (Feuersalamander). Das bewußte Lernen durch Versuch und Irrtum wurde schließlich zur Grundlage aller naturwissenschaftlichen Forschung.
- Eine wesentliche Verbesserung des individuellen Lernens findet beim Lernen durch Nachahmung statt. Diese Art des Lernens trägt dazu bei, Familienverbände zu einer erfolgreichen sozialen Struktur zu machen.
- Nachahmungslernen kann Begabungsunterschiede bis zu einem gewissen Grad ausgleichen.
- Kooperatives Lernen ist das Ergebnis des Lebens in arbeitsteilig-kooperativen sozialen Organisationen. Die kollektiven Kenntnisse und Erfahrungen einer solchen Organisation übertreffen bei weitem alles, was ein Mitglied in seinem Leben lernen kann. Durch die kooperativen Tätigkeiten werden viele individuelle Kenntnisse automatisch miteinander verknüpft, ohne daß eine bewußte Koordination notwendig ist (Insektenstaaten).
- Kulturelles Lernen ist das Ergebnis des Zusammenwirkens von hoher ererbter, individueller Lernfähigkeit, kollektivem Lernen, Überlieferung (Tradition) von erlerntem Wissen und von Versu-

chen, die Welt und den Sinn von Leben und Tod zu deuten. Solche Überlieferungen in Form von Strukturen (Bilder und Schrift), die beständiger sind als Lebewesen, haben menschliches Wissen, Können, Denken und Fühlen über Jahrtausende hinweg bewahrt und so die Lernfähigkeit selbst in wunderbarer Weise beflügelt und verbessert.

- Individuelles, kollektives und kulturelles Lernen verringern die Starrheit genetischer Programme. Vor allem für arbeitsteilige menschliche Organisationen (Staaten, Berufe) sind breitgefächerte Begabungen von Vorteil, denn sie erhöhen die Anpassungsfähigkeit. Sogar einseitige Begabungen, selbst wenn diese mit Behinderungen verknüpft sind, die ein auf sich selbst gestelltes Individuum stark benachteiligen würden, können in einer größeren sozialen Organisation durchaus nützlich sein. Diese kulturelle Toleranz vergrößert im Laufe der Zeit die genetische Vielfalt. Es entstehen Begabungen für vielerlei mögliche Anforderungen, die vielleicht erst in Zukunft einmal Bedeutung erlangen.

- Menschen haben in den letzten sechs Jahrtausenden des kulturell-kollektiven Lernens durch die Entdeckung und Entwicklung neuer Denkmethoden und technischer Beobachtungshilfen ihre Lern- und Denkfähigkeit in atemberaubendem Tempo erweitert. Vorwegnehmend seien einige dieser Schritte kurz genannt: Die Erfindung von Zahlen; die Erfindung von Möglichkeiten, Zeit zu messen; die Entdeckung von Regeln des Rechnens (Mathematik) und der Geometrie bis zur Astronomie; die geplante Nutzung der Kräfte von Tieren, Menschen, Wind und Wasser; die Erfindung von Fernrohren und Mikroskopen; die Erkenntnis, daß Naturgesetze sich durch gezielte Experimente erforschen lassen. Es folgten dann in immer rascherer Folge die Erfindung der Dampfmaschine, die Erforschung und Anwendung der Elektrizität, der chemischen Eigenschaften der Elemente und Moleküle und ihrer Strukturen, die Erkenntnis, daß alle Lebewesen Zweige eines mehr als 3,5 Mrd. Jahre alten Entwicklungsstammbaumes sind, Atombomben, Kernkraft, die ersten Ausflüge in den Weltraum und Computer als phantastische Erweiterung der Gedächtnis-, Verrechnungs- und Kommunikationsmöglichkeiten.

Diese Lernerfolge und Erkenntnisgewinne haben Menschen zu Herren des irdischen Lebens gemacht. Nach diesen triumphalen Gewinnen an Wissen und Macht drohen nun Katastrophen, die nicht nur die Menschheit, sondern auch alle höherentwickelten Lebewesen bedrohen. Die Menschheit ist in die Falle des Erfolgs geraten. Ob diese schon zugeschnappt ist, kann nur die Zukunft zeigen.

Wie war das bei so viel Wissen möglich? – Um das zu verstehen – ohne Einsicht sind die Katastrophen unvermeidlich –, ist es notwendig, die menschlichen Kulturentwicklungen etwas näher zu betrachten (s. Teil II des Buches).

Zunächst aber sollen diese Betrachtungen dem besonderen Evolutionsweg folgen, der vor mehr als 70 Mio. Jahren begann und schließlich in einer seiner letzten Verzweigungen zur Menschwerdung führte. Es wird sich zeigen, daß jeder Abschnitt dieses komplizierten Weges Einfluß auf die Gestaltung unserer Körperform und unsere anderen Eigenschaften – auch die geistig-seelischen – gehabt hat. Wäre der Weg anders verlaufen oder der Mensch zu einem bestimmten Zeitpunkt so geschaffen worden, wie er heute ist, dann wäre seine Natur nicht verstehbar.

12 Der Evolutionsweg zum Menschen

Ein bescheidener Beginn

Menschen erkannten schon früh, daß manche Tiere und Pflanzen mehr Ähnlichkeit miteinander haben als mit anderen. Daraus wurde auch auf Verwandtschaft geschlossen. So, wenn im Mittelalter in manchen Klöstern an Fastentagen Entenbraten serviert wurde, weil Enten als den Fischen verwandt betrachtet wurden. An eine Erklärung von Ähnlichkeiten als Folge wirklicher Verwandtschaft dachte niemand. Auch als der schwedische Arzt und Naturwissenschaftler Carl von Linné vor 250 Jahren begann, Tieren und Pflanzen lateinische Namen zu geben und sie systematisch zu ordnen, dachte er noch nicht an Evolution. Er hoffte vielmehr, in den Ähnlichkeiten vielleicht den Plan Gottes bei der Schöpfung entdecken zu können.

Linnés systematische Namensgebung hat sich im ganzen recht gut bewährt. Als später der Gedanke, daß gemeinsame Abstammung die Ursache anatomischer Ähnlichkeiten sein könnte, Fuß faßte – Goethe war einer der ersten, der nach Beweisen suchte – und man solche mit immer besseren Methoden suchte, brauchte an Linnés Zuordnungen nicht allzuviel geändert zu werden, und schließlich haben in den letzten 30 Jahren molekularbiologische Forschungen die vermuteten Verwandtschaftsbeziehungen voll bestätigt (s. Kapitel »Der Kopierapparat des Lebens«, S. 34).

In der zoologischen Klassifikation werden seit Linné diejenigen Arten, die der menschlichen Evolutionslinie nahestehen, Halbaffen, Affen, Menschenaffen und Menschen in der Ordnung Primaten (die Ersten), im Sinne von Höchststehenden, zusammengefaßt.

Diese Ordnung, der sehr viele Arten und Familien mit sehr unterschiedlichen Lebensweisen angehören, muß den Entwicklungsweg enthalten, der zur Menschwerdung geführt hat.

Es war ein langer Weg. Er begann schon vor dem Ende der Saurier, in der Oberkreidezeit. Die für diese Behauptung entscheidenden

Funde wurden 1965 in den Rocky Mountains in Nordamerika ausgegraben, in Schichten, die ein Alter von etwa 70 Millionen Jahren haben. Was wurde gefunden? – Es waren nur winzige Zähnchen und Kiefer. Aber das reicht für eine so weitgehende Aussage, denn Zähne und Kiefer sind die Skeletteile, an denen sich die Zugehörigkeit zu verschiedenen Gattungen und Familien am zuverlässigsten erkennen läßt. Sie geben auch gleichzeitig Auskunft über die Ernährung und damit über die wahrscheinliche Lebensweise. Aus der Größe und dem Bau der Kiefer lassen sich, durch Vergleiche mit anderen ausgestorbenen und lebenden Tieren, recht gute Anhaltspunkte über die wahrscheinliche Gestalt und Körpergröße ableiten. Was hat diese Rekonstruktion ergeben?

Die Art bekam den Namen »Purgatorius« (Fegefeuer) nach dem Berg, in dem die Funde gemacht wurden. Die Tierchen waren nicht größer als eine kleine Ratte, also etwa ebenso groß wie die ältesten bisher gefundenen Säugetiere (s. Kapitel »Von den Reptilien zu den Säugetieren und Vögeln«, S. 101), die etwa 130 Mio. Jahre früher in der oberen Trias-Zeit lebten und sich wohl von Insekten ernährten. Im Gegensatz zu diesen war das Gebiß von Purgatorius an eine vielfältigere Nahrung angepaßt – wie auch das unsrige. Er war ein Allesfresser, der von Früchten, Blättern und Insekten lebte. Diese Lebensweise war vorteilhaft geworden, weil während der Kreide-Zeit, als Folge der Koevolution von Blütenpflanzen und Insekten, Pflanzenbestände mit einem immer reichhaltiger werdenden Angebot an verschiedenartigen Früchten, Insekten und deren Larven entstanden. Die Suche nach so unterschiedlicher Kost dürfte die Entwicklung des Geruchssinnes, der Sehfähigkeit und des Gedächtnisses begünstigt haben. In diesem Zusammenhang sei erwähnt, daß Eidechsen und Frösche, trotz guter Augen, nur Dinge wahrnehmen, die sich bewegen. Sie wären nicht in der Lage, Früchte mit den Augen zu erkennen.

Kann Purgatorius der Urvater aller Primaten gewesen sein? – Das ist nicht wahrscheinlich. Er hatte wohl, wie das bei der Entwicklung neuer Lebensweisen zu sein pflegt, viele nahe Verwandte in ähnlichen, aber doch durch Klima und Pflanzenwuchs abweichenden Lebensräumen. Welche Art oder Unterart schließlich am entwicklungsfähigsten war, hing dann von vielen Zufällen ab.

Der Erfolg der Primatenevolution zeigt sich daran, daß in Gesteinen der folgenden 30 Mio. Jahre sowohl in Montana als auch im weit entfernten Pariser Becken Primatenreste von 20 Gattungen,

Schädel und Rekonstruktion des kleinen Halbaffen *Adapis parisiensis,* der vor etwa 50 Mio. Jahren in Europa lebte. Die Halbaffen sind eine außerordentlich entwicklungsfähige Familie der Primaten. Sie spalteten sich schon früh in mehrere Unterfamilien auf. Adapis hat wahrscheinlich ihrer gemeinsamen Wurzel nahe gestanden und damit auch dem Evolutionsweg, der zu den Affen und schließlich zum Menschen führte. In Afrika wurden die Halbaffen später fast ganz durch die Evolution der Affen verdrängt. In Madagaskar, das vorher von Afrika getrennt wurde, entwickelte sich die Unterfamilie der Lemuren zu großer Vielfalt

die 5 Familien angehören, gefunden wurden. Es muß auf der Erde noch sehr viel mehr gegeben haben. Die Fundgebiete geben ja nur winzigste Einblicke in den damaligen sehr breiten tropisch-subtropischen Klimagürtel. Alle waren noch kleine Tiere.

Von den Halbaffen zu den Großaffen

Vor etwa 55 Mio. Jahren hatten Halbaffen die Waldgebiete aller Kontinente, mit Ausnahme von Australien, Neuseeland und Neuguinea besiedelt, letztere waren durch die Entstehung des Indischen Ozeans isoliert worden. In Madagaskar wurden etwas später die Halbaffen durch die Trennung von Afrika isoliert. Sie verzweigten sich dort in der Folgezeit ungestört durch Konkurrenz von den sich entwickelnden Affen. Die Evolution der letzteren ist recht gut durch Funde in 35–25 Mio. Jahre alten Ablagerungen eines alten Nilarmes in der Oase El Fayum in Ägypten dokumentiert. Neben etwa 100 anderen Wirbeltierarten wurden sechs verschiedene Gattungen von Primaten gefunden, die drei Evolutionsstufen repräsentieren. Die noch immer recht kleinen Tiere lebten in den Bäumen der an den Nil grenzenden Wälder. Sie nährten sich hauptsächlich von Blättern und Früchten. Viele Arten zeigen mit einem vergrößerten Großhirn den

Beginn der Gehirnentwicklung, der beim Menschen einen Höhepunkt erreicht hat. Die Schädelformen lassen auch eine Verbesserung des Seh- und Hörvermögens auf Kosten des Riechens erkennen.

Auf diesem Entwicklungsweg dienten ursprünglich Krallen zum Klettern, wie heute noch bei Mäusen, Eichhörnchen und vielen anderen Baumbewohnern. Auf einem Evolutionsweg, der vielleicht schon vor etwa 50 Mio. Jahren begann, wurden die Füße der Vorder- und Hinterbeine in Greiforgane umgebildet. Die Zehen wurden zu Fingern, die Äste umgreifen konnten. Das gab besseren Halt. Aus dieser Entwicklung ergab sich ein weiterer Vorteil. Die verlängerten beweglichen Finger konnten manche Nahrung besser erreichen als die Schnauze. Es war eine Höherentwicklung mit ungeheuren Folgen. Was nützlich ist, wird durch die Auslese verbessert! Ohne gutes Sehen ist gezieltes Greifen nicht möglich. Das waren zwei Fähigkeiten, die nur in gegenseitiger Abstimmung verbessert werden konnten, wie vormals Brutpflege und Warmblütigkeit. Eine Vergrößerung und mehr nach vorn gerichtete Orientierung der Augen wurde möglich ohne Schädigung notwendiger Verhaltensweisen, denn der Gesichtssinn konnte auf Kosten des Geruchssinnes verbessert werden, da dieser im Geäst der Bäume weniger nützlich ist. Die Augen wurden größer und rückten auf Kosten der Nase nach vorn. Dadurch wurde verbessertes stereoskopisches (räumliches) Sehen möglich. Das wiederum kam dem Springen im Geäst und dem gezielten Greifen zugute. Die Finger konnten schließlich Tasthaare, Lippen und Zunge als Haupttastorgane ablösen, ein Evolutionsweg diametral verschieden von dem, der aus Zehen Hufe werden ließ, aber jeder bestens angepaßt an die Bedingungen des jeweiligen Lebensraumes.

Der Weg der Affen ist aus unserer Entwicklungsgeschichte nicht wegzudenken. Ohne ihn könnte kein Mensch ein Werkzeug herstellen, mit ihm gezielt umgehen, schreiben oder Blindenschrift lesen.

Natürlich hatte dieser Weg auch Folgen für die Betreuung der Jungen und das Entstehen von Sippenverbänden:

Wenn Hände zum Hauptgreiforgan werden, dann wird zum Betrachten, Zerpflücken und Fressen von Nahrung eine aufrechte Körperhaltung vorteilhaft. Das läßt sich schon bei Eichhörnchen und Mäusen beobachten. Diese Haltung erleichtert dann auch die Beobachtung der Umgebung während dieser Tätigkeit. Auch beim Säugen der Jungen kann die Aufmerksamkeit der Umgebung gewidmet werden, ein wichtiger Schutz vor Feinden.

In dieser Haltung ist es ein Vorteil, wenn die Zitzen nicht in der Leistengegend, sondern auf der Brust liegen. Das Junge ist dann auch dem Gesicht der Mutter näher. Der Kontakt mit ihr wird durch ihr Mienenspiel vertieft. Außerdem nimmt das Junge von dieser sicheren Warte aus an Umwelterlebnissen teil, und das schon in einem Alter, in dem junge Beutegreifer noch in dunklen Höhlen versteckt werden. Diese Entwicklung hat sicher die Neugier und das Lernvermögen erweitert, ein weiterer wichtiger Schritt auf dem Weg zum Menschen.

Solche Entwicklungsschritte sind natürlich nicht so gut durch Fossilfunde belegt wie die Evolution von Zehen zu Pferdehufen, denn kleine Waldbewohner werden nur äußerst selten, wie etwa in der Fossillagerstätte Messel, konserviert. Trotzdem kann der Entwicklungsweg in seinen Grundzügen recht gut rekonstruiert werden, denn es gibt viele Arten von Affen, die Stadien des wahrscheinlichen Weges in nur wenig abgeänderter Form bewahrt haben.

Für die Zeit vor 22,5–16 Mio. Jahren sind durch Funde in Kenia und Uganda mindestens sechs Großaffen bekannt geworden, die zur Verwandtschaft der heutigen Menschenaffen und Menschen gehören, darunter eine Art, Proconsul, die unserer direkten Vorfahrenlinie recht nahe gestanden hat, falls sie nicht sogar ein Glied dieser Kette war. Der Ausguß eines 18 Mio. Jahre alten Schädels zeigt, daß das Gehirn im wesentlichen schon dem eines Schimpansen glich.

Viele höherentwickelte Affenarten leben unter recht unterschiedlichen Umweltbedingungen in Sippenverbänden. Ihre sozialen Verhaltensweisen und ihre geistigen Fähigkeiten sind in den letzten Jahrzehnten von vielen Wissenschaftlern eingehend erforscht worden, sowohl in ihrer Umwelt als auch in Gefangenschaft.

Vor etwa 17 Mio. Jahren entstand durch die Verschiebung der afrikanischen Erdkrustenplatte eine Landverbindung mit dem europäisch-asiatischen Kontinent. Über diese Landbrücke wanderten die Dickhäuter (Elefanten und Nashörner) und die Großaffen in diesen weiten Lebensraum. Sie haben sich dort, wie Funde zeigen, in den folgenden 5 Mio. Jahren von Westeuropa bis China ausgebreitet und, den Umweltanforderungen entsprechend, verzweigt. Mehrere Linien paßten sich weitgehend einem Leben auf dem Boden an, ohne daß ein aufrechter Gang entstand. Die veränderte Lebensweise dieser Arten zeigt sich vor allem am Gebiß: Breitere Kauflächen und dickere Schmelzschicht der Backenzähne deuten auf härtere Nahrung, vielleicht Folge eines jahreszeitlich bedingten Vegetationswechsels in einem im Ganzen trockeneren Klima. Als Lebensraum wird an Savannenwälder und Galeriewälder in Steppen gedacht.

Auch in Ostafrika wurden ähnliche Gebisse gefunden und an einer Stelle, in einer etwa 14 Mio. Jahre alten Schicht des mittleren Miozäns, faustgroße Basaltstücke mit Kanten, die Absplitterungen durch Schlagen auf etwas Hartes zeigen, zusammen mit größeren zerschlagenen Knochen. Es sind die ältesten Steine mit Benutzungsspuren!

War dies schon ein erster Schritt auf dem Weg zur Herstellung von Werkzeugen und zur Vergrößerung des Gehirns, die dann zum aufrechten Gang geführt hatten? Diese Reihenfolge war bis vor kurzem die Grundlage einer gängigen Hypothese der Menschwerdung gewesen. Bedeuteten dann nicht die 14 Mio. Jahre alten, benutzten Steine, daß schon damals der erste Schritt erfolgt war? – Keineswegs. Als obige Hypothese aufgestellt wurde, gab es noch kaum systematische Beobachtungen von wildlebenden Tieren. Aber auch damals war bekannt, daß Vögel vielerlei Materialien zum Nestbau benutzen, oft in technisch sehr geschickter Weise, und daß eine Galapagosfinkenart Kaktusstacheln abbricht, um damit Insekten aus Ritzen herauszustochern, ganz zu schweigen von den Bauten von Insekten. Inzwischen ist beobachtet und photographiert worden, wie Schimpansen die Blätter von dünnen Zweigen streifen, um mit deren Hilfe Termiten aus ihren Gängen zu ziehen, daß Schimpansen, aber auch Steppenpaviane, gelegentlich einen Stein oder Holzknüppel benutzen, um eine harte Samenkapsel zu öffnen, daß ostafrikanische Schmutzgeier Steine auf Straußeneier werfen, um sie zu zerbrechen, ja daß die großen Kraken ihre Wohnhöhle mit einem Wall von Steinen verbarrikadieren, um nur einige Beispiele zu nennen. Die Verwendung nichtkörpereigener Materialien ist im Tierreich weit verbreitet. Es ist durchaus möglich, daß mehrere Arten von Großaffen, die nicht zu unseren Vorfahren gehört haben, gelegentlich Steine benutzten.

Für die folgenden etwa 10 Mio. Jahre ist die Evolution unserer Vorfahren bisher nicht durch Fossilfunde dokumentiert. Es ist die Zeitspanne, in der die Verzweigung zwischen Gorilla, Schimpanse und unserer direkten Vorfahrenlinie vermutet wird. Bedeutet dies, daß der Grad der Verwandtschaft problematisch ist? – Nein. Die Molekularbiologen haben die Verwandtschaftsbeziehungen in überzeugender Weise aufgeklärt: Der Vergleich von 30 Eiweißstoffen des

Zellplasmas hat zwischen Mensch und Schimpanse 81%, Gorilla 70% und Orang Utan 63% Übereinstimmung gezeigt. Das sind wesentlich geringere Unterschiede als üblich im Tierreich zwischen verwandten Arten. Beim Vergleich der 1272 Aminosäuren von 9 lebenswichtigen Eiweißstoffen zeigten im Mittel nur 0,4% der Sequenzen Unterschiede zwischen Mensch und Schimpanse. Mehr als 99% der Positionen dieser Aminosäuren sind also unverändert! Auch die Zahl und Form der Chromosomenpaare läßt die nahe Verwandtschaft erkennen und die ungefähre Zahl der für die Veränderungen notwendigen Mutationsschritte abschätzen. Diese Untersuchungen, die laufend erweitert und verfeinert werden, machen es wahrscheinlich, daß sich die Evolutionswege von Mensch und afrikanischen Menschenaffen vor etwa 8 Mio. Jahren getrennt haben.

Diese Wege haben sich dann allmählich – nicht sprunghaft – voneinander entfernt. Es wäre merkwürdig, wenn sich in den nicht durch Funde belegten etwa 10 Mio. Jahren in dem großen, landschaftlich und klimatisch vielgestaltigen Gebiet nicht mehrere Arten und Unterarten entwickelt hätten. Dafür sprechen Schädel- und Skelettfunde, die in den letzten 60 Jahren in zunehmender Zahl in Südafrika, Ostafrika und Äthiopien gemacht wurden. Sie stammen von Wesen, die völlig aufrecht auf zwei Beinen gingen. Die Schwelle zur Menschwerdung war erreicht. Bevor ich mich diesem Thema zuwende, will ich noch einmal den Blick kurz über die Hauptevolutionsstufen streifen lassen, die im Laufe von 3,5 Mrd. Jahren zu Höherentwicklungen geführt haben. Dabei lassen sich aus den erdgeschichtlichen Dokumenten einige Evolutionsregeln ableiten, die wahrscheinlich auch in der menschlichen kulturellen Entwicklung wirksam geblieben sind.

13 Evolutionsstufen und Evolutionsregeln

In diesem ersten Teil des Buches wurden einige Evolutionswege durch die Erdgeschichte verfolgt, bis zu der Zeit beginnender Menschwerdung vor etwa 3 Mio. Jahren. Es sollte möglich sein, aus diesen geschichtlichen Entwicklungen einige allgemeine Erkenntnisse und Regeln über Evolutionsprozesse abzuleiten, um dann zu sehen, inwieweit diese in der menschlichen Entwicklung wirksam waren und noch immer wirksam sind und inwieweit die Menschwerdung als Beginn einer neuen, höheren Evolutionsphase angesehen werden kann. Dazu zuerst die Fragen: Wie läßt sich Evolution definieren? Was ist Evolution?

Evolution bedeutet weiterführende Entwicklung oder fortschreitende Entwicklung. Der Ausdruck wird vor allem auf komplexe, langfristige Entwicklungen angewendet, wie die Entwicklung des Kosmos und die des Lebens auf der Erde.

Letztere ist ein Teil des kosmischen Geschehens und steht mit diesem in Wechselwirkung (Sonnenstrahlung → Photosynthese → Sauerstoff → Klimaänderungen). Evolution ist immer Koevolution, also Entwicklung in wechselseitiger Anpassung an andere Entwicklungsvorgänge in der unbelebten wie auch der lebenden Natur. Evolution ist das Ergebnis von vielfältig vernetzten, rückgekoppelten Wechselwirkungen. Es gibt nicht *die Evolution*, es sei denn in bezug auf den gesamten Kosmos. Es gibt nur Evolutionsvorgänge!

Evolutionsprozesse sind dynamische Beziehungssysteme. Es ist deshalb falsch zu sagen – wie es häufig geschieht –, daß die Evolution eine bestimmte Entwicklung begünstigt. Die Grundlagen der biologischen Evolution sind:

- Vermehrungsfähige, molekulare Erbprogramme.
- Stoffwechsel, der Vermehrung ermöglicht.
- Eine gewisse Toleranz gegen kleinere Kopierfehler (Mutationen) bei der Vermehrung.

■ Unter diesen Voraussetzungen haben die Nachkommen, die am besten an bestimmte Umweltbedingungen angepaßt sind, die besten Überlebens- und Vermehrungschancen (»survival of the fittest«). Dieses Darwinsche Ausleseprinzip (Natürliche Auslese) ist ein automatischer Vorgang, eine Art komplizierte Aussiebung nicht-identischer Kopien von Erbprogrammen.

■ Die Vermehrung der molekularen Erbprogramme vermehrt Informationen über Vorgänge, die an ihrer Bildung beteiligt waren. Die Vermehrung und der Austausch von Informationen, die einmal lebenswichtig waren, bilden das Grundprinzip der Evolution des Lebens. Dadurch unterscheidet sich Leben grundlegend von Evolutionsprozessen in der unbelebten Natur.

■ Als Evolutionsstufen bezeichne ich Phasen neuer Anpassungen, die immer auch gleichzeitig Leistungsgewinne und Informationsgewinne sind und vielseitige neue Evolutionswege zugänglich machen. Ein gutes Beispiel ist die Entwicklung von Vielzelligkeit.

Erbprogramme übertragen bewährte Anpassungen an bestimmte Umwelteigenschaften aus der Vergangenheit in die Zukunft, deshalb ist der Evolutionsprozeß, trotz aller Zufälligkeit, immer zukunftsbezogen! Anpassungen an Umwelteigenschaften können als Erkennungsstrukturen betrachtet werden (K. Lorenz), und da Erkennen – auch unbewußtes – immer ein Wiedererkennen ist, sind solche Strukturen auch gleichzeitig Erwartungsstrukturen – Erwartung, daß schon Erlebtes sich wiederholt, etwa der Wechsel der Jahreszeiten bei Pflanzen und Zugvögeln oder die nächste Strophe eines Balzgesanges.

Es folgt eine Skizzierung von bedeutenden Evolutionsstufen, die im Laufe der Erdgeschichte zu vielseitigen Informationsgewinnen geführt haben:

■ Die Bildung einer Zellhaut (Membran) bedeutet eine teilweise Abkoppelung von Umwelteinflüssen, eine gewisse Verselbständigung: Was in der Zelle geschieht, ist nicht mehr im chemisch-physikalischen Gleichgewicht mit allen Umweltbedingungen, nur noch mit einigen, die für Wachstum und Vermehrung besonders wichtig sind. Wenn der Gehalt der Umgebung an chemischen Stoffen und physikalischen Energieträgern wie Wärme und/oder Licht, die für den Organismus verwertbar sind, unter ein bestimmtes Niveau sinkt, dann entstehen Mangelerscheinungen, die wir bei höherentwickelten Lebewesen unter dem Begriff Bedürfnisse (Hunger, Durst, Verlangen nach Wärme u. a. m.) zusammenfassen. – Dazu eine Frage an die Philosophen: Kann man unbesetzte Bindungsstellen eines Moleküls ein Bedürfnis nennen?

Es dürfte einleuchten, daß Bedürfnisse häufiger befriedigt werden können, wenn ein Lebewesen aktiv herumwandern kann, aber nur, wenn sich zusammen mit dem Bewegungsapparat ein Unterscheidungsvermögen für nützliche bzw. schädliche Bedingungen herausbildet. Deshalb muß schon bei Einzellern, die sich mit Hilfe von Geißeln, Wimpern und Formänderungen fortbewegen können, zugleich mit den Bewegungsapparaten wohl auch das Unterscheidungsvermögen für bekömmliche (angenehme) Verhältnisse und für schädliche (schmerzliche) Erfahrungen entstanden sein. Damit wurde wahrscheinlich schon auf der Stufe der Einzeller eine primitive molekulare Grundlage für die Entscheidungshilfen Schmerz und Lust gelegt, aus denen sich später die ganze Vielfalt der hormonal gesteuerten Emotionen entwickeln sollte. Der Vorteil dieser Entwicklung kann gar nicht überschätzt werden. Durch sie werden aus Bewegungen nützliche Tätigkeiten und Verhaltensmuster. Solche Tätigkeiten sind unbewußte Wahlhandlungen, durch die der Darwinsche Ausleseprozeß zugunsten bestimmter Tätigkeiten beeinflußt wird. Oder, mit anderen Worten, der Auslesevorgang begünstigt bestimmte, erfolgreiche Verhaltensweisen, die dadurch weiter verbessert werden können. Die Entwicklung erhält auf diese Weise eine Richtung, weil Erbänderungen, die das bewährte Verhalten nachteilig beeinflussen, unterdrückt werden. Diese Selbststeuerung der Auslese wird um so wirkungsvoller, je mehr Energie für Tätigkeiten bereitgestellt wird. Bei Höherentwicklungen steigt der Informationsgehalt der Umwelteinflüsse, an denen sich ein Organismus orientiert. Dieser Prozeß ist – das muß betont werden – opportunistisch, am direkten statistischen Erfolg orientiert, nicht an fernen Zielen. Das ist bei der vielgepriesenen reinen Marktwirtschaft noch immer so!

Ob ein solcher Entwicklungsweg auf Dauer erfolgreich bleibt, ist durchaus unsicher.

Auf dem Weg wachsender Verselbständigung war die Entstehung eines vom Zellkörper durch eine Membran getrennten Zellkerns ein weiterer Fortschritt. In dieser Kommandozentrale sind die Erbinformationen, geschützt vor den sicher oft aggressiven Stoffwechselvorgängen im Zellkörper. Sie werden dort vermehrt und für jedes entstehende Individuum neu kombiniert. Die Toleranz gegen Schäden in den Teilen des Zellkörpers, die den Stoffwechsel besorgen, wird dadurch erhöht.

- Der durch Photosynthese produzierte Sauerstoff veränderte die chemischen Bedingungen auf der Erde radikal.
- Die Entdeckung der Verwendung dieses »Giftmülls zur Verbrennung von organischem Material« ermöglichte den Lebewesen einen wesentlich größeren Eneregiegewinn, als das mit anderen chemischen Prozessen möglich ist.
- Die Sauerstoffatmung machte die Evolution massiverer, vielzelliger Körper mit stärkeren Muskeln, Freßwerkzeugen usw. möglich, ein großer Fortschritt zu mehr Selbständigkeit.
- Von größter Bedeutung für zukünftige Entwicklungen wurde die Ausbildung spezieller Geschlechtszellen und -organe, denn so konnten beliebig viele andere Zellen andere Aufgaben übernehmen. Es war eine Entwicklung, die Hunderte Millionen Jahre später die Bildung sozialer Verbände ermöglichen sollte.

Die Besiedlung der Festländer zuerst durch die Pflanzen, dann die Insekten und schließlich die Wirbeltiere öffnete viele neue, überraschende Evolutionswege. Im Zusammenhang dieses Kapitels ist zu fragen, auf welchen von diesen Wegen Entwicklungen stattfanden, welche die Evolutionsfähigkeit erhöhten.

- Voraussetzung war der Übergang von der Atmung im Wasser zu der Aufnahme von Sauerstoff aus der Luft und der Schutz des Körpers vor Austrocknung. Da hatten die Insekten einen großen Vorteil.
- Interne Befruchtung und damit die Möglichkeit, eine ausreichende Nachkommenschaft mit wesentlich weniger Eizellen zu sichern.
- Verbesserte Brutfürsorge, die auf manchen Evolutionswegen der Insekten und Wirbeltiere zum Leben in sozialen Familien- und Sippenverbänden führte. Ohne Erreichen dieser Stufe wäre es nie zur Menschwerdung gekommen.
- Die Entwicklung von Warmblütigkeit vergrößerte die Unabhängigkeit von Klimabedingungen um Größenordnungen und vergrößerte den Vorteil von Brutfürsorge.
- Die Entwicklung von Sprache (s. Kapitel »Evolution von Sprache«, S. 227) hob die Mitteilungsfähigkeit auf eine alles Tierische

weit übertreffende Höhe. Die Sprache wurde zur Grundlage des Selbstbewußtseins und des bewußten Denkens. Ihre Kreativität zeigt sich eindrucksvoll in der Erfindung von Zahlen und dem Einfluß des Rechnens auf kulturelle Entwicklungen.

- Durch Sprache wurden die Gefühlsbindungen verstärkt, und die seelische Entwicklung bekam eine neue Qualität.
- Kein Weg zu Höherentwicklungen war geradlinig, weder bei den Insekten noch bei den Wirbeltieren. Keiner läßt Vorausplanung erkennen.

Die wichtigste Erkenntnisregel ist die Erkenntnis, daß

- eine langfristig erfolgreiche Höherentwicklung nie von großen oder in anderer Weise stark spezialisierten Lebensformen ausgegangen ist. Das zeigen die versteinerten Dokumente eindringlich.
- Eine fortschreitende Verbesserung beschränkter, stark spezialisierter Fähigkeiten kann für einen Evolutionsweg sehr vorteilhaft sein, endet aber unter veränderten Umweltbedingungen in der Erfolgsfalle tödlicher Sackgassen.
- Es waren immer Vertreter kleiner, relativ unspezialisierter Arten und wahrscheinlich kleiner Populationen, die auf den Weg neuer Anpassungsfähigkeit gelangt sind, denn in kleinen Populationen können sich Erbänderungen rascher ausbreiten als in großen – »small is beautiful«.
- Maximierungen führen erfolgreiche Arten immer wieder in Erfolgsfallen, weil sie die Anpassungsfähigkeit verringern. Das gilt heute auch für unseren wirtschaftlich-technischen Gigantismus.

Seit mehr als 3,5 Mrd. Jahren ist die Erde eine Heimat von Lebewesen. Es ist eine gefährliche Heimat. Die Erdkruste ist in ständiger Umgestaltung; Kontinente zerreißen und verdriften; Gebirgsketten türmen sich in den Himmel und zerbröckeln zu Schutt, Sand und Schlamm; ganze Landstriche werden unter glutflüssiger Lava begraben, Flachländer versinken unter dem Meer oder werden von dem zurückweichenden Meer freigegeben; wo heute heiße Wüstenstürme Sandmassen zu Dünen formen, deckten vor Zeiten Eismassen das Land, und immer wechselten Tag und Nacht im kosmischen Rhythmus der Erdumdrehung. Wie konnten Lebewesen dies alles überleben? – Nur in ständigem Sterben und ständiger

Erneuerung, wie das die Mythen aller Völker erzählen, nur in Not und Tod, der Lust neuer Zeugung, der Freude neuen Wachsens war das Wunder der Menschwerdung möglich. Hätte die Erde nicht die Lebewesen immer wieder vor neue Herausforderungen gestellt und die Lebewesen sich gegenseitig, dann wäre keine nennenswerte Höherentwicklung möglich gewesen. Neue Strukturen – auch Gedanken sind das Ergebnis der Verknüpfung von Gehirnstrukturen – wachsen nur im Spannungsfeld von Gegensätzen!

Waren es reine Zufälle, welche die Evolutionswege bestimmten? – Im Anfang wohl ja, bei den Pflanzen noch immer. Aber mit der Entwicklung von Bewegungsapparaten und der Fähigkeit zu selbständiger Fortbewegung wurden im Erbprogramm überlieferte Anpassungen der Vorfahren zu nützlichen Orientierungshilfen. Die Urgefühle, schmerzlich und angenehm, wurden zu Leuchtfeuern, die halfen, den Klippen unzähliger gefährlicher Zufälle auszuweichen. Gefühle haben den schwierigen Weg von der Vergangenheit in die Zukunft nicht nur begleitet (C. F. v. Weizsäcker), sondern auch teilweise gelenkt. Aber diese Steuerung – das muß betont werden – war nie auf ein bestimmtes Ziel gerichtet. Nur die Orientierung des jeweiligen, für jede Art verschiedenen, Erbprogrammes an der sich gerade anbahnenden Zukunft zählte. Jede Art geht so ihren eigenen Weg und ist doch in ständiger Wechselwirkung (Informationsaustausch) mit anderen verknüpft.

Die Evolution immer vielfältigerer Verhaltensweisen, die zu vielfältigeren Erlebnissen führten, machte eine Aufspaltung der Urgefühle in mehrere Gefühlsqualitäten (Emotionen) nützlich. Angst, Wut, Verlegenheit, Liebe, Eifersucht, Trauer sind Ausformungen, die unter der Wirkung von Hormonausschüttungen den ganzen Organismus nicht nur psychisch, sondern auch physisch in Mitleidenschaft ziehen. Sie sind bei hochentwickelten Säugetieren und Vögeln in ähnlicher Weise ausgeformt wie bei Menschen. Solche Tiere zeigen persönliche, emotionale Bindungen an Partner, Familienangehörige, auch an vertraute Menschen. Die Aussage von Konrad Lorenz, daß Tiere dem Menschen in ihrem Gefühlsleben recht ähnlich sind, dieser ihnen aber an Intelligenz himmelhoch überlegen ist, ist sicher richtig. In letzterer Beziehung, aber auch nur in dieser, hat der Mensch eine unvergleichlich höhere Evolutionsstufe erreicht.

War dieser Evolutionsschritt, der bewußtes Suchen nach Erkenntnis möglich machte, das Ergebnis einer einmaligen Mutation, der plötzlichen Änderung einer Gehirnstruktur? – Das war sicher nicht der Fall. Die Zunahme des Gehirnvolumens erfolgte viel langsamer, als man noch vor 25 Jahren vermutet hatte, und auch der Werkzeuggebrauch machte zuerst nur sehr langsam Fortschritte. Das dokumentieren Fossilfunde in Afrika. Unser Evolutionsweg zeigt keinen Sprung nach oben. Es war eine im großen allmähliche Entwicklung, die sich allerdings beschleunigte.

Wir sind mit dieser sehr unvollkommenen Übersicht dem Evolutionsweg gefolgt, der zur Menschwerdung geführt hat. Ich habe einige Evolutionsregeln abgeleitet, die entweder Höherentwicklungen begünstigt oder in Sackgassen gelenkt haben. Sind diese Regeln auch bei der menschlichen Evolution und der Entwicklung menschlicher Kulturen wirksam, vielleicht sogar ausschlaggebend gewesen?

Nach diesem Rück- und Vorausblick sollen nun die sensationellen Knochen- und Werkzeugfunde behandelt werden, die die Hypothese über die Menschwerdung revolutioniert haben.

14 Von den Menschenaffen zu den Menschen

Die Zeit der Australopithecinen

Menschen unterscheiden sich anatomisch von Menschenaffen vor allem durch ihren aufrechten Gang und ihr viel größeres Gehirnvolumen. Wie könnten Zwischenformen ausgesehen haben? – Die Anthropologen (Menschenkundler) hatten – wie oben erwähnt – angenommen, daß diese Entwicklung mit der Vergrößerung des Gehirns begonnen habe, daß also die geistige Entwicklung die Vorreiterrolle gespielt habe. Das schmeichelte wohl dem menschlichen Selbstgefühl. Es war deshalb eine Sensation, als Schädel, Schädelteile und schließlich ein weitgehend erhaltenes Skelett gefunden wurden, die bewiesen, daß im östlichen und südlichen Afrika vor 3,5–4 Mio. Jahren Wesen gelebt hatten, die auf zwei Beinen gingen, deren Gehirn aber nicht viel größer war als das eines Schimpansen.

Der erste Fund, ein Kinderschädel aus einer Kalktuffablagerung in Botswana, bekam 1925 von dem Anatomen Raymond Dart den Namen Australopithecus (Südaffe). Er erkannte anatomische Merkmale, die einen aufrechten Gang bewiesen. Seither sind 20 Fundorte mit Australopithecinenresten entdeckt worden. Die ältesten, mit Altern von etwas mehr als 3,5 Mio. Jahren, stammen aus der Gegend von Hadar in Äthiopien und der Nähe von Laetoli in Tansania. Das ist kein Zufall. Beide Gebiete, ebenso wie andere wichtige Fundplätze, liegen in der großen, ostafrikanischen Grabenzone, in deren Senken sich seit etwa 25 Mio. Jahren Sedimente und vulkanische Gesteine sammeln. Wo rasch sedimentiert wird oder vulkanische Asche ganze Landstriche im Verlauf von Stunden bedeckt, ist die Wahrscheinlichkeit groß, daß sonst bald zerstörte Knochen oder andere vergängliche Erscheinungen, z. B. Abdrücke von Regentropfen, erhalten bleiben. Es sei an Pompeji erinnert. Bei Laetoli wurden auf einer zufällig durch Erosion freigelegten versteinerten Aschenlage, die etwa 3,6 Mio. Jahre alt ist, neben den Fährten von vielen, für afrikanische Steppen charakteristischen Wildarten auch Fußab-

Australopithecine Fußspuren in einer 3,6 Mio. Jahre alten Aschenlage eines Vulkanausbruchs bei Laetoli in Tansania. Man sieht die Fußabdrücke von zwei aufrecht gehenden Erwachsenen. Eine dritte Spur gehört vermutlich zu einem Kind, das zuvor in den Fußstapfen eines der Erwachsenen lief

drücke von drei auf zwei Beinen gehenden Individuen gefunden. Ein deutlicher Unterschied zu in nassem Sand hinterlassenen Menschenspuren konnte nicht festgestellt werden. Wahrscheinlich wurden sie von Australopithecinen hinterlassen.

Das am vollständigsten erhaltene einzelne Skelett ist zugleich das bisher älteste. Sein Alter entspricht etwa dem der Fußspuren von Laetoli: Was läßt sich an diesem Skelett, der berühmten »Lucy«, ablesen? – Das weibliche Individuum war etwa 1,10 m groß und ging mit Sicherheit aufrecht auf zwei Beinen. Der kleine Kopf mit dem äffisch vorspringenden Gesicht hat ein Gehirnvolumen von 400 cm^3, was etwa dem eines Schimpansen entspricht. Die Hände waren zum gezielten Greifen geeignet. Der aufrechte Gang ist also unabhängig von der Vergrößerung des Gehirns und vor dieser entstanden!

Bei der Entstehung des aufrechten Ganges ist die Umgestaltung des Beckens eine kritische Phase, denn sie hat beim Menschen das Gebären schwieriger gemacht als bei anderen Säugetieren. Dem amerikanischen Biologen und Anatomen C. O. Lovejoy ist es vor kurzem gelungen, die Form von Lucys Becken aus den Bruchstücken zu rekonstruieren und damit auch die Anlage der Gesäß- und Beinmuskulatur. Das Ergebnis zeigt, daß Lucy ebenso geschickt gehen und rennen konnte wie ein Mensch. Die Geburt dürfte etwas schwieriger gewesen sein als bei einer Schimpansenfrau, aber bei der geringen Größe damaliger Kinderköpfe nicht gefährlich. Das Becken war dem einer Menschenfrau ähnlicher als dem einer Schimpansin. Die beiden Evolutionswege dürften sich schon ein paar Millionen Jahre früher verzweigt haben. Vielleicht war die Geburt auch schon etwas früher gelegt, so daß ein größerer Teil der kindlichen Entwicklung und damit des Kopfwachstums außerhalb des Mutterleibes erfolgte. Diese Tendenz ermöglichte auf dem weiteren menschlichen Weg, zusammen mit der weiteren Umgestaltung des weiblichen menschlichen Beckens, die weitere Vergrößerung des Gehirns.

Daß Lucy ein Glied einer in Entwicklung begriffenen Population war, belegen leicht gekrümmte, gut erhaltene Fingerglieder, die denen von Schimpansen ähnlicher sind als menschliche. Andererseits unterscheiden sich die drei etwa gleichalten Fußspuren von Laetoli praktisch nicht von denen moderner Menschen. Sie sind von drei Individuen – Mann, Frau und älterem Kind (?) – hinterlassen worden. Die Körpergröße der beiden größeren übertraf die von Lucy beträchtlich.

Ausgrabungen in der Nähe des Fundortes von Lucy haben Reste von mindestens 35 Individuen erbracht, darunter eine geschlossene

Gruppe von 16 Individuen verschiedenen Geschlechts und Alters. Die geschlechtsbedingten Größenunterschiede betragen 50-100%. Mehrere anatomische Merkmale variieren beträchtlich. Wahrscheinlich repräsentiert diese Unterart der Australopithecinen eine Periode rascher Verzweigung. Vielleicht gab es damals auch schon mehrere, nahe verwandte Arten in anderen Teilen Afrikas.

In der Zeit vor 2,5-1,6 Mio. Jahren lebten in Ostafrika und Südafrika mindestens zwei verschiedene Arten nebeneinander in denselben Gebieten: Eine robuste Art (Australopithecus robustus) und eine zierliche, kleinere Art (Australopithecus gracilis bzw. africanus). Einer dritten, der menschlichen Entwicklungslinie nahestehenden oder zugehörigen Art gab L. S. B. Leakey den Namen Homo habilis (geschickter Mensch), denn diese Wesen verwendeten bereits selbst hergestellte primitive Steinwerkzeuge.

Der etwa 1,50 m große robuste Australopithecus war, wie sein sehr kräftiges Gebiß beweist, ein Pflanzenfresser, der sich an harte, faserreiche Kost angepaßt hatte. Sein Entwicklungsweg hatte sich mit dem trockener werdenden Klima des ostafrikanischen Raumes von dem menschlichen Weg abgezweigt. Von ihm soll nicht weiter die Rede sein.

Das Gehirnvolumen hat in den durch Schädelfunde dokumentierten etwa 700000 Jahren von ca. 450 auf 550 cm^3 zugenommen.

Haben die Jahrzehnte intensiver Forschung Anhaltspunkte über die Lebensweise erbracht? – Schon vor 30 Jahren hatte Raymond Dart aus mit Kalksinter verkitteten Ablagerungen ehemaliger Höhlen Tausende von Knochen und Knochenbruchstücken herauspräpariert. Er sortierte und katalogisierte zusammen mit seinen Mitarbeitern dieses Material. Die größeren Knochen stammten fast alle von ausgestorbenen Antilopenarten. Viele Knochen sind zerbrochen. Manche zeigen Abnutzungen, die sich nur schwer als zufällige Nagespuren (z. B. durch Stachelschweine) deuten lassen. Dart erkannte, daß viele von diesen Knochen und Knochenbruchstücken Formen haben, die ihre Verwendung als Waffen (Keulen, Dolche, Messer, Schaber) ermöglicht hätten. Er stellte die Hypothese auf, daß Australopithecus africanus sie zu solchen Zwecken verwendet habe, und daß eine »Knochenkultur« der Entwicklung von Steinwerkzeugen vorangegangen sei, daß also die zierlichen Australopithecinen schon weitgehend von Fleisch gelebt hätten. Diese Hypothese wurde viel diskutiert und durch den Science-Fiction-Film »2001« populär gemacht. Auf die Einwände gegen diese Deutung soll hier nicht näher eingegangen werden, denn inzwischen sind aus älteren Schichten im Omo-Tal in Südäthiopien wesentlich ältere Steinwerkzeuge bekannt geworden: In einem Schichtpaket, in dem nur Reste des Australopithecus gefunden wurden, fanden sich große Mengen von nur 2–3 cm großen Quarzgeröllen, die absichtlich zerschlagen worden sind (Shungar-Kultur). Bei manchen von diesen zeigen die scharfen Kanten Absplitterungen, die Benutzung anzeigen. Auch kleinere Splitter zeigen solche Spuren. In einem etwa 2 Mio. Jahren alten Schichtpaket hat eine Ausgrabung zwei Plätze freigelegt, auf denen sich die Bearbeiter längere Zeit oder mehrfach aufhielten. Diese Plätze ergaben 150–180 Steine pro Quadratmeter. Auch in 3 Mio. Jahre alten Schichten wurden solche primitiven Werkzeuge gefunden. Ein schlüssiger Beweis, daß Australopithecinen die Hersteller und Verwender waren, ist das allerdings nicht, es könnte auch eine schon etwas weiter entwickelte Art oder Unterart gewesen sein, von der bisher noch keine Skelettreste gefunden wurden.

Aber auch in diesem Fall dürften die Australopithecinen ein naher Seitenzweig unserer Entwicklungslinie gewesen sein. Sie beweisen jedenfalls, daß aufrechtes Gehen entstanden ist, bevor die starke Vergrößerung des Gehirns begann. Größere Mengen von primitiven Werkzeugen wurden in der Afar-Senke in Äthiopien in Schichten gefunden, die ein Alter von etwa 2,5 Mio. Jahren haben.

Die dritte Australopithecinenart, Homo habilis, hat primitive Steinwerkzeuge benutzt und könnte – was der Name andeuten soll – der menschlichen Vorfahrenlinie recht nahe gestanden haben.

Ernährung und soziale Strukturen

Haben die Australopithecinen vielleicht kein Fleisch oder nur gelegentlich Fleisch verzehrt, wie das heute bei Pavianen und Schimpansen der Fall ist? Über die Art der Ernährung können die Abnutzungsspuren der Zähne Anhaltspunkte geben. Die wesentlich kleinere, zierliche Art hatte ein Gebiß, das mit besser entwickelten Schneidezähnen eine Annäherung an das menschliche zeigt, doch zeugen die Abnutzungsspuren der Zähne auch vom Verzehr harter pflanzlicher Nahrung. Vor kurzem wurden solche Spuren an Australopithecinenzähnen mit denen vieler anderer Tierarten verglichen. Sie waren in dieser Hinsicht nur Schimpansenzähnen ähnlich! Das bedeutet nicht, daß sie sich genau wie diese ernährten, aber wohl, daß sie wie diese Früchte mit harten Kernen und zähe Pflanzenteile kauten. Fleisch könnte einen wesentlich größeren Teil ihrer Nahrung ausgemacht haben, ohne daß dies die Abnutzung der Zähne stark verändert hätte. Darts Hypothese einer fast ganz auf die Erbeutung größerer Tiere ausgerichteten Lebensweise hat heute keine Anhänger mehr.

Trotz vieler Unsicherheiten bleibt die Erkenntnis, daß Australopithecinen zu unseren Vorfahren gehörten oder sehr nahe verwandt mit diesen waren und daß sie aufrecht gingen, bevor die rasante Entwicklung des Gehirns begann. Die starke Gehirnentwicklung ist nicht – wie man einmal dachte – durch den Gebrauch der Hände zur Herstellung und Verwendung von Werkzeugen eingeleitet worden. Schimpansen tun das für bestimmte Zwecke mit großem Geschick. Auch Steppen-Paviane, die bei der Futtersuche mehr Zeit auf dem Boden als in Felsen oder Bäumen verbringen, fangen mit großem Geschick Skorpione. In Namibia hat sich einmal einer mit unserem zurückgelassenen Feldstecher beschäftigt, ihn völlig auseinandergeschraubt und die Okulare und Objektive auf Felssimsen verteilt, ein Beweis für die Geschicklichkeit im Gebrauch der Hände. Sie gehen aber nur ausnahmsweise einmal ein paar Schritte auf zwei Beinen.

Filmaufnahmen von Schimpansen zeigen, daß diese gelegentlich eine kurze Strecke auf zwei Beinen gehen, wenn sie sich Arm und Hände voll Früchte geladen haben und diese abseits der anderen in Ruhe verzehren wollen. Futterneid dürfte wohl kaum der Anlaß zum Aufrechtgehen gewesen sein. Was dann?

Eine neue Entwicklung muß nützlich sein, sonst findet sie nicht statt. Diese Evolutionsregel wird von einer Hypothese berücksichtigt, die davon ausgeht, daß sich bei vielen Tierarten Verhaltensweisen entwickelt haben, die eine gute Betreuung von Jungen möglich machen, die nach dem Schlüpfen oder der Geburt noch nicht ohne Hilfe überleben können. Einige Beispiele sollen zeigen, auf welch unterschiedlichen Wegen dies geschehen kann.

Bei Vögeln gibt es zwei Grundmuster. Nestflüchter sind nach dem Schlüpfen fast sofort fähig zu laufen und selbständig zu fressen, werden aber von den Eltern geführt. Sie reagieren auf angeborene und/oder erlernte Lock- und Warnrufe und lernen durch Nachahmung verschiedene Futterarten kennen. Nesthocker sind nach dem Schlüpfen noch recht unfertig und werden von einem Elternteil oder beiden mit Futter versorgt. Dieses wird im Schnabel oder

Kropf herangetragen, bei manchen Greifvögeln auch in den Klauen. Bei vielen Arten brütet, füttert und betreut nur ein Elternteil, entweder das Weibchen oder das Männchen, bei anderen beide. Es kommt auch vor, daß sich ältere, noch nicht geschlechtsreife oder ohne Partner gebliebene Geschwister an dieser Aufgabe beteiligen. Die dabei gemachten Erfahrungen kommen sicher später ihren eigenen Jungen zugute. Die Anlagen für diese Art von kooperativem Verhalten können sich relativ rasch in einer Population ausbreiten, weil Geschwister in der Hälfte ihrer Gene übereinstimmen.

Bei Säugetieren finden sich zwei ähnliche Grundmuster. Die Jungen von Huftieren, Elefanten, Nashörnern kommen fast lauffähig zur Welt. Sie können ihren Müttern nach ganz kurzer Zeit folgen, werden zunächst gesäugt und lernen dann Futterpflanzen und Wasserstellen kennen, während die Jungen anderer Arten, Insektenfresser, Nagetiere, Beutegreifer, in sehr unfertigem Zustand blind in Erd- und Baumhöhlen geboren und gesäugt werden. Viele Beutegreifer bringen auch Nahrung zu solchen Plätzen entweder im Maul oder im Magen. Dieses Muster hat eine Änderung erfahren bei Tieren, die überwiegend in Bäumen leben, aber zu groß sind, um Baumhöhlen als Kinderstuben zu benutzen, also vor allem bei Affen. Die Neugeborenen klammern sich im Fell der Mutter fest, bleiben bei ihr oder flüchten zu ihr, bis sie, nach 1–4 Jahren, ein beträchtliches Maß an Selbständigkeit erreicht haben. Fütterung mit fester oder vorgekauter Nahrung ist nicht beobachtet worden. Diese Fürsorge hat sich bewährt, denn die Jungen können Früchte, Blätter, Insekten in der unmittelbaren Nähe der Mutter finden, wenn diese einen günstigen Futterplatz aufgesucht hat. Diese Fürsorgeart hat bei den Schimpansen, unseren nächsten lebenden Verwandten, eine biologische Grenze erreicht. Bei Erstgeburten ist die Sterblichkeit relativ hoch infolge der Unerfahrenheit der Mütter. Die lange Zeit bis zur Geschlechtsreife schränkt die Fortpflanzungsrate der Sippe so weit ein, daß eine zusätzliche Erschwerung des bequemen Nahrungserwerbs für die weiblichen Tiere die Sippe gefährden könnte. Eine Erweiterung der Nahrungsgrundlage ist denkbar und auf dem menschlichen Evolutionsweg durch vermehrten Erwerb tierischer Nahrung erfolgt. Schimpansen erbeuten und verzehren bei Gelegenheit junge Tiere, z. B. Paviane oder Antilopen. Sie schätzen Fleisch so sehr, daß eine Beute dem Besitzer selbst von höherrangigen Tieren nicht abgenommen wird. Diese begnügen sich damit, um Stücke zu betteln. Solches Betteln – durch Handaufhalten – hat meist Erfolg, wie Jane Goodall beobachtete. Ist das die Urform des Privatbesitzes?

Eine Erweiterung der Nahrung durch Beutefang, vor allem durch kooperierende ältere Männchen, wäre sehr wohl möglich. Fleisch kann aber nur zu einem wesentlichen Bestandteil der Nahrung werden, wenn Suchjagden über größere Gebiete ausgedehnt werden. Fleisch kann dafür die nötige Energie geben. Eine solche Entwicklung bringt aber eine Schwierigkeit mit sich: Die Gefährdung von Weibchen und Jungtieren würde sich stark vergrößern, wenn sie an solchen Streifzügen teilnähmen. Wie könnte diese Schwierigkeit überwunden werden? – Ein Vergleich mit gut angepaßten Beutegreifern, von Störchen bis zu Wildhunden, zeigt, daß dies möglich ist, wenn die Nahrung zu den Jungen gebracht wird. Dann können diese zusammen mit ihren Müttern an einem verhältnismäßig sicheren Ort bleiben.

An diesem Punkt schlägt C. O. Lovejoy die Brücke zum aufrechten Gang: Wie könnten schimpansenähnliche Tiere eine größere Beute tragen? Sie haben keine starken Nackenmuskeln und kräftige Schnauzen zum Tragen, auch keinen Magen, aus dem sich verschlungenes Fleisch leicht wieder herauswürgen läßt. Aber sie haben, wenn ihre Fähigkeit auf zwei Beinen zu gehen sich durch vermehrten Gebrauch weiterentwickelt, starke Arme, mit denen sich Lasten tragen lassen. War dies der Weg?

Lovejoy erweitert dieses Modell mit der Frage: Wer bekommt die Beute, irgendein Weibchen der Sippe? Das Weibchen, das von dem Männchen ein Kind trägt oder säugt, oder ein Weibchen, das gerade paarungsbereit ist? – Eine Lebensfrage. Denn falls das Kind, und das heißt seine Mutter, nicht ausreichend versorgt wird, dann hat das Kind keine Aussicht zu überleben, und die Erbanlagen des Männchens verschwinden aus der Sippe. Für die Lösung des Problems sind auf verschiedenen Evolutionswegen recht unterschiedliche Lösungen gefunden worden. Eine gemeinsame Voraussetzung ist eine enge emotionale Bindung der Partner aneinander. Diese kann bei manchen Tieren viele Jahre, ja ein ganzes Leben dauern. Das ist nur möglich bei genauer persönlicher Kenntnis, an der Aussehen, Geruch und Stimme in unterschiedlichem Maß beteiligt sind. Diese Fähigkeit ist für viele Vogel- und Säugetierarten durch Beobachtungen belegt. In bezug auf den menschlichen Evolutionsweg sind die Verhältnisse bei Säugetieren interessanter. Ich will diese Gemeinsamkeit mit zwei gut studierten Beispielen verdeutlichen.

Bei den Zwergmungos, die uns verwandtschaftlich recht fern stehen, ist, wie schon oben skizziert, die Bindung der Familienmitglieder sehr stark. Sie wird durch tägliche Begrüßungszeremonien mit tanzartigen Körperkontakten, durch den Austausch von Duftstoffen und ständigen Stimmkontakt aufrecht erhalten. Bei Kämpfen – auch gegen Nachbarsippen – kämpfen alle gemeinsam mit äußerster Verbissenheit. Selbst ein um vieles größerer Schakal muß aufgeben, wenn sich die Familie in einem Dorngebüsch verschanzt hat. – In mancher Beziehung dürfte die Situation unserer frühen Vorfahren ähnlich gewesen sein, als sie begannen, ihre Nahrungssuche von den Waldrändern in die offeneren, wildreicheren Baum- und Buschsteppen auszudehnen. Es fehlte ihnen an körpereigenen Waffen, z. B. gefährlichen Eckzähnen, wie Pavianmännchen sie besitzen, und ein Stock oder Stein taugen nicht zur Abwehr von Löwen, Hyänen, Leoparden, Säbelzahntigern oder Wildhunden, höchstens dazu, satte Beutegreifer, z. B. Löwen, vom Rest ihrer Mahlzeit zu vertreiben.

Das zweite Beispiel: Die afrikanischen Wildhunde leben in Familien-Rudeln, die vormals in der Kalahari bis zu etwa 50 Tiere zählen konnten. Ihr Verhalten wurde in Tansania beobachtet und eindrucksvoll beschrieben (J. Goodall u. H. van Lawick, »The Innocent Killers«, 1970).

Die Hunderudel durchstreifen riesige Gebiete. Sie müssen das, denn sie hetzen ihre Beute. Dadurch wird das Wild weit mehr beunruhigt als durch eine Löwenfamilie, so daß nach einiger Zeit der Jagderfolg sinkt. Ein einzelner Wildhund könnte keine große Beute machen und keine Familie ernähren. Die Schwierigkeit ist dadurch gelöst worden, daß alle erwachsenen Mitglieder der Sippe, die weiblichen und die männlichen, sich an der Versorgung beteiligen. Nach erfolgreicher Jagd würgt jedes Tier der Mutter, auf Betteln hin, Fleisch vor, und wenn die Kleinen betteln, wetteifern sie miteinander im Füttern und, vor allem die Weibchen, im Ablecken der Kleinen. Jedes Junge ist ein Kind des ganzen Rudels. Das hat die Beobachtung eines Rudels, das sein einziges Weibchen verloren hatte, gezeigt. Die männlichen Tiere versorgten die erst 5 Wochen alten Jungen täglich mit Fleisch, bis diese an den Jagden teilnehmen konnten. Auch später, wenn diese schon kaum mehr von den Erwachsenen zu unterscheiden sind, wird ihnen beim

Fressen der Vortritt gelassen. Selbst die ranghöchsten Tiere warten. Durch dieses Verhalten ist der Fortbestand einer Sippe bestens gesichert.

Was für eine Rolle spielt das Sexualverhalten in dieser sozialen Struktur? Es gibt keine festen Verbindungen. Wenn eine Hündin läufig wird, gibt der Leithund seinen Anspruch zu erkennen, indem er sie ständig begleitet und ihre Umgebung mit Urin markiert. Später duldet er es aber auch, wenn die Hündin von niederrangigen Hunden gedeckt wird. Das Sexualverhalten sprengt den Sippenverband nicht! Vielleicht spielt dabei eine Ausdehnung der Läufigkeit über die Periode der Empfängnisfähigkeit hinaus eine Rolle.

Die Wildhunde markieren ihr Territorium in ähnlicher Weise wie die Wölfe und verteidigen es gegen Nachbarsippen. Es kommt aber auch vor, daß sich zwei Rudel für eine gewisse Zeit vereinigen, um sich dann wieder zu trennen. Wahrscheinlich handelt es sich um Tiere, die früher einmal einem Rudel angehört haben, das sich geteilt hat. Die älteren Tiere kennen sich wohl noch persönlich.

Ich habe oben die Vermutung geäußert, daß der Zusammenhalt solcher Familienverbände das Ergebnis einer zweifellos ererbten Fähigkeit zur Bildung persönlicher emotionaler Bindungen der Tiere ist. Die offensichtlich freudigen Begrüßungszeremonien der Zwergmungos wurden schon geschildert. Auch die Tiere eines Wildhundrudels hängen aneinander. Während der Jagd halten sie mit weithallenden Rufen Kontakt und suchen auf diese Weise auch ein versprengtes Tier. In Namibia gelangte in einer Gegend, in der Wildhunde damals noch oft Schaden anrichteten – heute sind sie leider ausgerottet –, ein Farmer und Jäger zu einer gewissen Berühmtheit. Hatte er einen Hund erlegt, dann ahmte er einige Zeit später den Suchruf an einem günstigen Platz nach und konnte, wenn das Rudel angetrottet kam, wieder zwei oder drei Tiere erlegen. Das ließ sich mehrmals wiederholen.

Bei den Wildhunden geht fast jedem Jagdzug eine »Begrüßungszeremonie« voraus. Die Hunde stubsen einander mit den Nasen, rennen umeinander herum, springen übereinander, lecken sich gegenseitig die Lippen und quietschen, winseln und fiepen in gemeinsamer Erregung, in der die Rangunterschiede vergessen zu sein scheinen. Es sind Gesten, die dem Futterbetteln und Beschwichtigungsritual entnommen sind. Das ganze Rudel stimmt sich für die Unternehmung ab. Ich nehme an, daß diese Zeremonie die Individuen emotional verbindet, wie es bei Menschen ähnlich durch einen

Kriegsgesang oder einen Choral geschieht. Auch dabei findet zwischen Personen verschiedenen Ranges eine Angleichung der Stimmung statt.

Kommunikation von Gefühlen

Da Gefühle im menschlichen Leben eine oft bestimmende Rolle spielen, will ich hier etwas abschweifen, um zu erklären, warum ich auch bei Tieren von Gefühlen und Emotionen spreche. Philosophen haben schon früh darauf hingewiesen, daß Gefühle etwas Subjektives sind, das in unseren Köpfen entsteht, und daß wir deshalb nicht wissen können, was ein anderer wirklich fühlt, selbst wenn er es zu beschreiben versucht, und von Tieren, die nicht sprechen können, schon gar nicht. Diesem Argument war bis vor kurzem nicht viel an Tatsachen entgegenzusetzen. Deshalb trauen sich die meisten Biologen und Verhaltensforscher nicht, bei Tieren überhaupt von Gefühlen zu sprechen. Das hat zu der absurden Behauptung geführt, man könne nicht wissen, ob die Haltung von Tieren in engsten Drahtkäfigen eine Quälerei sei, und könne es deshalb nicht verbieten. Nur Konrad Lorenz, dem man bestimmt keine Unwissenschaftlichkeit nachsagen kann, hat gewagt zu behaupten, daß höhere Tiere in bezug auf ihre Gefühle dem Menschen sehr ähnlich sind, der Mensch ihnen allerdings in bezug auf die Intelligenz himmelhoch überlegen ist.

Wie steht es heute mit der Möglichkeit, Gefühle von Menschen, deren Sprache man nicht versteht, und von Tieren, die keine Sprache haben, zu erkennen? Die Forschung hat in zwei Richtungen Fortschritte gemacht. Erstens haben Verhaltensforscher begonnen, ihre Forschungen auf das menschliche Verhalten auszudehnen, um herauszufinden, welche Verhaltensweisen ererbt, welche kulturabhängig sind. I. Eibl-Eibesfeld hat mit Hunderten von Filmaufnahmen, bei denen die Betroffenen nicht merkten, daß sie aufgenommen wurden, auf allen Kontinenten das soziale Verhalten von Menschen aller Rassen und Kulturstufen dokumentiert. Ergebnis: Bei allen Menschen finden die Grundemotionen Freude, Schmerz, Wut, Ablehnung, Freundlichkeit ihren sichtbaren Ausdruck in gleichartigen Gesichtsausdrücken und Gesten. Diese Mimik ist eine kulturunabhängige Körpersprache. Sie kommt bei allen Menschen durch gleichartige Nervenschaltungen und Muskelbewegungen zustande und informiert den Partner über die Gemütsverfassung. Ihr Nutzen für soziale Wechselbeziehungen ist offensichtlich.

Diese Körpersprache ist bei Kleinkindern so deutlich – Erwachsene können sie bewußt unterdrücken –, daß ihre erbliche Anlage nicht bezweifelt werden kann. Ihre Entwicklung reicht weit in die vorsprachliche Zeit zurück. Es ist deshalb kein Wunder, daß sich Ähnlichkeiten mit dieser menschlichen Kommunikation bei unseren nächsten lebenden Verwandten, den Schimpansen, finden. Wir deuten, aller philosophischen Logik zum Trotz, die Gemütsbewegungen unserer Mitmenschen automatisch richtig, auch bei Begegnungen mit Menschen, deren Sprache uns vollkommen fremd ist. Zwischen Kleinkindern gibt es da überhaupt keine Probleme. Den zweiten Fortschritt in der Deutung von Gemütsbewegungen hat die Molekularbiologie gebracht. Die Forschungen haben ergeben, daß die lebenswichtigen Gemütsbewegungen Furcht, Aggression, Zuneigung, Freude, Wohlbefinden, Trauer, Liebe keineswegs reine Produkte des Gehirns sind. An ihrer Entstehung sind chemische Botenstoffe (Hormone) entscheidend beteiligt. Die Hormone – es werden ständig neue entdeckt – werden in ganz verschiedenen Organen gebildet, z. B. in der Schilddrüse, den Nebennieren, Sexualorganen, bestimmten entwicklungsgeschichtlich alten Teilen des Gehirns.

Das sind sehr alte Organe, die in engster Abstimmung miteinander entstanden sind. Organe, die wir schon von unseren Reptilvorfahren geerbt haben. Mindestens ebenso alt muß auch die Entwicklung der Botenstoffe sein, tausendemal älter als die rasche Entwicklung des menschlichen Gehirns. Das macht den Schluß unabweisbar, daß unsere Gemütsbewegungen das Ergebnis von seelisch-körperlichen (psychosomatischen) Wechselwirkungen sind.

Ich will versuchen, diese Erkenntnis mit zwei weiteren Fragen zu verdeutlichen. Durch welche Vorgänge werden Gemütsbewegungen und Stimmungen erzeugt? – Ja, Gemütsbewegungen sind Bewegungen, im wahren Sinn des Wortes, nicht *Zustände*. Sie sind wie alle Lebensvorgänge mit zahlreichen Stoffwechselvorgängen verknüpft. Hierzu ein Beispiel: Wenn ich verliebt bin oder Angst habe, bewegen sich chemische Stoffe in meinen Adern, und in meinem Gehirn werden Nervennetze, in denen sich Ionen bewegen, an- und abgeschaltet. Eine Gemütsbewegung ist eine Tätigkeit des gesamten Organismus, nicht die eines einzelnen Organs, etwa des Gehirns oder des Herzens, wie man früher glaubte. Wodurch sind Gemütsbewegungen nützlich für ihre Besitzer? – Diese Frage muß gestellt und wenn möglich beantwortet werden, wenn Erscheinungen als Ergebnis einer Evolution, also eines geschichtlichen Werdens verstanden werden sollen. Das ist bei Gemütsbewegungen, die weitgehend durch Hormone gesteuert werden, sicher der Fall. Dazu noch einmal die Frage: Was sind Gemütsbewegungen? Meine Formulierung lautet: Gefühlsbewegungen sind Gefühlserlebnisse, durch die ein Lebewesen etwas über sein Befinden und dessen Beziehung zu Umweltereignissen erfährt. Diese Beziehungen werden durch die Gefühlserlebnisse wie durch weitmaschige Siebe sortiert. Das Ergebnis sind Schrecken, Angst, Wohlbefinden usw. Diese sind außerordentlich nützlich, denn sie erregen die Aufmerksamkeit und bereiten das Lebewesen vor auf wahrscheinliche Folgeereignisse, die bestimmte Tätigkeiten erfordern. Könnte etwas nützlicher sein als eine solche Frühwarnung? Die Sortierung ist das Ergebnis der Wechselwirkung von ererbten Anlagen und persönlichen Erfahrungen. Diese Überlegungen können noch einen Schritt weiter geführt werden: Die Gefühlserlebnisse machen Erkenntnisse bewußt, auch ohne die Beteiligung von Gedanken. Gefühlserlebnisse sind ein Stück Bewußtsein, oder besser eine Grundlage des Bewußtseins, denn auch unser hochentwickeltes Bewußtsein wäre ohne sie nicht nur unvorstellbar arm, sondern auch weitgehend unbrauchbar.

Unser Bewußtsein ist auf dieser Grundlage gewachsen. Es ist ein Teil unseres Erbes, ein Teil, den wir sicher mit den höherentwickelten Säugetieren, wahrscheinlich auch Vögeln, teilen. Es wäre unwissenschaftlich zu behaupten, daß die Gefühlserlebnisse solcher Tiere völlig verschieden von den unsrigen sein könnten. Die Ähnlichkeit der Hormonsysteme verbietet diese Annahme und bestätigt die Ansicht von Konrad Lorenz. Wir können uns nicht in tierische Gedanken, wenn es denn welche gibt, hineindenken, aber wir können tierische Gefühlsbewegungen nachempfinden. Das weiß jeder Hundebesitzer.

Ich halte es deshalb für voll gerechtfertigt, z. B. bei Wildhunden und Zwergmungos von Freundschaft, Zärtlichkeit, gefühlsbetonter Fürsorge zu sprechen, wenn Verhaltensweisen beobachtet werden wie das Zurückhalten des »Nesthäkchens« durch die Zwergmungo-Mutter vom Kampf mit einer gefährlichen Puffotter oder das überschwengliche Begrüßungsgebaren bei der Rückkehr eines vermißten Familienangehörigen. Natürlich haben wir mehr Möglichkeiten, unseren Gefühlen durch differenziertere Mimik und zusätzlich durch Sprache Ausdruck zu geben. Das aber braucht keineswegs zu bedeuten, daß unsere Gefühle stärker sind. Vielleicht ist das Gegenteil der Fall, denn wir haben gelernt, angeborene Neigungen rational zu begründen.

Die beiden angeführten Beispiele zeigen, daß sich bei sozial lebenden Familien und Sippen emotionale Bindungen zwischen den Mitgliedern entwickeln können, durch die der Zusammenhalt und die Aktionsfähigkeit der Verbände wesentlich gestärkt wird. Die Beispiele lassen erkennen, daß dieser Vorteil auf recht verschiedene Weise erreicht werden kann. Die Grundlage ist aber immer die Fürsorge für die Jungen. Wie darüber hinaus der Zusammenhalt und die Zusammenarbeit gesichert werden kann, dafür sind die beschriebenen Verhaltensweisen nur zwei Möglichkeiten unter vielen anderen, die bekannt geworden sind. Einer von diesen Entwicklungswegen hat zur Menschwerdung geführt. Wie er vielleicht ausgesehen haben könnte, hat Lovejoy in seiner Hypothese dargestellt. Ich will die Hauptschritte kurz skizzieren und etwas ausschmücken:

- Vor vielleicht 8 Mio. Jahren erweiterten Menschenaffenfamilien ihren Lebensraum in angrenzende offene Baumsavannen. Dort war es zeitweise leichter, Fleisch zu erbeuten als im Wald, dessen Früchte und Blätter aber weiter verzehrt wurden.
- Bei der Jagd waren die Männchen, weil stärker und nicht durch Kinder belastet, im allgemeinen erfolgreicher. Das Betteln der Weibchen und heranwachsenden Jungen um Fleisch verstärkte sich. Persönliche Bindungen intensivierten sich. Männchen gaben bevorzugt den Weibchen Fleisch ab, mit denen sie sich gepaart hatten.
- Weibchen, die über die eigentliche Periode der Empfängnisfähigkeit hinaus sexuell attraktiv blieben, hatten mehr Aussicht, ihre Jungen durchzubekommen. Persönliche Paarbildung und Bindung wurde zu einem Vorteil für die Nachkommen.
- Diese sich durch Auslese selbstverstärkende Entwicklung konnte wesentlich verbessert werden, wenn Männchen größere Beute aus einem weiteren Umkreis heranbrachten. Das war aus anatomischen Gründen nur durch Tragen mit den Armen oder auf der Schulter möglich. Aufrechter Gang wurde zu einem Vorteil und führte gleichzeitig auch zu einer gewissen Arbeitsteilung der Eltern bei der Versorgung der Familie.

Da die Kinder mehrere Jahre lang pflege- und schutzbedürftig blieben, hing der Fortpflanzungserfolg wesentlich von der langfristigen Bindung der Eltern ab. Wenn ein Männchen sich um jedes paarungsbereit werdende Weibchen kümmerte und dabei in Kämpfe mit Rivalen verwickelte, hatten seine Kinder schlechte Überlebenschancen.

Dauerhafte Partnerbindung wurde möglich durch die Entwicklung ständiger Paarungsbereitschaft der Weibchen, einer einzigartigen Erscheinung. Sie kommt bei keiner anderen Primatenart vor. Diese Entwicklung ist vielleicht weiter verstärkt worden durch die ständige Zurschaustellung der Milchdrüsen, ebenfalls einer einzigartigen Erscheinung. Die außerordentliche Wirksamkeit dieses erotischen Schmucks ist heute für die Werbeindustrie ungezählte Millionen wert.

Sicher haben sich im Zuge dieser Entwicklungen die emotionalen Bindungen verstärkt. Der Drang jedes Verliebten, der geliebten Person ewige Liebe zu versprechen, muß das Ergebnis einer langen Entwicklung sein, denn er findet sich bei Menschen aller Kulturstufen. Nur die Ausdrucksformen sind kulturgebunden. Die Tatsache, daß trotzdem in den meisten Gesellschaften Ehen nicht in freier Wahl, sondern aufgrund von Familieninteressen geschlossen werden, wird später diskutiert werden (s. Kapitel »Am Anfang war das Dorf und die Vetternwirtschaft«, S. 222). Daß etwa 90% aller menschlichen Familien Einehen oder doch beinahe Einehen sind, hat einen zwingenden biologischen Grund: Die Einehe ist, unter den Voraussetzungen des menschlichen Entwicklungsweges, die beste Fürsorge für die Kinder. Die Tatsache, daß Eifersucht eine allgemeine Eigenschaft von Männern und Frauen ist, zeigt die Stärke der Gefühlsbindungen.

Der Einfluß des aufrechten Ganges auf die Entwicklung der Hände und die Fähigkeit, Werkzeuge anzufertigen und diese zielgerecht einzusetzen, Tätigkeiten, die sicher die Entwicklung von Intelligenz gefördert haben, ist schon so oft diskutiert worden, daß ich hier darauf verzichten will.

Lovejoys Hypothese bringt mehrere bisher unerklärte Erscheinungen in einen evolutionsbiologisch einleuchtenden Zusammenhang, ein Kennzeichen einer guten Hypothese. Es könnte so oder so ähnlich gewesen sein. Ihr Inhalt kann in die knappen Worte gefaßt werden: Auf die Nachkommen kommt es an!

Was wir wirklich wissen, ist, daß vor 3,5 Mio. Jahren in Afrika Menschenaffen lebten, die völlig aufrecht gingen und deren Gehirn nicht viel größer war als das von Schimpansen.

Eine etwas höher entwickelte Art war – es wurde schon erwähnt – der Homo habilis. Sein Vorkommen ist durch Fossilfunde von Äthiopien, Kenia, Tansania (Olduwai-Schlucht) und den Höhlenablagerungen in Südafrika belegt.

Teil II

Evolution der Menschheit

Buschmannmutter mit Kind. Nur im Schutz liebevoller Mutterarme konnten sich
Mitgefühl und Menschlichkeit entfalten

15

Frühmenschliche Entwicklung

Homo habilis, der geschickte Mensch

Diese höherentwickelte Art lebte schon gleichzeitig mit späten Vertretern der oben beschriebenen Australopithecinenarten in Ostafrika und Südafrika. Es gibt nur wenige gut erhaltene Schädel. Die beiden ältesten stammen aus Ost-Turkana in Kenia. Ihr Alter wird auf etwa 2 Mio. Jahre geschätzt. Ihr Gehirnvolumen beträgt 530 bzw. 770 cm^3. Unterkieferfunde zeigen ebenfalls beträchtliche, wahrscheinlich geschlechtsbedingte Größenunterschiede. Im Vergleich mit typischen Australopithecinenschädeln fällt vor allem auf, daß die Gesichter nicht mehr schnauzenartig vorspringen. Abdrücke der Gehirnarterien auf der Innenseite des Schädels sprechen für eine bessere Blutversorgung der Stirn- und Schläfenregion, also der Teile des Großhirns, die beim Menschen für Sprache und logisches Denken zuständig sind. Die Entwicklung dieser Fähigkeiten war damals wohl in Gang gekommen. Die Schädelform zeigt eine Mischung von Formelementen: Bei Ansicht von vorn wirkt der Schädel recht menschlich, bei Ansicht von hinten gleicht er einem Australopithecinenschädel. In dem großen Verbreitungsgebiet dürfte es recht variable Populationen gegeben haben. Die Verzweigung zwischen dieser Entwicklung und der der zierlichen Australopithecinen muß wesentlich vor der Zeit erfolgt sein, aus der die bisherigen Schädelfunde stammen.

Sorgfältige Ausgrabungskampagnen in der berühmten Olduwai-Schlucht in Tansania, in Ost-Turkana und im Omo-Tal in Südäthiopien haben Einblicke in die Lebensweise ermöglicht: In der Olduwai-Schlucht wurde ein Platz freigelegt, auf dem ein Skelett einer ausgestorbenen Elefantenart lag, zusammen mit 123 aus Geröllen hergestellten, scharfkantigen Werkzeugen und einer großen Zahl von Abschlägen, die teilweise Benutzungsspuren zeigen. An diesem etwa 1,8 Mio. Jahre alten Platz hatte eine Homo habilis-Sippe den wahrscheinlich verletzten oder gerade verendeten Elefanten zerlegt und verzehrt. Für die Verwendung von Feuer gibt es keinen Hinweis. Die meist aus Geröllen gefertigten, einfachen, aber zum groben Schneiden und Zerhacken gut brauchbaren Werkzeuge haben den Namen Olduwan-Kultur bekommen. Man hat sie in vielen Gegenden gefunden, auch in der Sahara und in Nordafrika. Diese Kultur scheint die Zeitspanne vor etwa 2,5–1,6 Mio. Jahren zu charakterisieren, fällt also in die Endphase der Tertiär-Zeit, auf die vor 1,64 Mio. Jahren der jüngste Abschnitt der Erdgeschichte folgte (s. Abb. S. 8 und 9).

Es wurden auch richtige Wohnplätze freigelegt, die zu längerem oder häufigerem Aufenthalt dienten. Ihr Boden ist übersät mit Werkzeugen, Steinsplittern und zerbrochenen Knochen. Kleine, etwa 4 m² große Flächen sind frei von solchem Abfall, aber umsäumt von kleinen, etwa 30 cm hohen Steinhaufen. Der Gedanke liegt nahe, daß diese als Stützen für Zweige gedient haben könnten, die sich über den Schlafplatz wölbten. An solchen Plätzen wurden »Küchenabfälle« gefunden. Der Speisezettel war reich: Bis zu 70% Antilopen, bis zu 15% Giraffenarten, Wildschweine usw. sowie viele kleine Beutetiere: Vögel, Nager, Fledermäuse, Spitzmäuse, Hasen, Fische, Schlangen, Eidechsen, Chamäleons, Frösche, Schnecken, Süßwassermuscheln (Yves Coppens, 1987). Wenn die Frühmenschensippe ihre Fouragierwanderungen machte, gab es wohl nichts, was in der Baumsavanne und den Galeriewäldern kreuchte und fleuchte, das den scharfen Augen entging, kein Tier, dessen Schwächen und Stärken die älteren Mitglieder nicht kannten und keinen Stand fruchttragender Bäume, an den sie sich nicht erinnerten. Wie aber konnten große Tiere, etwa Giraffen oder schnelle Antilopen, erbeutet werden? Die Olduwan-Werkzeuge waren dazu wohl nicht geeignet, Keulen und spitze Stöcke auch nicht. Es ist anzunehmen, daß vieles größeren Raubtieren abgejagt wurde, wenn diese einigermaßen gesättigt waren. Dazu genügen Geschrei und Drohgebärden. Es ist eine Methode, die in manchen Gegenden noch vor einer Generation gelegentlich angewendet wurde.

Wie aber fand man einen Löwenriß oder die Stelle, an der ein größeres Tier gerade verendete? Nun, über solchen Plätzen stellen sich schnell kreisende Geier ein, die kilometerweit sichtbar sind. Das ist eine Art von Ortung, für die der aufrechte Gang sehr vorteilhaft ist.

Wie aber konnte ein Lagerplatz in feuerloser Nacht gegen Großkatzen geschützt werden? Hyänen – es gab größere als heute – konnten vielleicht mit Steinwürfen ferngehalten werden. Zweige, die in kleinen Steinhaufen steckten, boten bestimmt keinen Schutz. Ich nehme an, daß ein Lagerplatz, der von vielleicht einem Dutzend oder mehr Frühmenschen benutzt wurde, ganz unbeabsichtigt gut gegen Freßfeinde geschützt war, aus einem sehr einfachen Grund: Menschen, die viel Fleisch essen, haben einen Raubtiergeruch, eine Warnung für andere Tiere. Ich weiß aus Erfahrung, daß sich eine Jagdbeute für eine Nacht gegen Hyänen sichern läßt, indem man um sie herum uriniert. Ein Lager, in dem ungewaschene Menschen dichtgedrängt schlafen und das von Exkrementen strotzt, muß auch für Großkatzen bedrohlich gerochen haben.

Die Lagerplätze lassen erkennen, daß es weit mehr gemeinschaftliche Tätigkeit gegeben haben muß, als das bei Schimpansen der Fall ist. Gibt es einen Hinweis auf die Verständigungsfähigkeit? Diese ist bei Tieren, die in Familienverbänden leben, recht gut, solange sie in Sicht- und Hörweite voneinander sind. Dazu genügen Laute und Absichten andeutende Bewegungen der Leittiere, die immer von den anderen beobachtet werden. Könnte es darüber hinaus schon den Beginn einer Sprachentwicklung gegeben haben?

Bei Schimpansen und Gorillas läßt die Anatomie des Mund- und Rachenraumes keine gut modulierten Laute, vor allem keine Vokale, zu. Deshalb wurden ja Versuche gemacht, sie in Taubstummensprache zu unterrichten (s. Kapitel »Vom Brüllen und Rufen zum Sprechen«, S. 227). Homo habilis-Schädel zeigen Merkmale, die eine verbesserte Lautmodulation andeuten, allerdings noch weit entfernt von den Möglichkeiten unseres Sprachapparates.

Wie weit die Sprachentwicklung bei Homo habilis gediehen war, wird sich nie feststellen lassen. Es dürfte aber klar sein, daß diese sehr erfolgreiche Frühmenschenart – sie hat in Afrika wohl mehr als 1,5 Mio. Jahre lang gelebt – diesen Erfolg wesentlich dem Leben in Sippenverbänden verdankt hat und der Erweiterung ihrer Nahrungsbasis hin zu mehr tierischer Nahrung. Das brachte zunehmende Unabhängigkeit von Gebieten mit einem ganzjährigen reichlichen Angebot pflanzlicher Nahrung und öffnete weite, neue Lebensräume für die Ausbreitung von Homo habilis. Die Unterschiede zu den Australopithecinen sind so erheblich, daß die Verzweigung weit vor dem Alter der bisher ältesten Schädel (etwa 2 Mio. Jahre) gelegen haben muß. In Eurasien sind bisher keine Australopithecinen oder Homo habilis-Reste gefunden worden. Das bedeutet nicht, daß sie dort nicht hingelangt sein könnten. Denn Ablagerungen mit günstigen Erhaltungsbedingungen sind außerordentlich selten.

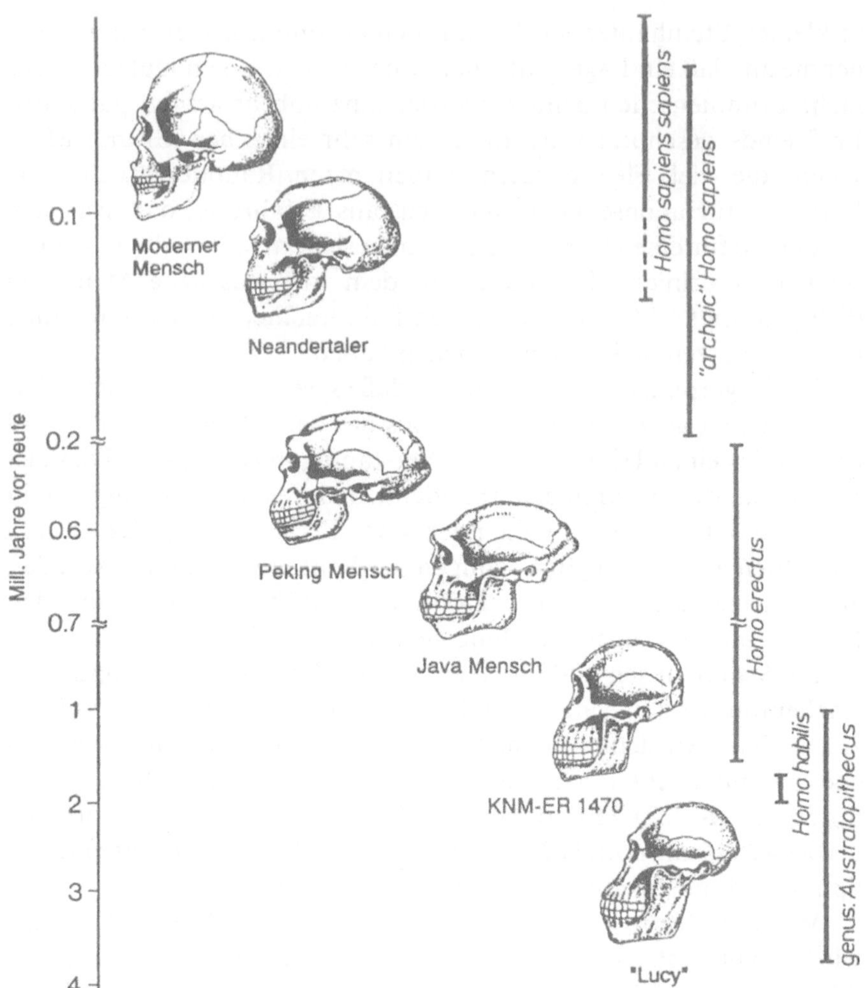

Schädelentwicklung auf dem Evolutionsweg von den Australopithecinen zum modernen Menschen. Die Vergrößerung des Großhirns und vor allem der Stirnregion ist offensichtlich

Dem Olduwan entsprechende Geröll-Werkzeuge (pebble tools) wurden in Europa in einigen Gegenden gefunden und in Ungarn als Buda-Kultur beschrieben. Das Alter wird auf etwa 500000 Jahre geschätzt, also etwa eine Million Jahre jünger als die Olduwan-Kultur in Afrika. Da die bisherigen Altersangaben für die quartären Eiszeiten und Warmzeiten – soweit sie älter als 130000 Jahre sind – schlecht gesichert sind (D. Meischner, persönliche Mitteilung 1991), können neue Funde und bessere Altersbestimmungen Überraschungen bringen.

Es kann keinen Zweifel geben, daß das Leben in Sippenverbänden zur Grundlage der menschlichen Kulturen wurde. Die Ausgrabungen geben keine Auskunft über die soziale Organisation dieser Verbände. In den letzten Jahrzehnten haben Verhaltensforscher die sozialen Ordnungen von Tierverbänden erforscht, die auf sehr unterschiedlichen Entwicklungswegen entstanden sind. Es braucht kaum betont zu werden, daß keine dieser Organisationsformen der menschlichen entspricht. Trotzdem lassen sich in der Vielfalt einige Gemeinsamkeiten erkennen, welche zum Verständnis des menschlichen Evolutionsweges beitragen können.

Homo erectus, der aufrechte Mensch

Teile von Schädeln dieser menschlichen Entwicklungsphase wurden schon früh in Europa und Südost-Asien gefunden: So der oft genannte, sehr massive, kinnlose Unterkiefer aus einer Sandgrube bei Mauer nahe Heidelberg (Homo heidelbergensis) und das sehr flache, dicke Schädeldach, das der holländische Arzt Eugène Dubois zu Beginn der 1890er Jahre in Java fand. Damals wollte niemand glauben, daß es von einem primitiven Menschen stammen könnte. Dubois war beleidigt und versteckte seinen Fund 40 Jahre lang. Für das Alter dieser Fossilien gab es damals noch keine Datierungsmethoden.

In den letzten Jahrzehnten sind viele neue Funde dazugekommen. Sie reichen vom südlichen Afrika über Ostafrika, Marokko, Spanien, West- und Mitteleuropa bis Java und China und gehören der Zeitspanne vor etwa 1,6 Mio. bis etwa 250000 Jahren an. Das Verbreitungsgebiet ist ungeheuer groß, mit sehr unterschiedlichen geographischen und klimatischen Bedingungen. In der langen Zeit muß es oft zur Isolierung von Populationen gekommen sein und dadurch zur Entstehung beträchtlicher erblicher Unterschiede. Es ist deshalb keine Überraschung, daß die Schädelfunde große Unterschiede zeigen. Sie haben trotzdem Gemeinsamkeiten, durch die sie sich sowohl von den Homo habilis zugerechneten Fossilien als auch von Schädeln modernerer Menschen (Neandertaler, Homo sapiens) unterscheiden: Die Schädelknochen sind dicker, und die Knochenwülste am Hinterkopf und über den Augen springen weiter vor als bei Homo habilis oder moderneren Typen. Homo erectus unterscheidet sich von Homo habilis durch größeren Wuchs und sicher viel größere Kraft.

Der älteste, gut datierte afrikanische Schädel mit einem Alter von 1,6 Mio. Jahren aus Ost-Turkana hat ein Gehirnvolumen von etwa 850 cm^3, der wahrscheinlich jüngere Schädel von Broken Hill in Sambia ein solches von 1050 cm^3. Letzterer kann auch als ein altertümlicher (archaischer) Homo sapiens-Schädel betrachtet werden.

Die javanischen und chinesischen Schädel unterscheiden sich von den afrikanischen und europäischen durch auffällig dickere Knochen und flachere Schädelwölbung bei größerer Breite. Die Gehirnkapazität vergrößert sich von den ältesten javanischen zu den jüngsten chinesischen von etwa 700 auf 1225 cm^3, also bis in den Variationsbereich heutiger Menschen, trotz der primitiven Merkmale. Allen gemeinsam ist wohl ein deutlicher Unterschied zwischen männlichen und weiblichen Schädeln: Die Formen der weiblichen sind Homo sapiens-Köpfen ähnlicher als die gröberen männlichen.

Die Aufeinanderfolge oder der Übergang von Homo habilis zu Homo erectus ist bisher problematisch geblieben. In Ostafrika haben die beiden scheinbar gleichzeitig für einige Zeit (ca. 1,7–1,5 Mio. Jahre) in derselben Gegend gelebt. Der anatomische Unterschied erscheint so groß, daß die Verzweigung wesentlich früher erfolgt sein muß. Noch größer ist der anatomische Unterschied zu den südostasiatischen Schädeln. Die ältesten javanischen Funde könnten etwa 1,0 Mio.–800000 Jahre alt sein. Die Trennung von der ostafrikanischen Linie sollte also noch früher erfolgt sein. Die Seltenheit der Funde läßt viel Raum für Spekulationen. Dieses Problem wird wahrscheinlich mit der Zeit durch neue Funde gelöst werden.

Für die Beurteilung der menschlichen Entwicklung spielt die kulturelle Hinterlassenschaft, die von den Archäologen erforscht wird, eine entscheidende Rolle, denn sie erlaubt Einblicke in manche soziale und geistige Entwicklung. Dazu einige kurze Ausführungen.

Aus der Zeit des Homo erectus sind Steinwerkzeuge bzw. Waffen in großer Zahl erhalten geblieben, sogar aus weiten Räumen Afrikas, in denen bisher keine Skelettfunde gemacht wurden. Stein ist praktisch das einzige Material, das erhalten bleibt, wenn es auf der Erdoberfläche liegen bleibt. Holz und Knochen dagegen zerfallen meist in wenigen Jahren, wenn sie der Witterung ausgesetzt sind. Holz bleibt selbst unter einer Bedeckung von Lehm oder Sand nur sehr selten erhalten.

Welcher Art sind die Werkzeuge, die Homo erectus zugeschrieben werden? Der charakteristischste Werkzeugtyp dieser Entwicklungsphase (Acheul-Kultur), der sogenannte Faustkeil, ist schon sehr lange aus zwischeneiszeitlichen Flußschottern in Westeuropa bekannt. Es sind zweiseitig durch flache Abschläge gefertigte Instrumente, meist aus harten Steinen wie Quarzit oder Feuerstein. Die symmetrische Form zeugt von ästhetischem Empfinden. Ob manche von diesen, eingebunden in gespaltene Stöcke oder in Keulen, als Streitäxte dienten, ist unsicher. Alle sind sehr gut zum Abhäuten größerer Jagdbeute und Zerschlagen von Markknochen geeignet. Es waren wohl Werkzeuge, die zu vielerlei Zwecken verwendet wurden. Von den ältesten, plumpen Werkzeugen vom Faustkeiltyp zu den jüngsten werden die Formen allmählich schlanker und eleganter. Das Erstaunliche ist, daß dieser Typ in einem so großen Gebiet mehr als 1 Mio. Jahre lang angefertigt wurde, eine Zeitspanne, etwa 200mal so lang wie die Existenz städtischer Kulturen und schriftlicher Überlieferungen! Das bedeutet wohl, daß in dieser langen Entwicklungsphase die Abhängigkeit von der Tradition alle anderen Einflüsse überwog. Im südostasiatischen Raum wurden ähnlich formschöne Werkzeuge nicht gefertigt.

Über die Verwendung der Werkzeuge gibt ein etwa 180000 Jahre alter Schlachtplatz Auskunft, den Louis Leakey mit Hilfe italienischer Kriegsgefangener bei Orlogesaillie in Kenia ausgegraben hat. Der Fundplatz gehört in die Zeit zwischen etwa 300000 und 130000 Jahren vor heute, in der sich in Afrika aus dem Homo erectus ein altertümlicher Homo sapiens entwickelte.

Am Ufer eines lange verschwundenen Sees, zwischen Lavabergen in der großen afrikanischen Grabenzone liegen versteinerte Knochen und Massen von Werkzeugen. Um den Oberschenkelknochen einer ausgestorbenen Riesengiraffe ist der Boden regelrecht gepflastert mit Werkzeugen. Unter den Werkzeugen befinden sich sowohl sehr gut als auch nur grob geformte Faustkeile nebst anderen Typen, die

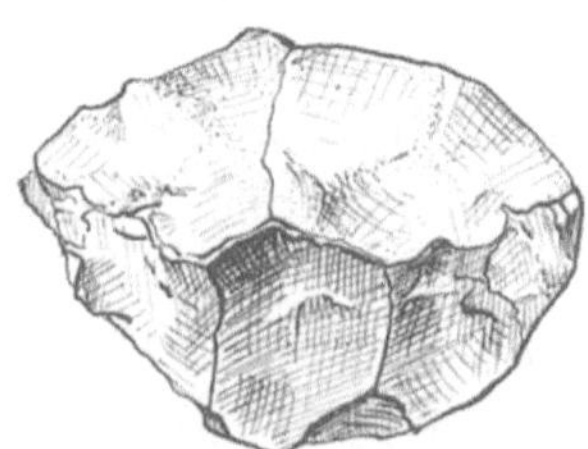

Die frühmenschliche Evolution zum modernen Menschen erfolgte Hand in Hand mit einer wachsenden Verbesserung der Techniken und Werkzeugherstellung. In Afrika ist dies durch unzählige Funde von Steinwerkzeugen gut belegt. Die beiden Abbildungen zeigen ein Anfangs- und ein Endglied einer solchen, mehr als 1,5 Mio. Jahre umfassenden Entwicklung. *Links:* Ein typisches Geröllwerkzeug (pebble tool) der Oldowan-Kultur des Homo habilis. *Rechts:* Ein mit der Faustkeiltechnik mit ungewöhnlicher Sorgfalt gefertigtes, etwa 130000 Jahre altes Gerät. Seine Assoziation mit spezialisierten Werkzeugtypen spricht für eine zunehmende geistige Beweglichkeit des sich entwickelnden modernen Menschen. Die einmalige Schönheit dieses in der Namibwüste Namibias gefundenen Werkzeugs könnte für eine zeremonielle Verwendung sprechen

für die Spätphase der Faustkeilkulturen charakteristisch sind, und viele Stücke mit scharfen, zum Schneiden geeigneten Kanten. Auch rohe Basaltstücke, aus denen die Werkzeuge geschlagen wurden, liegen umher. Sie stammen von einem nahen kleinen Vulkankegel.

Blickt man auf diesen Vorzeit-Schlachtplatz – er ist durch ein Grasdach geschützt –, sieht man förmlich die aufgeregte Tätigkeit der Horde um das Giraffenbein herum, das viel zu schwer war, als daß ein einzelner es hätte tragen können. Da wurden Steine herangeschleppt. Jeder schlug sich mit Bedacht oder hastig, je nach Bedarf, ein Werkzeug zurecht. Muskelstücke wurden losgelöst, Sehnen durchtrennt, Fell entfernt. Sicher herrschte aufgeregtes Geplapper und Gezänk. Die Verständigung war sicher gut und die Sprache schon gut artikuliert. Vielleicht hatten sie das schwere Tier in den Schlamm des Seeufers getrieben und mit Holzspießen umgebracht. Das Freßfest dauerte vielleicht drei Tage, dann zogen sie weiter. Die Werkzeuge blieben liegen. Sie waren ja bei Bedarf so leicht herzustellen.

Orlogesaillie steht für Kooperation. Nicht Individuen konkurrierten miteinander, sondern Großfamilien und Sippen.

Der bisher älteste Hinweis auf einen möglichen Gebrauch von Feuer wurde bei der Ausgrabung von Werkzeugen in einer ca. 1,4 Mio. Jahre alten Schicht in Kenia gefunden. Feuer ist in den afrikanischen Busch- und Baumsavannen leicht zugänglich. Wenn die Feuerwalzen der großen Grasbrände, die jährlich beim Aufzug der ersten, oft trockenen Gewitter ausbrechen, vorbeigezogen sind, schwelen auf dem abgebrannten Gelände noch stundenlang Dunghaufen und tagelang tote Bäume. Auch versengte Tierkadaver lassen sich dann gelegentlich finden. In China wurden in den Höhlensiedlungen von Choukoutien zusammen mit den Schädeln des »Pekingmenschen« und Steinwerkzeugen auch Feuerstellen gefunden. Ihr Alter wird auf etwa 250000 Jahre geschätzt.

In Europa fehlen gut datierte Schädelfunde des Homo erectus, und auch die ihm zugeschriebene Acheul-Kultur ist, obwohl weit verbreitet, bisher nicht zuverlässig datiert. Er könnte daher auch in Europa schon vor 1,5 Mio. Jahren gelebt haben.

Es wurde oben gesagt, daß die Erhaltung von hölzernen Gegenständen ein seltener Glücksfall ist. Die bisher älteste Lanze wurde bei Bad Cannstadt auf einem Elefantenschlachtplatz freigelegt. Die Lanze ist 2,5 m lang und 3,5 cm dick. Die Ablagerung stammt aus einer warmen Zwischeneiszeit vor 250000–400000 Jahren (daß Datierungen dieses Alters noch unsicher sind, wurde oben erwähnt).

Ein ähnlicher Fund aus der jüngeren Warmzeit vor etwa 120000 Jahren wurde bei Nehringen in der Nähe von Hannover gemacht. Die 2,5 m lange Lanze aus hartem, sorgfältig poliertem Ebenholz ist in Hannover im Landesmuseum ausgestellt. Diese Lanzen waren nicht mit Steinspitzen versehen. Sie wurden wohl zum Stoßen verwendet. Vielleicht wurden die heute ausgestorbenen Waldelefanten in Fallgruben gefangen.

In der Zeit vor etwa 300000 bis 100000 Jahren scheint sich – es gibt nur wenige Schädelfunde aus dieser Zeit – der Homo erectus ganz allmählich zu den fortgeschritteneren Arten Homo sapiens neandertalensis in Europa und Homo sapiens sapiens in Afrika weiterentwickelt zu haben. In der letzten Phase dieser Entwicklung, die vor etwa 130000 Jahren begann, wird die Acheul-Kultur sowohl in Afrika als auch in Europa erweitert. Neben den faustkeilähnlichen, mit großem Geschick gefertigten Zweiseitern finden sich mehr und mehr andere, wohl für bestimmte Zwecke angefertigte Werkzeugtypen in unterschiedlichen Proportionen. Unterscheidbare Vergesellschaftungen werden mit lokalen Namen bezeichnet. Diese Entwicklung spricht für wachsende geistige Anpassungsfähigkeit.

Ein etwa 130000 Jahre alter Hüttenplatz wurde in der Nähe von Nizza ausgegraben. Er enthielt Schlafplätze, die mit Matratzen aus Seetang und Decken aus Wolfsfellen ausgestattet waren.

Gibt es irgendeinen Hinweis auf eine Erweiterung des geistigen Lebens über den Bereich der Nahrungsbeschaffung und Fortpflanzung hinaus? – Bestattungen sind aus dieser Zeit nicht bekannt geworden. Aber in Java wurden an einem Platz 13 Schädeldecken gefunden. Einige zeigten Spuren einer künstlichen Abtrennung vom Gesichtsschädel. Man könnte an Kannibalismus denken oder an ein Ritual, wie es ähnlich bis vor kurzem in Neuguinea als Teil eines Ahnenkults praktiziert wurde: Das Gehirn wurde gegessen und die Schädel aufbewahrt, um teilzuhaben an den mythischen Kräften der verstorbenen Ahnen. Man kann nur spekulieren.

Was läßt sich zusammenfassend über die Erectus-Menschen sagen? – Sie haben mehr als 1 Mio. Jahre lang (1000 mal 1000 Jahre) in ganz Afrika und in Eurasien vom Atlantik bis Südost-Asien gelebt. Sie haben mit Erfolg Großwild gejagt und an pflanzlicher Kost alles verzehrt, was bekömmlich ist. Ihren großen Erfolg verdankten sie sicher der guten Fürsorge für ihre Kinder und der daraus erwachsenden Kooperation und Hilfsbereitschaft der Sippenangehörigen. Sie kämpften um günstige Lebensräume mit Nachbarsippen und wandernden fremden Horden. Dabei wird es wohl oft bei Drohungen geblieben sein. Kleine Verbände müssen ihre Verluste kleinhalten, wenn sie überleben wollen. Da ist zuviel Tapferkeit kein Vorteil. Die Notwendigkeit, ein Revier zu verteidigen, zu finden oder zu erobern, war sicher die Hauptursache für die relativ rasche Verbreitung über so ausgedehnte, klimatisch und geographisch ganz unterschiedliche Räume. Die Evolution der Lernfähigkeit dürfte dadurch vorangetrieben worden sein.

Das Gehirnvolumen wuchs in dieser Million Jahre von etwa 800 cm^3 auf bis zu 1200 cm^3, eine Zunahme um etwa 50%, weit rascher als bei irgendeiner Tiergattung in so kurzer Zeit. Der Vorteil höherer Intelligenz wurde mit einem Nachteil erkauft, denn als Folge des aufrechten Ganges mußten die Kinder durch den festen Knochenring des Beckens geboren werden. Zu große Köpfe wurden eine tödliche Gefahr für Mutter und Kind. Wurde das Gehirnwachstum dadurch begrenzt? Was überwog in diesem Konflikt? – Wir wissen es, denn wir sind das Ergebnis. Der Vorteil der Intelligenz und der sozialen Bindung überwog. Die Auslese begünstigte früher geborene Babys, deren Köpfe nach der Geburt noch beträchtlich wachsen konnten. Dadurch wurde die Kindheit verlängert. Die Jungen brauchten längere Fürsorge, und siehe, auch das kam der Intelligenz zugute: Die Phase des unbeschwerten, weil behüteten kindlichen Lernens und Spielens wurde verlängert und damit auch die festere Einbindung in die Sippe. Die Bereitschaft zu gemeinsamen Unternehmungen wuchs. Das kollektive Nachahmungslernen konnte immer mehr zum individuellen Anwachsen des Wissens beitragen.

Dieser Prozeß setzte sich bis zur Entstehung des Homo sapiens, des modernen Menschen, vor etwa 100000 Jahren fort. Wie stark der Einfluß dieser Vorgänge auf die kindliche Entwicklung war, zeigt ein Vergleich mit unseren nächsten Verwandten, den Schimpansen: Bei der Geburt beträgt das Gehirngewicht in Prozent des Erwachsenengehirns bei Schimpansenbabys 65%, bei Menschenbabys 25%.

Bei Menschenkindern ist die Gehirnentwicklung erst mit etwa 6–8 Jahren abgeschlossen.

Über Sprachentwicklung läßt sich höchstens spekulieren. Vielleicht war die Entwicklung ähnlich langsam wie die der Werkzeugkultur. Ich nehme an, daß die Gehirnentwicklung eng mit der Sprachentwicklung verknüpft ist (s. Kapitel »Evolution von Sprache«, S. 227). Vielleicht war es vor allem der Vorteil verbesserter Verständigung, der den Nachteil der Frühgeburten überwog. Aus einem Nachteil kann mit der Zeit ein großer Vorteil werden. So unvorhersehbar sind Evolutionswege.

In der langen Zeit ihrer Entwicklung zu höherer Intelligenz erlebten die Erectus-Menschen und ihre Sapiens-Nachkommen mindestens 5 einschneidende Klimawechsel zwischen Eiszeiten und Warmzeiten. Diese wirkten sich je nach geographischer Breite, Höhenlage oder Nachbarschaft ozeanischer Räume sehr unterschiedlich aus. Die einzelnen Perioden dauerten Zehntausende bis mehr als hunderttausend Jahre und waren von großräumigen Verschiebungen der Vegetationszonen begleitet. Eismassen schoben sich von Skandinavien über die Ostsee bis an die Mittelgebirge heran. Aus den Hochgebirgen drangen Gletscher weit ins Vorland vor; der Meeresspiegel sank; Waldgebiete wurden von kalten Steppen abgelöst. In Afrika verschoben sich die Grenzen zwischen Regenwäldern, Savannen und Wüsten. Mit den Vegetationszonen wanderten die Tiere, viele Arten starben aus, neue entstanden.

Das zwang unsere Vorfahren zu immer neuer Anpassung, zu Wanderungen in fremde Gebiete, zu Kontakten mit fremden Populationen. Erbänderungen, die in einer lange isolierten Population entstanden waren, wurden in andere Populationen eingebracht. Dadurch wuchs die Variationsbreite bestimmter anatomischer Merkmale – was die Schädelfunde eindrucksvoll zeigen – und sicher wuchsen auch die intellektuellen Fähigkeiten. Die auf diese Weise entstehende Vielfalt war eine denkbar gute Voraussetzung für weitere Entwicklungen. Es war ein glücklicher Umstand, daß die Frühzeit der menschlichen Entwicklung in Wechselwirkungen mit großen erdgeschichtlichen und klimatischen Veränderungen erfolgte, die weit häufiger waren als in ähnlich langen Zeitabschnitten während des größten Teils der Erdgeschichte.

Neandertaler und moderne Menschen

Die Entwicklung vom Homo erectus zu den Neandertalern (Homo sapiens neandertalensis) ist sehr schlecht dokumentiert, die zu den modernen Menschen (Homo sapiens sapiens) dagegen wesentlich besser (s. Kapitel »Homo sapiens sapiens«, S. 201). Ich will trotzdem zuerst über die Neandertaler und ihre Kultur berichten, da dies die erste altertümliche Menschenart war, die entdeckt wurde.

Der erste Schädel wurde 1856 in einer Kalksteinhöhle im Neandertal bei Düsseldorf gefunden. Sein Bau unterscheidet sich durch stärkere Knochen, eine flachere Stirn und vorspringende Augenbrauenwülste deutlich von modernen Menschen. Seine Deutung als Schädel einer primitiveren Menschenart führte zu heftigen Diskussionen. Er wurde zu einem Zankapfel zwischen Gegnern und Anhängern der Evolutionshypothese. Der berühmte Arzt und Anatom Virchow sah in ihm eine krankhafte Mißbildung. Hinter dieser Deutung stand vielleicht unausgesprochen der Glaube, daß Gott den Menschen, so wie er heute ist, nach seinem Ebenbild geschaffen hat.

Als dann in Höhlen in Frankreich mehrere Schädel und ein ganzes Skelett gefunden wurden, erlosch der Zweifel. Mittlerweile sind viele Schädel und Skelette entdeckt worden, die meisten in Westeuropa und im Mittelmeergebiet. Der östlichste Fund wurde in Zentralasien gemacht. Es muß eine recht einheitliche Bevölkerung gewesen sein. Den Skelettfunden ist eine charakteristische Steinwerkzeugkultur zugeordnet. Typische Formen der Faustkeilkultur reichen in diese Zeit hinein. Neandertaler lebten vor 100000–40000 bzw. 35000 Jahren, also während des größten Teiles der letzten Eiszeit.

Was waren das für Menschen? – Auf Abbildungen in Büchern und Museen sind sie mit etwas nach vorn hängendem Kopf und leicht gekrümmtem Rücken dargestellt worden. Diese Bilder haben den Eindruck erweckt, als sei der aufrechte Gang noch nicht voll entwickelt gewesen. Der Eindruck ist falsch. Der französische Anatom, der das erste vollständige Skelett sehr sorgfältig beschrieb, hatte nicht erkannt, daß der etwa 40jährige Neandertaler einen arthritischen Halswirbel hatte und daß die Schädelbasis durch das Gewicht der überlagernden Bodenschichten etwas deformiert war. Man hatte damals noch keine Erfahrung mit so alten Skeletten.

Mittlerweile ist viel Material dazugekommen. Es läßt erkennen, daß die Neandertaler völlig aufrecht gingen. Die Stärke des Knochenbaus und der Muskeln übertraf im Durchschnitt die moderner Menschen. Auch das Gehirnvolumen war mit im Durchschnitt ca. 1500 cm^3 etwas größer. Das könnte mit der stärkeren Muskulatur zusammenhängen, denn bei Säugetieren nimmt das Gehirnvolumen bis zu einem gewissen Grad mit dem Körpervolumen zu.

Was ist über ihre Lebensweise und ihre geistigen Fähigkeiten bekannt? – Sie konnten Feuer machen, hatten aber keine Töpfe. Sie waren erfolgreiche Jäger, sicher auch Fischer und natürlich Sammler in den eiszeitlich kalten Steppen Mitteleuropas. Sie verarbeiteten sicher Tierfelle zu Kleidern und Zelten und machten, den Tierherden folgend, weite jahreszeitliche Wanderungen. Sicher sind in der langen Zeit und dem weiten, geographisch und klimatisch reich gegliederten Raum zahlreiche Sprachgruppen und Volksstämme entstanden, nicht unähnlich der Aufspaltung der Indianer bei der Besiedlung von Nord- und Südamerika. Sicher verteidigten sie ihre Gebiete gegeneinander. Es sind Schädel mit schweren Schlagverletzungen gefunden worden, darunter Schädel, deren Besitzer überlebt hatten, und auch Schädel mit einem rundlichen Loch mit vernarbten Knochenrändern, an denen eine Trepanation durchgeführt worden war, die der Patient überlebt hatte. Solche Operationen wurden vor kurzem noch bei Papua-Stämmen in Neuguinea mit Erfolg durchgeführt.

Einen Hinweis auf die geistige Entwicklungshöhe gibt der Fund von zwei Gräbern in einer Höhle des Zagros-Gebirges im Irak. Die Gräber sind mindestens 60000 Jahre alt. Eine Untersuchung des Bodens auf Blütenstaub (Pollenanalyse) hat Massen von Pollen ergeben. Diese können nur mit der Annahme erklärt werden, daß die Körper auf Pinienzweige gebettet und mit Blumen bedeckt waren. Ein Kindergrab enthielt ein Ziegengehörn als Beigabe. Dieser Fund zeigt, daß Neandertalern die menschliche Sterblichkeit bewußt geworden war. Auch der Glaube an ein Weiterleben nach dem Tod war wohl vorhanden. Sicher war das Begräbnis ein soziales Ereignis, für das Angehörige an den Berghängen Blumen, vor allem Malven, gepflückt hatten. Ein wesentliches Wegstück geistiger und kultureller Entwicklung war damals schon zurückgelegt. Ein solches Maß an gemeinsamen, den täglichen Bedarf übersteigenden Vorstellungen setzt eine gut entwickelte Sprache voraus. Diese Schlußfolgerung hat vor kurzem eine wesentliche Unterstützung gefunden durch die Studie eines besonders gut erhaltenen Schädels, dessen Anatomie es wahrscheinlich macht, daß Neandertaler moderne Sprachen hätten erlernen können.

Die Neandertaler konnten diesen Weg nicht weiter gehen. Sie wurden vor 40000–35000 Jahren in Europa von einem anatomisch abweichenden Menschentyp verdrängt, der modernen Menschenart. Ihr gehören alle heute lebenden Menschen einschließlich der Ureinwohner Australiens und Papuas an. Dafür haben Blutserumanalysen einen zwingenden Beweis erbracht. Der schwedische Naturforscher Carl von Linné hat vor 250 Jahren unserer Art den Namen Homo sapiens, wissender Mensch gegeben. Würde Linné heute leben, würde er sich vielleicht hüten, einem Wesen, das seine Welt mit erbschädigendem Atommüll und anderem giftigen Abfall und grauenhaftem Giftgas vollstopft, zu bescheinigen, daß es wisse, was es tut.

In Westeuropa und Palästina scheinen die beiden Arten für längere Zeit mehr oder weniger friedlich miteinander gelebt zu haben. Sprachen sie dieselbe Sprache? Hatten vielleicht die Alteingesessenen die Sprache der Neuankömmlinge übernommen, ähnlich wie die schwarzen Damas die der Hottentotten im heutigen Namibia? – Waren gemeinsame Nachkommen vielleicht unfruchtbar wie die von Eseln und Pferden? – Waren die Neandertaler Nachkommen europäisch-asiatischer Erectus-Menschen, während die »Modernen« sich aus dem afrikanischen Homo erectus entwickelt hatten? Für diese Hypothese sprechen ein paar afrikanische Schädelfunde, die wesentlich älter sind als typische Neandertaler-Funde (Günter Bräuer). Auch eine kürzlich veröffentlichte molekularbiologische Studie ist so gedeutet worden. Man wird weitere Funde und Studien abwarten müssen. Aber schon jetzt erlaubt das vorhandene Material die Behauptung, daß beide Arten Nachkommen des Homo erectus sind.

Homo sapiens sapiens

Der Menschentyp, der in Westeuropa die Neandertaler ablöste, wird nach einem Skelettfund in Frankreich als Cromagnon-Mensch bezeichnet. Vom Durchschnitt heutiger Menschen unterscheidet er sich durch eine etwas gröbere Skelett- und Kopfstruktur. Seine »Aurignacien« genannte Werkzeugkultur (jüngere Altsteinzeit) ist vielseitiger als die der Neandertaler. Es gibt mehr für bestimmte Zwecke angefertigte Typen. Das läßt auf größeres handwerkliches Geschick schließen; die Formen sind auch eleganter, ästhetisch ansprechender. Aus Knochen, Horn und Elfenbein – es gab noch Mammuts – hergestellte Gebrauchs- und Kultgegenstände spielen eine wichtige Rolle. Holz, das sicher reichlich verwendet wurde, ist nicht erhalten geblieben. Für die Datierung der Fundschichten ist Holzkohle aus den Feuerstellen wichtig geworden für Altersbestimmungen mit Hilfe des radioaktiven Kohlenstoff-Isotops ^{14}C.

Diese Menschen hatten eine Stufe des Vorstellungsvermögens erreicht, die dem unsrigen wohl nicht nachstand. Das zeigen kleine, 30000–33000 Jahre alte, aus Knochen und Elfenbein geschnitzte Figuren von Tieren und Menschen. Diese Darstellungen sind sicher

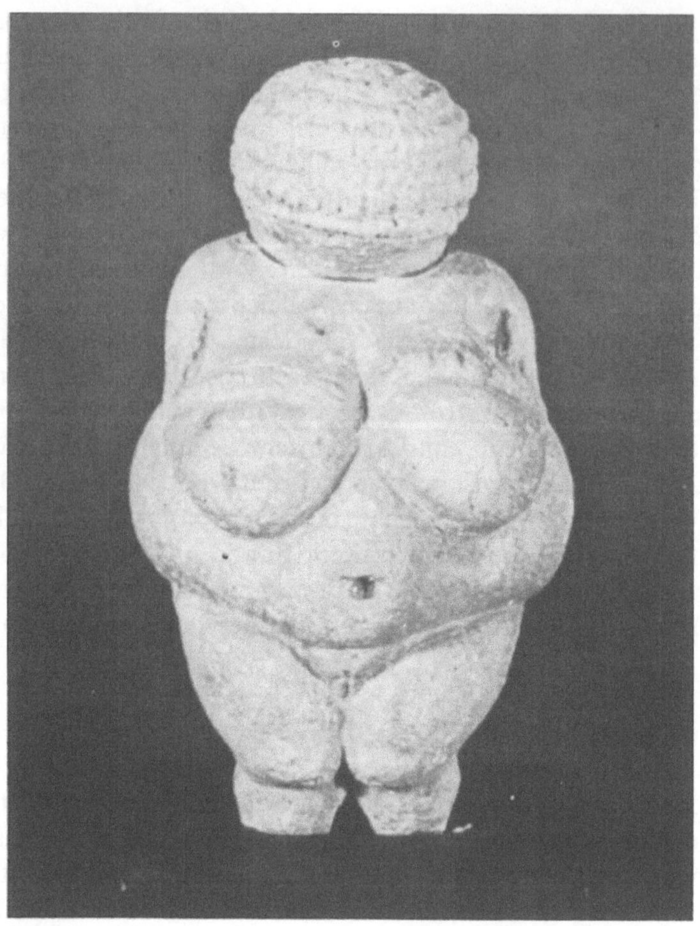

Die etwa 30000 Jahre alte kleine, »Venus von Willendorf« (Österreich) genannte,
Frauenfigur zeigt, daß das Vorstellungs- und Abstraktionsvermögen sowie handwerkliche Können des modernen Menschen schon damals in etwa dem unsrigen entsprach. Das Figürchen wird als Mutterschafts- und Fruchtbarkeitssymbol gedeutet.
Gleichalte Darstellungen von Tieren in Form von Ritzungen auf Knochen sind
naturalistischer

nicht als Kunst um der Kunst willen hergestellt worden. Sie wurden
geschaffen als Symbole tiefgefühlter Beziehungen zwischen den
Menschen und der Natur, in der und von der sie lebten, vielleicht als
sicht- und fühlbarer Ausdruck einer Schöpfungslegende, in der
bestimmte Tiere den Menschen mit magischer Kraft zu Hilfe kamen,
wie das noch heute in den Märchen aller Völker erzählt wird.
Vielleicht gab schon die Anfertigung eines solchen Symbols dem

Hersteller die Berechtigung und Kraft, bestimmte Zeremonien zu leiten. Jedenfalls zeugt die oft erstaunliche, ästhetisch ansprechende Abstraktionskraft von großem Einfühlungsvermögen. Kleine weibliche Figuren mit übertriebener Betonung der weiblichen Körperformen werden als Fruchtbarkeitssymbole gedeutet. Vielleicht dienten sie als Amulette für Schwangere; vielleicht konzentrierte sich in ihnen das Gefühl für die Erneuerungskraft der Natur.

Im Leben dieser Menschen spielten sicher Zeremonien eine große Rolle für die Festigung der sozialen Beziehungen. Tote wurden bestattet, oft mit Grabbeigaben. Für Krankheiten und unerklärliche Ereignisse am Himmel und auf der Erde fanden Schamanen oder Schamaninnen in Trance-Träumen Erklärungen und abwehrende Zeremonien. Das ist noch heute bei Völkern, die auf ähnlicher Kulturstufe leben, der Fall.

Zum Verständnis der weiteren menschlichen Entwicklung ist es wichtig, sich klar zu machen, daß Zeremonien mit Tänzen, Gesängen und Pantomimen oft Veranstaltungen sind zur Beeinflussung drohender Gefahren, etwa dem Ausbleiben von Regen oder furchterregender Ereignisse, z. B. einer Sonnenfinsternis. Ein überzeugender Schamane stärkte das Vertrauen der Menschen in ihre eigenen Fähigkeiten angesichts einer gefährlichen, unverstandenen Umwelt. Schamanen sind Sinndeuter und Ärzte, die durch bewährte Rezepte und die Suggestivkraft ihrer eigenen Überzeugung oft erstaunliche Erfolge haben. Der Glaube, daß sie mit ihren magischen Kräften auch Unheil anrichten können, vergrößert ihre Macht.

Jäger und Sammler der Jungsteinzeit

Als die Cromagnon-Menschen vor etwa 40 000 Jahren, während der letzten Eiszeit, die Neandertaler verdrängten, stand ihre Fähigkeit, bewußt zu sprechen und zu denken, der unsrigen wohl nicht viel nach. Sicher war ihr Wortschatz noch klein, wahrscheinlich enthielt er kaum abstrakte Begriffe. Diese wurden wohl durch anschauliche Gleichnisse ersetzt, so gab es vielleicht kein Wort für Frühling. Man sprach vielleicht stattdessen von den Monden der grünenden Bäume. Andererseits ermöglichte die Sprache weit genauere Beschreibungen von Geländemerkmalen und dem Verhalten von Tieren, als das in einer städtisch geprägten Sprache möglich ist. Das ist auch heute noch der Fall bei Völkern, die unter ähnlichen Bedingungen leben.

Buschmann folgt einer Herde Oryxantilopen. Die Buschmänner der Kalahari sind
die einzige größere Volksgruppe, die noch bis heute als Jäger und Sammler leben. Die
Sammeltätigkeit der Frauen erbringt mehr als die Hälfte der Nahrung

Jagen und Sammeln machten ein Leben in größeren Siedlungen
unmöglich. Die Wanderungen richteten sich nach den jahreszeitlich
wechselnden Möglichkeiten zum Jagen, Fischen und Sammeln.
Sicher gab es Volksstämme gleicher Sprache und kleinere Stämme,
zwischen denen sowohl Freundschaften als auch Feindschaften
bestanden. Wahrscheinlich gab es Orte, an denen zu bestimmten
Zeiten größere Zusammenkünfte zu Zeremonien und Festen stattfanden. Zur Jagd dienten Speere, vielleicht schon Pfeile und Bogen,
Fallgruben und Fangzäune.

Vorstellungen über Beziehungen zwischen Leben, Geburt, Tod
und einem Leben nach dem Tod waren schon weit entwickelt, darauf
deuten die oben erwähnten, etwa 30000 Jahre alten Bestattungen hin.

Wie kann es zur Entstehung übersinnlicher, jenseits realer Erfahrungen liegender Vorstellungen gekommen sein? – Solche Vorstellungen haben seither einen ungeheuren Einfluß auf das menschliche
Verhalten und die Entwicklung aller Kulturen gehabt. Die Grabbeigaben sind der Schlüssel zum Verständnis: Die Menschen haben mit
dem Selbstbewußtsein auch erkannt, daß sie sterblich sind. Es war
sicherlich ein großer Schock. Es ist noch immer einer für jedes

heranwachsende Kind, wenn es begreift, daß es einmal sterben muß. Aber es gab einen Trost: Träumte nicht jeder ältere Mensch gelegentlich von Verstorbenen? Träume, die oft nicht von wirklichen Begegnungen zu unterscheiden waren, Träume, in denen der Verstorbene, vielleicht der Vater, der Großvater, ein Freund oder auch ein getöteter Feind nachdrücklich Forderungen stellte, kam es nicht vor, daß solche Träume sich wiederholten? Was lag näher als der Gedanke, daß die Toten weiter existierten, daß sie dieselben Bedürfnisse hatten wie zu Lebzeiten, daß sie sich ähnlich benahmen und auch bedrohlich erscheinen konnten. Natürlich spielten in den Träumen von Jägern auch Tiere eine Rolle, besonders gefährliche Tiere, deren Erlegung oder Abwehr mit großer Aufregung verbunden war, und natürlich – wie das Träume so an sich haben –, daß Tiere in die Rolle von Menschen schlüpften oder umgekehrt. Das habe ich selbst in Träumen erlebt, nachdem mein Freund und ich zwei Jahre lang am Rand der Namib-Wüste von mühsamer Jagd gelebt hatten und unsere oft hungrigen Gedanken und Beobachtungen sich tagelang mit nichts anderem beschäftigten. Aus solchen Traumerlebnissen sind wohl ursprünglich die unzähligen Märchen und Mythen von Menschen, die Tiergestalt annehmen, z. B. Werwölfe, oder der Glaube an die mystische Verwandtschaft mit bestimmten Tieren entstanden. Es wäre verwunderlich, wenn die menschliche Phantasie nicht solche Vorstellungen ausgeschmückt und zu ganzen Systemen ausgebaut hätte. Die australischen Ureinwohner sprechen von ihren Überlieferungen als der Traumzeit ihrer Vorfahren. In der Religion Ägyptens wurden Katzen, Krokodile, Falken, Schakale als Verkörperung bestimmter göttlicher Eigenschaften verehrt, und Tiere mit magischen Fähigkeiten spielen in den Märchen aller Völker einprägsame Rollen. Die Menschen sahen sich noch nicht als Herren der Schöpfung. Sie wußten aus Erfahrung, daß Tiere ihnen in vieler Hinsicht überlegen waren. Lappen und Eskimos ehren den erlegten Bären und bitten ihn um Verzeihung. Indianer entschuldigten sich bei einem Baum, bevor sie ihn für den Zeltbau fällten.

Die Menschen lebten in einer Welt voller gänzlich unerklärlicher Erscheinungen. Da gab es Blitz und Donner, Wirbelwinde, die Bäume aus der Erde drehten, eine Felswand, die krachend ins Tal stürzte, den Wechsel von Tag und Nacht, erschreckende Verfinsterungen von Sonne und Mond. Man wußte, daß kleinere unerwartete Ereignisse von Menschen und Tieren verursacht werden konnten. War es da nicht einleuchtend, daß die großen, unerklärlichen Ereignisse das Werk von unvorstellbar mächtigen Wesenheiten, von Gottheiten oder gefährlich unberechenbaren Dämonen sein mußten? Träume gaben solchen Vorstellungen Nahrung und Gestalt. Der Verhaltensforscher I. Eibl-Eibesfeld, der menschliches Verhalten in vielen Kulturkreisen rings um die Erde studiert hat, faßte seine Schlußfolgerungen in bezug auf diese in allen Kulturen vorhandenen Vorstellungen in dem kurzen Satz zusammen:

Götter und Dämonen sind Hypothesen zur Erklärung der Welt.

Die Personifizierung der Naturerscheinungen und Kräfte mußte zur Verehrung ihrer Macht führen und, wo sie Furcht und Schaden verursachten, zu Versuchen, sie zu beschwichtigen. Zeremonien wurden die wichtigsten sozialen Veranstaltungen und ihre Leiter gewannen automatisch wachsenden Einfluß auf die Gemeinschaft. Auch dieses sind Entwicklungen, die sich weitgehend selbst organisiert haben, ohne vorbedachte Absichten. Es wird sich zeigen, daß Kulturentwicklungen, bis zum heutigen Tage, entscheidend von Selbstorganisationsprozessen geprägt worden sind.

Die frühen Cromagnon-Menschen lebten, wenigstens zeitweise, unter Felsdächern, wo es solche gab. Ob sie deren Wände bemalten, ist unbekannt. Wenn Malereien existierten, sind sie schon längst der Verwitterung zum Opfer gefallen. Die älteste bisher gefundene Malerei wurde im südlichsten Namibia von W. E. Wendt ausgegraben. Es ist eine in Ockerfarbe auf eine Schieferplatte gemalte, etwas primitive Darstellung eines Tieres, vielleicht eines Zebras. Die Platte wurde unter einem Felsdach in einer Bodenschicht zusammen mit Holzkohle und Steinwerkzeugen gefunden. Sehr sorgfältige Altersbestimmungen an Holzkohleproben durch zwei unabhängige Laboratorien ergaben ein Alter von etwa 27000 Jahren. Die Steinwerkzeuge gehören einem im südlichen Afrika weit verbreiteten Typ an. Sie sind weit primitiver als die Werkzeuge, die zu dieser Zeit in Europa hergestellt wurden. Aber die bemalte Platte spricht dafür, daß die geistigen Fähigkeiten eine ähnliche Stufe erreicht hatten. Schädelfunde aus dieser Zeit sind aus dem südlichen Afrika bisher nicht bekannt geworden, aber weit ältere Schädel gehören dem Homo sapiens sapiens an.

Etwa 12000 Jahre später, vor etwa 15000 Jahren, als die skandinavische Eiskappe bis zu einer Linie reichte, die von der ehemaligen Südgrenze Ostpreußens südwärts an Warschau vorbei, in weitem

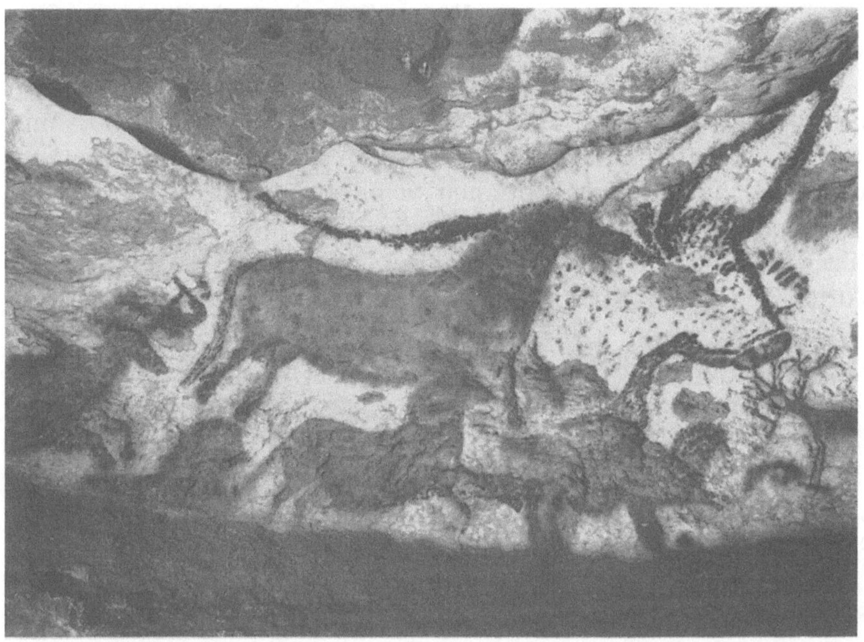

Gemälde in der Kalksteinhöhle von Lascaux (Südfrankreich). Die etwa 16000 Jahre alten, den Unregelmäßigkeiten der Wände geschickt angepaßten Malereien lassen erkennen, daß die Eiszeitkünstler mit Erfolg eine heutige Kunstakademie hätten besuchen können

Bogen südlich von Berlin und schließlich nordwärts nach Dänemark verlief, und in Süddeutschland Mammuts und Rentiere weideten, wurden in Südfrankreich und Nordspanien die Wände und Decken von Kalksteinhöhlen mit großen, farbigen Bildern von Bisons, Urrindern, Wildpferden, Rentieren bemalt. Viele Tiere sind großzügig in voller, kraftvoller Bewegung dargestellt und durch realistische Schattierung plastisch gestaltet. Wenn das Licht flackernder Talglampen über die gekrümmten Wände und Decken spielte, müssen sie zu eindrucksvollem Leben erwacht sein. Darstellungen von Menschen in Tiermasken werden, wohl zu Recht, als Schamanen gedeutet. Zeremonien in solchen eindrucksvollen Höhlen festigten gemeinsame Vorstellungen und damit die sozialen Bindungen.

Das Wirken von Schamanen darf nicht einfach als der Machtausübung dienende Scharlatanerie abgetan werden. Sie glauben an ihre Kraft. Sie besitzen durch Überlieferungen vermittelte Kenntnisse von Heil- und Giftpflanzen. Schon der Ruf eines bekannten Zauberdoktors hat große Suggestivkraft. Wenn diese dann durch kleine Taschenspielertricks verstärkt wird, etwa indem aus dem Körper des Patienten ein böses Tierchen oder Steinchen gesaugt wird, dann wirkt das oft besser als ein teures Medikament. Trancezustände mit Halluzinationen und Eingebungen werden als Offenbarungen erlebt und von Schamanen, es gibt auch weibliche, durch Tanzen bis zur Erschöpfung oder die Einnahme von Giftstoffen, z. B. manchen Pilzen, erreicht. Ein überzeugender Schamane kann ein großer Vorteil für einen Stamm sein, denn seine Autorität stärkt das Selbstvertrauen. Er kann zu einer Art geistigem Führer werden. Trance-Visionen haben wahrscheinlich viel zu mythologischen Erklärungen von Naturerscheinungen beigetragen und Entschlüsse zu Jagd- oder Kriegszügen beeinflußt. Kein Häuptling kann ohne solche Unterstützung auskommen. Seine Gefolgschaft würde ihm nur halbherzig folgen, was schnell zu Mißerfolgen führt. Auch dies sind Selbstorganisationsprozesse im geistig-sozialen Bereich.

Etwa gleichzeitig mit der Entstehung der grandiosen Höhlenbilder von Lascaux in Frankreich bauten Mammutjäger in den kalten südrussischen Steppen Behausungen aus kunstvoll gesetzten Mammutknochen. Es entstanden Siedlungen (wohl Sippengehöfte), die aus 3–6 großen Rundhütten mit Durchmessern von 4–7 m bestanden. Manche Mammutschädel waren mit Gravierungen verziert. Fleischvorräte wurden in Gruben im Dauerfrostboden aufbewahrt. Die Leute besaßen aus Knochen gefertigte Nähnadeln mit Ösen und auch Bernsteinperlen aus dem Ostseegebiet.

Quer durch Europa war die Vernichtung der großen Säugetiere in vollem Gang. Ähnliches geschah in Amerika, wo sich seit mindestens 20 000 Jahren indianische Einwanderer aus Nordost-Sibirien ausbreiteten. Auch diesen fielen die Mammuts bald zum Opfer. Sie waren wohl aus irgendeinem Grund leicht zu erbeuten.

Gingen die Steinzeitjäger schonend mit den großen wandernden Fleischvorräten um? – Das war ganz und gar nicht der Fall. Überall, wo es ihnen technisch möglich war, vernichteten und vergeudeten sie den natürlichen Reichtum weit über ihren Bedarf hinaus bis zur Ausrottung. In Frankreich fand man am Fuß von Felswänden unzählige Knochen von Wildpferden, die herdenweise über Felskanten getrieben worden waren. In Nordamerika entdeckten Archäologen bisher 33 Fanganlagen für Bisons. Es sind mehrere hundert Meter lange Steinwälle, die trichterförmig an Felsabstürzen enden. In diese wurden schon vor 8500 Jahren Bisonherden von mehreren hundert

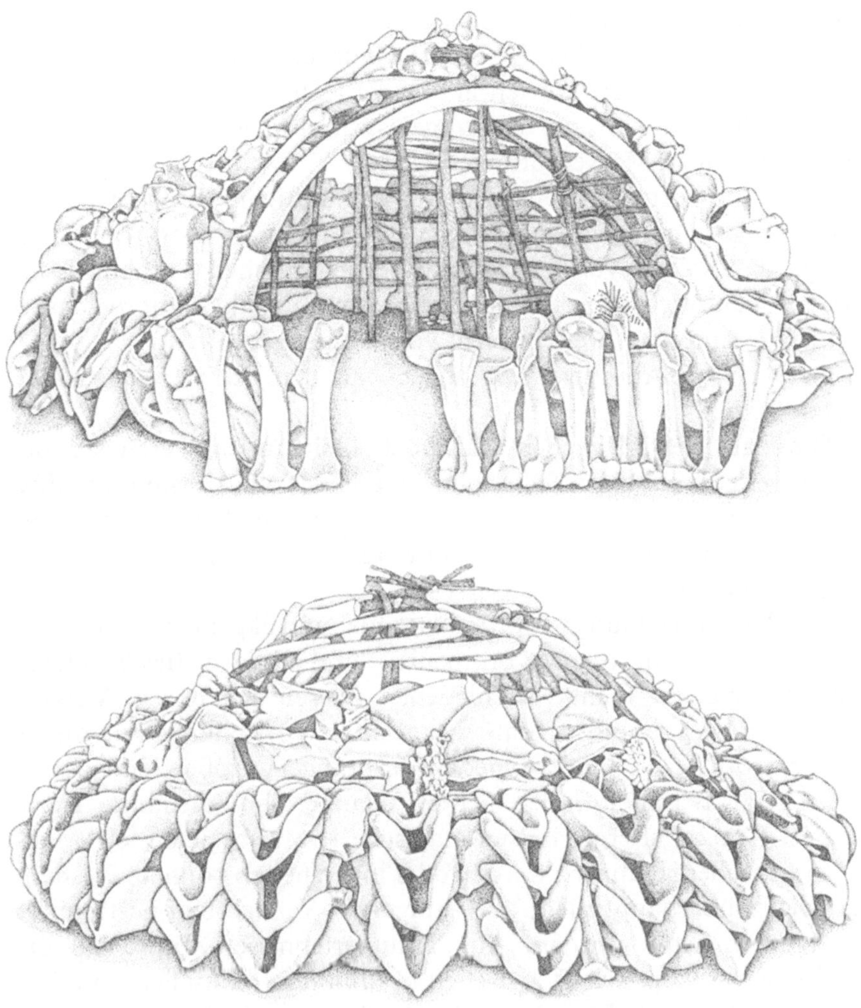

Rekonstruktion einer etwa 15000 Jahre alten, ganz aus Mammutknochen gebauten Mammutjägerbehausung in der Ukraine. Die Konstruktion war sicher mit Häuten oder Fellen bespannt

Stück bei ihren jährlichen Wanderungen hineingetrieben, so daß sie sich zu Tode stürzten. Zwei Bisonarten wurden so ausgerottet, bevor die Weißen mit ihren Gewehren kamen. Die Präriebisons waren diesem Schicksal wohl nur entgangen, weil ihre Wanderwege keine Gelegenheiten zu Massentötungen boten.

Der Mensch ist nicht von Natur aus vernünftig im Umgang mit der Natur oder seiner eigenen Vermehrungsfähigkeit. Man kann nur hoffen, daß solche Vernunft aus wissenschaftlichen Erkenntnissen und der Verantwortung für die Zukunft rechtzeitig emporwachsen kann. Wir sind noch weit entfernt von diesem Ziel.

Nach dieser Abschweifung zurück zu den Steinzeitjägern der letzten Eiszeit.

Die Zahl der Menschen war noch klein, noch waren sie zur Fortbewegung auf ihre Füße, zum Transport von Lasten auf ihre Arme und Schultern angewiesen. Aber wahrscheinlich gab es schon eine Art Schlitten, auf denen schwere Tierkörper herangezogen werden konnten.

Auf der Entwicklungsstufe der Sammler und Jäger lebten noch bis in diese Tage auf allen Kontinenten und einigen Inseln kleine Volksstämme, die recht verschiedenen Rassen angehören. Völkerkundler haben gefunden, daß die geistige Vorstellungswelt dieser Völker, trotz der völlig verschiedenen Sprachen, große Gemeinsamkeiten zeigt. Bei allen findet sich der Glaube, daß bestimmte Tiere, Bäume, Kräuter, Berge, Felsen magische Kräfte besitzen, die Menschen entweder gefährlich werden oder ihnen helfen können. Deshalb darf vieles überhaupt nicht oder nur unter Verrichtung bestimmter Zeremonien getan werden. Aus Traumerlebnissen wurde auf die magische Verwandtschaft zwischen bestimmten Menschen und Sippen mit bestimmten Tieren geschlossen. Letztere durften dann nicht, auch nicht unwissend, verzehrt werden. Die Suggestivkraft solcher Vorstellungen konnte einen Menschen töten, wenn er glaubte, man habe ihm solches Fleisch zu essen gegeben. Andererseits entstand natürlich auch der Glaube, daß der Verzehr des Fleisches bestimmter Tiere oder Organe Kraft und Mut verstärke. Wo solcher Glaube durch Tradition ein Bestandteil des geistigen Erbes war, wirkte er natürlich immer wieder in Träume hinein, ein sich selbst bestätigender und verstärkender Vorgang.

Völkerkundler haben diese Art von Glauben Animismus (abgeleitet von lat. anima: Seele) genannt, gemeint ist ein Glaube an die allgemeine Beseeltheit der Natur. Ein größerer Unterschied zu dem

Streit mittelalterlicher Theologen, ob Frauen Seelen hätten, ist nicht denkbar.

Es war unausbleiblich, daß der Glaube, das Fleisch bestimmter Tiere verleihe besondere Kräfte, etwa das Herz eines Löwen Mut, auch auf Menschenfleisch übertragen wurde. So ist in weiten Teilen Afrikas auch heute noch der Glaube weit verbreitet, daß eine wirklich wirksame Zaubermedizin Menschenfleisch enthalten müsse, vor allem menschliche Leber, die als Sitz der Seele betrachtet wird. Wo die geordnete Regierungsmacht zusammenbricht, wie unter der Schreckensherrschaft Idi Amins oder Bokassas, leben solche fundamentalistischen Gebräuche wieder auf.

In Neuguinea, wo einige Volksstämme glaubten, das Gehirn sei der Sitz der Seele, wurde das Gehirn von Verstorbenen von den Angehörigen gegessen, damit die Seelen der Vorfahren in ihnen weiterwirken konnten. Die Schädel wurden dann manchmal verziert, auf jeden Fall aber aufbewahrt und verehrt.

Bei Ausgrabungen europäischer Steinzeitwohnplätze wurden wiederholt Menschenknochen gefunden und als Reste kannibalischer Mahlzeiten gedeutet. Die Deutung ist bezweifelt worden. Vielleicht ist dabei der uneingestandene Wunsch beteiligt, die Menschen könnten menschlicher sein, als sie es sind. Nun wurde vor kurzem die »Mülldeponie« eines steinzeitlichen Wohnplatzes in Frankreich untersucht. Zwischen den vielen Knochen von Wildtieren lagen auch Menschenknochen. Von ihnen war, wie Schnittkerben und Kratzer von Steinmessern zeigten, das Fleisch in derselben Weise gelöst worden wie von den Tierknochen. Ein richtiges Feindbild war wohl schon in der Steinzeit ein paar Mahlzeiten wert! Seither haben wir grandiose Fortschritte gemacht: Heute ernährt eine expandierende Rüstungsindustrie Hunderttausende!

Handel und Handwerk

Gehandelt wurde schon früh. Der Fund einer Bernsteinperle in einem 15 000 Jahre alten Mammutjägerwohnplatz in der Ukraine belegt dies. Vielleicht begann das Handeln mit Gastgeschenken, die erwidert wurden. Der frühe Handel war immer ein Tauschhandel. Schon bei primitivem Tauschhandel richtet sich der Tauschwert nach Angebot und Nachfrage. Der Anbieter legt seine Ware auf den Boden und tritt zurück. Der Interessent besieht sie und legt hin, was er dafür anbietet.

Dann versucht man, sich durch Dazulegen oder Wegnehmen zu einigen. Es dauerte Jahrtausende, bis die Erfindung von Münzen mit anerkanntem Wert den Handel erleichterte. Heute genügen ein paar Telex-Zeilen und ein Überweisungsformular.

Vergleiche mit Tauschhandelsbeziehungen, die sich bis heute erhalten haben, machen es wahrscheinlich, daß der Tausch von Fleisch, Fellen oder lebenden Tieren gegen Getreide oder von Getreide gegen Salz oder von einem von diesen gegen Ocker zur Körperbemalung schon früh betrieben wurde. Waffen und Werkzeuge verfertigte ursprünglich jeder Mann selbst. Es stellte sich natürlich heraus, daß bestimmte Gesteine dazu besonders gut geeignet waren, z. B. Feuerstein, Quarzit, Obsidian, Nephrit. Es konnte nicht ausbleiben, daß aus diesen hergestellte Speer- und Pfeilspitzen, Klingen und Beile einen beträchtlichen Tauschwert erhielten und daß solche Vorkommen von Handwerkern ausgebeutet wurden. An solchen Stellen findet man Tausende von Splittern und mißglückten Stücken, die als Abfall liegen blieben. Die Bearbeitungstechniken erreichten in der höheren Jungsteinzeit große Perfektion.

Thesen

- Handel erweitert den materiellen und technischen Spielraum der Partner.
- Das Handeln ist eine Kooperation zur Feststellung von Tauschverhältnissen (Werten), die für beide Partner vorteilhaft sind. Diese wechselseitig nützliche Beziehung wird weitgehend unterdrückt, wenn an Stelle von Angebot und Nachfrage einseitige Monopole oder staatliche Kommandowirtschaft den Markt beherrschen.

Die Grüne Revolution

Gemeint ist die Entdeckung des Getreideanbaus, die nicht nur neue Nahrungsquellen erschloß, sondern auch das menschliche Denken in vieler Weise und schließlich auch das Ökosystem in fast allen Gebieten der Erde verändern sollte. Der Anfang war unbedeutend, die ersten Schritte klein und zögernd.

Nach heutiger Kenntnis begann diese Entwicklung gegen Ende der letzten Eiszeit vor etwa 10000 Jahren im Mittleren Osten, irgendwo östlich des Mittelmeeres. Die ökologische Grundlage war schon 25 Mio. Jahre früher durch die Entwicklung und Ausbreitung der Gräser entstanden. Diese hatten sich überall dort ausgebreitet, wo Wälder nicht gedeihen konnten, und schufen dort Weiden für große Wildherden. Im Mittleren Osten gehörten zu den Grasarten auch die Ahnformen von Gerste, Weizen, Hafer und Hirse, die relativ große Ähren und nahrhafte Körner haben. Sicher gab es mancherorts dichte Bestände dieser Arten, und wahrscheinlich hatten schon generationenlang Frauen und Kinder reifende Ähren gepflückt und nach dem Trocknen ausgeschlagen. Wie es schließlich zum Säen auf einem vorbereiteten Stückchen Land kam, ist natürlich unbekannt. Verschiedene Szenarien sind vorgeschlagen worden. Wahrscheinlich ist, daß eine Frau oder Frauen auf diesen Gedanken kamen, denn die Männer, die wilde Schafe und Ziegen in den Bergen jagten oder sich immer wieder ihre Heldentaten bei früheren kriegerischen Unternehmungen erzählten, waren wohl über solchen Kleinkram erhaben.

Die Entwicklung des Getreideanbaus ermöglichte Vorratswirtschaft und damit, an günstigen Stellen, dörfliche Siedlungen und größere Familien. Kennzeichnend sind Funde von Hausfundamenten und Sicheln, die aus Unterkieferknochen gefertigt waren, die mit scharfen Steinklingen besetzt waren. Aus etwa derselben Zeit stammen Funde, die auf die Haltung von Schafen hindeuten. Größere Schafherden konnten sicher nur von Leuten gehalten werden, die mit den Herden jahreszeitlich bedingte Wanderungen zwischen verschiedenen Weidegebieten machten. Konflikte zwischen den Seßhaften und den Nomaden waren vorprogrammiert. Es ist wohl die Situation, die in der biblischen Legende von dem Bauern Kain, der seinen Bruder Abel erschlug, lapidar gezeichnet ist. Daß der Herr das Lämmeropfer Abels dem Getreideopfer vorzog, spricht dafür, daß der Brauch, Gottheiten mit Tier- und Menschenopfern günstig zu stimmen, weit älter ist als der Ackerbau.

Die Verzweigung menschlicher Kulturen in Jäger und Sammler, viehzüchtende Nomaden, Ackerbauer und Mischkulturen, die an verschiedene Umweltbedingungen angepaßt waren, machte rasche Fortschritte; rasch verglichen mit vorausgehenden Entwicklungen, im Schneckentempo verglichen mit dem, was wir heute erleben.

Rinder waren vor etwa 7000 Jahren in Nordafrika und wohl gleichzeitig in Indien gezähmt worden und gelangten von dort über Kleinasien nach Europa. Reis, ein Sumpfgras, wurde das Grundnahrungsmittel der großen asiatischen Kulturen.

Die Besiedlung Nordamerikas begann spätestens vor 20 000 Jahren durch nordostsibirische Einwanderer. Die Überquerung der Beringstraße wurde möglich, weil die Eiskappen, die außer der Antarktis auch große Gebiete Nordeuropas, Nordamerikas und Asiens bedeckten, so viel Wasser auf den Kontinenten festhielten, daß der Meeresspiegel um bis zu 110 m abgesunken war. Die Einwanderer besaßen eine gut entwickelte Jungsteinzeitkultur. Die Ausbreitung dieser Jäger und Sammler über die beiden Amerikas bis nach Feuerland und ihre Aufspaltung in viele Stämme und Sprachen scheint recht rasch erfolgt zu sein.

Über Australien hatten sich schon vor mehr als 40 000 Jahren Einwanderer aus Neuguinea ausgebreitet. Die Überquerung der Torresstraße war bei eiszeitlichem Tiefstand des Meeres, verstärkt durch eine vorübergehende Hebung des Meeresbodens im Zusammenhang mit der Gebirgsbildung in Neuguinea, möglich geworden.

Jedenfalls waren seetüchtige Boote, als Europäer Australien entdeckten, dort unbekannt. Auch die Kenntnis von Pfeil und Bogen war nicht nach Australien gelangt. Da es in Australien keine kultivierbare Grasart gab, blieben seine Einwohner Jäger und Sammler.

Die Ausbreitung der Menschen über die Erde wurde von vielen geologisch-geographischen und klimatischen Zufällen beeinflußt. Über die Wanderwege wird man wahrscheinlich bald mehr wissen, denn die Verfeinerung der Analysen von Blutserum und anderen vererbbaren Molekularstrukturen ermöglicht eine immer genauere Erfassung der verwandtschaftlichen Beziehungen. Eines ist völlig sicher: Wir sind alle Spielarten einer einzigen Art! Männer und Frauen aller Rassen können sich ineinander verlieben, auch dort, wo starke Traditionen dem entgegenwirken. Die sicher nicht nur körperlichen Unterschiede zwischen den Rassen sind ein Glück für die Menschheit, denn die Erforschung der Evolution hat gezeigt, daß die Evolutionsfähigkeit sich verringert, wenn der Vorrat an veränderlichen Erbanlagen (der Gen-Pool) verarmt. Die einseitige Züchtung von Pflanzen zur Maximierung von landwirtschaftlichen Erträgen ist ein warnendes Beispiel. Die Zukunft der Menschheit, wie die jeder anderen Art, ist unsicher und unberechenbar. Niemand kann wissen, welche Eigenschaften des Verstandes und Gemütes die Menschheit in Zukunft einmal brauchen wird. Laßt uns froh sein, daß wir so verschieden sind!

Doch zurück zur Grünen Revolution. Sie hat eine neue Entwicklungsphase durch die Entstehung größerer, dauerhafter sozialer

Verbände eingeleitet, zuerst in Form von Dorfgemeinschaften, später von Stadtstaaten und schließlich von Großreichen. Das sind soziale Organisationsformen, die sich immer weiter von den Strukturen der Sippenverbände entfernt haben, die den Weg der Menschwerdung über Millionen Jahre möglich gemacht haben. Auf welche Weise sind die größeren Organisationen zustandegekommen? Sind das freiwillige Vereinigungen von Menschen? Was hält sie zusammen?

Langzeitfolgen von Ackerbau und Viehzucht

Getreideanbau, vor allem in Kombination mit Viehzucht, machte mit der Zeit immer mehr Menschen unabhängig von der Hand-in-den-Mund-Lebensweise der Sammler und Jäger. Dadurch wurde die Wechselwirkung zwischen Jäger und Beute, die den Fortbestand und die Evolution eines Ökosystems garantiert, mit der Zeit außer Kraft gesetzt. Die Regel ist denkbar einfach: Wenn Beutegreifer so erfolgreich sind, daß sich die Zahl ihrer Beutetiere stark verringert und ihre Nahrung dadurch knapp wird, dann verringert sich automatisch auch ihre Zahl, weil sich die Überlebensaussichten der Jungen verschlechtern.

Diese Regel ist eine Hauptgrundlage der Selbstorganisation des Ökosystems. Sie erklärt, warum die Jäger und Sammler im Laufe von mehr als 2 Mio. Jahren zwar einige Tierarten ausgerottet, das Ökosystem aber nicht ernsthaft geschädigt haben. Das änderte sich nun. Für Bauernbevölkerungen blieben Jagd und das Sammeln von wilden Früchten noch lange ein wichtiger Nahrungserwerb, aber die Bevölkerung konnte sich – trotz häufiger Hungersnöte – vermehren. Die Urbarmachung schritt fort, Jagd wurde zum Zeitvertreib, schließlich in vielen Staaten zum Privileg der Herrschenden. Auch das hatte noch keine katastrophalen Folgen, denn die Sterblichkeitsrate, besonders die der Kinder, war hoch. An diese hatte sich, wie bei den meisten Lebewesen, die Geburtenrate so angepaßt, daß im Durchschnitt meist ein kleiner Überschuß blieb; deshalb blieb auch das Bevölkerungswachstum mäßig, obwohl sich die Geburtenrate mit Ackerbau, Vorratshaltung und Seßhaftigkeit erhöhte. Es waren vor allem zwei große Fortschritte in der Kenntnis natürlicher, vorher rätselhafter Zusammenhänge, die in der zweiten Hälfte des letzten Jahrhunderts diese Phase beschränkten Wachstums beendeten, beides große Triumphe wissenschaftlicher Forschung.

Das eine war die Entschlüsselung des Stoffwechsels der Pflanzen, die es möglich machte, mit verbesserter, später künstlicher Düngung die Erträge der Landwirtschaft zu steigern. Das zweite war die Entdeckung, daß einige der furchtbarsten Seuchen, die in den immer größer werdenden, meist engen Wohngebieten einen idealen Nährboden fanden, wie Tuberkulose, Cholera, Blattern, Pest, Malaria u. a. m., von Bakterien (Viren wurden erst viel später entdeckt) verursacht wurden. Die Bekämpfungsmethoden, nicht zuletzt hygienische Regeln, wurden von Jahr zu Jahr in den entwickelten Ländern erfolgreicher. Es war ein Gebot der Menschlichkeit, das neue Wissen und Können auch anderen Völkern zu bringen, vor allem den Menschen der tropischen Länder, in denen noch viel mehr bösartige Krankheiten wüteten.

Das Ergebnis dieser sich gegenseitig verstärkenden Entwicklungen ist die heutige Bevölkerungsexplosion. Diese hat in den Ländern der sogenannten Dritten Welt trotz steigender Nahrungsproduktion zu Hunger und Verelendung geführt, wie es sie in diesem Umfang noch nie auf der Erde gegeben hat. Gleichzeitig schädigt in den Industriestaaten der Großeinsatz nicht erneuerbarer Energien und Rohstoffe die dünne Bodenschicht, die Pflanzen- und Tierwelt, die Flüsse, Seen und große Meeresgebiete, ja selbst die Lufthülle in bedrohlicher Weise. Der Mensch ist zu einem Parasiten des irdischen Ökosystems geworden!

Wie groß der Erdball ist, wissen wir, seit vor 460 Jahren die erste Erdumseglung gelang. Wie klein er ist, haben eindrucksvoll die Photographien gezeigt, die Astronauten vor 20 Jahren vom Mond aus von der im Sonnenlicht blau leuchtenden Kugel machten.

Wir sind heute dabei, mit unserem Energiemißbrauch die schöne, in Hunderten von Jahrmillionen entstandene Lebensvielfalt zu zerstören und unsere Kinder und Enkel zu Sklaven gefühlloser Sachzwänge computergesteuerter Technologien zu machen.

Das ist ein Verhalten, das dem Evolutionsgeschehen, das zur Menschwerdung geführt hat, zuwiderläuft, denn die Menschwerdung begann mit der Fürsorge für die Nachkommen. Was wir tun, ist zutiefst inhuman!

Nach diesen weitgehend der Ressourcennutzung gewidmeten Betrachtungen noch einmal ein Blick zurück zur Evolution der individuellen und kollektiven Lernfähigkeit, die die Grundlage der erstaunlichen menschlichen Leistungen bilden. Wie konnte ein so erfolgreicher Beginn in eine so tödliche Falle führen? War der ganze

Entwicklungsweg von Beginn an falsch? Ist der Mensch, wie vor kurzem ein Biologe mit journalistischer Übertreibung sagte, ein Irrläufer der Evolution?

Das ist eine Mißdeutung des Evolutionsgeschehens, denn hundertmal mehr Tierarten als heute leben, sind im Laufe der Erdgeschichte ausgestorben. Ohne das Aussterben von Arten gäbe es keine Höherentwicklung!

Die obigen Fragen sind falsch angesetzt. Mit Blick auf das Jahrmilliarden umfassende Evolutionsgeschehen, das wir heute in großen Zügen überblicken können, muß die Frage lauten: Warum wäre es schade, wenn das einzige Lebewesen in unserem Sonnensystem, das die Fähigkeit zu bewußtem Denken und moralischen Wertvorstellungen erlangt hat, aussterben muß, und das, obwohl es die vor ihm liegenden selbstverschuldeten Gefahren erkennen kann? – Da die Evolution der Lebewesen nur als Teil der Evolutionsgeschichte des Kosmos verstanden werden kann, führt diese Frage zwangsläufig zu der noch umfassenderen Frage nach dem Sinn des Kosmos. Darauf kann die Naturwissenschaft keine Antwort geben. Wissenschaft kann Gesetzmäßigkeiten erkennen (z. B. für die Bewegungen der Himmelskörper), kann Beziehungen entdecken (z. B. zwischen Elektrizität und Magnetismus), kann Voraussagen machen (z. B. das Datum von Sonnenfinsternissen in 100 Jahren). Das sind Ergebnisse von Beobachtungen, Experimenten, Berechnung an Dingen und Ereignissen und deren Beziehungen zueinander. Aber warum überhaupt etwas ist, das bleibt ein tiefes Geheimnis. Daraus zu schließen, daß der ganze Kosmos nur ein sinnloses Spiel von sinnlosen Energien sei, wäre eine durch nichts gerechtfertigte Resignation, es wäre sogar eine ausgesprochene Dummheit. Hat doch die Kenntnis der Evolution gezeigt, daß das Suchen nach Erklärungen, nach Werten und Sinn gerade erst begonnen hat. Die Religionen und philosophischen Spekulationen sind erste, tastende Schrittchen in dieser Richtung. Es sei daran erinnert, daß die ersten lichtempfindlichen Äuglein noch keine Bilder sehen konnten und die ersten Ohren noch unempfänglich für Musik waren. Warum sollten die ersten denkfähigen Gehirne schon alles erfassen können? Das ist denkbar unwahrscheinlich. Niemand kann auch nur ahnen, was aus den so unfaßbar vielfältigen menschlichen Begabungen in einigen hunderttausend oder Millionen Jahren werden könnte, wenn der drohende Untergang vermieden werden kann. Es kann zur Zeit auch kein Mensch ahnen, wie sich die Lebensentwicklung auf der Erde in die Gesamtevolution des Kosmos einfügt. Wahrscheinlich ist, daß es unter den Milliarden mal Milliarden Sternsystemen noch andere von Lebewesen bewohnte Planeten gibt, und darunter auch viele mit denkfähigen Lebensformen. Das Streben, die Sehnsucht nach Liebe, Gerechtigkeit, Wahrheit, Erkenntnis ist den Menschen angeboren, wie den Vögeln das Bedürfnis zu fliegen, obwohl sie nicht wissen, daß es Luft gibt. Könnte es nicht sein, daß es eine alles umfassende Geistigkeit gibt, die unser Vorstellungsvermögen noch nicht erreicht? Dieser schöne Gedanke stammt von Hoimar v. Ditfurth. Könnte es nicht sein, daß die Religionsstifter etwas von dem Geheimnis erahnt und in menschlichen Gleichnissen verkündet haben? Aus Verkündungen wurden Glaubensbekenntnisse und Dogmen, und um diese vermeintlichen Wahrheiten wurde und wird erbitterter gekämpft, gefoltert und unterdrückt als je um Staatsgrenzen und Rohstoffe. Menschen, so scheint es, können ohne einen Glauben an den Sinn ihres Tuns so wenig leben wie Vögel mit gebrochenen Flügeln. Kein Wunder, wenn jetzt, wo der Glaube im Schwinden ist, daß Wissenschaft und Technik einmal alle Fragen beantworten und den Menschen ein Paradies auf Erden verschaffen würden, sich überall primitive fundamentalistische Religiosität regt. Dadurch aber können die entstandenen Probleme auf keinen Fall gelöst werden; denn solcher Fundamentalismus ist immer mit einer Ablehnung wissenschaftlicher Erkenntnisse verbunden. Es sind aber gerade die Ergebnisse der Evolutionsforschung, die zukünftige Gefahren bis zu einem gewissen Grad vorhersehbar und vielleicht vermeidbar machen können.

Die Mißstände und Ungerechtigkeiten, mit denen wir zu kämpfen haben, sind eng mit sozialen Strukturen und Organisationsformen verknüpft, die auf dem Weg von Sippen zu größeren Siedlungen, Städten und Staaten immer komplizierter geworden sind. Da immer wieder vergeblich versucht wird, dieses Problem mit ideologischen Dogmen und machtpolitischen Mitteln zu lösen, will ich versuchen, sie in den menschlichen Entwicklungsweg einzuordnen und dadurch besser verständlich zu machen.

Die Selbstorganisation sozialer Strukturen

Die Entstehung einfacher sozialer Strukturen läßt sich schon bei heranwachsenden Kindern beobachten. Unter Kindern einer Nachbarschaft, einer Schulklasse oder eines kleineren Dorfes entsteht – wie bei gesellig lebenden Säugetieren und Vögeln – eine Rangordnung (Hackordnung). In dieser finden die etwa gleichalten Kinder durch Rangeleien, Freundschaften und gelegentliche Kämpfe, bei denen es auch blutige Nasen und, nicht nur bei Mädchen, ausgerissene Haare gibt, ihren Rang. Sie wissen dann, von wem sie sich etwas gefallen lassen müssen und wem sie überlegen sind. Das verringert zukünftige Konflikte und damit viel Streß und Frustration. Für Kinder, die später dazukommen, kann die Einpassung recht schwierig sein. Der Rang ist das Ergebnis einer Konkurrenz, also einer Auslese, bei der körperliche, charakterliche und intellektuelle Eigenschaften in unterschiedlichen Kombinationen eine Rolle spielen. Solche Gruppen grenzen sich immer gegen Nachbargruppen ab und verteidigen ihr Gebiet. Nicht zugehörige Kinder werden dort oft verspottet und angerempelt. Bei gemeinsamen Unternehmungen führt der Ranghöchste, oft unterstützt von Nr. 2, der vielleicht intellektuell beweglicher ist. Zwischen Mädchen entwickelt sich unabhängig eine ähnliche Rangordnung. In Dörfern, in denen jeder jeden kennt, bestimmen solche Rangordnungen, Freund- und Feindschaften auch später noch weitgehend die Beziehungen der Erwachsenen zueinander.

Ähnlich organisiert sich eine Gruppe von Erwachsenen, auch wenn sie sich nicht näher kennen, wenn sie plötzlich, z. B. nach einem Unglück, vor eine dringende Aufgabe gestellt sind. Meist sind zwei oder drei sofort mit Vorschlägen bereit. Das gibt eine kurze Diskussion. Einer von den Dreien setzt sich durch, weil die beiden anderen nicht auf ihren Vorschlägen bestehen und weil andere dem Vorschlag zustimmen. Einer packt an, ein anderer hilft ihm. Ein weiterer fragt: »Sollte ich nicht das tun?« Der plötzlich zum Anführer gewordene, sagt: »Ja, aber holen sie sich jemand zu Hilfe.« Bald sind auch die Passiven und Unentschlossenen einbezogen. Das sind Beispiele spontaner sozialer Selbstorganisation, durch die individuelle Veranlagungen und Erfahrungen in den Dienst einer gemeinsamen Tätigkeit gestellt werden. Selbstorganisation bleibt auch bei der Entwicklung der kompliziertesten sozialen Strukturen ein oft entscheidender Faktor. Der Mangel an Einsicht in diese Zusammenhänge ist verantwortlich dafür, daß die Theorien über die Entstehung gesellschaftlicher und wirtschaftlicher Strukturen so unbefriedigend geblieben sind und so wenig hilfreich für die politische und wirtschaftliche Praxis. Darüber später mehr.

Zunächst muß ein weiterer Selbstorganisationsprozeß besprochen werden. Es ist die wohl angeborene Neigung von Gruppen, Stämmen,

Völkern, Rassen, Religionsgemeinschaften, sich feindlich gegeneinander abzugrenzen. Für die Wahrscheinlichkeit, daß Erbanlagen
dabei eine Rolle spielen, spricht die Allgemeinheit dieser Neigung und
die oben erwähnte Selbstorganisation von Kindern zu Gruppen, die
sich abgrenzen und befeinden. Dieser Erscheinung sind amerikanische Psychologen in einem aufschlußreichen Experiment nachgegangen.

In einem Ferienlager wurden zu Beginn die Kinder ein paar Tage
lang sich selbst überlassen und unauffällig beobachtet. Dann wurden
zwei Parteien gebildet und dabei Kinder, die Sympathien füreinander
gezeigt hatten (miteinander gespielt, sich beim Essen nebeneinander
gesetzt hatten usw.), voneinander getrennt. Die beiden Parteien
mußten dann während der ganzen Zeit des Ferienlagers konkurrieren: bei Sportveranstaltungen, beim Beerenpflücken, Kartoffelschälen usw. Der anfangs spielerische Charakter der Konkurrenz nahm
bald emotionale Züge an: Erfolge von Mitgliedern der eigenen Partei
wurden übertrieben bejubelt, Erfolge der anderen abgewertet und
Mißgeschicke verspottet. Es kam zu Betrugsversuchen, und die
Unparteilichkeit eines Schiedsrichters wurde bezweifelt. Kinder, die
verschiedenen Parteien angehörten, mieden einander außerhalb der
konkurrierenden Veranstaltungen, auch die Kinder, die zu Beginn
Sympathie füreinander gezeigt hatten.

Die Neigung, Fremde und Konkurrenten als Feinde zu behandeln,
reicht weit zurück in die evolutionäre Vergangenheit: Einige Arten
von Fischen, viele Vögel und Säugetiere erkämpfen sich und verteidigen ein Territorium mit Zähnen, Krallen und Hörnern. Auf dieses
Verhalten wurde bereits mehrfach eingegangen (Zwergmungos,
Schimpansen u.a.m.).

Was wir vermenschlichend Egoismus (Selbstsucht) nennen, ist
eine notwendige Grundeigenschaft aller Lebewesen, solange die
geistige Entwicklung noch nicht zur Fähigkeit geführt hat, ethische
Maßstäbe zu entwickeln. Die Entstehung von Familien und Sippengruppen, deren Mitglieder sich persönlich kennen, hat diese Eigenschaft gemildert und Zusammenarbeit möglich gemacht. Wo das
geschehen ist, übertragen die Individuen einen Teil des natürlichen
Egoismus auf die Gruppe. Dadurch wurden solche Gruppen zu
Konkurrenten um Nahrung und Lebensräume. Der Darwinschen
Auslese sind nun, wie bei den staatenbildenden Insekten, die sozialen
Verbände, Staaten und Kulturen unterworfen. Die Überlieferungen
der menschlichen Geschichte zeigen, wie blutig und grausam dieser

Kampf geführt wurde, und Fernsehschirme berichten täglich über seine Fortsetzung. Es wäre aber grotesk falsch zu behaupten, daß unsere Geschichte aus nichts anderem bestünde, denn die Kämpfe erfolgten und erfolgen in engster Wechselwirkung mit der Entwicklung von religiösen Vorstellungen, neuen geistigen Fähigkeiten wie Schreiben und Rechnen, Kunst und Dichtung, technischen Fortschritten, wissenschaftlichen Erkenntnissen und wirtschaftlichen Entwicklungen. Es war und ist ein Vorgang, der die Evolution mit neuen Fähigkeiten und Mitteln fortsetzt. Es ist wie die ganze Evolution keine geradlinige Entwicklung, sondern ein von unzähligen Zufällen abhängiger Ausleseprozeß. Dieser ist ähnlich verschwenderisch wie alle Lebensvorgänge. Ich erinnere an die Fortpflanzung, bei der durch Millionen Spermien bestenfalls ein neuer Mensch erzeugt wird, oder an unseren Körper, der nur am Leben bleibt, wenn jeden Tag Millionen Zellen absterben und durch neue ersetzt werden. Bedeutet dies, daß man ungerührt dem Elend und der Vernichtung von Mitmenschen und Mitgeschöpfen zusehen darf, weil es das schon immer gab? Ja, es gab das schon immer! Aber die technischen Möglichkeiten der Massenvernichtung und die Zahl der Menschen sind so ungeheuer gewachsen, daß es für unsere Kinder und Enkel nur eine Zukunft geben kann, wenn die Erkenntnis sich durchsetzt, daß die Interessengegensätze von Nationen, Wirtschaftsorganisationen, Religionen und religionsähnlichen Ideologien friedlich, und das heißt mit Mitgefühl, ausgetragen werden können. Ohne ein beträchtliches Maß an Mitgefühl wären die menschlichen Kulturen nie entstanden. Ohne seine Pflege und die bewußte Bekämpfung der ursprünglich einmal nützlichen – jetzt aber das Leben bedrohenden – aggressiven Neigungen gibt es keine Zukunft für unsere Nachkommen. Das bedeutet: Wir müssen die blinde Auslese durch eine bewußte Auslese unserer eigenen Neigungen und Wünsche ersetzen. Das ist weit schwieriger als die Konstruktion von Atombomben! Aber es ist keineswegs unmöglich. Die großen Religionen haben das in der einen oder anderen Form schon immer gelehrt und Anhänger gefunden, die diese Lehren befolgt haben.

Viele der religiös begründeten Gebote und Verbote versuchen, menschliche Neigungen, die dem friedlichen Zusammenleben entgegenstehen, zu zügeln. Das hat sehr unterschiedliche Religionen zu Grundlagen großer Kulturen gemacht. Diese positive Wirkung (s. Kapitel »Ethische und gesetzliche Regeln«, S. 278) wurde und wird leider durch den Absolutheitsanspruch immer wieder aufgehoben, weil dieser zur Rechtfertigung grausamster Religionskriege und Unterdrückungen diente und dient. Auch die weltliche Heilslehre des Marxismus geriet in diese Falle. Das zeigten eindrücklich die Millionenheere von Flüchtlingen aus den sich »sozialistisch« nennenden Ländern und die Erstarrung ihrer Regierungen in diktatorischer Parteibürokratie. Andererseits zeigen die Millionen Arbeitslosen der kapitalistischen Staaten und die Abhängigkeit ihrer Wirtschaft von einem umweltzerstörenden Wachstum, daß die Menschen noch weit davon entfernt sind, ihre sozialen Beziehungen und ihr Wirtschaften vernünftig zu regulieren.

Diese kurze Vorausschau zeigt, daß die menschliche Geschichte – sie ist ein Teil der Evolution des irdischen Ökosystems – trotz allem, was über sie geschrieben wurde, in vieler Beziehung unverstanden geblieben ist. Ich will versuchen, einige geschichtliche Entwicklungen verständlicher zu machen, indem ich sie unter dem Gesichtspunkt evolutionärer Nützlichkeit betrachte. Der Versuch, der sehr skizzenhaft bleiben muß, geht von der Annahme aus, daß wir uns und unsere Handlungen nur verstehen können, wenn wir uns, unser Fühlen, Denken und unsere Kulturen als Teil der Evolution des Lebens auf der Erde betrachten. Nur dann können wir uns so kritisch beurteilen, daß wir vielleicht die tödlichen Fallen des unmittelbar vor uns liegenden Wegstückes vermeiden können.

Geschichtliche Entwicklungen lassen sich nur verstehen, wenn man sie von ihren Anfängen her verfolgt. So wäre die Geschichte Westeuropas in den letzten 1000 Jahren kaum verständlich ohne Kenntnis des von Karl dem Großen geschaffenen Reiches und dessen Aufteilung unter drei Söhne. Deshalb noch einmal ein Blick zurück in die Zeit vor etwa 10000 Jahren, als, nach der Erfindung des Getreideanbaus, in Kleinasien und im Niltal größere Dorfgemeinschaften entstanden. Es gibt keine Überlieferungen über die Einzelheiten der sozialen Strukturen. Trotzdem läßt sich aus den von Völkerkundlern beschriebenen Verhältnissen bei heute noch ähnlich lebenden Stämmen ein einigermaßen wahrscheinliches Szenario ableiten.

Am Anfang war das Dorf und die Vetternwirtschaft

Die Sippen, die begonnen hatten, einen zunehmend größeren Teil ihres Lebensunterhaltes durch Getreideanbau zu gewinnen – Jagen und Sammeln spielten natürlich auch weiterhin eine große Rolle –, waren gezwungen, dicht beieinander zu wohnen. Nur so konnten die Felder ausreichend gegen Tiere und später die Vorräte gegen Plünderung geschützt werden. Solchen Besitz zu verteidigen war lebenswichtig. Was läßt sich über die soziale Struktur der Dörfer sagen? In den ersten größeren Dörfern lebten wohl verschwägerte Familien zusammen. Denn – wie bei allen tierischen soziallebenden Verbänden – nimmt auch bei den Menschen im allgemeinen die Bereitschaft zu Kooperation und selbstloser Hilfe mit dem Grad der Verwandtschaft und der in jugendlichen Spielen gewonnenen Freundschaften ab. Ein arabisches Sprichwort gibt dieser Regel eine einprägsame Form:

Ich gegen meinen Bruder;
mein Bruder und ich gegen unsere Vettern;
wir und die Vettern gegen unser Dorf;
unser Dorf gegen das Nachbardorf.

Diese Regel begünstigt automatisch die Mitglieder und Nachkommen großer, einflußreicher Familien. So entsteht eine Rangordnung unter den Familien. Das macht es selbstverständlich, daß Heiraten ursprünglich vor allem Familiensache ist, auf die die Betroffenen keinen oder nur sehr wenig Einfluß haben.

Geeignete Anführer für Gemeinschaftsaufgaben, etwa Verteidigung, fanden sich, wie bei den Jägern und Sammlern, in einer Art Selbstorganisation auf Grund persönlicher Bewährung. Neu war, daß ein erfolgreicher Führer, wenn ein Dorf verlegt werden mußte, und das war häufig der Fall, denn Düngung war unbekannt, ein besseres oder größeres Stück Land beanspruchen konnte. Er konnte dann vielleicht eine zweite Frau und mehr Kinder unterhalten. Auch dies war ein sich selbst verstärkender Vorgang, denn die Hauptlast der Feldarbeiten wurde sicher von Frauen geleistet. Vielleicht war der Anbau von Getreide eine Erfindung von Frauen. Jedenfalls scheint mit der Feldwirtschaft fast überall die Verehrung von Muttergottheiten verbunden gewesen zu sein, und sicher leiteten Frauen Zeremonien, die der Erhaltung von Fruchtbarkeit dienen sollten. Das bedeutet nicht, wie es fälschlich gedeutet wird, daß ein Matriarchat geherrscht hat, denn Jagd und Kampf verschwanden keineswegs mit der Entwicklung der Landwirtschaft. Eher im Gegenteil: Es gab mehr zu verteidigen und mehr zu erobern. Neben der Verehrung von weiblichen Gottheiten hat sich wohl immer auch parallel die von

Kriegsgöttern entwickelt. Was es auf dieser Stufe wohl nicht gab, ist eine ausgesprochen patriarchalische Vorstellungswelt.

Ich sprach von Selbstorganisation. Die Entwicklung des Ackerbaus hat zu einer Selbstorganisation hierarchischer Strukturen geführt. Der Mann mit mehr Land konnte eine größere Familie haben. Mehr Frauen und Kinder konnten noch mehr Land bearbeiten. Der Einfluß seiner Familie wuchs. Sie schnitt bei neuer Landverteilung noch besser ab. Damit wuchs auch die Wahrscheinlichkeit, daß unter den Söhnen oder Schwiegersöhnen wieder ein tüchtiger Führer war. So wuchs der Einfluß der Familie in der Dorfgemeinschaft weiter. Nur wer eine Familie hinter sich hatte, bedeutete etwas, deshalb war es im allgemeinen – Liebe her, Liebe hin – für die Nachkommenschaft nützlich, wenn Heiraten von den Familienhäuptern arrangiert wurden.

Das Gefühl, einen guten Führer zu haben, stärkt das Selbstbewußtsein der ganzen Gemeinschaft, auch das der ärmeren und schwächeren, ein nicht zu unterschätzender Vorteil im Fall von kriegerischen Auseinandersetzungen. Auf solche Weise entstehen Rangordnungen und schließlich Häuptlingsschaften. Diese sind anfangs oft das Ergebnis von Wahlen. Sie entstehen aus Wechselwirkungen zwischen bewährter Führerschaft und Unterstützung durch einflußreiche Familien. Unnötig zu sagen, daß Machtmißbrauch möglich zu werden beginnt. Die Entwicklung hatte noch eine zweite, spirituelle Ebene. Die Schamanen hatten schon seit Jahrtausenden als Mittler zum Totenreich, als Leiter von Zeremonien, Deuter von unerklärlichen Kräften und Erscheinungen eine für die Gemeinschaft und ihr Selbstverständnis unersetzliche Rolle gespielt. Wie unersetzlich diese auf dieser Stufe kultureller Entwicklung ist, zeigt sich daran, daß sie auch heute noch konsultiert werden, selbst bei Völkern, die schon seit mehreren Generationen christianisiert sind. Bei Unsicherheit fallen Menschen auch in Europa leicht in magische Vorstellungen zurück. Der Glaube, daß Unerklärliches und Drohendes durch Riten und Beschwörungen beeinflußbar sein müßte, sitzt tief. Die Dienste von Schamanen und Schamaninnen wurden für den Ackerbau benötigt: Wann waren die Jahreszeit oder der Mond am günstigsten für die Aussaat? Wer sonst konnte ein Unwetter abwehren oder Regen durch Zeremonien herbeiwünschen? Das Bedürfnis der Gemeinschaft und ihre Hoffnungen waren groß. Da fanden sich natürlich Schamanen, die in Träumen oder Tranceerlebnissen sahen, welche Gottheit angerufen oder durch Opfer freundlich gestimmt werden mußte.

Natürlich schienen die Anordnungen manchmal Erfolg zu bringen, und war das nicht der Fall, dann gab es dafür einleuchtende Gründe: Die Zeremonie war durch eine Ungeschicklichkeit gestört worden, ein Teilnehmer hatte vorher ein Tabu verletzt, der Möglichkeiten waren viele. Menschen hätten keine Phantasien haben dürfen, wenn nicht aus solchen Anfängen ganze Familien und Hierarchien von Gottheiten entstanden wären. Aus Schamanen wurden Priester und Priesterinnen. Diese Entwicklung ist nicht – das muß hervorgehoben werden – das Ergebnis von Machtstreben und Betrug von Priesterkasten, jedenfalls nicht in erster Linie. Es ist das Ergebnis des tiefen menschlichen Bedürfnisses nach Sicherheit und Sinngebung in einer äußerst verwirrenden Welt. Selbst bewußte Tricks dienen wohl oft weniger der Förderung priesterlicher Macht als der Erhöhung des Ansehens der Gottheit, als deren Diener sich der Priester versteht. Auch dies sind sich selbst verstärkende Entwicklungen: Je bedeutender eine Gottheit, desto mehr Rituale dienen ihrer Verehrung und desto einflußreicher und damit mächtiger wird ihre Priesterschaft und um so größer natürlich auch ihr materieller Besitz.

Die zuletzt gemachten Bemerkungen sind eine Vorausschau auf spätere Entwicklungen. Der Keim einer getrennten Entwicklung weltlicher und geistlicher Macht war schon bei Jäger- und Sammlerverbänden entstanden. Wie kamen und kommen die beiden Mächte miteinander aus, wenn aus losen Dorfgemeinschaften straffer organisierte, größere Stämme entstehen, die von Häuptlingen regiert werden? Es hat diese Organisationsform noch bis in unsere Tage bei den Ackerbauern und Viehzüchtern im zentralen und südlichen Afrika gegeben. Die beiden Mächte kamen im ganzen recht gut miteinander aus. Die Zauberdoktoren mischten sich nicht viel in die Geschäfte der mächtigen, teilweise erblichen Stammeshäuptlinge. Sie sorgten für die Einhaltung der althergebrachten Riten und Belehrungen, die der Aufnahme der Jugendlichen in die Welt der Erwachsenen dienten, leisteten bei Krankheit Hilfe mit Medizinen und Beschwörungen, ließen sich für Liebestränke und tödlichen Zauber bezahlen oder für schützende Amulette. Sie sagten wahr und identifizierten einen oder eine Schuldige, wenn eine Seuche oder Wetterkatastrophe die Bevölkerung beunruhigte. Der für schuldig Erklärte wurde dann umgebracht. Das sind alles Tätigkeiten, die beruhigend wirken und dadurch der Stabilität der gesellschaftlichen Ordnung dienen, obwohl dies den Beteiligten nicht bewußt ist. Ähnliche Tätigkeiten haben sich bei allen Völkern über Jahrtausende hinweg erhalten und sind auch in die großen Religionen bis zu einem gewissen Grad eingegangen. Sie haben sich offensichtlich bewährt. In den von der Kolonisation befreiten afrikanischen Ländern leben diese Traditionen wieder auf, auch ihre schlechten Seiten.

Es zeigt sich hier die Bedeutung von Traditionen für kulturelle Entwicklungen: Kulturen entstehen durch Anhäufungen und Änderungen von Traditionen. Sie sind – ähnlich den molekularen Erbanlagen in der biologischen Evolution – das stabilisierende Element in kulturellen Entwicklungen. Kultur entwickelt sich im Spannungsfeld zwischen stabilisierender Tradition und notwendigen neuen Anpassungen, die wir Fortschritte nennen, die aber in bezug auf die Erhaltung von Evolutionsfähigkeit auch Rückschritte sein können. Ich erinnere an Konsummaximierung, die zu Müllnotstand und Umweltvergiftung führt.

Die große Stabilität bäuerlicher Lebensformen, die sich trotz vieler Kriege, technischer Verbesserungen und Völkerwanderungen in Jahrtausenden nicht wesentlich verändert haben, legt die Frage nahe, warum in anderen Regionen zuerst Stadtstaaten und schließlich große Reiche entstanden sind.

Für die Stabilität bäuerlicher Wirtschaften gibt es wohl eine relativ einfache Erklärung: Extensive Landwirtschaft, die mangels ausreichender Düngung lange Brachzeiten erfordert, erlaubt nur eine lockere Besiedlung, die keine Überschüsse zur Ernährung von größeren Städten liefern kann. Städte konnten nur entstehen, wo intensivere Landnutzung möglich war.

In den vorangegangenen Kapiteln habe ich immer wieder von Traditionen, Zeremonien und religiösen Vorstellungen gesprochen. Das sind Vorstellungen, die sich nur mit Hilfe von Sprachen entwickeln konnten. Typisch menschliche Tätigkeiten und Organisationen sind ohne Sprache undenkbar. Die Neandertaler besaßen wohl schon ausdrucksvolle Sprachen.

Das Sprechen war für die Evolution der Menschheit von weit größerer Bedeutung als der aufrechte Gang und die Herstellung von Werkzeugen. Durch nichts unterscheiden sich Menschen so radikal von höherentwickelten Tieren wie durch ihre sprachliche Verständigung. Es scheint mir deshalb angebracht, Betrachtungen über die Sprachentwicklung einzuschieben, bevor ich mich der Kulturentwicklung, die durch die Entstehung von Städten und Staaten geprägt wurde, zuwende.

16

Evolution von Sprache

These

■ Die Evolution von Sprache ist die Grundlage der geistigen und kulturellen Entwicklung.

Vom Brüllen und Rufen zum Sprechen

Die Fähigkeit, durch akustische Signale Kontakte mit Artgenossen aufzunehmen, ist weit verbreitet im Tierreich, es sei nur an die Grillen, Zikaden, Vögel, Hunde erinnert. Für Tiere, die in sozialen Verbänden leben, sind solche weithin hörbaren Mitteilungen lebenswichtig. Die Mitglieder einer Zwergmungofamilie sind bei der Jagd zwischen hohen Grasbüscheln und Gestrüpp durch ständiges Piepsen, Keckern und Zwitschern miteinander in Fühlung, und Wächter warnen mit Rufen vor Gefahren. Außerdem erkennen die Tiere einander persönlich an der Frequenz (Tonhöhe) ihrer Stimmen. Ähnlich ist das bei einer Paviansippe, die zwischen Dornbüschen, Felsen und offenen Sand- oder Grasflächen fouragiert. Da hört man das Quietschen oder Kreischen von Affenkindern, die auf ihren Müttern reiten, den Kontaktruf eines Tieres, das den Sichtkontakt verloren hat, den Aufschrei eines Affen, der eine Schlange entdeckt, und immer wieder den echoweckenden Warnruf eines Wächters, dessen scharfe Augen etwas Verdächtiges erspäht haben. Bei Schimpansen hat Jane Goodall im Laufe ihrer langjährigen Beobachtung gelernt, die Bedeutung mancher Lautfolgen zu verstehen. Sie meint, daß solche Bedeutungen von den Kindern erlernt werden und daß sich zwischen Sippen, die keinen Kontakt miteinander pflegen, gewisse »Dialektunterschiede« erkennen lassen.

Kann man diese Art von Kommunikation als eine primitive Sprache deuten? – Sicher nicht. Von Sprache kann erst gesprochen werden, wenn mit ihr etwas mitgeteilt werden kann, das der Hörer nicht weiß, etwas, an dem er nicht beteiligt ist oder war. Ein sogenannter Warnruf, auch wenn er sich auf eine ganz bestimmte Gefahr bezieht, z. B. einen Leoparden, ist kein Name für diesen. Ein solcher Ruf ist Ausdruck der augenblicklichen Stimmung des Rufers, die sich auf die Hörer überträgt. Derselbe Ruf – ursprünglich wohl Schreckensschrei – kann nicht zu der Mitteilung benutzt werden, daß ein Tier gestern einen Leoparden gesehen hat. In dieser Beziehung unterscheiden sich tierische Lautäußerungen nicht von Mimik und Körperhaltung (Körpersprache), die den Adressaten über Stimmungen wie Wut, Unterwürfigkeit, Freundlichkeit informieren, aber immer nur die augenblickliche Situation bekannt machen. Solche Übertragungen von Stimmungen werden von allen Mitgliedern eines sozialen Verbandes verstanden, weil alle von klein auf an denselben Erlebnissen teilgenommen haben. Die Lautäußerungen sind Stimmungsträger, nicht Träger von Begriffen. Sie sind aber von großem Nutzen für den Zusammenhalt der Sippe und die Einleitung gemeinsamer Aktionen.

Bei vielen Tierarten hat sich die Fähigkeit entwickelt, Augenblicksinformationen mit Hilfe von Duftstoffen, optischen und akustischen Äußerungen (von Verhaltensforschern Signale genannt) bekanntzugeben. Bei sozial lebenden Tieren kann in bestimmten Situationen, z. B. Rangkämpfen, ein Austausch solcher Mitteilungen stattfinden und zum Nutzen des Verbandes den Konflikt entschärfen. Das ist keine durchdachte, überlegte Kommunikation und verdient deshalb den Namen Sprache nicht. Die Hauptvoraussetzung für die Sprachentwicklung ist allerdings schon auf dieser Stufe vorhanden. Das ist die ererbte Fähigkeit, bestimmten Lauten eine bestimmte Vorstellung zuzuordnen, z. B. einem bestimmten Ruf die Vorstellung eines kreisenden Raubvogels, und diesen Ruf bei ähnlichem Anlaß selbst zu äußern. Diese durch Weiterentwicklung wunderbar verbesserte Erbanlage macht es Kleinkindern möglich, jede der vielen hundert menschlichen Sprachen perfekt zu erlernen. Wie kann auf dieser Grundlage Sprache entstanden sein? Was muß dazukommen, damit aus dieser Grundlage Sprache emporwachsen kann? – Denken wir noch einmal zurück an den Zwergmungo, der mit einem Blick blitzschnell einen fliegenden Falken von einem Tukan unterscheidet. Viele Tierarten können so etwas. Diese Fähigkeit ist bei Vögeln mit vielen Versuchen erforscht worden. Zwei für die Höherentwicklung bedeutsame Erkenntnisse wurden gewonnen: Zum einen orientiert sich das Erkennungsvermögen oft an ganz wenigen, aber charakteristischen Merkmalen. Die Tiere reagieren auf stark vereinfachte Attrappen, wenn sie diese sehen, genauso wie auf das Original, ja ganz primitive Attrappen mit wenigen übertriebenen Merkmalen können stärkere Reaktionen hervorrufen als naturalistische. So balzt ein Rotkehlchenmännchen, vor die Wahl zwischen einem ausgestopften können-Weibchen und einem roten Federbausch gestellt, diesen an. Die Reaktion des Rotkehlchens auf die Farbe ist erblich gänzlich festgelegt. Das ist zweckmäßig, denn unter den vielen Waldvögeln ähnlicher Größe muß der mögliche Partner leicht erkenntlich sein. Zum anderen ist nur die Fähigkeit, sich charakteristische Flugsilhouetten zu merken, angeboren; ihre Deutung als harmlos oder gefährlich lernen die Jungen aus dem Verhalten der Eltern. Das dürfte auch bei den Zwergmungos der Fall sein. Der Ausbau ererbter Gehirnstrukturen durch individuelles Lernen hat die Anpassungsfähigkeit um vieles erweitert. Es ist eine Höherentwicklung von großer Nützlichkeit.

Ich muß diese Gedanken noch etwas weiterspinnen, denn sie nähern sich einigen Grundproblemen der Philosophie. Dazu zunächst die Frage: Was macht Attrappen wirksam? Worin bestehen sie? – Sie bestehen aus einfachen, leicht mit einem Blick erfaßbaren Erkennungsmerkmalen. Es sind also Abstraktionen von sehr viel komplizierteren Dingen und Erscheinungen. Das Erkennen wird nicht durch die Notwendigkeit, viele Einzelheiten zu erfassen, verzögert, eine außerordentlich nützliche Abkürzung des Erkennungsprozesses. Wir selbst besitzen die Fähigkeit, mit Abstraktionen zu operieren, uns von ihnen leiten zu lassen, in hohem Maße, machen uns das aber nur selten klar. So kann ich mit einem streifenden Blick ohne Überlegung erkennen, ob ein teilweise durch Zweige verdecktes Tier eine Katze oder ein Dackel ist. Jeder gute Karikaturist charakterisiert in wenigen Strichen, mit ein paar Übertreibungen eine Person oder ganze Situationen – man denke an Wilhelm Busch – besser als jede Photographie!

Wo werden solche Erkennungshilfen gebildet? – Die Erkennungshilfen sind Nervenschaltungen im Gehirn, und das Erinnern ist eine Tätigkeit des Gehirns. Andere Tätigkeiten, z. B. das Greifen nach einem Gegenstand, werden durch ähnliche Gehirnstrukturen gesteuert. Wie entstehen solche Erkennungshilfen? – Diese Frage kann nur beantwortet werden, wenn man sich klar macht, daß jedes Erkennen ein Wiedererkennen ist. Ohne Wiederholungen kann es kein Erkennen geben. Kann das stimmen? Finden nicht junge Grasmücken ihre

Zugroute allein ohne vorherige Erfahrung? – Der Vorgang ist gut
verständlich: Die steuernden Erbstrukturen sind das Ergebnis von
Verhaltensweisen, die sich in Tausenden von Generationen bewährt
und verbessert haben. Flugrichtungen, Flugdauer usw. werden durch
ein automatisiertes Wiedererkennen gesteuert, das nicht an Bewußtsein gebunden, aber doch ein erfolgreiches Wiedererkennen ist!
Solche relativ einfachen Grundstrukturen können durch Übung und
Erfahrung verbessert werden. Das Gehen- und Sprechenlernen
unserer Kinder erfolgt in entsprechenden Schritten.

Wie wird aus dem Erkennen einer Flugsilhouette ein Warnruf? –
Erst diese Reaktion macht das Erkennen nützlich. Der Angst-/
Warnruf der Alttiere, ihr Starren auf den Flugfeind und die Aufre-
gung der Flucht verschalten das Bild der Silhouette mit ererbten
Strukturen, die Hormone (Adrenalin) mobilisieren, Angstgefühle ins
Bewußtsein dringen lassen und Herz und Muskeln auf äußerste
Anstrengung vorbereiten. Das ist kein Vorgang mehr, der nur im
Gehirn abläuft, viele Organe, ja der ganze Organismus werden
einbezogen. Die Erregung mit ihren Begleiterscheinungen festigt den
Eindruck der Silhouette im Gehirn und ihre Vernetzung mit dem
Warnruf und dem hormonalen Mobilmachungssystem. Aus der
Bildabstraktion ist ein Feindbild geworden. Entspricht das nicht dem,
was wir bei Menschen einen Begriff nennen? – Ich sehe nur einen
Unterschied: Wir können uns Begriffe mit Hilfe der Sprache bewußt
machen, können über sie nachdenken und mit ihrer Hilfe anderen
Menschen Vorkommnisse erzählen, an denen sie nicht beteiligt
waren. Diese Überlegung führt zu der Frage: Gibt es unbewußte
Begriffe? – Das ist der Fall: Ich ergreife, ohne daß mir das bewußt
wird, eine Kartoffel mit leichterem Griff als einen gleichgroßen Stein.
Der Begriff des Gewichtsunterschiedes hat sich durch Erfahrung,
d. h. Tätigkeit, gebildet. In meinem Gehirn haben sich Erinnerungsstrukturen mit den Nerven, die die Arm- und Handbewegungen
steuern, vernetzt, ein typischer Fall von Selbstorganisation, wie er
allen Lernprozessen zugrunde liegt.

Diese organisch-biologische Auffassung von der Begriffsbildung
erklärt noch nicht, wie aus Lautäußerungen, die einer augenblicklichen Stimmung Ausdruck geben, Sprache entstehen konnte.

Eine weit verbreitete Auffassung hatte das Hauptmerkmal des
Menschen in seiner Fähigkeit, Werkzeuge herzustellen und zu
gebrauchen, gesehen. Das hatte zu der Hypothese geführt, die
menschliche Intelligenz habe sich vor allem durch den Umgang mit

Werkzeugen entwickelt und durch das kindliche Lernen mittels Nachahmung. Die Verwandtschaft zwischen Menschen und Schimpansen und die Beobachtung, daß wild lebende Schimpansen primitive Werkzeuge benutzen, legte den Gedanken nahe, daß Schimpansenkinder vielleicht Anfänge von Sprachgebrauch erlernen könnten, wenn sie in einer menschlichen Familie aufwüchsen. Der Versuch wurde mit großem Einsatz und Zuwendung seitens der Ersatzeltern gemacht, ohne jeden Erfolg. Etwa gleichzeitig ergaben anatomische Studien, daß der menschliche Sprechapparat, Kehlkopf, Gaumen, Zunge und die zugeordnete Muskulatur sich grundsätzlich in ihrer Anordnung von den entsprechenden Strukturen der Schimpansen unterscheiden. Schimpansen sind aus anatomischen Gründen unfähig, die Laute hervorzubringen, die menschliches Sprechen möglich machen. Eine allgemein gültige Evolutionsregel läßt erkennen, daß Nervenschaltungen sich, als Folge von Rückkoppelungen, immer Hand in Hand mit den Funktionen der beteiligten Organe entwickeln. Es muß deshalb angenommen werden, daß Schimpansen viele menschliche Worte nicht voneinander unterscheiden können.

Diese Erkenntnis hat zu Versuchen geführt, Schimpansenkinder unter Verwendung der Fingerzeichen der amerikanischen Taubstummensprache aufzuziehen. Es gelang den Psychologen Beatrice und Allen Gardner, dem Schimpansenmädchen Washoe in vier Jahren 122 »Worte« beizubringen. Das ermöglichte kurze Zweiwort-Mitteilungen zwischen Affenkind und Ersatzmutter. Ähnliche Versuche von anderen Forschern mit anderen Schimpansenmädchen – sie sind gelehriger als die Buben – und mit teilweise anderen Zeichen führten zu ähnlichen Ergebnissen. Schimpansen, und auch Gorillamädchen können etwa ebenso viele Zeichensymbole für Dinge und Tätigkeiten in ihrer Umwelt erlernen und auch korrekt anwenden, wie zweijährige Kinder das mit Worten können. In einer Beziehung benutzten die Affen gelegentlich die gelernten Zeichen in durchaus ähnlicher Weise wie wir die Worte unserer Sprache: Sie setzten spontan, ohne menschliche Beeinflussung, Zeichen in logischer Weise zusammen, um einen Gegenstand zu bezeichnen, für den sie kein Zeichen gelernt hatten. So z. B. für eine Thermosflasche »Metall-Tasse-trink-Kaffee«. Das ist eine Neuschöpfung durch Zusammenfügen von Begriffen, die einzeln unter ganz anderen Umständen gebildet wurden. Wir verwenden ständig solche Kombinationen, z. B. wenn wir von einem Bierkrug sprechen. Diese und ähnliche, nicht andressierte Neuschöpfungen zeigen, daß die erlernten Zeichen zu Begriffen geworden sind, die in verschiedenartigen Zusammenhängen verwendet werden können.

Die Deutung dieser mit kritischer Sorgfalt durchgeführten Versuche ist kritisiert worden mit der Vermutung, daß es sich doch um eine Art Dressur handeln könnte. Meines Erachtens zu Unrecht. Die Fähigkeit, aus Erfahrungen Begriffe zu abstrahieren, ist wohl bei höher entwickelten Säugetieren und Vögeln weit verbreitet. So kann, wie oben angeführt, aus einer einfachen Flugsilhouette ein Feindbild werden, oder für den Hund, der seinem Herrn schwanzwedelnd die Leine bringt, weil er spazierengehen möchte, hat sich der Begriff Leine mit den Freuden des Spaziergangs verknüpft. Daß diese Fähigkeit bei den klugen Schimpansenmädchen noch besser entwickelt ist, nimmt nicht wunder. Damit ist eine Voraussetzung für Sprachentwicklung erfüllt. Allerdings wurden die erlernten Zeichensymbole nur zur Kommunikation mit der Lehrerin verwendet. Nie wurde beobachtet, daß beim Zusammensein und Spiel mit anderen Schimpansen eines dieser Zeichen verwendet wurde! Ich nehme an, daß in Gegenwart anderer Schimpansen die artgemäßen Kommunikationsmöglichkeiten, die sicher weit besser sind, als wir uns vorstellen können, das mühsam Erlernte verdrängten. Ein Kind, das eine Fremdsprache zu lernen beginnt, gebraucht diese auch nicht beim Spielen.

Ich halte die Annahme für gerechtfertigt, daß die Fähigkeit zur Bildung unbewußter Begriffe bei den gemeinsamen Vorfahren der Schimpansen und Menschen schon recht gut entwickelt war. Für den Evolutionsweg zu den heutigen menschlichen Lautsprachen stand eine Zeitspanne von etwa 6 Mio. Jahren zur Verfügung. Lassen sich aus dem vorliegenden Fundmaterial Entwicklungsschritte ableiten? Es gibt anatomische Hinweise. Oben wurde berichtet, daß die Anatomie des Stimmapparates der Menschenaffen zur Erzeugung der vielfältigen menschlichen Lautfolgen ungeeignet ist. An fossilen Schädeln kann, wenn die Schädelbasis erhalten ist, die Lage und Abmessung des Stimmapparates in etwa rekonstruiert werden. Die Untersuchungen haben ergeben, daß der Stimmapparat der Australopithecinen sich nicht wesentlich von dem der Schimpansen unterschied und sich auch in der Zeit von etwa 4–2 Mio. Jahren vor heute nicht viel weiter entwickelte. Auch das Gehirnvolumen stagnierte trotz des aufrechten Ganges. Vor etwa 1,6 Mio. Jahren wurden sie in Ostafrika vom Homo erectus verdrängt, der wesentlich größer war und dessen Gehirnvolumen langsam von etwa 700 auf mehr als 1200 cm^3 anwuchs.

Seine Entwicklung hatte sicher schon weit früher begonnen, ist aber bisher nicht durch Funde belegt. Während seiner etwa eine Million Jahre währenden Entwicklung näherte sich die Form des Mund-, Nasen- und Rachenraumes dem heutiger Menschen an. Der Stimmapparat wurde wohl entsprechend leistungsfähiger. Die Verbesserung hätte wohl nicht zum Sprechen einer heutigen Sprache befähigt, brachte aber einen erheblichen Nachteil mit sich. Der Weg der Luft von der Nase in die Luftröhre ist ungenügend von dem der Speise bzw. des Wassers in die Speiseröhre getrennt. Es ist nicht mehr möglich, gleichzeitig zu atmen und zu trinken, was alle anderen Säugetiere können. Dieser Nachteil muß schon beim Homo erectus durch einen größeren Vorteil aufgewogen worden sein, sonst hätte die Auslese diese Entwicklung verhindert. Der Vorteil kann wohl nur die verbesserte Kommunikation gewesen sein, die verbesserte Möglichkeit, sich bei Jagd, Futtersuche oder Verteidigung abzustimmen und Erlebnisse mitzuteilen. Selbst die unvollkommenen Anfänge einer Wortsprache mußten das Entstehen neuer Begriffe und damit die Gehirnentwicklung außerordentlich anspornen.

Diese Evolution erfolgte sicher sehr langsam. Darauf läßt auch die sehr langsame Entwicklung der Faustkeilkultur schließen, auf die schon hingewiesen wurde.

Aus dem Homo erectus-Stamm ist in der langen Zeit seiner Existenz wahrscheinlich sowohl der Neandertaler als auch die heutige Menschenart hervorgegangen. Daß wahrscheinlich beide etwa gleichgut sprechen konnten, wurde schon oben erwähnt.

Die Ergebnisse der anatomischen Studien lassen erkennen, daß in den letzten zwei Millionen Jahren eine im Tierreich einmalig rasche Zunahme des Gehirnvolumens von einer ungefähr gleichzeitigen Umgestaltung des Stimmapparates begleitet war. Man könnte fragen, was ist dabei Ursache, was Wirkung? – Bei Evolutionsprozessen ist diese Frage meist verfehlt, denn eine Hauptregel besagt, daß Weiterentwicklungen nützlich sein müssen. Sie haben sonst keinen Bestand. Es wäre unnütz, wenn entweder die Vergrößerung des Sprachzentrums unseres Gehirns – heute fast 20 % seiner Masse – ständig einen Schritt vorauseilte oder umgekehrt. Bei Nützlichkeit muß gefragt werden: Wofür? – Bei Lautäußerungen natürlich zur Verbesserung der Kommunikation. Evolution ist Geschichte. Geschichte wird nur verständlich, wenn man zu den Anfängen einer Entwicklung zurückgeht. Deshalb die Frage: Zu welchem Zeitpunkt ist Kommunikation überlebenswichtig? – Sicher zwischen Müttern und fürsorgebedürftigen Kindern. Darüber kann es wohl keinen Zweifel geben. Jungvögel piepsen und zwitschern, Mäusekinder piepsen, Hundekinder winseln, Robbenmütter finden ihr blökendes Baby sogar in einer dichtgedrängten Kolonie von Tausenden, Menschenbabys greinen und schreien, Eltern beruhigen sie mit zärtlichem Zusprechen. Ich halte es für sehr wahrscheinlich, daß die Grundlage für das Verstehen von Lautfolgen zusammen mit der Fürsorge für den Nachwuchs entstand. Sogar Krokodilmütter verstehen das Piepsen ihrer Jungen schon in den Eiern, noch vor dem Schlüpfen. Auf dieser alten Grundlage ist die Weiterentwicklung einer Kommunikation mit Lautfolgen nicht nur möglich, sondern auch wahrscheinlich. Es ist sicher kein Zufall, daß erwachsene Wildhunde bei freundlicher Begrüßung oder wenn sie sich zu einem Jagdzug ermuntern, die winselnden Laute um Futter bettelnder Jungtiere gebrauchen.

Wie kann die Weiterentwicklung von solchen stark gefühlsbetonten Lautäußerungen zu den Anfängen einer Wortsprache vor sich gegangen sein? – Die Einzelheiten werden uns verborgen bleiben, aber einige Schritte lassen sich vielleicht doch in vagen Umrissen nachvollziehen: Da ist zunächst die Frage, wie die sicher angeborene Mutter-Kind-Kommunikation durch erlernte, differenziertere Lautäußerungen, die allen Mitgliedern einer Sippe verständlich sind – das ist entscheidend –, erweitert werden können.

Diese Frage schließt an ein afrikanisches Erlebnis an. Es war im Jahr 1941. Wir rasteten, mein Freund, unser Hund und ich, im Übergangsbereich zwischen der Namib-Wüste und der Buschsteppe des Berglandes unter einer kleinen Felswand. Fünf Springbock-Gazellen zogen langsam an uns vorüber. Der Wind war günstig, ich hielt den Hund fest auf den Boden gepreßt, und wir saßen ganz still, aber ohne jede Deckung. Die Tiere kamen näher; schließlich war der vorderste Bock nur noch 20 m entfernt. Er blieb stehen, sah uns an und – weidete ruhig weiter. Das nächste Tier kam heran. Da schlug der aufs äußerste erregte Hund mit der Schwanzspitze gegen einen Stein. Der Bock hob mit einem schrillen Pfiff den Kopf, konnte aber immer noch nicht deuten, was er sah. Er stand vielleicht eine halbe Minute, immer wieder pfeifend und unruhig die Vorderbeine bewegend. Dann wurde es ihm wohl unheimlich oder er erkannte den Reflex eines Auges, mit einem letzten Pfiff jagte er, von den anderen gefolgt, davon. – Offensichtlich war das Gehirn der Gazellen unfähig, die Bedeutung bewegungsloser, unbekannter Netzhautbilder zu erfassen. Ein Strauß hätte uns auf 400 m Entfernung als Gefahr erkannt.

Eine halbe Stunde später tauchte eine schwarze Gestalt auf dem Kamm über dem Talkessel auf. Sie setzte sich aufrecht auf einen Felsen und blickte ins Tal hinab. – Ein Pavian! Er sah uns sofort und ließ ein dröhnendes »Boua!« ertönen. Andere Köpfe tauchten neben ihm auf und gaben denselben Ruf von sich, sobald sie uns ausgemacht hatten. Wir blieben sitzen, die Paviane ebenfalls, ihre Aufmerksamkeit durch immer neue Rufe bekundend. Nach etwa einer halben Stunde hielten sie es vor Neugier nicht mehr aus. Langsam, mit großen Pausen, arbeiteten sie sich den Hang hinab. Sie näherten sich uns nicht direkt, sondern von der Seite, wobei sie sich nie alle gleichzeitig bewegten. Hatte eine Felskulisse dem Anführer für eine kurze Strecke die Sicht genommen, so tauchte immer zuerst sein Kopf vorsichtig spähend hinter einem Busch oder Felsblock auf. Dabei stellte er sich mehrmals auf die Hinterbeine. Schließlich waren alle neun Tiere in etwa 70 m Entfernung auf der anderen Seite des Trockenflußbettes angekommen. Zu unserem Erstaunen kletterten sie jetzt in zwei recht dichte Akazienbüsche, obwohl diese von spitzen, hakenförmig gekrümmten Dornen starrten. Sie saßen wie schwarze Kobolde steil aufgerichtet in den Ästen und beobachteten uns unausgesetzt. Jede unserer Bewegungen wurde mit lautem »Boua!« beantwortet. Die Jungen versuchten, den Ruf mit piepsender Stimme nachzuahmen. Ein ganz kleiner Pavian kletterte an seiner Mutter herum, hielt sich aber meist hinter ihrem Rücken verborgen und blickte nur dann und wann unter ihrem Arm hindurch zu uns herüber, wie ein Menschenkind, hinter dem Rock der Mutter stehend, einen Fremden beobachtet. Ein Halbwüchsiger versuchte, in Deckung von Felsen und Büschen näher heranzuschleichen, bis ihn ein lautes Gebrüll des Anführers zurückholte. Ab und zu schnatterten die Alten wie Frauen bei einem Kaffeeklatsch.

Die Neugier der Paviane war noch größer als die unsere: Sie machten keine Miene aufzubrechen. Schließlich standen wir auf und gingen auf sie zu. Sie flohen den Berg hinauf, wobei der Anführer zähnefletschend und wiederholt brüllend den Rückzug deckte.

Was hat dieses Erlebnis mit dem Thema dieses Kapitels zu tun? – Es hat uns eindrucksvoll vorgeführt, wie gut die Paviane durch gutes Sehvermögen, gepaart mit Neugier und Intelligenz, für das Leben in einem Landschaftstyp ausgerüstet sind, der in etwa dem entspricht, in dem unsere Vorfahren anfingen, Fleisch zu einem wichtigen Bestandteil ihrer Nahrung zu machen. Auch Paviane erbeuten gelegentlich kleine Säugetiere. In einigen Gegenden haben sie gelernt, Lämmern den Leib aufzureißen und die Milch aus dem Magen zu fressen. Außerdem wurde uns klar, daß die Lautäußerungen der Paviane keineswegs als Vorstufe einer sprachlichen Kommunikation gedeutet werden können. Sie sind nicht mehr als der spontane Ausdruck von Erregungen und Stimmungen, die durch bestimmte Erlebnisse, in diesem Fall Beobachtungen, hervorgerufen werden. Aber, und das ist wichtig, es sind gemeinsame Erlebnisse, an denen jedes Individuum von klein auf teilnimmt. So lernt jedes Tier die Beziehung zwischen bestimmten Lautäußerungen und Erlebnissen, so daß eine Lautäußerung allein eine zugeordnete Gemütsbewegung, z. B. Schrecken, verbreiten kann. In dieser Beziehung besteht kein Unterschied zur Erlernung spezieller Warnrufe bei Zwergmungos und vielen anderen Tierarten. Und doch, die Fähigkeit, Lautfolgen mit bestimmten Erlebnissen, im Fall der Paviane sicher vor allem Sehbildern, und Emotionen zu verknüpfen, ist wohl eine Voraussetzung für den Eingang unbewußter Begriffe ins Bewußtsein und damit auch für die Entwicklung einer Wortsprache.

Was muß geschehen, damit aus Lautfolgen, die unter dem Anstoß eines Erlebnisses geäußert werden, ein Wort werden kann? – Die Lautäußerung muß von dem wirklichen Erlebnis abgekoppelt werden, so daß das Tier über sie verfügen kann wie über andere Tätigkeiten, z. B. Hantieren mit Stöcken. Dazu die Frage: Gibt es überhaupt Gelegenheiten, bei denen Tiere ohne den Druck äußerer Umstände oder innerer Antriebe, z. B. Hunger, ihre Fähigkeiten spielen lassen? Ja, das ist der Fall beim Spielen junger Tiere, bei Hündchen, die sich spielerisch balgen und beißen, miteinander Fangen spielen, knurrend an einem Stock ziehen, oder bei Kätzchen, die einen Ball jagen oder den Schwanz ihrer Mutter belauern und haschen.

Ausgeprägtes Spielverhalten scheint weitgehend auf hochentwickelte Säugetiere beschränkt zu sein. Bei Vögeln ist es kaum beobachtet worden. Kluge Rabenvögel allerdings finden gelegentlich Spaß daran, andere Tiere zu necken. Bei Reptilien oder Insekten gibt es so etwas nicht. Die Fähigkeit und Neigung zu spielen wächst mit der Entwicklung des Gehirns. Das Spielen ist oft mit Lautäußerungen verbunden, aber die Fähigkeit zu Lautgestaltung und -erlernung ist bei Säugetieren anatomisch sehr beschränkt. Wie ist das bei stimmbegabten Vögeln? Gibt es bei diesen spielerischen Stimmgebrauch? – Ich glaube ja. Spottdrosseln, die den Gesang anderer Vogelarten, das Knarren einer Stalltür oder Quietschen einer Wetterfahne nachahmen, tun dies nicht nur als direkte Reaktion auf solche Laute, sondern auch spontan ohne direkten Anlaß.

Die Schlußfolgerung scheint mir gerechtfertigt, daß recht verschiedene Tiere die Fähigkeit erlangt haben, besonders im Jugendalter angeborene und erlernte Tätigkeitsmuster spielerisch zu verwenden. Kann vielleicht dies der Weg sein, der unsere tierischen Vorfahren zum Spracherwerb führte? – Schimpansen verfügen zur sozialen Kommunikation über ein reichhaltigeres Mienenspiel als Paviane. Ihre Gesichtsmuskulatur erlaubt vielfältigere Bewegungen, was auch die Stimmgestaltung flexibler macht. Beides verbessert die soziale Abstimmung. Das war bei der verlängerten Abhängigkeit der Jungen sicher eine nützliche Entwicklung. Die Annahme, daß sich diese Fähigkeit auf dem Entwicklungsweg einer Australopithecinenart zum Homo habilis und Homo erectus weiter verbessert hat, widerspricht keiner Evolutionsregel. Die Zahl der Lautfolgen mit bestimmter Bedeutung nahm zu und wurde um so nützlicher, je besser sich diese voneinander unterscheiden ließen. Entsprechend verbesserte sich die Lernfähigkeit für bedeutungsvolle Lautfolgen. Sie konnten zu einem Bestandteil kindlicher Spiele werden. Im Spiel sind sie dann – das ist entscheidend – plötzlich vom Zwang des Erlebens befreit und zaubern doch die ihnen zugeordneten Gefühle und Bilder ins Gedächtnis. Da können befriedigende Bilder durch reine Wiederholung der entsprechenden Laute immer wieder erfreuen. Es läßt sich auch mit dem Ruf »Wolf« oder »Feuer« – ohne wirkliche Gefahr – spielen. So konnte vielleicht, mit der Verlängerung der Kindheit, aus kindlichem Spiel Sprache entstehen. Vermittler zu den Erwachsenen waren wohl die Mütter. Diese haben vielleicht ein besonders empfindliches Gehör für die Stimmen ihrer Jungen. Darauf deuten kürzlich veröffentlichte Versuche an Mäusemüttern hin. Diese nehmen das kontaktsuchende Piepsen ihrer Jungen in der linken Gehirnhälfte wahr. Das ist die Hälfte, die auch bei uns Sprache versteht. Es wäre interessant zu wissen, ob das vielleicht bei allen Säugetieren so ist.

Willkürlich hervorholbare Bilder – ist das nicht schon der Anfang des Denkens?! Dann sind Sprache und Denken Zwillinge, die sich Hand in Hand entwickeln. Sobald erst ein gewisser Wortschatz vorhanden ist, lassen sich Bilder und andere mit ihnen verknüpfte Erinnerungen frei kombinieren.

Noch nicht Erlebtes läßt sich in der Phantasie erleben. Das Leben umfaßt nicht mehr nur Vergangenheit, Gegenwart und unbewußte

Erwartungen. Zukünftige Folgen des eigenen Handelns werden bis zu einem gewissen Grade vorhersehbar. So hat schließlich der Mensch mit Sprechen und Denken eine ganze Zeitdimension gewonnen und damit die schwere Bürde der Verantwortung für sein Tun!

Ohne kindliches, von aufmerksamen Müttern behütetes Spiel hätten unsere vormenschlichen Ahnen vielleicht nie das tierische Dasein überwunden. Vielleicht ist auch für die Zukunft das sorglose Spielen von Kindern wichtiger als alle Kriege, Revolutionen und Supertechniken.

Über die Entstehung des Sprechens gibt es mehrere Hypothesen, wie immer, wenn es an Fakten fehlt. Mir scheinen die oben skizzierten Gedanken vertretbar, denn sie gehen von dem Fürsorgeverhalten höher entwickelter Tierarten aus, die zur Entstehung sozialer Verbände geführt haben und berücksichtigen das, was über die Anatomie von Stimmapparaten bekannt geworden ist. Es ist ein möglicher Evolutionsweg, in den sich der augenblickliche Wissensstand ohne Zwang einpassen läßt.

Der Einfluß des Spracherwerbs auf die menschliche Evolution muß ungeheuer gewesen sein. Sobald, selbst in der primitivsten Sprache, Fragen oder Behauptungen bejaht oder verneint werden konnten, und sei es auch nur mit Kopfbewegungen, ergab sich eine so rasche Zunahme an verwertbarem Wissen und neuen Denkmöglichkeiten, daß die Weiterentwicklung garantiert war. Der Vorteil für das Überleben wurde so groß, daß das Wachstum des Gehirns durch die Auslese begünstigt werden mußte! Das Gehirn wurde zum nützlichsten Werkzeug des Menschen.

Wie immer der Weg zum Sprechen im einzelnen verlaufen ist, es ist sicher, daß die Cromagnon-Menschen, die vor etwa 40 000 Jahren in Europa einwanderten, sprechen konnten. Ihre geschnitzten Statuetten und in Knochen geritzten Tierbilder zeigen, daß der Austausch von Vorstellungen und Gedanken in ihrem sozialen Leben eine bedeutende Rolle gespielt hat.

Das Kommunikationsinstrument Sprache hat schließlich den Homo sapiens zu einem allerdings wenig vernünftigen Herrscher über die Erde gemacht. Ich füge an dieser Stelle einige Überlegungen über den Zusammenhang von Sprechen und Denken ein.

Mit Sprache zum zeitübergreifenden Denken

Der Übergang von der Kommunikation durch Lautäußerungen und Gesten zur Sprache hat wahrscheinlich vor etwa 1,6 Mio. Jahren begonnen, zu einer Zeit, in der unsere Vorfahren schon seit mehr als zwei Millionen Jahren aufrecht gingen. Selbst die primitivste verständliche Mitteilung über etwas, das der Partner nicht wußte, war von so großem Nutzen, daß das Zusammenspiel von Darwinscher Auslese und individueller Lernfähigkeit diese Entwicklung außerordentlich begünstigen mußte. Man stelle sich vor, was es bedeutete, daß etwas mitgeteilt werden konnte, das der andere nicht miterlebt hatte, ein aufregendes Erlebnis vom Vormittag, von gestern oder vorgestern! Individuelles Wissen, Erlerntes und Erleben konnte verbreitet werden. Mit der zeitübergreifenden Mitteilungsfähigkeit hat die Lernfähigkeit und zugleich der Wert individueller Begabungen eine neue, höhere Stufe erreicht. Nun wurden Zurückdenken und Nachdenken zur Präzisierung von Erinnerungen und Nachfragen von Seiten des Partners zuerst zu kleinen, aber wohl bald zu sensationellen Vorteilen.

Im Verlauf der menschlichen Entwicklung kommt schließlich zu der Lernfähigkeit das bewußte Lernenwollen als Weiterentwicklung des tierischen Neugierverhaltens und dann noch das bewußte, aktive Lehren hinzu. Mit dieser kulturellen Entwicklung verbesserte sich auch die Möglichkeit, besser voraus in die Zukunft hinein zu planen. Eine gedankliche, nicht mehr Darwinsche Auslese zwischen verschiedenen Möglichkeiten wurde möglich! Die geistige Evolution begann, sich zu beschleunigen.

Das große Wunder der Evolution besteht darin, daß aus ungeplantem Geschehen geplante Tätigkeiten hervorgegangen sind!

Nach dieser Vorausschau wieder zurück zu den Beziehungen zwischen Sprache, Selbstbewußtsein und Denken.

Selbstbewußtsein kann als ein Ergebnis von vier, aufs engste miteinander vernetzten und durch Übergänge miteinander verknüpften Elementen angesehen werden: ererbte Erwartungsstrukturen (Organe mit ihren Nervennetzen), gespeicherte, körperliche Selbsterfahrungen, Erinnerungen an die eigene Vergangenheit, die Fähigkeit, über letztere und sich selbst nachzudenken. Die drei ersten wurden oben kurz skizziert.

Das aktive Denken ist, nach meiner Ansicht, zusammen mit der Sprachentwicklung entstanden.

Über Sprache ist viel gerätselt, viel diskutiert, geforscht und veröffentlicht worden. Jeder Mensch kann als Kind, falls er nicht taubstumm ist, jede Sprache lernen, sogar zwei Sprachen gleichzeitig, wenn in seiner Umgebung zwei Sprachen gesprochen werden. Die Fähigkeit und das Bedürfnis, gehörte Lautfolgen nachzuahmen, ihre Bedeutung zu erfassen und logisch (grammatikalisch richtig) zu verwenden, ist angeboren.

Worte sind Symbole zur Vermittlung von Begriffen. Das Begreifen stellt, wie oben besprochen, vernetzte Beziehungen her zwischen Dingen, Erscheinungen der Umwelt, erkannten oder vermuteten Zusammenhängen der verschiedensten Art und menschlichen Erfahrungen. Es wurde behauptet, daß Organe als »verkörperte« Begriffe aufgefaßt werden können, z. B. Augen für Eigenschaften des Sonnenlichtes. Begriffe verknüpfen bestimmte Eigenschaften und Gesetzmäßigkeiten der Natur. Sie entstehen durch die Selbstorganisation vermehrungsfähiger Organismen. Sie entstehen durch deren Tätigkeiten; auch Anschauen ist eine Tätigkeit! Als Anpassung enthält jedes Begreifen Erwartung, gleichviel ob diese unbewußt bleibt oder, an Erinnerungen geknüpft, bewußt werden kann, wenn z. B. eine Erinnerung Angst weckt. Daß ein Angstruf zum Symbol für einen bestimmten Feind werden kann, wurde oben besprochen.

Die Verhaltensforscher sprechen in diesem Fall von einem Signal, also einem Zeichen, das eine vereinbarte Bedeutung haben kann. Ich würde das Wort Symbol (nach Duden: Kennzeichen) vorziehen, wenn die Bedeutung feststeht, wie das bei Worten der Fall ist. Das ist aber wahrscheinlich Geschmackssache.

Es wäre interessant zu wissen, wofür die ersten Worte gefunden wurden. Man wird es nie erfahren, denn Sprachen ändern sich ständig, und sicher hat keine heutige Sprache noch irgendeine Ähnlichkeit mit den ersten Anfängen, die wahrscheinlich schon mehr als eine Million Jahre zurückliegen. Wir können nur spekulieren. Die Vermutung liegt nahe, daß die ersten – sicher kurzen – Worte aus emotionsbeladenen Schreckensrufen entstanden sind oder Lauten, die eine bestimmte Tätigkeit begleiten. Ich denke dabei vor allem an die Kommunikation zwischen Müttern und Kindern und an kindliche Spiele. Wahrscheinlich wurden viele Mitteilungen und vor allem Auffordern, z. B. zum Mitgehen, von nachahmenden Bewegungen begleitet und verständlich gemacht. Wir tun das ja oft auch heute. Jeder Erfolg mußte das Verlangen nach Mitteilung verstärken. Das dürfte vor allem bei emotional aneinandergebundenen Ehepartnern der Fall gewesen sein, wenn die Männer von einer Jagd noch voll Aufregung zurückkehrten und von den Frauen und Kindern voll Erwartung begrüßt wurden. Jede Verbesserung der Kommunikationsfähigkeit wurde zu einem Vorteil für die ganze Sippe. Deshalb mußte die Lernfähigkeit für sprachliche Verständigung, wenn sie erst einmal begonnen hatte, von der Darwinschen Auslese sowohl durch anatomische Verbesserungen des Stimmapparates als auch die individuelle Lernfähigkeit vorangetrieben werden.

Noch eine Anmerkung zum Sprechenlernen. Beobachtungen haben gezeigt, daß Kleinkinder aller Völker eine angeborene Fähigkeit besitzen, eine weit größere Zahl von Lautunterschieden zu erkennen als Erwachsene. Ihr Lernvermögen für Laute, die in ihrer Muttersprache nicht verwendet werden, für Europäer z. B. manche Zisch- und Schnalzlaute, ist ausgezeichnet. Diese Fähigkeit schränkt sich später auf die Unterschiede ein, die in der Muttersprache von Bedeutung sind. Der Aufmerksamkeitsaufwand (Energieeinsatz) verringert sich also mit dem Lernen. Es findet eine Auslese nach dem Grad der Bedeutung statt und damit auch eine Einsparung von Energie.

Information und Sprache

Sprache ermöglicht Kommunikationen, also die Mitteilung und den Austausch von Informationen. Was ist Information? – Darüber haben sich viele Wissenschaftler Gedanken gemacht, besonders seit Computer zur Speicherung und Verarbeitung von Informationen konstruiert wurden. Das Wort konstruieren enthält das Ergebnis des Nachdenkens und der Diskussionen: Strukturen sind die Grundlage von Information! Jede Struktur enthält Informationen über ihre Bildungsbedingungen. Auf diese Erkenntnis wurde schon in dem Kapitel über die Entstehung des Lebens und des genetischen Codes eingegangen. Durch ihren Informationsgehalt können Strukturen – auch unbelebte – spätere Ereignisse beeinflussen. Dafür noch ein Beispiel: Ein Berg enthält weit mehr Information als seine Mineralien. So kann der Berg eine Gesteinsfolge mit Saurierknochen enthalten, die Auskunft geben können über das Klima und die Pflanzenwelt, in denen der Saurier lebte. Vielleicht sind diese Schichten später durch eine Gebirgsbildung gefaltet worden, darüber geben die Faltenstrukturen Auskunft usw. Dies einfache Beispiel zeigt, daß eine Struktur

(der Berg) um so mehr Information enthält, je mehr Vorgänge an ihrer Entstehung beteiligt waren. Diese Informationen können für uns sehr nützlich sein, z. B. bei der Suche nach Öl oder anderen Rohstoffen. Nützen die Informationen auch einem Kristall oder einem Berg? Offensichtlich nicht.

Gilt diese Erkenntnis auch für von Menschen geschaffene Strukturen? – Das ist der Fall. So enthält z. B. eine Kathedrale weit mehr Information über das handwerkliche Können, die religiösen Vorstellungen und die kulturellen Beziehungen seiner Erbauer als ein einfaches Haus.

Jede Struktur bewahrt, solange sie existiert, etwas von ihrer Vergangenheit und auch von der Vergangenheit ihrer Umwelt. Und –

Das Münster in Freiburg (*links*) enthält in seinem Bauplan und seinen Bildwerken unvergleichlich mehr geschichtliche Information als ein einfaches Haus (*rechts*), nicht nur über die Zeit der Erbauung, sondern auch über die Wurzeln christlicher Glaubensinhalte und deren Einfluß auf das geistig-kulturelle Leben. Ohne geschichtliche Kenntnisse, nur aus sich selbst, wären Sinn und Zweck des Bauwerks nicht zu verstehen. Ähnliches gilt auch für alle komplizierten Strukturen, z. B. unser Gehirn und seine Funktionen

das ist ein wichtiger Punkt – diese Strukturen beeinflussen spätere Ereignisse. Sie wirken in die Zukunft hinein.

Woraus aber bestehen Strukturen? – In herkömmlicher Sprache ist man geneigt zu sagen: aus Materie. Was aber ist Materie? – Seit Einstein wissen wir, daß alle Materie aus Energie besteht. Die Atome, Elektronen, Neutronen und die vielen kleineren Einheiten, in die diese bei extrem hoher Energieeinwirkung zerfallen oder zerschlagen werden, sind Energiekonzentrationen, Energiebündelchen von extrem unterschiedlicher Stabilität. Die für letztere gebräuchliche Bezeichnung Elementarteilchen ist leider für Nichtphysiker recht mißverständlich. Die Elemente genannten Energiekonzentrationen können zwar für Milliarden Jahre stabil bleiben, können aber auch, wie das Uran, unter großer Energieabgabe zerfallen oder zum Zerfall gebracht werden, wie der strahlende Erfolg unserer Atomwirtschaft zeigt. Strukturen bestehen also aus verschiedenen Formen kondensierter Energie. Sie sind Ergebnisse vergangener dynamischer Vorgänge (Sternexplosionen, chemische Prozesse, Gebirgsbildungen usw.). Sie bewahren Informationen über diese Vergangenheiten, um so mehr, je mehr Vorgänge an ihrer Entstehung beteiligt waren. Darauf hat C. F. v. Weizsäcker aufmerksam gemacht.

Information bewahrt nicht nur Vergangenes, sie wirkt durch ihre Strukturen über die Gegenwart hinaus in die Zukunft und hat dadurch Einfluß auf künftiges Geschehen. Dafür ein paar Beispiele: Die Festigkeit alter Gesteinsformationen beeinflußt die Landschaftsgliederungen auf allen Kontinenten. – Ein Prisma trennt das unübersichtliche Wellengemisch des weißen Lichtes in das übersichtliche, bunte Spektrum des Regenbogens. Auch macht die Struktur des Prismas es möglich, im Licht ferner Sterne die Existenz bestimmter Atomarten nachzuweisen. – Das Atomgitter eines Quarzkristalles pulsiert im Rhythmus bestimmter elektromagnetischer Schwingungen und verwandelt diese in mechanische Arbeit. Daraus ergibt sich die Möglichkeit, genaue Quarzuhren zu konstruieren und vieles mehr. Durch solche Wechselwirkungen von Informationen – auch elektromagnetische Schwingungen sind Energiestrukturen – wächst der Informationsgehalt der Welt in unvorhersehbarer Vielfalt in die Zukunft hinein.

Die Informationsvermehrung im Laufe der Evolution des Kosmos erfährt mit der Entstehung lebendiger, vermehrungsfähiger molekularer Strukturen eine neue Qualität und eine ungeheure, progressive Beschleunigung. Es ist ein im tiefsten Sinne des Wortes wunderbares Geschehen, denn durch die Vererbung bewährter Strukturen (Erbanlagen) wird deren Informationsgehalt nicht nur bewahrt, sondern auch vermehrt, und nicht nur vermehrt, sondern auch noch im Laufe der biologischen Evolution verbessert, so daß heute, in unserem Sonnensystem, menschliche Gehirne die kompliziertesten und informationsreichsten Strukturen sind und durch Sprechen und Denken die Informationsvermehrung noch weiter vorantreiben!

Durch bewußtes Denken ist Selbstkritik und damit Selbstverbesserung möglich geworden. Ein wichtiger und hoffnungsvoller Prozeß. Dies ist, wie ich weiter unten ausführen werde, ein der Darwinschen Auslese ähnlicher Vorgang. Die Verbesserungen sind aber nicht mehr an die Weitergabe von Generation zu Generation gebunden, sondern durch die neuen Strukturformen von Sprache und Schrift, sogar über Kulturgrenzen hinweg, mitteilbar geworden. Dadurch wird die Mitteilbarkeit von Information, die schon in der Vererbung angelegt ist, auf eine neue, umfassendere, höhere Stufe gehoben. Information ist für uns ein hohes Gut. Ohne den Empfang und Austausch von Informationen (Erkenntnissen, Wissen, Meinungen) wäre unser Leben unvorstellbar arm. C. F. v. Weizsäcker hat darauf hingewiesen, daß Information eines der ganz wenigen Güter ist, das durch Teilung nicht vermindert, sondern vermehrt wird. Das gilt auch für die Liebe und leider oft auch für den Haß.

Es wurde gesagt, daß jede Struktur Informationen enthält und daß deshalb Lebewesen mit ihrer Vermehrung gleichzeitig auch bewährte Informationen vermehren und daß mit der Entwicklung des Sprechens Informationen auf nicht erblicher Grundlage in unvergleichlich rascherer Weise und wachsender Menge vermehrt werden konnten und können. Das führt noch einmal zu der Frage: Was ist Information? Was ist Information nicht? – Information ist kein Ding, das man anfassen oder herumschicken oder unter einem Mikroskop oder mit einem Fernrohr sichtbar machen kann. Wirklich? Ich kann doch einen Brief verschicken. Ja, aber wenn in dem Brief steht: »Ich komme Dich übermorgen besuchen« und der Brief geht verloren und ein Fremder findet ihn, dann ist der Informationsgehalt verloren, auch wenn der Brief noch existiert. Briefliche Mitteilungen sind nur als Teil von menschlichen Beziehungen ein Gut. Sind alle Informationen das Ergebnis von Beziehungen? Wie läßt sich eine Beziehung physikalisch definieren? – Ich behaupte: Es gibt keine Beziehung ohne Energieübertragung. Also ist jede Art von Energieübertragung eine Beziehung, selbst dann, wenn es keinen Nutznießer gibt, also auch in der unbelebten Natur. Jede Strukturbildung, auch die einfachste, ist das Ergebnis von Energieübertragungen.

Der Berg mit den Saurierfossilien mag als Beispiel dienen: Die Ablagerung der fossilführenden Schichten war das Ergebnis der Tätigkeit von Wasser und Wind. Die Millionen Jahre spätere Faltung und Heraushebung der Gesteinsschichten an die Erdoberfläche war das Ergebnis der Energien, die seit der Entstehung der Erde in ihrem Inneren gespeichert sind. Wieder Millionen Jahre später haben Wasser und Wind dem Berg seine äußere Gestalt gegeben. Ein Fluß hatte seine Flanke angeschnitten. Das zum Fluß geneigte Gesteinspaket enthielt Tonschieferlagen. Eindringendes Wasser hatte sie im Laufe von Jahrhunderten aufgeweicht. Menschen hatten sich im Tal niedergelassen. Dann regnete es vier Tage lang, schöner sanfter Regen, über den die Bauern sich freuten. Plötzlich schwankten die Bäume am Berghang, obwohl kein Wind ging, und Augenblicke später stürzten donnernd und brüllend Millionen Tonnen Gestein zu Tal. Mehrere Häuser, Menschen und Tiere lagen tief unter den Felsmassen begraben. Oberhalb staute sich der Fluß zu einem See, wurde zu einer Bedrohung für das unterhalb liegende Tal und seine Bewohner.

Die Struktur und Form des Berges waren das Ergebnis einer langen Kette von Energieübertragungen. Der sanfte Regen war eine der geringsten von diesen. Jede hatte den Gehalt an potentieller, d. h. gespeicherter Energie verändert, am meisten die Gebirgsbildung, die Gesteine hoch auftürmte. Was läßt sich aus diesem Beispiel ableiten?

1. Daß Energieübertragungen Strukturen und deren gespeicherten Energiegehalt verändern.
2. Daß Beziehungen zwischen oft sehr verschiedenen und unterschiedlich alten Strukturen an einem Energieaustausch teilnehmen können.
3. Daß die Einwirkung winziger Energien milliardenfach größere Energien freisetzen kann, unfreiwillig beim Bergsturz, beabsichtigt beim Abwurf einer Atombombe.
4. Daß vorhandene Strukturen eine Energieübertragung steuern und dabei auch verstärken können. Letzteres geschieht in den Körpern von Lebewesen und in deren Beziehungen zur Umwelt auf den verschiedensten Ebenen.

Jede Beziehung verknüpft etwas von der Struktur des Energiespenders und der des Empfängers, vom Sender eines Briefes und vom Empfänger, sonst ist es keine Beziehung. Deshalb sind Informationen weder nur Struktur noch nur Energie. Für sich allein sind die Schwingungen der Luftmoleküle, aus denen ein gesprochenes Wort besteht, keine Information. Ja, ein und derselbe Laut kann, je nach den Umständen, gegensätzliche Bedeutungen haben. So kann der Knall eines Schusses, je nachdem, was vereinbart wurde, entweder bedeuten, daß ich meinen Gefährten suchen soll, weil er Hilfe braucht, oder daß er auf dem Rückweg ist und ich den Topf aufs Feuer setzen soll.

Die Energieübertragungen, die zum Bergsturz führten, haben die Landschaft verändert, haben aber sonst keine Bedeutung. Dagegen trägt der Warnruf eines Tieres eine Mitteilung für dessen Artgenossen und steuert deren Verhalten. Im Bereich des Lebendigen wachsen die Bedeutungsgehalte und Wirkungsmöglichkeiten von Informationen mit wachsender Lernfähigkeit. Bei höher entwickelten Lebewesen erfolgt die Auswertung von Informationen vor allem in Nervensystemen, besonders in Gehirnen. Dort werden Umweltereignisse mit Erinnerungen verglichen, und dabei wird ihre Bedeutung ermittelt. Es ist deshalb notwendig, die Beziehung zwischen Erinnerung, Struktur und Information etwas näher zu betrachten.

Struktur – Gedächtnis – Erinnerung

Um der Perspektive willen muß ich einiges wiederholen, was schon gesagt wurde. Jede Struktur bewahrt etwas von ihrer Geschichte. Bei jedem Lebewesen reicht diese Geschichte mehr als 3,5 Mrd. Jahre zurück. Die Entwicklung von Nervenleitungen begann vor etwa 600 Mio. Jahren, und deren Verknüpfung im Kopf zu einem zentralen Nervensystem war bei den Wirbeltierahnen vor etwa 400 Mio. Jahren schon weit gedichen.

Noch einmal, jede Struktur enthält Informationen über ihre Vergangenheit, und jede Struktur kann die Übertragung von Energie beeinflussen, kann kanalisierend, blockierend und, wie oben gezeigt wurde, verstärkend wirken. Die Nervenbahnen leiten unter Ausnutzung von Stoffwechselenergie Informationen in Form von elektrischen Entladungen. Höherentwickelte Gehirne bestehen aus Nervennetzen mit ungeheuren Zahlen von Schaltstellen. Solche Gehirne haben die Fähigkeit, vielerlei Arten von Erinnerung zu speichern, z. B. Gerüche, Bilder, Geräusche, Gefühle u.a.m.

Die Speicherung verschiedenartiger Erinnerungen erfolgt in verschiedenen Bereichen des Gehirns. Ein Gehirn enthält also vielerlei Gedächtnisspeicher. Daß elektrische Schaltnetze als Informationsspeicher dienen können, ist durch die Konstruktion von Computern bewiesen worden. Deren Information ist in der Struktur des Schrittchen für Schrittchen konstruierten Schaltnetzes gespeichert. Diese Information kann aber nur wirksam werden, d. h. auf einem Bildschirm oder als Druck sichtbar oder in Form von Lauten hörbar werden, wenn elektrische Impulse das Netzwerk durchlaufen. In ähnlicher Weise, aber in viel komplizierteren und anpassungsfähigeren Schaltungen sind Erinnerungen in Gehirnen gespeichert. Die Energie zur Erzeugung der Nervenimpulse liefert – es wurde schon gesagt – der Stoffwechsel.

Die Ähnlichkeiten führen zu der Frage: Ist ein Computer ein Gedächtnis? – Nein, natürlich nicht. Sonst wäre auch ein Notizbuch ein Gedächtnis oder ein Stock mit Kerben, die Zahlen bedeuten. Dies sind Gedächtnishilfen, die nur ihrem Besitzer nützen. Wenn dem so ist, wer ist der Besitzer des Gehirns? Das Gehirn selbst? – Doch wohl nicht. Gehirne sind Organe des gesamten vernetzten Organismus, wie auch Augen und Füße. Sie haben sich nicht um ihrer selbst willen, sondern als Lebens- und Fortpflanzungshilfen von Lebewesen entwickelt.

Wo liegt der Nutzen? – Erinnerungen ermöglichen es, Personen, Dinge, Orte, Erlebnisse usw. wiederzuerkennen und Folgerungen für unser Verhalten zu ziehen. Erinnerungen tauchen auch spontan aus dem Gedächtnis auf, sowohl im Wachen als auch in Träumen. Der Mensch kann in seinem Gedächtnis bewußt suchen. Was er findet, unterscheidet sich allerdings in einer Hinsicht wesentlich von den Fakten, die ein Computer speichert. Letztere bleiben genau. Dagegen sind unsere Erinnerungen immer ungenau, können sogar ganz falsch sein. Dafür sind die Erinnerungen immer mit anderen Erinnerungen und Gefühlen – manchmal auch widersprüchlichen Erinnerungen – verknüpft (assoziiert).

Dadurch bieten die Erinnerungen, statt einer genauen Wiedergabe, eine Übersicht über ein ganzes Feld von Möglichkeiten. Sie lassen uns, wenn wir sie zur Planung von Handlungen brauchen, Wahlmöglichkeiten und vergrößern dadurch unsere Selbständigkeit. Unsere Erinnerungen ändern sich, weil wir selbst uns ständig ändern. Daß wir uns trotzdem durch Jahrzehnte hindurch als einheitlichen, selbständigen Menschen erleben, verdanken wir ausschließlich der zeitlichen Folge sich aneinanderreihender Erinnerungen. Ein Mensch ohne Erinnerungen besitzt keine Persönlichkeit, keine Möglichkeit, Entschlüsse zu fassen. Er lebt ähnlich einer Pflanze. Zeitlich geordnete

Erinnerungen sind die Grundlage des Selbstbewußtseins (s. Kapitel »Bewußtsein und Selbstbewußtsein«, S. 256).

Ein gutes Gedächtnis ist die Voraussetzung für das Erlernen und den Gebrauch von Sprache. Aber zum Sprechen und Verstehen von Sprache gehört weit mehr. Die Erinnerungen müssen nach ihren emotionalen Gehalten geordnet und zeitlich in die Folge vorhergehender und nachfolgender Erlebnisse eingeordnet werden. Es müssen also zwischen ihnen und der Tätigkeit und dem Befinden – im weitesten Sinn – des Besitzers Beziehungen hergestellt werden. In der Sprache werden solche Beziehungen durch Worte, Satzbau (Grammatik) und Betonung ausgedrückt. Alle Worte sind Begriffe, sowohl Hauptworte wie Haus, Hund, Erde als auch beschreibende Beiworte wie schön, schlecht oder Tätigkeitsworte wie gehen, stehen oder Umstandswörter (Adverbien), die Beziehungen bezeichnen wie über, neben, hin, her usw. Zwischen solchen Begriffen, die selbst ganze Beziehungsfelder ins Bewußtsein rufen, stellt der Satzbau weitere Beziehungen her. Das macht Sprache zu einem wunderbar anpassungsfähigen, kreativen Instrument zur Informationsvermittlung und -findung.

Die Selbstorganisation von Sprache ist vor allem ein Ergebnis des Wechselspiels von Fragen und Antworten, in dem schlecht verständliche Begriffs- und Satzstrukturen verbessert werden, ein Vorgang, der dem der Darwinschen Auslese ähnlich ist. Die Versuche und Korrekturen erfolgen in den Schaltnetzen des Gehirns, und das Ergebnis wird dort gespeichert. Das dürfte in ähnlicher Weise und in ähnlichen Schaltmustern geschehen wie das Erlernen und Einüben neuer körperlicher Fähigkeiten, etwa Radfahren oder Skilaufen, bei denen die abgestimmte Tätigkeit vieler Muskeln genauestens mit Seheindrücken und Gleichgewichtsempfindungen koordiniert werden muß. In diesem Zusammenhang möchte ich noch einmal darauf hinweisen, daß Organe als »verkörperte«, unbewußte Begriffe aufgefaßt werden können.

Was geschieht bei solchem Lernen und Einüben? Subjektiv wird es als Anstrengung und bewußte Konzentration empfunden. Das entspricht auch dem biologischen Befund. Gehirnforscher haben nachgewiesen, daß zuerst in den betroffenen Gehirnpartien die Durchblutung, und damit der Energieverbrauch, hoch ist, dann aber mit zunehmender Fertigkeit abnimmt. Übung macht nicht nur den Meister, sie spart auch Energie! Dasselbe ist beim Erlernen einer fremden Sprache der Fall und zweifellos auch beim Spracherwerb unserer Kinder. Auf die Änderungen der Gehirnstrukturen bei solchen Prozessen komme ich weiter unten zurück.

Menschen sind Tieren himmelweit überlegen durch die Fähigkeit, bewußt in Begriffen zu sprechen und zu denken, deshalb füge ich hier noch einige Gedanken über Begriffe an. Eine Denkhilfe von besonderer Entwicklungsfähigkeit war die Entdeckung des Zählens.

Zählen und Rechnen

Mit der Entwicklung von Wortsymbolen erklomm das menschliche Denken eine unvergleichlich höhere Entwicklungsstufe. Zu den größten Informationsgewinnen führte – wie sich im Nachhinein erkennen läßt – die Erfindung von Namen und Schriftzeichen für Zahlen. Mit der Entwicklung von Geometrie und Mathematik erwies sich praktisch alles, was beobachtbar ist, von den kleinsten bis zu den größten Strukturen des Kosmos als meßbar und berechenbar und das Berechnete sogar als überprüfbar. Die Fähigkeit, bewußt zu zählen, erschloß dem menschlichen Denken eine neue, wundervoll kreative Dimension, und das, obwohl das menschliche Gehirn in bezug auf das unbewußte Erfassen von Zahlen dem mancher Tiere keineswegs überlegen ist. Dazu die Anmerkung, daß einige Volksstämme keine Worte für Zahlen haben, die größer als vier sind. Was mehr ist, wird als »viele« bezeichnet.

Mancher wird hier fragen: Warum ist die Natur überhaupt berechenbar? – Der Grund wurde von Max Planck entdeckt.

Immer wieder bestätigte sich seine seinerzeit das physikalische Denken revolutionierende Erkenntnis, daß Energie nicht beliebig teilbar ist. Sie besteht aus kleinsten Mengen (Quanten). Nicht die Atome sind unteilbar und ewig, wie man geglaubt hatte, sondern die Quanten. Es war für Nichtphysiker recht irreführend, daß die unvorstellbar kleinen Energiekonzentrationen, welche Eigenschaften haben, die sich zwar berechnen, aber nicht vorstellen lassen, Elementarteilchen genannt wurden.

Auch die kleinsten dieser Strukturen nehmen Raum ein. Man kann ihre Bahnen in Nebelkammern sichtbar machen, und da sich verschiedene Sorten durch meßbare Wirkungen unterscheiden, sind sie auch zählbar. Kein Wunder, daß Menschen, sobald sie ein Zahlensystem entwickelt hatten, von den Möglichkeiten fasziniert waren (z. B. Babylonier, Griechen, Inder, Mayas) und bestimmten

Zahlen magische Eigenschaften zuschrieben. Aus dem Zählen und den Möglichkeiten, damit Entscheidungshilfen zu gewinnen, wurde das ganze Gebäude der Mathematik entwickelt. Ihre wunderbare Brauchbarkeit beruht wohl darauf, daß der Kosmos, von den Quanten aufwärts, aus Energieeinheiten aufgebaut ist, die unterscheidbare Wirkungen haben. In menschlichen Gehirnen hat der Kosmos begonnen, über sich selbst nachzudenken.

Sprache und Verständnis

Daß Menschen miteinander reden können, ohne einander zu verstehen, ist bekannt. Es ist eine Fähigkeit, die vor allem Politiker auszeichnet! Viele Romane handeln von nichts anderem. Wäre dies eine allgemeine menschliche Eigenschaft, dann hätte sich nie eine Sprache entwickelt und nie Kulturen mit Jahrtausende zurückreichenden Traditionen. Es kann also wohl nicht gar so schlimm sein mit unserer Verständnislosigkeit.

Was rechtfertigt unsere Annahme, daß wir einander verstehen können? – Es kann ja keiner wirklich wissen, was ein anderer fühlt und denkt! Einem Farbenblinden kann man die Farbkomposition eines Gemäldes nicht beschreiben. Aber das ist eine Ausnahme. Wenn auf dem Gemälde ein Gebäude abgebildet ist, so werden der Farbsehende und Farbenblinde sich schnell über den Baustil einigen können. Das erfordert Einverständnis über so vielseitige Begriffe wie Proportionen, Säulen, Bögen, Dachelemente usw., eine ungeheuere Zunahme der Verständigungsmöglichkeiten, seit unsere vormenschlichen Vorfahren sich mit Lautäußerungen verständigten, die zwar Emotionen mitteilten, aber keine Aussagen über Ereignisse der Vergangenheit erlaubten. Das wird erst möglich, wenn außer einem reichen Wortschatz auch grammatikalische Regeln entstanden sind, durch die zwischen Worten logische, im Denken nachvollziehbare Beziehungen hergestellt werden.

Zunächst zum Wortschatz. Wie kann der reiche Wortschatz entstanden sein? – Worte sind Namen für Begriffe. Wie können Begriffe definiert, gegeneinander abgegrenzt werden? Wie kam es zu ihrer Benennung? – Mit dieser Frage haben sich Philosophen schwer getan. Sie tun es noch.

Da gab es die Hypothese, daß Sprachen dadurch entstanden seien, daß Menschen übereinkamen, bestimmte Dinge, Tätigkeiten usw. mit bestimmten Worten zu bezeichnen. Dafür schien zu sprechen, daß neue Dinge, z. B. Erfindungen, mit neuen Namen belegt wurden und daß die Philosophen selbst neue Worte für neu definierte Begriffe erfanden. Diese Annahme schien die großen Unterschiede zwischen den Sprachen zu erklären. Es ist natürlich weiter gefragt worden: Sind Begriffe reine Schöpfungen einer souveränen menschlichen Psyche, und wie hat man sich auf ihre Abgrenzungen (Definitionen) geeinigt? Und warum erweisen sich die althergebrachten Begriffe, die seit Jahrhunderten oder Jahrtausenden existieren (z. B. Haus–Schloß oder spielen–arbeiten) als so nützlich, obwohl sie so schwer logisch scharf voneinander abzugrenzen sind? – Diese Überlegungen führten nicht viel weiter.

Konnte vielleicht der Vergleich mit Sprachen anderer Kulturkreise Rückschlüsse über die Bildung und Benennung von Begriffen ermöglichen? – Es dürfte einleuchten, daß sich hierfür kulturbezogene Bezeichnungen (Namen für Gebrauchsgegenstände) und übergeordnete Begriffe (z. B. Schönheit, Lernen usw.) nicht eignen. Es wurde deshalb geprüft, inwieweit sich in verschiedenen Sprachen die Namengebung für Farben unterscheidet. Dies bot sich an, weil die von uns als Farben erlebten Lichtarten Abschnitte eines kontinuierlichen Spektrums von elektromagnetischen Wellen sind, eines Spektrums, das keine physikalisch begrenzten Abschnitte besitzt. Die Abschnitte, die wir durch Farbnamen unterscheiden, entsprechen deshalb keinen natürlich voneinander abgegrenzten Bereichen. Die bahnbrechenden Untersuchungen von Eleanor Rosch und Mitarbeitern haben ergeben, daß die Zahl der Farbnamen stark variiert und daß die Abgrenzungen an recht verschiedenen Stellen des Farbspektrums liegen. Der extremste Fall findet sich bei dem Volksstamm der Dani in Neuguinea. Diese haben nur zwei Namen, die sich etwa mit »leuchtend« und »stumpf« übersetzen lassen.

Das schien zu bestätigen, daß die Bildung von Begriffen recht willkürlich sein kann, auch bei vom Menschen unabhängigen Erscheinungen. Es schien auch eine philosophische Hypothese zu stützen, die annimmt, daß Menschen nur das richtig erkennen, für das sie Namen haben.

Weitere Untersuchungen haben dann ergeben, daß die zweite Schlußfolgerung falsch war, daß die Dani sich durchaus an Farben erinnern können, obwohl sie keine Namen für diese haben. Die Ausdehnung der Untersuchungen auf andere Völker, rings um die Erde, haben diese Ergebnisse bestätigt und zu dem Schluß geführt, daß die Ansprache von bestimmten Abschnitten des Farbspektrums als »gute« oder »typische« Farben, z. B. was als besonders blau oder grün angesehen wird, auf einer allen Menschen gemeinsamen – soweit sie nicht farbenblind sind – physiologischen Struktur des Sehvorganges beruht, die unabhängig ist von der recht willkürlichen, kulturabhängigen Sprachentwicklung.

Vom Standpunkt der Evolutionshypothese her war ein solches Ergebnis zu erwarten: Ein Dani wird einen bestimmten Farbfleck im Laub eines Baumes dem Halsgefieder eines Paradiesvogels zuordnen, auf Grund seiner Erfahrung, auch ohne daß er einen Namen für die Farbe hat. Es macht Freude, eine einseitige Hypothese auf so elegante Weise widerlegt zu sehen.

Und wie kommt die Benennung von Kulturelementen (Messer, Becher, Stühle, Häuser) zustande? Erfolgt diese auf Grund genauer Definitionen? – Wohl kaum. Es würde schwer sein, alles, was ein Mensch sofort als Stuhl anspricht, so zu definieren, daß es von einem Computer als Stuhl erkannt werden könnte. Was haben Küchenstuhl, Schaukelstuhl, Lehnstuhl, Bürostuhl, Polsterstuhl gemeinsam, das ein Computer sofort aus Abbildungen ermitteln könnte? – Was es Europäern ermöglicht, die verschiedenen Formen sofort als Stühle zu erkennen, ist die Erfahrung, daß Stühle zum Sitzen gemacht sind! Was erkannt wird, ist der gemeinsame Zweck. Alle anderen Eigenschaften, Formen und Materialien sind für die Ansprache überflüssig.

Bei vielerlei Kulturelementen wird der beabsichtigte Gebrauch zur Abgrenzung von Begriffen verwendet, z. B. Waffen, Kleider, Töpfe. Solche Abgrenzungen sind nie scharf und werden je nach den Erfahrungen und/oder Zwecken ausgeweitet oder eingeengt. Bei dieser Tätigkeit verfährt der menschliche Geist nach der Methode von Versuch und Irrtum, er probiert, was paßt.

Die Bildung von Begriffen ist das Ergebnis von kollektivem Erfahrungs- und Gedankenaustausch im Laufe der Entwicklung einer Kultur. Es ist eine Selbstorganisation von Sprache und Denken nach dem Ausleseprinzip: Begriffe und Grammatik werden abgewandelt, bis weitgehende Verständigung erreicht ist.

Begriffe sind Werkzeuge der Kommunikation und des Denkens, die sich, je nach ihrer Brauchbarkeit, durchsetzen oder nicht.

Die Verständigungsfähigkeit wurde mit der Entdeckung des Verneinens, ursprünglich wohl nur eine Kopf- oder Handbewegung, auf eine höhere Stufe gehoben. Erst damit konnte aus Worten eine verstehbare Sprache werden, konnte Verständnis wachsen. Vernei-

nungen wecken Nachdenken und das Bedürfnis zu fragen. Ein wenig
Überlegung zeigt, daß gegenseitiges Verstehen nur verbessert werden
kann, wenn gefragt wird und wenn Behauptungen bejaht oder
verneint werden, also eine Auswahl stattfindet.

Nur fragen ermöglicht mir zu erfahren, welche Vorstellung
andere Menschen mit einem bestimmten Wort, einer Beschreibung
(z. B. gut oder schlecht) oder bestimmten Behauptungen verbinden.
Nur im Fragen und durch Ja- oder Nein-Entscheidungen werden
Begriffe präzisiert und ausgelotet. Es ist ein Ausleseprozeß, für den
die praktisch unbegrenzte Zahl möglicher Fragen – es kann ja auch
Absurdes oder Unmögliches gefragt werden – ständig neue Möglichkeiten bereitstellt. In dieser Beziehung hat der Prozeß eine
gewisse Ähnlichkeit mit der natürlichen Auslese, für die von der
sexuellen Vermehrung ständig neue Erbkombinationen bereitgestellt werden.

Auch die sprachliche Verständigung ist ein Erkenntnis gewinnender Vorgang. Auch sie erzeugt im Gehirn neue, verbesserte Strukturen. Das Tempo dieser geistigen Evolution beschleunigte sich viel
rascher als das an den Erbgang gebundene. Gleichzeitig wurden
individuelle Begabungen wie Lernfähigkeit und Kreativität zu einem
wachsenden Vorteil für diejenigen sozialen Verbände, in denen solche
Begabungen auftraten. Sprachbegabung wurde zu einem wachsenden
Vorteil für die Sippe. Dadurch wurden Individuen mit größeren,
besser organisierten Gehirnen von der Auslese begünstigt. Es war eine
Wechselwirkung von gedanklicher und Darwinscher Auslese, die das
Größenwachstum des Gehirns vorantrieb.

Mit der Höherentwicklung von Sprachen in größeren Kulturkreisen erwiesen sich Worte als nützlich, die anstelle der Besonder-
heiten von Dingen oder Tätigkeiten bestimmte Gemeinsamkeiten
zusammenfaßten, z. B. »Geräte« für eine Anzahl verschiedener
Werkzeuge oder »sich fortbewegen«, was gehen, rennen, fliegen,
fahren, schwimmen usw. umfaßt. Dazu kamen und kommen Übertragungen eines ursprünglichen Sinnes auf andere Bereiche, z. B.
»schwimmen« für ein Gefühl der Haltlosigkeit. In ähnlicher Weise
wurden Worte, die das Hantieren mit Dingen bezeichnen, auf das
Denken übertragen. So ist der abstrakte Begriff des »Überlegens«
abgeleitet von der realen Tätigkeit, ein Ding auf die andere Seite zu
legen, um seine Eigenschaften besser zu erkennen. »Erkennen«
bedeutet, etwas mit einer Kenntnis (Erinnerung) zu vergleichen.
»Wahrnehmen« heißt, etwas aufnehmen, um seine Wirklichkeit zu

prüfen. Einen Gedanken oder eine Absicht »erwägen« heißt, ihr Gewicht, ihre Substanz prüfen. Im Englischen hat »to ponder a thought« (einen Gedanken wiegen) denselben Ursprung. Man sieht, wir behandeln (handhaben) Geistiges als wäre es Teil der realen Welt. Das ist voll gerechtfertigt, denn auch unsere sogenannten realen Erfahrungen existieren nur als Nervenstrukturen in unserem Gehirn und sind dort um nichts realer als unsere Gedanken, denn auch diese sind nur Vorstellungen, also mehr oder weniger gut begründbare Hypothesen zur Erklärung von Erfahrungen mit Dingen der Umwelt, nicht die Dinge selbst!

Wenn also Denken eine Tätigkeit ist, dann muß dabei Energie verbraucht werden. Das ist der Fall. Wir haben immer gewußt, daß Lernen und Denken anstrengende Tätigkeiten sind. Wir erleben dies eindrücklich, wenn wir uns mit aller Gewalt wachhalten wollen, um eine Aufgabe zu vollenden. Das erfordert Energiezufuhr. Das Blut liefert sie. Etwa 20 Volumenprozent des Blutes versorgen das Gehirn, und vor kurzem haben Messungen gezeigt, daß in tätigen Gehirnregionen die Durchblutung zunimmt. Auch ändert sich der Rhythmus der Gehirnstromkurven (Elektroencephalogramm), wenn ein Leser an eine schwer verständliche Textstelle kommt, wenn also ein verstärkter Denkprozeß einsetzt.

Dies Kapitel erscheint mir so wichtig, daß ich noch einmal auf die Rolle des Fragens zurückkomme. Das Hin und Her von Behaupten – Fragen – Verneinen – Mißverstehen – Verbessern – hat das Nachdenken bewußt gemacht und die Entwicklung logischer Sprachstrukturen vorangetrieben.

Das eigentliche logische Denken beginnt mit dem bewußten Gebrauch von Wenn-dann-Entscheidungen, die überprüfbare Aussagen möglich machen können. Die unbewußte Möglichkeit zu solchen Entscheidungen ist schon in den Erinnerungsstrukturen (Erwartungsverhalten) primitiver Organismen enthalten. Das läßt sich mit Trainingsversuchen nachweisen. C. F. v. Weizsäcker hat gesagt: »Logik ist die Suche nach Wahrheit durch fragen« (gemeint ist: durch systematisches Fragen).

Im Wechselspiel von fragen, antworten und neuen Formulierungen entsteht eine unendliche Vielfalt von gedanklichen Möglichkeiten, unter denen der menschliche Verstand auswählen kann. In diesem Ausleseprozeß sind die logischen Strukturen der Sprachen und mit diesen, in Zeiträumen von Jahrzehntausenden, die des Denkens gewachsen, zuerst sicher sehr langsam, später immer

schneller. Auch die Entwicklung geistiger (psychischer) Fähigkeiten
ist ein Ergebnis von Auslesevorgängen!

Die Fähigkeit, in Erlebnismustern umfassende Zusammenhänge,
Bedeutungen, Gefühlswerte, Möglichkeiten zu erkennen, dürfte
besonders Künstler, Schriftsteller und kreative Wissenschaftler auszeichnen und die Grundlage intuitiver Erkenntnisse sein (s. Kapitel
»Phantasie und Kreativität«, S. 372).

Bewußtsein und Selbstbewußtsein

Von diesen Überlegungen noch einmal einen Bogen – es ist ja alles
vernetzt – zur Evolution des Selbstbewußtseins. Ich hatte behauptet,
daß die Möglichkeit, Fragen zu stellen und mit ja oder nein zu
beantworten, die Entwicklung logisch-grammatikalischer Sprachstrukturen eingeleitet hat.

Eine Verneinung führt, wenn der Grund nicht sofort verstanden
wird, sofort zu der Frage: Warum? Dann erfordert die Antwort
Nachdenken und bessere Formulierung, zusätzliche Begründung
usw., bis Verständigung erreicht ist. Dreijährige Kinder können
Erwachsene mit ständigem »warum« zur Verzweifelung bringen. Es
ist ein wichtiger Teil ihres Lernens. Was hat das mit Selbstverständnis
zu tun? – Ich denke, sehr viel. Es kann mich jemand fragen: Warum
hast du das getan oder nicht getan? Dann muß ich über mich
nachdenken, und wenn fragen zur Selbstverständlichkeit geworden
ist, kann ich mich auch selbst fragen, was ich gestern getan habe, was
ich morgen tun will, warum ich etwas nicht tun will. Ich kann über
mich und meine Motive nachdenken! Durch die Bezeichnung von
Gedächtnisinhalten mit Worten wurde es möglich, Erinnerungen, die
vordem nur bei ähnlichen Erlebnissen, etwa dem Anblick einer
bestimmten Straßenecke, aktiviert wurden, nun mit Hilfe des Stra-
ßennamens ins Bewußtsein zu holen, und der Name der Straße taucht
auf, wenn ich mich frage: Wo warst du gestern Nachmittag? Aus
solchem Zurückfragen entsteht Selbstkenntnis, eine Voraussetzung
des Selbstbewußtseins.

Was geschieht bei diesen komplexen Vorgängen? – Sie können nur
verstanden werden, wenn man sich klar macht, daß alle Erinnerungen
und Begriffe das Ergebnis von Tätigkeiten des Gehirns sind, ja sogar
des ganzen Körpers, wenn bei dem ursprünglichen Erlebnis Hormone
aktiviert wurden, wenn etwa Angst oder Sexualität dabei eine Rolle

gespielt haben. Das Suchen nach Erinnerungen entspricht durchaus dem Suchen nach einem Stein bestimmter Größe oder nach geeignetem Material für den Bau eines Nestes. An beiden ist der ganze Organismus beteiligt. Beides sind psychosomatische (geist-körperliche), ganzheitliche Vorgänge. Die Erinnerungen und aus ihnen abgeleitete Begriffe sind im Gehirn nicht scharf abgegrenzt wie Gegenstände in den Schubladen eines Schrankes. Sie werden aktiviert, wenn in Gehirnstrukturen erzeugte elektrische Entladungen durch Strukturen pulsieren, die bei den ursprünglichen Erlebnissen entstanden sind. Dasselbe gilt für alle Gefühle, Vorgänge des Bewußtseins und das Selbstbewußtsein. *Selbstbewußtsein ist kein Zustand*, wie die Bezeichnung durch ein Substantiv (Hauptwort) fälschlicherweise suggeriert. Es ist eine *Tätigkeit* des Gehirns, die viele Bereiche aktiviert oder in Aktionsbereitschaft versetzt. Die Mißdeutung von Begriffen und Bewußtsein als Zustände hat viel philosophische Verwirrung gestiftet.

Wir wissen aus Erfahrung, daß wir Bewußtsein besitzen. Wie ist es entstanden? Haben auch Tiere Bewußtsein, vielleicht sogar Selbstbewußtsein?

Dazu die Frage: Wie unterscheidet sich Bewußtlosigkeit von Bewußtsein? – Wer durch einen Schlag auf den Kopf oder in Vollnarkose das Bewußtsein verloren hat, der fühlt nichts, ist bewegungsunfähig und seine Pupillen reagieren auf keinen Lichtreiz, aber Herz und Blutkreislauf funktionieren, und auch die Gehirnströme pulsieren weiter.

Die Zeit der Bewußtlosigkeit wird im Gedächtnis nicht registriert. Bei Tieren wirkt Narkose in gleicher Weise.

Bei Menschen sind die nächtlichen Tiefschlafphasen ebenfalls Zeiten der Bewußtlosigkeit, aus der ein plötzliches Erwachen von kurzer Orientierungslosigkeit begleitet sein kann. Dagegen produziert das Gehirn in den Traumphasen Traumerlebnisse, die bewußten Erlebnissen oft an Intensität gleichkommen, aber nicht der Kontrolle des Bewußtseins unterliegen. Auch Hunde haben Traumerlebnisse. Das wird niemand bezweifeln, der gesehen hat, wie ein schlafender Hund aufgeregt japsend mit den Füßen strampelt.

Während des Träumens ist die Empfindung für Umwelteinflüsse nicht ausgeschaltet. So können Geräusche und Körpergefühle, z. B. unbequeme Lage, zu voller Magen und Unwohlsein, Traumerlebnisse beeinflussen und Alpträume verursachen. Beim Traumwandeln zeigt sich, daß selbst komplizierte Handlungen wie gehen, öffnen von

Türen und treppensteigen ohne Beteiligung des Bewußtseins möglich sind. Ähnlich bei Hypnose, in der Empfindungen unterdrückt oder gegen andere ausgetauscht werden können.

Was bedeuten solche Beobachtungen? Bedeuten sie, daß Bewußtsein an die Fähigkeit zu fühlen gebunden ist? – Ich denke ja und frage – da Evolution mein Thema ist – weiter: Welchen Nutzen haben Gefühle und Empfindungen für ihre Besitzer? – Nun, Gefühle und Empfindungen informieren in sehr allgemeiner Form über die Bedeutung von Umwelteinwirkungen und Körperzuständen. Solche Erlebnisse werden meist als Gegensatzpaare erlebt, die Entscheidungshilfen für Handlungen sind und in menschlichen Sprachen mit Begriffen wie schmerzlich–angenehm, gefährlich–verlockend, gutschmeckend–widerlich oder auch hungrig, durstig, geil, versehen werden. Die Fähigkeit, solche Unterscheidungen zu treffen, ist absolut lebenswichtig.

Gefühle und Empfindungen sind, ebenso wie Organe, Gedanken und Worte, Hilfen zum Umgang mit einer vielgestaltigen, veränderlichen Umwelt.

In der Materialismusdebatte der zweiten Hälfte des letzten und dem ersten Drittel dieses Jahrhunderts haben ernsthafte Denker die Ansicht vertreten, Gefühle seien nur ziemlich belanglose Begleiterscheinungen (Epiphänomene) materieller Prozesse. Nichts könnte falscher sein. Gefühle, Empfindungen, ja selbst allgemeine Empfindlichkeit – wie immer sie zustandekommen mögen – sind das Ergebnis von lebenswichtigen Beziehungen zwischen Lebewesen und ihrer Umwelt. Als Beziehungen sind sie die allgemeinsten und ursprünglichsten Begriffe und damit die Voraussetzung für lebenerhaltendes Verhalten. Sie haben sich, wie Organe, zum Umgang mit bestimmten Eigenschaften der Umwelt und Befindlichkeiten des Körpers entwickelt.

Für die immer genauere Erfassung spezialisierter Empfindungen wie z. B. heiß, kalt, drückend, vibrierend, sauer, hell, dunkel haben sich auf vielen Evolutionswegen spezialisierte Sinnesorgane und Nervenstrukturen entwickelt.

Wodurch unterscheiden sich Reaktionen, die mit Gefühlen verbunden sind, von Tausenden von chemischen und mechanischen Prozessen, die ständig in unserem Blut, unserer Leber, Nieren usw. ganz gefühllos ablaufen? – Die Antwort erscheint mir recht einfach: Mit Gefühlen sind Erlebnisse verknüpft, die ein Lebewesen in Tätigkeitsbereitschaft versetzen, z. B. zu Such- oder Fluchtbewegungen. Mit anderen Worten: Gefühle sind Reaktionen auf Ereignisse, die den ganzen Organismus betreffen, die seine Aufmerksamkeit wecken, ihn alarmieren. Ist das nicht Bewußtsein? – Ich denke, ja! Es gibt Experimente, die zeigen, daß auch Selbstbewußtsein eng mit der Fähigkeit zu fühlen verknüpft ist. In Amerika wurden mit Freiwilligen Versuche angestellt, bei denen von außen kommende Reize ausgeschaltet wurden. Die Versuchsperson wurde von der Umwelt isoliert. Geräusche wurden durch schalldichte Wände abgehalten, Druckgefühle durch Schweben auf einem Wassertank in einem gepolsterten Anzug, der die Berührung des eigenen Körpers unmöglich machte, und völlige Dunkelheit machte jede Orientierung mit den Augen unmöglich. Bald ging die Fähigkeit, folgerichtig zu denken, verloren. Halluzinationen verdrängten Gedanken und genaue Erinnerungen. Nach 2–3 Tagen konnten die Versuchspersonen nicht mehr zwischen Träumen und Wachsein unterscheiden und gerieten in Panik. Es scheint, daß Bewußtsein und Selbstbewußtsein nicht bewahrt werden können ohne fühlbare Kontakte mit der Umwelt. Diese Versuche scheinen mir die Annahme zu bestätigen, daß Gefühle und Erinnerungen die Bausteine des Bewußtseins sind.

Diese Annahme führt zu der Frage: Wann ist in der Evolution die Grundlage für die Entwicklung von Gefühlen entstanden? – Ich denke, spätestens mit der Bildung der ersten Zelle, mit dem Einschluß in eine schützende Zellhaut. Nun konnte nicht mehr jede kleinste Umweltänderung – die gibt es ständig im molekularen Bereich – die Lebensvorgänge beeinflussen. Aber die Membran mußte durchlässig bleiben für physikalische Einwirkungen bestimmter Stärke, z. B. Licht für die Photosynthese, oder für chemische Stoffe, z. B. für die Eiweißsynthese. Sobald dann Fortbewegung möglich wurde, sei es mit Hilfe von rotierenden Geißeln, sei es durch Formänderungen wie bei Amöben, wurde die Herausbildung von spezialisierten Empfindlichkeiten ein Vorteil. Die Spezialisationen ermöglichen Unterscheidungen, und nur diese machen aktive Fortbewegung nützlich. Es dürfte einleuchten, daß eine Änderung der Bewegungsrichtung selbst bei einem Einzeller eine Umstellung vieler Prozesse erfordert. Das macht eine Alarmierung des ganzen Organismus notwendig. Ich nehme an, daß dies der Beginn der Evolution von Gefühlen war und damit auch der von bewußten Augenblicken.

Wie wird ein Einzeller alarmiert und zu einer bestimmten Tätigkeit angeregt? Das geschieht durch chemische Botenstoffe und/oder Änderung elektrischer Spannungen an der Zellmembran (Membranpotentiale). Aus ersteren konnten, etwa 3 Mrd. Jahre später, mit der Evolution von Vielzellern Hormone, und aus letzteren durch die Fähigkeit zur Erregungsbildung und -leitung Nervenzellen entstehen. Es war ein unvorstellbar langsamer Anfang, aus dem schließlich, in immer rascherer Folge, die prächtigen Farben der Blumen und Schmetterlinge, das bunte Gefieder und die Balzgesänge der Vögel, die neugierig verspielten Fischotter, die frohen Klangfolgen einer Mozartkomposition, unser Suchen nach Wahrheit, Erkenntnis und sinnvollem Leben, aber auch unser individueller und kollektiver Eigennutz und unsere alles bedrohenden, jede Höherentwicklung infragestellenden Waffen hervorgehen sollten.

Noch immer wird gelegentlich von Philosophen die Frage gestellt: Warum gibt es überhaupt Bewußtsein, wo doch die meisten Lebensprozesse, einschließlich komplexer, ererbter Verhaltensketten, z. B. bei Zugvögeln, sehr erfolgreich weitgehend unbewußt ablaufen? – Verbirgt sich hinter der Frage die Hoffnung, daß Bewußtsein etwas ist, das den Menschen radikal vom Tier unterscheidet, eine Fähigkeit, die dem Menschen plötzlich geschenkt wurde? – Das ist, nach allem was wir aus der Evolution der Lebewesen gelernt haben, eine sehr unwahrscheinliche Annahme. Ist es nicht offensichtlich, daß selbst schwache Ansätze von bewußtem Handeln die Lern- und Anpassungsfähigkeit verbessert haben müssen? Sollte Bewußtsein wirklich keine Entwicklungsgeschichte haben? Könnte es vielleicht sogar etwas sein, das von der biologischen, körperlichen Grundlage unabhängig ist? – Ich glaube, gezeigt zu haben, daß Bewußtsein nicht dem Menschen von einer höheren Macht geschenkt wurde oder plötzlich da war, daß es sich vielmehr als eine außerordentlich nützliche Entscheidungshilfe bei Lebewesen entwickelt hat, die sich aktiv fortbewegen können. Die Entwicklung von Bewußtsein war, wie jede biologische Evolution, ein Teil einer Selbstorganisation. Diese Deutung macht es wahrscheinlich, daß höherentwickelte Säugetierarten wie Schimpansen, Gorillas, Hunde und manche Vögel nicht nur Bewußtsein, sondern auch Ansätze von Selbstbewußtsein besitzen.

Was widerspricht der Annahme, daß eine Mikrobe ein Mikroseelchen hat? Vielleicht nur menschliche Arroganz.

Thesen

- Unser gegenseitiges Verstehen ist das Ergebnis eines langen Ausleseprozesses, der Ähnlichkeit mit der Darwinschen Auslese hat.
- Sprache ist das Ergebnis der Vorteile, die sich aus verbesserter Verständigung ergeben.
- Verständigung ist nur möglich, wenn zurückgefragt werden kann und wenn Fragen verneint oder bejaht werden können. Ohne Verneinung kann der Grad des Verstehens nicht ausgelotet werden.
- Das Fragen führt zu genaueren Beobachtungen, erzeugt neue Fragen und damit neue Gedanken. Es macht Sprechen kreativ!
- Sprachentwicklung beginnt mit der ersten verstandenen Frage.
- Die Selbstorganisation der Sprache beginnt mit der Entdeckung des Verneinens und führt schließlich zu Selbstbefragung, Selbsterforschung, Selbstbewußtsein und Selbstkritik.
- Als besonders kreativ hat sich die Erfindung von Zahlen erwiesen.
- Die Sprachentwicklung hat die Anpassungsfähigkeit entscheidend verbessert, und damit – über den Ausleseprozeß – das Größenwachstum des Gehirns beschleunigt.
- Selbstbewußtsein ist kein Zustand, sondern das Ergebnis von Tätigkeiten des Gehirns!

Mit der Sprache zur Kultur

Sprache macht Erinnerungen verfügbar und stärkt und präzisiert das Erinnerungsvermögen durch vielfältige Rückkoppelungen. Häufige Wiederholungen am Lagerfeuer, untermalt von Pantomimen, wie das heute noch bei Jägern und Nomaden geschieht, schufen Traditionen mit Bewertungen und Warnungen, die mit Ausschmückungen von Generation zu Generation weitergereicht wurden. Auf diese Weise entstehen kulturell geprägte Begriffe, die Denken und Fühlen in bestimmte Bahnen leiten. Sie wirken in einem Kulturkreis ähnlich wie Erbprogramme in der biologischen Evolution. Deshalb fällt es Menschen so schwer, das Gedankengut einer fremden Kultur zu übernehmen und in die eigene Kultur einzupassen. Es sei an die schlimmen Folgen des Zusammenstoßes sogenannter »primitiver« Kulturen mit unserer christlich und wissenschaftlich geprägten Vorstellungswelt erinnert.

Das Wunder der Sprache

Sprache, geboren aus dem Bedürfnis, Erlebnisse mitzuteilen, an den Erlebnissen anderer teilzuhaben. Sprache, gewachsen zu der Fähigkeit, mehr von sich mitzuteilen, als das durch ein freundliches Lächeln oder eine zärtliche Berührung möglich ist. Sprache, Instrument der Menschwerdung!

Aus schwachen Wurzeln ist im sprechenden Anteilnehmen, im suchenden Diskutieren und Definieren der weitverzweigte Baum bewußter Erkenntnis erwachsen. Er krönt den irdischen Gipfel der Erkenntnis gewinnenden Evolution. Die Wurzeln, mit denen er Erkenntnisse saugt, reichen zurück bis in die älteste Erdvergangenheit. Von seinen höchsten Zweigen reicht der Blick in die unvorstellbaren Räume des sterngeschmückten Kosmos und zurück durch die Äonen kosmischen Geschehens zu einem Anfang, dessen Geheimnis von dem Wort »Urknall« nicht einmal berührt wird. Zwar hat unsere Sprache in aufschlußreichem Experimentieren mit Gegensatzpaaren wie gut und schlecht, groß und klein, schön und häßlich auch die Begriffe endlich und unendlich, Anfang und Ende geprägt, aber ein Uranfang ist für uns schlechthin unvorstellbar.

Erkenntnisse, im Sprechen von Generation zu Generation weitergereicht und vermehrt, haben Menschen in allen Klimazonen auf vielerlei Weise ernährt. Wer hinauflauscht in die weitgefächerten Zweige des Baumes, der hört die Stimmen der Erzähler von Märchen, von tiefsinnigen Mythen und furchtbaren Tragödien. Er hört Gebete in vielen Sprachen zu vielen Gottheiten, denn natürlich wurde Worten große Macht zugeschrieben, er hört Liebeslieder, aber auch schreckliche Flüche, Lügen, Verleumdungen und Hetzreden. Worte haben auch die Macht zu zerstören.

17 Von Kultstätten zu Städten und Staaten

Als die Geschichtsforscher begannen, sich mit den vorgriechischen Zivilisationen in Ägypten und Mesopotamien zu beschäftigen, zeigte sich bald, daß diese an die Überschwemmungsebenen der großen Flüsse gebunden waren. Diese Ebenen sind nicht nur sehr fruchtbar, ihre Fruchtbarkeit wird auch periodisch erneuert, weil jede Überschwemmung nährstoffreichen Schlick hinterläßt. Bewässerungskanäle lassen sich leicht anlegen, und der Fluß ist ein idealer Transportweg für schwere Frachten. Fische und Wassergeflügel ermöglichten eine ausgewogene Ernährung, und Papyrus oder Schilf ergaben zusammen mit Lehm ein ideales Baumaterial.

Natürlich entstanden an günstigen Stellen relativ dichte Siedlungen mit Rangordnungen der beteiligten Familien und Häuptlingsschaften und natürlich auch Kultstätten. Menschen wären keine Menschen, wenn es nicht sowohl zwischen Häuptlingen als auch zwischen Kultstätten zu Rivalitäten gekommen wäre. Wenn eine Kultstätte besonderes Ansehen erlangte, kam dies auch dem Häuptling zugute, in dessen Gebiet diese lag. Es lohnte sich für ihn, solche Tempel und ihre Priesterschaft mit Privilegien auszustatten. Das sind sich selbst organisierende soziale Prozesse. Natürlich ist die Bevölkerung bereit, ihr Heiligtum und seine Götter zu verteidigen und deren Macht in Erzählungen und Mythen auszuschmücken.

Je einflußreicher und wohlhabender eine Siedlung wurde, in um so mehr Konflikte wurde sie verwickelt. Verteidigungsanlagen wurden notwendig. Das erforderte Planung, organisierte Zusammenarbeit und Ausbau der militärischen Organisation. Es entstanden Städte, die mit zunehmender Größe immer mehr Organisation benötigten. Es entstanden Beamtenhierarchien.

War erst einmal ein Machtzentrum entstanden, so vergrößerte es sich. Das ist ein komplexer Vorgang, an dem menschlicher Ehrgeiz und Sachzwänge in wechselndem Maß beteiligt sind. Was den Ehrgeiz anbelangt, so hat jeder Stamm seine Überlieferungen von heldenhaften Taten der Vorfahren. Das spornt zur Nachahmung an. Oder eine

Nach Ausgrabungen gefertigtes Modell der Tempelanlage, die für den höchsten assyrischen Gott Marduk in Babylon um 600 v. Chr. errichtet wurde. Der in sieben Stufen gebaute, ursprünglich etwa 92 m hohe Turm (Turm von Babylon) enthielt, der Überlieferung nach, in seiner Spitze ein Wohngemach für den Gott, ausgestattet mit einem goldenen Tisch und Bett

Beleidigung muß ausgewetzt werden. Es gibt viele Gründe. Eroberungen lohnen sich auch wirtschaftlich. Es gibt Beute von vielerlei Art, Tribute und Sklaven. Sklaven wurden zu einem wertvollen Besitz. Mit Sklaven kann der Getreideanbau erweitert, können große Befestigungsanlagen errichtet, Kanäle gebaut werden usw. Sklaven sind wertvoller Besitz geblieben, bis im letzten Jahrhundert menschliche Arbeit zunehmend durch Maschinen ersetzt werden konnte. Daß das mit einer neuen Form von Ausbeutung verbunden war, ist wohl bekannt (s. Kapitel »Der Weg in die industrielle Revolution«, S. 316).

Wie entstanden aus solchen Anfängen Königreiche? Entweder durch direkte kriegerische Unterwerfung angrenzender Gebiete, deren Angliederung wenig Schwierigkeiten machte, da dort gleiche Sprache und religiöse Vorstellungen vorhanden waren, oder durch Verbündung kleinerer Herrscher gegen einen äußeren Feind, wenn nach dessen Besiegung aus dem erfolgreichen Heerführer ein König wurde. Auch dabei spielen sich selbst verstärkende Vorgänge oft eine bedeutende Rolle: So dichten einem erfolgreichen Führer seine Gefolgsleute wunderbare Fähigkeiten an. Das stärkt ihr Selbstvertrauen und untergräbt das der Feinde. Ja selbst die Besiegten sind vielleicht froh, daß sie sich nicht zu schämen brauchen, vor einem Sieger kapituliert zu haben, dem magische Kräfte oder göttlicher Beistand zu Hilfe kamen, wie das in vielen Märchen und Mythen berichtet wird. Der erfolgreiche Herrscher braucht sich solche Fähigkeiten nicht einmal selbst zuzuschreiben. Sie werden ihm angetragen. Wir haben ähnliches in unserer jüngsten Geschichte erfahren. »Wer hat, dem wird gegeben.« Das ist eine Entwicklungsregel, die bei gesellschaftlich-kulturellen Selbstorganisationen eine bedeutende Rolle spielt.

Anhänger und Führer – sowohl weltliche als auch religiöse – steigern gegenseitig ihr Selbstbewußtsein, bis daraus ein Sendungsglaube entsteht und ein Gefühl der Überlegenheit, das nicht selten zu weiteren Erfolgen führt. Daraus wird schnell der Glaube an einen göttlichen Auftrag oder an eine göttliche Abstammung des Herrschers, der dann auch die höchsten religiösen Zeremonien leitet. Dieser Mechanismus ist auch heute noch wirksam, mit dem kleinen Unterschied, daß man sich jetzt auch auf einen nationalen oder geschichtlichen Auftrag oder eine historische Notwendigkeit berufen kann. So leicht fallen Menschen halbgöttliche Rollen zu, und dabei spielt meist nicht einmal bewußte Täuschung eine wesentliche Rolle, wohl aber das menschliche Bedürfnis, die Unsicherheit der Welt mit einem festen Glauben zu überwinden.

Jede Vergrößerung eines beherrschten Gebietes führte zu einer Vergrößerung des Verwaltungsapparates, der Handelsbeziehungen und damit der Stadt selbst und ihrer von Handwerk und Handel lebenden Bevölkerung, was einen weiteren Ausbau der Verwaltung zur Folge hatte. Das sind Sachzwänge. Sie müssen gelöst werden, können aber auf verschiedenartige Weise gelöst werden. Nur in dieser Beziehung besteht eine gewisse Freiheit. Auch Herrscher sind nicht so souverän, wie ihre Untertanen und auch sie selbst oft meinen!

Die Hauptlast für den Unterhalt der Staatsapparate lag immer auf den Bauern, die etwa 90% der Bevölkerung ausmachten. Ihre Naturalabgaben wurden genau festgesetzt und durch Steuereintreiber überwacht und durch Strafen erzwungen. Außerdem wurden sie zu Gemeinschaftsarbeiten, etwa dem Bau von Tempeln, Palästen, Befestigungsanlagen herangezogen. Es ist auffällig, daß die Aufzeichnungen über den längsten Teil der Geschichte keine Bauernaufstände erwähnen. Die staatliche Autorität wurde scheinbar nicht ernstlich in Frage gestellt. Dazu einige Anmerkungen.

Warum wird staatliche Autorität anerkannt?

Staaten, zuerst Stadtstaaten, sind langsam gewachsen über viele Generationen und mit ihnen, unvermeidlich, eine hierarchische Struktur. Ohne eine solche könnten die verschiedenartigen Tätigkeiten nicht sinnvoll abgestimmt werden. Für die mit der Koordination beschäftigten Menschen ergeben sich aus dieser Tätigkeit automatisch bestimmte Privilegien. Für jede Generation ist diese soziale Struktur ein realer Teil der Umwelt, ebenso wirklich wie Sonne, Wind, Jahreszeiten, Geburt und Tod. Und, wie für alles Unerklärliche, gab es natürlich Legenden über die Herkunft des Königs, über den Gott oder die Götter, denen er und die Priesterschaft dienten. Es gab eindrucksvolle Prozessionen, Opfergaben, Drohungen mit göttlicher Strafe für die Übertretung von Geboten.

Waren Soldaten, die mit Beute heimkehrten, nicht ein Beweis, daß der König oder ein Heerführer mit göttlicher Hilfe gesiegt hatte? Welcher einfache Bauer – das waren die wirklich Armen – konnte bezweifeln, daß die soziale Ordnung ein Teil der Weltordnung war? Und verteilten nicht gute Herrscher bei Hungersnot Getreide aus ihren Speichern? Von unten drohten kaum Revolutionen, allenfalls gegen Herrscher oder fremde Eroberer, die überlieferte Götter und Bräuche änderten. Dagegen berührten Veränderungen an der Spitze, Mord im Herrscherhaus, Sturz eines schwachen Königs durch einen erfolgreichen Heerführer, rivalisierende Priesterschaften – selbst eine Fremdherrschaft – die Lebensbedingungen der Bauern praktisch nicht. Die Sieger bei solchen Umstürzen hatten kein Interesse daran, das soziale System zu ändern. Auch ihr spirituelles Weltbild war beherrscht vom Bewußtsein der Vergänglichkeit des menschlichen Lebens und dem Glauben, daß die Ordnung der Welt von dem Wohlwollen vieler Gottheiten und überirdischer Tierheiten mit magischen Kräften abhing. Mußte es nicht gefährlich sein, die bisher bewährte staatliche Ordnung zu ändern? Mußte es nicht besser sein, die Götter mit immer aufwendigeren Tempeln zu ehren? Der Glaube an ein Weiterleben nach dem Tod und an die Notwendigkeit, dieses mit Grabbeigaben zu sichern, war schon mindestens 60 000 Jahre alt.

Es war unvermeidlich, daß Herrscher, mit wachsender Macht, ihr ewiges Leben mit immer aufwendigerer Ausstattung zu sichern versuchten. Aber auch für die Untertanen lohnte sich die Arbeit, denn ein König, vor allem ein »Gottkönig«, konnte sich doch aus dem Jenseits rächen, wenn er vernachlässigt wurde. Kaum nötig zu sagen, daß die Macht von Priesterschaften gleichzeitig wuchs. Aufwendige und monumentale Grabbauten kennzeichnen alle frühen Zivilisationen. Das aus den animistischen Vorstellungen (s. Kapitel »Jäger und Sammler der Jungsteinzeit«, S. 203) weiterentwickelte Weltbild enthielt mehrere, sich gegenseitig verstärkende stabilisierende Elemente. Es war, wenn man seine Voraussetzungen berücksichtigt, durchaus rational. Viele praktische technische Erfindungen wurden gemacht (Rad, Töpferscheibe, Hebel, Bronzeguß, Brennen von Töpfen und Ziegeln und vieles mehr) ohne Kenntnis von physikalischen oder chemischen Gesetzen.

Die weitgehende Selbstorganisation hierarchischer Strukturen unterscheidet sich nicht grundlegend von ähnlichen Vorgängen, etwa der sozialen Struktur eines Familienverbandes. Doch werden diese Entwicklungen im kulturellen Zusammenhang stark von bewußtem Vorausplanen und bewußtem Zweckdenken beeinflußt und gelenkt, oft in völlig unvorhersehbare Bahnen.

Die Entstehung von größeren Städten und Herrschaftsgebieten hatte, obwohl es vor etwa 5000 Jahren nur ganz wenige auf dem weiten Rund des Planeten gab, großen Einfluß auf die Entwicklung der Menschheit. Es war der Beginn von Zivilisationen. Der Begriff ist von dem lateinischen Wort civis, Bürger einer Stadt, abgeleitet. Zivilisation ist eine durch städtische Lebensweise geprägte Kultur.

Zivilisationen sind gekennzeichnet durch:

- vielfältige Arbeitsteilung;
- die Entwicklung einer Schrift;
- die Einführung gesetzlicher Regeln; Rechtssprechung;
- die geistige Anregung einer vielfältigen menschlichen Umgebung.

Dazu einige Anmerkungen.

Von der Abbildung zur Schrift

Die Möglichkeit zur späteren Entwicklung einer Schrift wurde schon weit zurück in der Linie unserer tierischen Vorfahren ange-

ursprüng-liches Abbild	Drehung um 90°	Mitte 3. Jahr-tausend	Ende 3. Jahr-tausend	alt-baby-lonisch	neu-assyrisch	»Zeichen-name«	Lautwerte	Bedeutung
						AN	an il dingir	Himmel Stern Gott
						KI	ki ke qi	Land Ort Erde
						LU	lu	Mensch jemand
						MUNUS	munus sal šal mi rak	Frau weiblich
						KUR	kur mat nat šat lad	Berg Fremdland erobern aufgehen
						SAG	sag šag riš	Kopf Spitze Frontseite erster
						KA	ka inim du zu	Mund sprechen Wort Zahn
						NIG	nig ša gar ninda	Sache setzen Brot
						KU (KAxNIG)	ku	essen Speise
						A	a me	Wasser Sperma Sohn
						NAG (KAxA)	nag	trinken Getränk
						DU	du gin gub ra tu	Fuß stehen gehen errichten schreiben fest
						HA	ha ku	Fisch
						GU	gu gud	Rind
						AB	ab lid rim	Kuh
						ŠE	še niga	Getreide Gerste gemästet

legt, als für baumbewohnende Äffchen die Augen zum wichtigsten Sinnesorgan wurden und die Finger zu geschickten Greifinstrumenten. Eine höhere Stufe der Mitteilungsfähigkeit wurde erreicht, als zum ersten Mal ein Mensch zur Verdeutlichung einer Wegbeschreibung eine Skizze in den Sand zeichnete. Das war vermutlich lange bevor die ersten Höhlenbilder entstanden. Die frühen Felsmalereien und Ritzungen auf Knochen waren naturalistisch. Die Tierarten sind in ihren charakteristischen Bewegungen gekonnt erfaßt und gut erkennbar. Spätere Felsbilder in Spanien und in der Sahara sind oft viel abstrakter. Es sind Strichzeichnungen von Menschen und Tieren ohne individuelle Einzelheiten. Ihre Bedeutung ist oft nicht erkennbar. Es könnten vielleicht Vorläufer oder Anfänge einer Bilderschrift sein. Alle Schriften, auch die Keilschrift und die chinesische Schrift, sind aus Bilderschriften entstanden, in denen bestimmte Dinge oder Tätigkeiten durch eine vereinfachte Abbildung dargestellt wurden.

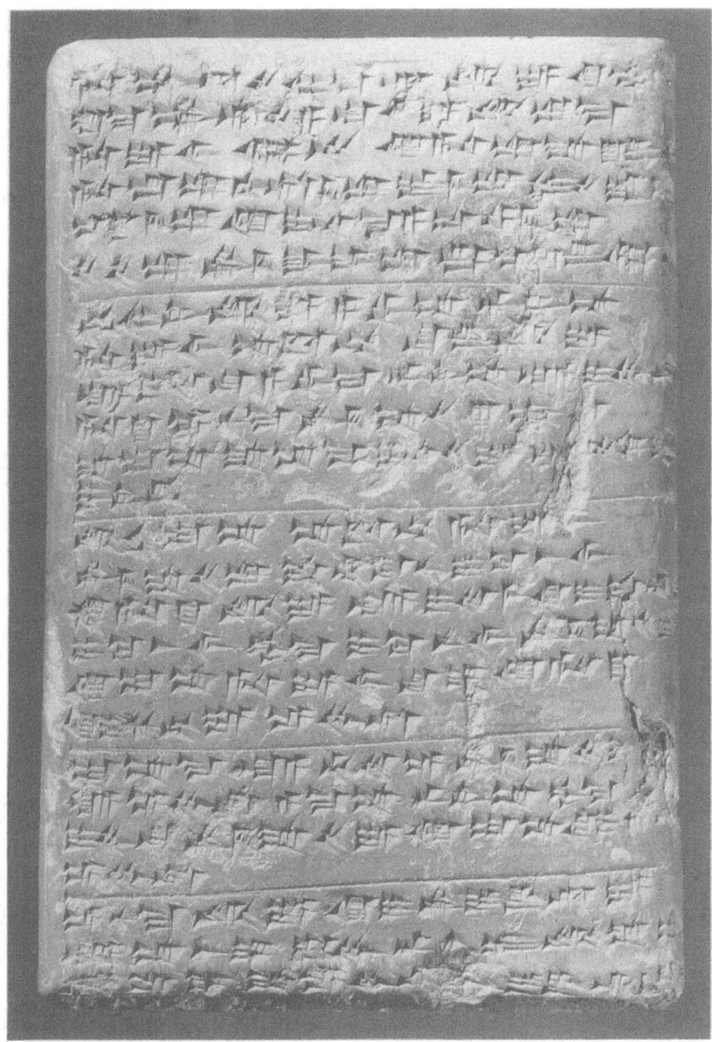

Links: Entwicklungsphasen der Keilschrift aus einer Bilderschrift. Die Schrift hatte keine Zeichen für Vokale. *Rechts:* Eine mit Keilschrift beschriebene Tontafel. Die Keilschrift wurde mehr als 2000 Jahre lang im vorderen Orient von Völkern benutzt, die ganz verschiedene Sprachen hatten

Welche Bedürfnisse führten zur Entwicklung von Schriften? – Schriften sind nützliche Gedächtnishilfen. Mit Schriftsymbolen können Lieferungen und Vorräte von Handelsgütern registriert und dokumentiert und die Partner vor Vergeßlichkeit oder Betrug geschützt werden. Bei weiterer Entwicklung wird die Festschreibung von Vereinbarungen und Gesetzen möglich. Man kann sich auf sie berufen! Größere Städte könnten ohne diese Hilfe nur schlecht verwaltet werden. Ausgrabungen in Mesopotamien scheinen diesen Entwicklungsweg zu bestätigen. Dort bauten die Sumerer in dem fruchtbaren Schwemmland des Euphrat und Tigris schon 3000 v. Chr. große Städte. Sie waren mit rechteckigen Straßenzügen, großen Tempel- und Palastanlagen systematisch angelegt. Zu den Tempeln gehörte ein Turm (Zikkurat: Turm von Babylon), der wohl als Sternwarte diente. Die Beobachtung der Himmelskörper ermöglichte die Vorhersage der Flutsaison und – wie viele Menschen sogar noch heute glauben – die Vorhersage menschlichen Schicksals. Es sind die ältesten bekannten, gut geplanten Städte, und es ist wohl kein Zufall, daß bei den Ausgrabungen die ältesten schriftlichen Dokumente gefunden wurden. Es sind in Tontäfelchen eingestochene Zeichen (Keilschrift).

Zwei Phasen der Schriftentwicklung sind erkennbar: Die ältere zeigt einfache, noch wenig genormte Zeichen, die noch nicht in Zeilen angeordnet sind. Diese noch nicht entzifferte Schrift ist noch recht bildhaft. Der jüngere, abstraktere Typ hat sich erkennbar aus dem älteren entwickelt und leitet über zu der heute lesbaren sumerischen Keilschrift.

In den ältesten Texten werden vor allem Waren oder Leistungen bezeichnet und die Namen der an der Transaktion beteiligten Personen oder Ortsnamen. Diese Aufzeichnungen lassen noch keine verbindende Grammatik erkennen. Das gilt natürlich nur für die Schrift. Die gesprochene Sprache hatte sicher eine voll ausgebildete Grammatik. Die Aufzeichnungen waren Hilfen zur Kontrolle wirtschaftlicher Beziehungen und Verwaltungsaufgaben, nicht Erzählungen oder intellektuelle Mitteilungen.

In jüngeren Texten finden sich Lobpreisungen von Göttern und Aufzählungen der Taten von Königen. Es war eine in jeder Beziehung hohe Zivilisation, die trotz Perioden des Auf- und Niedergangs und ständiger Fehden der Stadtstaaten untereinander mehr als 1000 Jahre florierte. Es hat sich seither wenig geändert im sozialen Umgang der Menschen miteinander. Die Wechselwirkung zwischen Kultur und politischer Macht ist sehr offensichtlich.

Zivilisation ohne Bürokratie ist undenkbar. In Sumer wurden schon um 2700 v. Chr. Eheverträge und Käufe von Land oder Häusern auf Tontafeln dokumentiert. Um 2300 v. Chr. erließ ein König Gesetze gegen Korruption und den Amtsmißbrauch von Steuereinziehern. Die älteste Aufzeichnung von ärztlichen Rezepten stammt aus dem 25. Jahrhundert v. Chr. und Teile einer Sammlung von Gesetzen und Strafen für bestimmte Vergehen aus dem 21. Jahrhundert v. Chr. Frauen konnten Besitz erwerben, und Sklaven hatten die Möglichkeit, sich freizukaufen. Natürlich gab es Schreibschulen: Auf einem Tontäfelchen fand man die Strafe vermerkt, die ein Schüler für schlechte Leistung erhalten hatte. Die Ausbildung dauerte etwa 12 Jahre. Schulischer Leistungsdruck ist keine moderne Erfindung.

Die Keilschrift entwickelte sich in dieser Zeit zu einer Mischschrift von Symbolen für Worte (Begriffe) und Silben. Sie war so anpassungsfähig, daß sie auch zum Schreiben fremder Sprachen benutzt werden konnte, und wurde dann von fremden Eroberern (Babyloniern, Assyrern, Hettitern) übernommen, natürlich mit Abänderungen. Mit den Eroberern wechselten die Götter, aber nicht das Prinzip der Schrift.

Schrift als Träger kultureller und sozialer Entwicklungen

Die Anfänge waren, wie oben geschildert, bescheiden und ließen noch nichts von den zukünftigen Möglichkeiten ahnen. Die folgenden Seiten sollen eine kurze, vorausschauende Perspektive geben.

Fortschritte in der Schriftentwicklung wurden von den Völkern am östlichen Mittelmeer erreicht: Die Elamiter und Phoenizier benutzten eine reine Silbenschrift, bei der es aber nur Schriftzeichen für Konsonanten gab. Die Griechen übernahmen diese Schrift um etwa 800 v. Chr. und erweiterten sie durch Einfügen von Vokalen zu einer Lautschrift. Ihr Alphabet wurde später, mit geringen Abwandlungen, zur lateinischen Schrift und schließlich zur Schrift aller europäischen Sprachen. Der Vorteil war ungeheuer. Mit dem Alphabet kann jede Sprache geschrieben werden. Die Anpassungsfähigkeit ist fast unbegrenzt. Nur für die Bezeichnung von 3 Schnalzlauten, die in einigen afrikanischen Sprachen vorkommen, mußten sich die Missionare 3 oder 4 neue Schriftzeichen ausdenken.

Die Erfindung der Schrift hat die geistige Entwicklung der Menschheit weit mehr beflügelt als jeder andere Fortschritt. In Stein gemeißelt, in Tonplatten geritzt, auf Papyrus, Pergament, Papier geschrieben und schließlich millionenfach gedruckt besitzt die Menschheit eine für keinen einzelnen überschaubare Sammlung von Überlieferungen, Wissen, guten und schlechten Erfahrungen, tiefen Gefühlen und Weisheiten, Torheiten, Betrachtungen, Diskussionen, Spekulationen, Berechnungen, Hymnen, Liebesliedern, Trauerliedern, Spottgesängen und wilden Phantasieflügen. Die Teilhabe an diesem viele Kulturen umspannenden Wissen hat die menschliche Lernfähigkeit und Anpassungsfähigkeit auf ein höheres Evolutionsniveau gehoben. Die Entwicklung der Schrift ist eine Höherentwicklung, die in ihrer Wirkung nur mit der Evolution der Vielzelligkeit oder der Warmblütigkeit verglichen werden kann! Seit mehr als 3,5 Mrd. Jahren sind Erkenntnisgewinne durch die Wechselwirkungen zwischen mutierenden Erbanlagen, Umweltänderungen und Darwinscher Auslese entstanden. Schriften bewahren und vervielfältigen – ähnlich dem biologischen Erbgut – Erfahrungen und Erkenntnisse, aber sie bewahren darüber hinaus auch Gedanken, Deutungen und Vermutungen und bringen diese, über Jahrtausende und Kontinente hinweg, in menschlichen Gehirnen zu Wechselwirkungen mit neuen Erfahrungen, Bedürfnissen, Gedanken und Hoffnungen. Ist das nicht eine wundervolle, phantastische Erweiterung? Diese wurde in unseren Tagen durch die Konstruktion von Computern auf eine noch viel höhere Stufe gehoben. Den Menschen sind dadurch Fähigkeiten zugewachsen, die frühere Zeiten nur Göttern zugetraut hätten. Noch mehr: Dieser Vorgang ist ebensowenig fehlerfrei wie die biologische Vererbung. Das ist gut, denn gerade die Vielzahl der Denkmöglichkeiten ist die Voraussetzung für wachsende Anpassungsfähigkeit und ständige Erweiterung. Die notwendige Auslese aber erfolgt nun nicht mehr nur nach dem Darwinschen Prinzip durch Aussterben. Der lebende Mensch kann nun denkend und fühlend wählen und seine eigenen Ideen und Handlungen kritisieren. Damit haben Menschen die Verantwortung für ihr Tun und Lassen erhalten. Wir können uns bequem von Sachzwängen in Sackgassen drängen lassen. Wir können aber auch, mit vorausblickender Selbstkritik, den Handlungsspielraum, den Wissenschaft und Technik uns gegeben haben, bewahren und behutsam erweitern. Das ist der schwerere Weg, ein Abenteuer des Willens, wie es einmal die Entdeckung neuer Kontinente war. Den ersten, vor allem für Politiker und Wirtschaftsmanager bequemen

Weg wird bald die Darwinsche Auslese abschneiden. Es ist das uralte Märchenmotiv: Wer sich auf dem Weg von Genüssen verlocken läßt, der findet die Prinzessin nicht.

Schriften sind Ergebnisse der Evolution, und sie spielen bei der Entwicklung von Kulturen und Zivilisationen eine ähnliche Rolle wie die Erbanlagen in biologischen Entwicklungen. Es ist eine Höherentwicklung, welche die geistigen menschlichen Fähigkeiten und letztlich selbst das Antlitz der Erde weit mehr verändert hat als alle Kriege und Eroberungen.

In Schriften bewahrte Mythen, Offenbarungen, Überlieferungen, Gedanken, Wert- und Wunschvorstellungen, Erkenntnisse und Hypothesen haben den Gang der menschlichen Geschichte fortlaufend begleitet, beschleunigt und in vielfältiger Weise gesteuert, indem sie die Entwicklung sinngebender Weltbilder gefördert und langfristig gefestigt haben. Nach Sinn zu suchen aber war ein Grundbedürfnis geworden, nachdem Menschen ihre Sterblichkeit erkannt hatten.

18 Evolution von Weltbildern und Kulturen

Mit der Entstehung des Selbstbewußtseins, das eng mit der Sprachentwicklung verknüpft ist, haben Menschen eine höhere Evolutionsstufe erreicht, von der aus unzählige Wege sich zu neuen Leistungen öffneten. Die geistig-kulturelle Evolution begann, die Möglichkeiten der biologischen Evolution zu überholen, zuerst langsam, dann sich beschleunigend. Die Vielfalt der Kulturen, die in den letzten 5000 Jahren entstanden sind, gibt einen Einblick in die wunderbare Leistungsfähigkeit dieses Geschehens.

Die Entwicklung jeder langlebigen Kultur ist nicht nur aufs engste vernetzt mit den Umweltbedingungen und materiellen Grundlagen, in die sie eingebettet ist; sie ist auch weitgehend geprägt von den Vorstellungen, welche sich ihre Träger von sich selbst, ihrer Rolle in der Welt und dem Sinn ihres sterblichen Daseins machten. Zur Grundlage jeder Kultur gehören erklärende, im weitesten Sinn des Wortes religiöse Vorstellungen, die auch das soziale Verhalten weitgehend bestimmen. Solche Weltsichten – ich werde sie Weltbilder nennen – sind für Kulturen eine Art geistige Territorien, in denen gewohnte »Denkpfade« es möglich machen, sich zurecht zu finden in der beängstigenden, oft scheinbar widersprüchlichen Vielfalt der Erscheinungen der Welt und den Zwiespältigkeiten der menschlichen Natur. In der Kindheit gewonnene und später immer wieder durch gemeinsame Rituale, Gebete und Zeremonien gefestigte Wertsysteme überbrücken die Kluft zwischen individuellen, egoistischen Neigungen und sozialen Anforderungen. Für Kulturen spielen solche Weltbilder – wie schon erwähnt – eine ähnliche Rolle wie Erbprogramme für die biologische Evolution.

Ich will in den folgenden Kapiteln versuchen, diese Beziehungen an einigen Beispielen aufzuzeigen. Dabei bin ich mir bewußt, daß dabei viele Aspekte der menschlichen Geschichte zu kurz kommen.

Es wird sich zeigen, daß wesentliche Evolutionsregeln auch in sozialen und wirtschaftlichen Entwicklungen wirksam sind und daß aus diesem Grund das menschliche Denken und Planen weit weniger

souverän ist, als wir uns einbilden, daß aber die meisten Menschen
auch durchaus fähig sind, sich zu disziplinieren und »natürliche«
Triebe und Neigungen zu unterdrücken, wenn ihr Weltbild das
verlangt. Diese Feststellung ist von größter Bedeutung, denn der
Fortschritt und das Überleben der Menschheit sind heute von
falschen Wertvorstellungen akut bedroht. Darauf komme ich noch
mehrfach zurück.

Die Grundlagen der ägyptischen Kultur

In Ägypten, wo die jährlichen Fluten des Nils ähnliche Möglichkeiten
für eine Bewässerungswirtschaft boten wie in Mesopotamien, entwickelte sich etwa gleichzeitig eine ähnliche Hochkultur. Handelsbeziehungen und damit ein Austausch von Ideen und Kenntnissen
entstanden schon früh.

Unter den frühen Hochkulturen ist das ägyptische Weltbild
durch Bauwerke, Inschriften, Literatur, Malereien, Gebrauchs- und
Kunstgegenstände bei weitem am besten dokumentiert. Seine Entwicklung wurde vor allem von dem Glauben geprägt, daß dem
diesseitigen Reich ein Totenreich entspricht, in dem aber nur
derjenige weiterleben kann, dessen Körper für die Ewigkeit konserviert und mit den göttlichen Riten beigesetzt wird. Dazu gehörte
auch die Mitgabe von all dem, was eine standesgemäße Lebensweise
auf der Erde möglich machte. Das geschah in Form von Bildern und
kleinen Figürchen der Dienerschaft in den Grabkammern. In früheren Zeiten, z. B. in einem sumerischen Königsgrab, wurden Diener
und Dienerinnen mitbestattet. In Ägypten wurden auf Bildern und
Reliefs die Beziehungen des Herrschers und seiner Familie zu
verschiedenen Gottheiten hervorgehoben, damit kein Irrtum über
die Rechtmäßigkeit ihres Anspruchs entstehen konnte. Das Amt des
Pharaos war ein göttliches Amt. Er leitete persönlich die höchsten
religiösen Zeremonien. Ein überzeugendes Weltbild muß natürlich
außer dem allgemein menschlichen Wunsch nach Unsterblichkeit
auch den Lebens- und sozialen Bedingungen Sinn verleihen. Das
konnte – solange wissenschaftliche Erklärungen fehlten – nur geschehen, indem Träume und Phantasien viele Erscheinungen einem
göttlichen Wirken oder/und dem Einfluß übersinnlicher magischer
Kräfte bestimmter Tiere zuschrieben. Läßt sich das im ägyptischen
Weltbild erkennen? – Ich glaube, ja.

Das Leben in Ägypten wird von seiner geographischen Lage im Trockengürtel unter dem nördlichen Wendekreis und der Abhängigkeit von der streng an den Sonnengang gebundenen Flutsaison des Nils geprägt. Die Sonne regiert das Absterben und neue Aufkeimen der Natur, und jeder fühlt täglich ihre machtvolle Kraft auf Haupt und Schultern. Wer konnte an ihrer Göttlichkeit zweifeln? Und war sie nicht eine ordnende Macht, der selbst der lebenspendende Nil gehorchte? – Es ist deshalb wahrscheinlich kein Zufall, daß trotz der vielen verehrten Gottheiten und obwohl die Pyramiden-Texte des Alten Reiches (ca. 2700–2200 v. Chr.) dem Pharao göttliche Heiligkeit und Kraft zuschreiben, von ihm als dem »großen Gott«, der Lebenskraft gibt und die »rechte Ordnung« (Maat) garantiert, reden, gegen Ende dieser Zeit der Sonnengott Ré zum höchsten Gott der Staatsreligion erhoben wurde. Seine Rolle wurde in den folgenden 1000 Jahren, auch über Zeiten des Verfalls und der Fremdherrschaft hinweg, mit großer Phantasie ausgeschmückt: Er nahm, wenn seine Sonnenbarke im Westen den Himmel verließ und die Rückfahrt durch die Erde antrat, die Toten mit in die Unterwelt. Dort erwartete der Totenrichter Osiris den Verstorbenen. Dessen Herz wurde gewogen gegen das Symbol der Wahrheit. Hatte er seine Aufgaben gut erfüllt und dadurch die »Maat« vermehrt, so durfte er, zusammen mit seiner Gemahlin, der Sonne wieder in den Himmel folgen zu einem ewigen Leben mit den Göttern. Wer der »Maat« Abbruch getan hatte, wurde in tieferen Stockwerken der Unterwelt von Ungeheuern zerrissen und gequält. Wer denkt da nicht an Dantes »Inferno«?

Die Zeit des Verfalls (ca. 2200–2000 v. Chr.) führte einerseits zu einem Verlust des Jenseitsglaubens und dem Lob eines unbekümmerten Lebensgenusses, andererseits zu vertiefter Religiosität, die die ethischen Forderungen schärfer definierte:

»Beruhige die Weinenden, quäle keine Witwe, verdränge keinen Mann von der Habe seines Vaters, schädige die Räte nicht an ihren Sitzen, strafe nicht ungerecht«, oder »empfangen wird (von Gott) lieber die Tugend des Rechtschaffenen als das Opferrind des Sünders« (zitiert nach: Fischer Lexikon der nichtchristlichen Religionen, S. 21, 1989).

Hier sind, schon etwa 700 Jahre vor dem Auszug der Israeliten aus Ägypten, ethische Forderungen für die Beziehungen zwischen den Menschen formuliert, die den von Moses verkündeten 10 Geboten sehr nahe kommen. Letztere erhielten aber durch den Glauben an

Bemalter Sarkophag. Das Herz des Verstorbenen wird in der Unterwelt vor dem Totenrichter, dem Gott Osiris, gewogen

einen einzigen Gott unvergleichlich größeres Gewicht. Trotzdem fällt ihre Einhaltung noch immer sehr schwer. In Ägypten versuchte Amenophis IV, der sich Echnaton nannte (1365–1348 v. Chr.), die vielen Gottheiten durch die Verehrung der Sonne, als deren Sohn er sich bezeichnete, zu ersetzen. Der Versuch scheiterte. Er hätte zu viele mächtige Priesterschaften entmachtet, und zu viele Anhänger lokaler Kulte hätten ihren religiösen Halt verloren.

In der 2500 Jahre langen, weitestgehend eigenständigen Kulturentwicklung Ägyptens hat wohl die Anerkennung einer göttlichen Ordnung einen nicht zu unterschätzenden, stabilisierenden Einfluß gehabt. Dazu dürfte der Glaube beigetragen haben, daß die leibliche Wiederherstellung eines Verstorbenen im Totenreich nicht nur von der korrekten Durchführung der magischen Beisetzungsriten abhing, sondern auch von seiner Lebensführung. Die Ewigkeit – es gibt eine Hieroglyphe von dieser Bedeutung – wurde nur dem zuteil, der nach der göttlichen Ordnung gelebt hatte, also die seiner sozialen Stellung zugeordneten Aufgaben erfüllt hatte. Das zeigt eindrucksvoll die reich bebilderte private Grabkammer des 1402 v. Chr. gestorbenen Bürgermeisters der Stadt Theben. Eine naturgetreue Nachbildung befindet sich im Roemer- und Pelizaeus-Museum in Hildesheim. In einem Text der Grabkammer – sie wurde noch zu Lebzeiten, sicher mit hohen Kosten, hergerichtet – bezeugt Sennefer, daß er dem König treu gedient hat und sein Vertrauen genoß. In ähnlicher Weise berichteten die Pharaonen ihrem Gott. Aus den ursprünglichen Dorfgemeinschaften war ein Staat mit religiös fundierter Ständeordnung geworden.

Das Ziel, ein ewiges Leben zu gewinnen, war, wie später beim jüdisch-christlichen Weltbild, ein starkes Motiv für ethisches Verhalten. Ein weiterer Grund für die lange Eigenständigkeit dürfte die Lage Ägyptens zwischen zwei Wüsten gewesen sein, die den Zugang für fremde Eroberer erschwerte. Dieser geographische Vorzug milderte allerdings die aggressiven menschlichen Neigungen nicht. Viele Pharaonen rühmten sich vor Gott, daß sie die Grenzen des Reiches erweitert hätten. Bevor ich auf andere Weltbilder eingehe, schiebe ich hier einige Bemerkungen über die Beziehungen zwischen Kulturentwicklungen, ethischen und gesetzlichen Regeln ein.

Ethische und gesetzliche Regeln

Es wurde oben behauptet, daß die Entwicklung von Städten und Stadtstaaten nur möglich ist, wenn Gesetze den Verkehr der Menschen miteinander regeln. Warum ist das so? Wie kommen die Gesetze zustande? – Sie sind ein Ergebnis der Entwicklung des menschlichen Sozialverhaltens: Großfamilien besitzen ein gutes Maß an Stabilität, weil die Individuen der verschiedenen Altersgruppen sich durch gemeinsame Kindheit und gemeinsame Tätigkeiten sehr gut kennen und emotionale Bindungen entwickelt haben. Konflikte werden dadurch und durch eine natürliche Hackordnung gedämpft. Verhaltensforscher haben bei Buschmännern in der Kalahari mit Tonbandaufnahmen dokumentiert, daß lautstarker Streit zwischen Familienmitgliedern sich stundenlang hinziehen kann, ohne daß es zu Handgreiflichkeiten kommt. Andererseits berichteten Buschmänner, daß es früher bei Verletzungen des Jagdgebietes vorkommen konnte, daß eine Familie nachts überfallen und getötet wurde. In Dorfgemeinschaften wird das auf persönlicher Bekanntschaft beruhende Verhalten auf die Gemeinschaft übertragen. Das schließt einen gelegentlichen Totschlag nicht aus. Es gab immer Verhaltensweisen, die als gut, andere, die als schlecht galten. Das lernten die Kinder im

Heranwachsen. Man wußte, wem man glauben konnte und wem nicht. Eine formulierte Gesetzgebung war nicht notwendig. Dagegen können städtische Kulturen (Zivilisationen) nur gedeihen, wenn sie ethische Regeln entwickelt haben, die auch zwischen Menschen, die sich nicht näher kennen, langfristige Zusammenarbeit und Vereinbarungen möglich machen, und Gesetze, die die Einhaltung solcher Regeln erzwingen. Das sind Forderungen, die manchen ererbten Neigungen zuwiderlaufen. In allen Kulturen hat religiöse Verankerung solchen Forderungen Autorität verliehen und dadurch den Kulturen Stabilität, selbst über Niederlagen und Revolutionen hinweg. In unserem Kulturkreis haben die 10 Gebote diese Grundlage geliefert. Es ist vielleicht kein Zufall, daß Moses diese Gebote formulierte, nachdem das Volk Israel in Ägypten eine städtische Zivilisation kennengelernt hatte.

Ein Vergleich mit einer ganz unabhängigen, eigenständigen Zivilisation zeigt die stabilisierende Funktion solcher Gebote in eindrucksvoller Form. Das Inkareich, das sich über einen 4000 km langen Abschnitt der Anden erstreckte, kam mit 3 Geboten aus:

Sei kein Lügner!
Sei kein Dieb!
Sei kein Faulpelz!

Genau betrachtet sind die meisten ethischen Gebote Verbote. Sie verbieten Handlungen, welche die Stabilität einer Gesellschaft untergraben. Das sind vor allem Handlungen, zu denen Menschen eine »natürliche Neigung« haben, Neigungen, die in der Sippe durch persönliche Bindungen gezügelt wurden, die aber in Gesellschaften, in denen nicht mehr jeder jeden kennt, destruktiv wirken. Die Gebote (Verbote) dehnen das innerhalb von Sippen übliche zwischenmenschliche Verhalten auf Fremde aus, soweit diese derselben Großgesellschaft (Staat, Glaubensgemeinschaft) angehören. Ohne die Formulierung dieser Wertvorstellungen wäre es nie zu der Fortentwicklung von Dorfgemeinschaften zu Stadtstaaten und Großreichen gekommen.

Nur auf der Grundlage stabilisierender Wertvorstellungen konnten sich die technischen, ökonomischen, militärischen und kulturellen Entwicklungen vollziehen, die eine Vergrößerung gesellschaftlicher Systeme einerseits ermöglichten und andererseits bis zu einem gewissen Grad steuerten.

Jedes System von moralischen Regeln, soweit es natürlichen menschlichen Neigungen zuwiderlief, wurde religiös begründet und dadurch legitimiert. Da aber Übertretungen ständig vorkommen, wurden diese durch Gesetze bekämpft und durch oft harte und grausame Strafen geahndet, die von der Mehrheit der Bevölkerung gutgeheißen wurden. Ein schlechtes Gewissen mag kein gutes Ruhekissen sein, ist aber eine gute Stütze der Gesellschaft.

Die europäischen Völker, auch die mittel- und nordeuropäischen, die noch vor 1000 Jahren eine bäuerliche Kultur besaßen, konnten dank der ethischen Überzeugungskraft des Christentums mit diesem auch das ausgezeichnet rational formulierte römische Rechtssystem weitgehend übernehmen. Die vielen Klostergründungen dienten nicht nur der Verbreitung des Christentums, sie wurden Kristallisationspunkte einer neuen abendländischen Zivilisation.

Solche Entwicklungen sind immer mit Interessenkonflikten verbunden, wie die Geschichte überdeutlich zeigt. Es ist eine Art Dynamik, in der Auslese- und Selbstorganisationsprozesse eine Rolle spielen. In dieser Beziehung ähneln Gesellschaftssysteme Lebewesen, auch in ihrem Zwang sich gegen Konkurrenten zu verteidigen und abzugrenzen.

Die gesellschaftlichen Systeme (Dörfer, Bauernstaaten, Stadtstaaten, Großreiche) haben sich in einem jahrtausendelangen Konkurrenzkampf entwickelt, aber auch gleichzeitig durch friedlichen Handel und Austausch von Kenntnissen und Fertigkeiten ihre Leistungsfähigkeiten gesteigert. Für das Überleben in diesem Konkurrenzkampf blieben die aggressiven, kämpferischen Eigenschaften der Menschen von großer Bedeutung, denn sie wurden – wie die Geschichte zeigt – praktisch jeder Generation abverlangt. Kein Wunder, daß sie nicht nur erhalten blieben, sondern durch kulturelle Traditionen und Bräuche verstärkt wurden. Auch das ist das Ergebnis eines Ausleseprozesses. Dieser hat dazu geführt, daß kämpferischer Mut und Loyalität in allen Kulturkreisen als Tugenden gelten, d. h. Aggressivität, Lug und Trug, die innerhalb einer Gesellschaft abgelehnt werden, werden zu Tugenden bei Auseinandersetzungen mit einem äußeren Feind. Gegen Feinde aber ist alles oder beinahe alles erlaubt! Feindbilder erhöhten und erhöhen noch immer die Kampfbereitschaft!

Dieser Doppelstandard ist jetzt durch die Entwicklung von Waffen mit unvorstellbarer Zerstörungskraft zu einer tödlichen Gefahr für die Menschheit geworden.

Was die Menschheit jetzt am nötigsten brauchte, ist ein neues, oberstes Gebot. Es müßte lauten:

Du sollst Dir kein Feindbild machen.

Natürlich ist diese Forderung in der christlichen Lehre enthalten, aber die tödliche Bedrohung erfordert eine präzise Formulierung, die es möglich macht, einer selbstmörderischen Entwicklungstendenz bewußt entgegenzuwirken.

Das heißt, daß wir uns unter Aufbietung unseres Willens gegen manche erhebenden Gemeinschaftserlebnisse wehren müssen. So erzeugt gemeinsames Singen Übereinstimmung, die Gefühle der Kraft und Überlegenheit hervorruft. Das sind wertvolle Erlebnisse, die den einzelnen seine Isolierung vergessen lassen. Aber dieselbe Wirkung haben Haßgesänge und gemeinsames Gebrüll von Schlagworten, die feindselige Emotionen verstärken und das individuelle Denkvermögen der Teilnehmer ausschalten. Es ist oft nicht leicht, einen kühlen Kopf zu bewahren, aber leicht, mit solchen Emotionen Politik zu machen! Ihre Entwicklung reicht sicher weit in die Vergangenheit zurück. So hatten die Homo habilis-Familien vor 2 Mio. Jahren ohne Feuer, ohne wirkungsvolle Waffen, nur Aussicht, große Beutegreifer von einer Beute zu vertreiben, wenn sie sich durch gemeinsames Geschrei Mut machten. Was *damals* einen Vorteil bot und später den Zusammenhalt von Völkern und Kulturen festigte, ist *heute* zu einer Bedrohung für die Menschheit geworden!

Obige Überlegungen waren davon ausgegangen, daß Städte nur auf einer Grundlage ethisch-moralischer Vorstellungen entstehen konnten. Diese lassen sich auf die kurze, alte Formel bringen:

Was Du nicht willst, das man Dir tu,
das füg auch keinem andern zu.

Die moralischen Gebote wurden von den Stadtstaaten auf die entstehenden Staaten übertragen, aber nicht – wenigstens in der Praxis nicht – auf Menschen mit anderer Religion, Ideologie oder Hautfarbe. Wir dürfen unsere aggressiven Neigungen nicht leugnen, damit lassen sie sich nicht aus der Welt schaffen!

Die blutige menschliche Geschichte zeigt, daß wir alle, wie C. F. v. Weizsäcker gesagt hat, Nachkommen von Siegern sind. Sollten wir nicht in der Lage sein, auch unsere tödlich gewordenen Neigungen zu besiegen?

Das Leben in Städten beschleunigte die kulturelle Entwicklung in vielfältiger Weise. Schon in den ältesten Städten lebten Beamte, Händler, die fremde Städte und Sitten kannten, Handwerker, die oft zugleich Künstler waren, Priester und Sänger, Menschen mit vielerlei Begabungen, Kenntnissen und Fertigkeiten. Es gab Muße zu interessanten Diskussionen und Möglichkeiten zur Entwicklung individueller Begabungen, weit über das hinaus, was in bäuerlichen Gemeinschaften möglich ist. In arbeitsteiligen Gesellschaften können spezielle Begabungen für die Gemeinschaft von hohem Wert sein, auch wenn ihr Träger schwach oder krank ist. Auf die ständig raschere Weiterentwicklung von Zivilisationen hatten Traditionen und die Kreativität einzelner Personen einen weit größeren Einfluß als das sich nur sehr langsam ändernde Erbgut einer Population. Anders ausgedrückt:

In arbeitsteiligen Gesellschaften wächst der Nutzen und Einfluß individueller, von der Norm abweichender Begabungen. Deshalb sind Zeiten kultureller Blüte immer durch ein gutes Maß an Toleranz gegen Andersdenkende bzw. Andersgläubige ausgezeichnet.

Griechen entdecken das logische Denken und die Demokratie

Die frühen Hochkulturen, auch die indische und chinesische, hatten große astronomische Kenntnisse, praktisches ärztliches Wissen und erstaunliche technische Fähigkeiten erlangt ohne die Anwendung von systematisiertem, logischem Denken.

Erst etwa 500 Jahre v. Chr. begannen griechische Denker (Philosophen) bewußt mit dem Nachdenken und Hinterfragen von Behauptungen (Aussagen), um neue und bessere Erkenntnisse zu gewinnen. Das war gezielte Selbstkritik! Ihre Methode, Sprache und Denken logisch (widerspruchsfrei, folgerichtig) anzuwenden, hat bis heute Gültigkeit. Mit dieser Methode dachten sie über die Natur, den Menschen, seine Beziehung zum Staat und zu dessen Gesetzen nach. Viele der tiefsinnigen Schlußfolgerungen sind auch heute noch richtig. Das Interesse dieser Denker galt nicht mehr der Erkundung eines launischen Schicksals, sondern den Beziehungen zwischen Menschen und ihrer staatlichen Ordnung und der Suche nach der Erkenntnisfähigkeit des menschlichen Verstandes. Denker wie Eu-

Athener Silbermünzen aus dem 5. Jh. v. Chr. *Links:* Haupt der Göttin Athene; *rechts:* Eule, die als kluger Vogel der Athene zu einer Art Stadtwappen geworden ist. Zu den Grundlagen von Athens kultureller Blüte gehörten ein weites Netz von Handelsniederlassungen und -beziehungen sowie ein durch Prägung garantierter Geldwert

klid und Pythagoras entdeckten die Möglichkeit, geometrische und mathematische Kenntnisse in allgemein gültige, beweisbare Formeln zu fassen und damit die Grundlage für die Erweiterung des Zählens zur exakten Mathematik zu legen. Gleichzeitig erlebte die griechische Kultur auf allen Gebieten eine Blüte, die in der menschlichen Geschichte nie übertroffen wurde.

Was waren die Voraussetzungen für diese Blüte? – Kultur kann nur gedeihen, wenn es genügend Menschen gibt, die Zeit haben, die nicht ständig für ihren Lebensunterhalt schuften müssen, und wenn kulturelles Schaffen von der Gesellschaft als Wert betrachtet wird, wie das z. B. in Athen der Fall war. Als Gegenbeispiele seien Sparta und Hitlers SS-Staat genannt. Die Bürger der griechischen Stadtstaaten waren als Händler wohlhabend und selbstbewußt geworden, denn die Erfolge waren das Ergebnis persönlichen Unternehmungsgeistes. Das Königtum war abgeschafft worden. In Athen hatte Solon, um 600 v. Chr., eine Verfassung durchgesetzt, die Pflichten und Rechte festlegte, die Abgabepflicht der Bauern aufhob und die Schuldknechtschaft verbot. Der Handel wurde durch eine Verbesserung des Münzsystems erleichtert. Rechtssicherheit, ein gewisses Maß an sozialem Schutz und zuverlässiges Geld, das waren gute Voraussetzungen für eine wirtschaftliche Blüte. Wie aber stand es mit der Energieversorgung? Es gab natürlich Ochsen und Pferde, aber die wichtigste Energiebasis war Sklavenarbeit. Sklaven ruderten die Handelsschiffe, und die Arbeit von Tausenden von Sklaven in den Silberbergwerken des Laureion-Gebirges und einiger benachbarter Inseln lieferte Athen den Reichtum, der seine hohe Kultur möglich machte. Das wurde nicht als großes Unrecht empfunden, weder damals noch während der nächsten zwei Jahrtausende. Wer Sklave wurde, hatte Pech gehabt. Soziale Rechte gab es nur für Bürger, und auch unter diesen hatte sich, wie nicht anders zu erwarten, eine Rangordnung gebildet, entsprechend dem Vermögen, den Familienbeziehungen und der Redegewandtheit in der politischen Arena. Die Notwendigkeit staatlicher Autorität wurde allgemein anerkannt. Der große Hinterfrager Sokrates, der die Menschen mit Fragen zu selbständigem Denken anregte und dadurch kritisch machte, wurde vom Rat der Stadt wegen Verführung der Jugend zum Tode verurteilt. Er folgte seiner Einsicht und trank freiwillig im Kreis seiner Freunde und Schüler den Giftbecher. Kritische Bürger waren schon immer unbeliebt! Heute läßt sich mit kontinuierlicher Fernsehunterhaltung auf 24 Kanälen die Entstehung von kritischen Gedanken bei »mündigen« Bürgern recht erfolgreich einschränken.

Aristoteles (384–322 v. Chr.), ein Schüler von Plato, definierte den Menschen als ein »politisches Lebewesen«, eine viel zitierte Formel für die komplizierte Einbindung des Menschen in seine eigenen staatlichen und kulturellen Einrichtungen. Für die sehr kleine Zahl von Gebildeten in sehr wenigen Städten der griechischen Welt begann der Mensch, in den Mittelpunkt des Denkens zu rücken. Es wurden naturwissenschaftliche Hypothesen entwickelt, aber nicht durch Experimente überprüft. Trotzdem haben die Hypothesen, Denkmethoden, Literatur und Kunst die Entwicklung der abendländischen Kultur und auch die christliche Lehre bis heute immer wieder maßgeblich befruchtet.

Auf das praktische menschliche Verhalten und die politischen Entscheidungen wirkte sich der Gewinn an logischem Denkvermögen kaum aus. Die Entscheidungen wurden auch weiterhin von kurzfristig opportunistischen Erwägungen, Prestigedenken und Orakelbefragungen bestimmt, und natürlich wurden den verschiedensten Göttern auch weiterhin Tempel gebaut und Opfer gebracht.

Sind die Menschen damit schlechter gefahren als wir mit unseren Versuchen, die politischen Beziehungen und sozialen Verhältnisse zu stabilisieren und gleichzeitig Wachstum und Profite ständig zu steigern? – Wohl kaum! Die Menschen waren weder damals noch sind sie heute fähig, ihre politisch-kulturelle Evolution zu beherrschen! Was den meisten fehlt, ist die Selbstbeherrschung und Selbstbeschränkung.

Das wichtigste Ereignis dieser Kulturphase war die Entwicklung bewußten, logischen Denkens und der dazu notwendigen Begriffe. Auf politischem Gebiet war es die Erkenntnis, daß Königsherrschaft keine gottgegebene Notwendigkeit ist und daß Bürger sich selbst regieren und Gesetze geben können. Die Idee der Demokratie war geboren! Als ideale Staatsform versprach sie den Menschen mehr Selbständigkeit als die traditionelle Königsherrschaft oder Alleinherrschaft irgendeines Führers, die immer – auch nach gutem Beginn – in brutale Unterdrückung entartete. Das Ideal ließ sich in der Praxis ebensowenig verwirklichen wie irgendein anderes politisches Ideal (darüber später mehr).

Die großen Fortschritte im logischen Denken beeinflußten die politische Praxis nicht. Die griechischen Stadtstaaten konnten ihren Egoismus nicht überwinden, verbrauchten sich in Machtkämpfen und verloren ihre Unabhängigkeit, als Alexander der Große mit einer neuen Kriegstechnik, gepanzerten, in geschlossener Phalanx kämpfenden Reiterschwadronen, sein riesiges Reich eroberte. Der Ruhm, den ihm seine Eroberungen, gepaart mit der Ausbreitung der griechischen Kultur, brachten, machte ihn zu einem Vorbild für spätere Eroberer, von Cäsar bis Hitler. Daß Eroberungen Bewunderung erwecken, zeigt, daß Menschen nicht von Natur aus friedfertig sind.

Das demokratische Ideal wurde durch die römische Republik – sie bestand 500 Jahre lang – weitergereicht.

Die wirtschaftlichen und sozialen Verhältnisse waren der Vergrößerung des römischen Reiches nicht gewachsen. Die Republik wurde durch die diktatorische Herrschaft der Cäsaren abgelöst. Der Titel wurde von dem Namen Cäsars abgeleitet, der sich vor seiner Ermordung zum Diktator auf Lebenszeit hatte erklären lassen. Spätere Cäsaren beanspruchten auch göttliche Verehrung. Die später in anderen Reichen gebräuchlichen Bezeichnungen Kaiser, Zar und Schah sind Abwandlungen des Cäsaren-Titels.

Mit der Verdrängung des antiken Glaubens an viele Götter durch den christlichen, monotheistischen Glauben entfiel natürlich der mit eigener Göttlichkeit gerechtfertigte absolute Herrschaftsanspruch der Cäsaren. Stattdessen wurde nun der Kaiser oder König als Statthalter Gottes (von Gottes Gnaden) auf Erden betrachtet, und gute Herrscher fühlten sich auch verpflichtet, den christlichen Geboten entsprechend zu regieren. In Byzanz wurde der Kaiser automatisch auch Oberhaupt der orthodoxen Kirche. Diese Deutung des Herrschaftsmonopols wurde nach der Reformation, etwa 800 Jahre später, auf die Herrscher der reformierten Länder übertragen. Theoretisch war damit nicht mehr der Herrscher eine heilige Person, wohl aber sein Amt eine heilige Institution. Für die Masse der Bevölkerung spielte das keine Rolle. Damit erhielt aber auch die ganze soziale Ordnung eine Rechtfertigung. Im Himmel gebot Gott über die Erzengel und Heerscharen der Engel. Wie im Himmel so auf Erden. Auch die irdische Ständeordnung Kaiser – König – Edelmann – Bürger – Bauer – Bettelmann schien göttlichem Willen zu entsprechen.

Wen es wundern sollte, daß es jahrhundertelang keinen ernsthaften Zweifel an dieser Ordnung gab, der möge bedenken, daß jeder in diese hineingeboren wurde, daß sie selbst in allen Märchen und Überlieferungen existierte. Die stabilisierende Wirkung dieses Weltbildes dürfte offensichtlich sein.

Das jüdisch-christliche Weltbild

Der christliche Glaube hat mehrere Wurzeln. Der Glaube, daß es nur einen Gott gibt, wurde vielleicht von Moses aus Ägypten mitgebracht, wo Amenophis IV um 1400 v. Chr. versucht hatte, den Monotheismus einzuführen. Ein einziger Gott statt vieler? Mußte nicht sein Volk bevorzugt und allen anderen überlegen sein?! – Doch da war wohl eine Schwierigkeit. Wenn ein allmächtiger Gott die Welt geschaffen hatte, warum war sie dann so offenkundig unvollkommen? Mußte es nicht einen bösen Gegenspieler geben? – In der Schöpfungsgeschichte ist diese Macht durch die Schlange symbolisiert. Diese Auffassung, vielleicht erst spät in das Buch Moses aufgenommen, wurde von dem persischen Religionsstifter Zoroaster (Zarathustra) im 6. oder 7. Jahrhundert v. Chr. zu der Lehre ausgebaut, daß ein »Herr des Lichtes« mit einem »Herrn der Finsternis« um die Herrschaft über die Welt und die Seelen der Menschen kämpfte. Schließlich würde der Herr des Lichtes siegen. Der Vorstellungskreis von Himmel und Hölle, Gott und Satan hat wohl in dieser Lehre seinen Ursprung. Sie konnte überzeugen, weil sie die offensichtliche Unvollkommenheit der Welt erklärt.

Das christliche Weltbild fußt auf der Erfahrung, daß die Welt voll Unglück, Ungerechtigkeit und Bosheit ist. Es ist ein, in bezug auf das irdische Leben, durchaus realistisches und pessimistisches Weltbild. Doch dieses kurze Leben hat nur Bedeutung als eine Prüfung. Der Ausgleich erfolgt im Jenseits, und schließlich kommt das Reich Gottes auch auf Erden. Darum wird im Vaterunser gebetet. Daß dies jeden Tag geschehen könnte, glaubten die Christen in den ersten zwei Jahrhunderten, und auch als das erste Jahrtausend endete, war diese Erwartung groß und erregte viel Furcht. Es ist eine Weltsicht, die über das kurze, oft leidvolle Leben hinausreicht. Das ist wohl der Hauptgrund für die erfolgreiche Ausbreitung des Christentums, trotz der Greuel, die sich Christen dabei zu Schulden kommen ließen, ein

Grund auch für seine Reformfähigkeit in Zeiten des Verfalls. Es ist ein Weltbild, das es unzähligen Menschen möglich gemacht hat, Gebote zu befolgen, die teilweise angeborenen Neigungen zuwiderlaufen. Obwohl dies nur unvollkommen gelang, die meisten Menschen also, an ihrem Glauben gemessen, Sünder sind. Sünder aber konnten auf Gottes Barmherzigkeit hoffen. So hat dieser Glaube doch eine kulturelle Höherentwicklung begünstigt. Diese Wirkung hatte im soziokulturellen Bereich Ähnlichkeit mit derjenigen von günstigen, erblichen Anpassungen in der biologischen Evolution. So weit – so gut.

Doch aus gläubigen Gemeinden wurde eine Staatskirche, aus Lehrern eine privilegierte Priesterschaft, eine Hierarchie von Würden- und Machtträgern. Das war eine Verweltlichung, die den Ausspruch Jesu: »Mein Reich ist nicht von dieser Welt« in sein Gegenteil verkehrte. Eine weitere, äußerst ungünstige Entwicklung hatte ihre Wurzel in dem Verlangen der Menschen nach Sicherheit, ein verständliches, aber unrealistisches Verlangen. So wurden nicht nur die Lehren Jesu, sondern auch das Alte Testament samt seinen Mythen und sicher oft ungenauen historischen Überlieferungen für heilig erklärt. Nahm man aber alles wörtlich, so ergab sich viel Unklares und Widersprüchliches. Da ließ sich trefflich streiten. Es wurde für nötig befunden, bestimmte Lehrmeinungen zu Dogmen zu erheben, die beanspruchten, den Willen Gottes zu verkünden. So wurden aus Lehrmeinungen Gesetze. Verstöße wurden mit Folter und Feuertod verfolgt. Der italienische Philosoph Giordano Bruno wurde von der Inquisition in Rom auf dem Scheiterhaufen verbrannt, weil er seiner Ansicht, daß der Kosmos unendlich sei und viele Welten enthalte, daß also die Erde nicht das Zentrum des Universums sei, nicht abschwor. Das geschah 1600 Jahre, nachdem Jesus gelehrt hatte, daß Gott nicht nur gerecht sei – also Sünder bestrafe – sondern auch barmherzig. Solches geschieht, wenn Glaube zu Dogma verhärtet.

Dieser Vorgang ist keineswegs auf religiöse Dogmen beschränkt. So hat in den letzten 70 Jahren der Versuch, die soziale Ungerechtigkeit mit Hilfe der marxistischen Dogmen gewaltsam aus der Welt zu schaffen – »heilig die letzte Schlacht« –, zu bürokratischer Erstarrung, grausamer Unterdrückung abweichender Ansichten (z. B. durch Einweisung in psychiatrische Kliniken), Ermordung unzähliger Menschen, Strömen von Millionen Flüchtlingen und wirtschaftlichem Ruin geführt.

Solche kulturellen Entwicklungen haben eine gewisse Ähnlichkeit mit biologischen Evolutionsvorgängen. Diese beruhen auf der Ausbreitung bewährter Erbanlagen, die bei der Weitergabe Veränderungen erfahren, die gelegentlich zu verbesserten, manchmal sogar zu neuen Anpassungen in der sich verändernden Umwelt führen. Aber Arten, die sich an sehr eng begrenzte Bedingungen angepaßt haben, verlieren mit der Zeit ihre Anpassungsfähigkeit. Sie sterben aus, wenn diese Bedingungen sich ändern. Die Weitergabe von Bewährtem darf Veränderungen und die Erprobung von Neuem nicht ausschließen. Bei kulturellen Entwicklungen spielen Begriffe, Denkformen, Glaubenssätze, Weltbilder, die durch Sprache, Schrift, Bildwerke, Lehrbücher und in Form von Sitten weitergegeben werden, die Rolle von Erbanlagen. Auch bei dieser Weitergabe dürfen Abwandlungen nicht unterdrückt werden, denn die politischen Verhältnisse und der Kenntnisstand einer Kultur ändern sich fortgesetzt. Die Entwicklung ist immer ein Kompromiß zwischen Tradition und Veränderung. Dieser Weg ist nie geradlinig und nie konfliktfrei. Daß diese Konflikte so leicht mörderisch werden, ist das Ergebnis der angeborenen menschlichen Neigung, alles Fremde, auch fremde Meinungen, für feindlich zu halten. Sollten wir sie nicht stattdessen als Ergänzungen und mögliche Erweiterungen betrachten? Konflikte dürfen nicht unterdrückt, sie müssen durch Spielregeln entschärft werden. Nur Vielfalt ermöglicht Verbesserungen!

Die Reformatoren stellten die Grundlagen der christlichen Weltsicht nicht in Frage. Auch sie waren überzeugt, daß Gott die Welt regiert und daß er diese und die Menschen so geschaffen hat, wie sie sind. Auch die Heiligkeit der Bibel wurde nicht bezweifelt. Doch wurde der einzelne Mensch befreit aus der erstarrten Vormundschaft des römischen Dogmas, dessen Auslegung der kirchlichen Hierarchie vorbehalten war. Im reformierten Glauben durfte in eigener Verantwortung gedacht werden. Ähnlich wirkte im 15. Jahrhundert die philosophische und künstlerische Neuorientierung, die den Namen Renaissance bekommen hat.

Die Renaissance, Wiedergeburt (Wiederentdeckung) der griechisch-römischen Kultur, ging von Italien aus. Dort standen noch in jeder Stadt Ruinen römischer Bauwerke als Zeichen ehemaliger Macht. Die Unterrichtssprache an den Universitäten – es waren die ersten in Europa – war Latein. Schriften der römischen Dichter und griechischen Philosophen wurden einem immer größeren Publikum bekannt. Mit wachsendem Wohlstand wuchs der Kreis der Personen, die Muße hatten, sich damit zu beschäftigen. Theater, Malerei und Poesie verbreiteten die neuen Gedanken und ein neues Lebensgefühl. Die Schönheit des menschlichen Körpers wurde wiederentdeckt und der Wert und die Einzigartigkeit des Individuums.

Der Philosoph Pico de la Mirandola (1463–1494) schrieb: »Gott hat am Ende der Schöpfung den Menschen geschaffen, damit derselbe die Gesetze des Weltalls erkenne, dessen Schönheit liebe, dessen Größe bewundere. Er band denselben an keinen festen Sitz, an kein bestimmtes Tun, an keine Notwendigkeiten, sondern er gab ihm Beweglichkeit und freien Willen«. Mitten in die Welt, spricht der Schöpfer zu Adam, »habe ich dich gestellt, damit du umso leichter um dich schauest und sehest, was darin ist. Ich schuf dich als ein Wesen weder himmlisch noch irdisch, weder sterblich noch unsterblich allein, damit Du dein eigener freier Bildner und Überwinder seiest; du kannst zum Tier entarten und zum gottähnlichen Wesen dich wiedergebären. Die Tiere bringen aus dem Mutterleib mit, was sie haben sollen, die höheren Geister sind von Anfang an oder doch bald hernach, was sie in Ewigkeit bleiben werden. Du allein hast eine Entwicklung, ein Wachsen nach freiem Willen, du hast Keime eines allartigen Lebens in dir.« (zitiert nach Jacob Burckhardt, 1860). Ein Manifest des Humanismus, der das Menschliche in den Mittelpunkt des Denkens stellte.

Das waren befreiende, erhebende Gedanken. Darüber, daß der Mensch trotzdem nicht annähernd so frei ist, wie er denkt, wird später noch viel zu sagen sein (s. Kapitel »Freier Wille«, S. 374).

Die Lösung von der kirchlichen Bevormundung fiel im Italien der Renaissance-Päpste, die jedes der 10 Gebote frech übertraten, nicht schwer. Diese humanistische Einstellung vertrug sich auch nicht mit dem Anspruch des Adels, eine höhere Art Mensch zu sein, schon allein durch die Geburt. In Italien wurde schon im 15. Jahrhundert dieser Anspruch von den meisten Gebildeten, selbst von Adligen, mit Spott abgelehnt: Vom wahren Adel sei einer nur um so weiter entfernt, je länger seine Vorfahren kühne Missetäter waren, nur das eigene Verdienst entscheide über den Wert eines Menschen. Es sollte noch lange dauern, bis solche Vorstellungen in den Ländern nördlich der Alpen Eingang fanden.

Der Islam

»Islam« bedeutet völlige Hingabe an Allah. Der Islam, der den Glauben an einen einzigen Gott noch folgerichtiger vertritt als das Christentum, hat, seit seiner Verkündung durch Mohammed Anfang des 7. Jahrhunderts n. Chr., das Leben seiner Anhänger noch stärker geprägt als dieses. Das ist auch heute noch der Fall.

Mohammed, 569 n. Chr. in Mekka geboren, muß sich schon früh mit religiösen Fragen und Anschauungen beschäftigt haben, für die er in den wenig durchdachten Vorstellungen seiner arabischen Landsleute keine Antworten fand. Aber das Handelszentrum Mekka bot wohl viel Gelegenheit zu tiefschürfenden Gesprächen mit Bekennern des christlichen, jüdischen und manichäischen Glaubens. Die vielfältigen Vorstellungen – der etwa 400 Jahre früher von Mani verkündete Glaube enthielt auch Elemente aus dem zoroastrischen und buddhistischen Glauben – müssen Mohammed sehr beschäftigt haben. Jedenfalls zog er sich, im Alter von etwa 40 Jahren, jedes Jahr zu Meditationen in eine Höhle im Berg Hira zurück. Dort erlebte er seine erste Offenbarung durch die überwältigende Erscheinung eines Engels, der ihm befahl: »Lies im Namen deines Herrn« – (96. Sure des Koran). Da wußte er, daß Allah ihn zum Propheten erkoren hatte, dem letzten Propheten, größer als alle Propheten des alten Testamentes, größer als Jesus oder Mani. An der subjektiven Wahrheit dieses Erlebnisses ist wohl ebensowenig zu zweifeln wie an ähnlich überwältigenden Berufungen, etwa der des Apostels Paulus, der Jesus nie gekannt hat, vor Damaskus. Mohammeds Gewißheit gab seiner Verkündung dieser und späterer Offenbarungen Prägnanz und Überzeugungskraft. Die Verkündungen wurden zu seinen Lebzeiten weder von ihm noch von seinen Anhängern schriftlich niedergelegt. Sie wurden erst von seinen Nachfolgern (Kalifen) gesammelt und 20 Jahre nach seinem Tod in Suren zum Koran geordnet. Zum Vergleich sei angeführt, daß das Neue Testament in seiner heutigen Form, abgesehen von den Briefen des Paulus, erst etwa 200 Jahre nach Jesu Tod niedergeschrieben wurde.

Der Islam hat den von ihm geprägten Gesellschaften und Staaten große Stabilität verliehen. Dafür lassen sich mehrere Gründe anführen:

Es gab keine Teilung zwischen religiöser und weltlicher Macht.

Tillia-Kar-Medresse-Moschee, Samarkand. Die ornamentalen Schriftzeichen um das Portal bedeuten »Allah Akbahr« (Allah ist der Größte)

Der Glaube, daß das Schicksal dem Willen Allahs entspricht, mit dem man nicht hadern darf, macht soziale Unterschiede erträglich und findet seinen praktischen Ausdruck darin, daß Herr und Diener oder auch Bettler, wenn sie zur Zeit des fünfmaligen täglichen Gebets zufällig zusammen sind, nebeneinander auf ihren Gebetsteppichen knien. Ich wüßte keine intensivere Weise zur Erzeugung eines tiefen, bleibenden Gemeinschaftsgefühls. Die Christen bekennen sich zwar auch zu dem Glauben, daß sogar alle Menschen vor Gott gleich sind. Die Praxis hat aber, selbst im Gottesdienst, meist anders ausgesehen. Trotz eines vergleichbaren sozialen Gefälles sind in den vom Islam unterworfenen Ländern die sozialen Vorteile nie so unmenschlich ausgenutzt worden wie in christlichen Ländern und von Christen beherrschten Kolonien. Sklavenjagden wurden allerdings von Vertretern beider Religionen durchgeführt.

Die ethischen Gebote, die das soziale Verhalten regeln sollen. Da steht an erster Stelle die Barmherzigkeit. Jede Sure des Korans beginnt mit den Worten: »Im Namen Allahs des Barmherzers, des

Barmherzigen« – und Sure 2 kennzeichnet die Frömmigkeit: »Nicht darin besteht die wahre Frömmigkeit, daß ihr eure Angesichter wendet gen Westen (Jerusalem) oder gen Osten (Mekka), vielmehr ist fromm, wer da glaubt an Allah und den jüngsten Tag –; und wer sein Geld aus Liebe zu Ihm ausgibt für seine Angehörigen und die Waisen und die Armen und den Sohn des Weges und die Bettler und die Gefangenen; und das Gebet verrichtet und die Armensteuer; und welche ihre Verpflichtungen halten, wenn sie sich verpflichtet haben –«. Gleicht diese Grundeinsicht in Bedingungen guten menschlichen Zusammenlebens nicht den oben zitierten, 2500 Jahre früher in Ägypten erkannten?

– Göttliche Strafen in der Hölle und Belohnung für die Frommen erwarteten die Verstorbenen beim jüngsten Gericht.

– Mohammed, der seine neue Religion in mehreren Feldzügen verteidigen mußte, versprach jedem für den Glauben Gefallenen den sofortigen Eintritt ins Paradies! Diese bis heute äußerst wirksame Verkündung dürfte wohl weniger einer Offenbarung als politischem Kalkül entsprungen sein. Er war ja nicht nur Verkünder, er war auch Politiker und Feldherr.

In Blütezeiten, die immer Zeiten beträchtlicher Toleranz waren, trugen islamische Gelehrte – nicht zuletzt durch Übersetzungen griechisch-römischer Bücher – viel bei zur Bewahrung und Erweiterung des menschlichen Wissens. Das ist in vielen Geschichtswerken gewürdigt worden.

Daß der Koran viele Verstöße gegen die Gesetze mit grausamen Strafen belegte, entspricht den Sitten der Zeit und war im christlichen Europa noch bis vor 300 Jahren nicht anders, obwohl Jesus nicht Vergeltung, sondern Liebe gepredigt hatte.

Der Glaube, daß Verstöße gegen göttliche Gebote oder gar die Beleidigung eines Gottes auf das strengste bestraft werden müssen, findet sich bei allen Religionen. Das muß einen gemeinsamen Grund haben. Der dürfte wohl die uralte Vorstellung sein, daß eine beleidigte Gottheit, ähnlich einem tyrannischen Häuptling, seinen Zorn nicht nur an dem Frevler, sondern an dem ganzen Stamm rächen könnte, etwa durch eine Mißernte oder katastrophale Überschwemmung. Da war es doch wohl besser, dem Zorn zuvorzukommen! Die Götter der Menschen haben immer menschliche Züge, selbst wenn man sich von ihnen kein Bild machen soll!

 # Polytheistische Weltbilder

Buddhismus und Hinduismus: Erlösung ohne Paradies

In Indien kam, etwa zur Zeit des Sokrates, Buddha nach langer Meditation zu der Erkenntnis (Erleuchtung), daß das Leben jeder Kreatur nichts sei als »Durst (Lebensgier) und Mühsal«, und daß alles Streben und Tun zu schuldhaften Verstrickungen führt. Selbst gute Taten können nicht aus dieser Verstrickung befreien; bedeutet doch die Rettung eines Menschenlebens Mitschuld an dessen späteren bösen Taten. Konnte es einen gerechten Ausgleich in einer Welt voll Schuld, ein Entkommen aus der Verstrickung geben? Zeigte nicht der allem Leben eigene, leidvolle Zyklus von Leben und Tod die Herrschaft Shivas, des Erzeugers/Vernichters, über alles Lebendige und zugleich dessen enge Verwandtschaft? Konnte es irgendwo Gerechtigkeit geben? – Der ältere ägyptische Glaube, daß auf die Verstorbenen ein Richter warte, war wohl nicht nach Indien gelangt. Aber Gerechtigkeit – der Wunsch aller Menschen – war möglich, wenn Seelen, nach dem leiblichen Tod, nicht etwa nur in anderen Menschen, sondern auch anderen Tierformen wiedergeboren wurden. Dann konnte eine Seele, entsprechend ihrem Verhalten während des Lebens, in einer höheren oder niederen Lebensform wiedergeboren werden, etwa in einer Ameise, einem Tiger, oder einer niederen oder höheren Kaste, etwa einem unberührbaren Pariah oder einem Brahmanen. Die Zugehörigkeit zu einer Kaste war ja durch die Geburt bestimmt. Wenn eine Seele sich schließlich von allem irdischen Begehren und Streben befreit hat, dann konnte sie, von dem Zwang der Wiedergeburten erlöst, eingehen ins Nirwana, einen unbeschreibbaren Zustand seligen, außerirdischen Seins, in dem das Ich verloschen ist; wohl eine annehmbarere Vorstellung des Jenseits als die christliche, von ewig jubilierenden Engeln, deren Flügel der griechischen Siegesgöttin entlehnt waren, oder die des islamischen Himmelsharems für tapfere Männer.

Buddha hatte sich nach einer angenehmen Jugend als Königssohn – also Angehöriger der zweithöchsten Kriegerkaste – in die Hauslosigkeit und Armut begeben. Als ihm nach langen Meditationen die Erleuchtung kam, wollte er diese zunächst für sich behalten, weil er die Menschen für unfähig hielt, den schweren Weg zu der »verborgenen Wahrheit« zu gehen.

Doch der Gott Brahma sagte ihm, daß es Menschen gäbe, die der Lehre bedürften. Von da an zog Buddha mit seinen Jüngern predigend durch das Land. Er selbst betrachtete sich nur als Wegweiser.

Die Vorstellung einer alle Kreaturen verbindenden Seelenwanderung in einer endlosen Kette von Leid und Tod hatte Buddha von dem wesentlich älteren Brahmanismus übernommen. Auch das Kastensystem galt als Teil dieser Weltordnung. Er wandte sich auch nicht gegen den Glauben an die unzähligen Götter, Dämonen und heiligen Tiere, der sicher noch älteren animistischen Vorstellungen entstammte, denn er betrachtete auch diese als der Erlösung bedürftig.

Es verdient, betont zu werden, daß Buddha kein neues religiöses Weltbild verkündet hat. Er hat vielmehr einen Weg gewiesen, auf dem der an der Welt leidende einzelne sich durch extreme Askese aus den Fesseln dieser Welt erlösen kann. Dadurch wurde er der Gründer eines Mönchstums, das eine gewisse Ähnlichkeit mit christlichen Mönchsorden hat, sich aber von diesen durch das Fehlen des Gebotes der Nächstenliebe und Fürsorge für Arme und Kranke radikal unterscheidet.

Ursprünglich kannte der Buddhismus weder Altäre noch Zeremonien. Das änderte sich – wie auch beim christlichen Glauben – in den Jahrhunderten der Ausbreitung über große Teile Asiens und Südostasiens. Sein kulturprägender Einfluß war und ist ungeheuer groß. Seine Verflechtung mit vielen anderen Traditionen und Vorstellungen, Lehren und spirituellen Übungen ermöglichte es unzähligen Menschen, Trost und Sinn in ihren vielfältigen, oft widersprüchlichen Schicksalen zu finden.

Obwohl viele Buddhisten vegetarisch leben, weil sie glauben, daß das Töten von Tieren ein Eingriff in die Seelenwanderung ist, war die Geschichte der buddhistisch geprägten Völker ebenso kriegerisch wie die der übrigen Menschheit. Der Homo sapiens ist keine friedfertige Spezies.

In Indien ist aus dem Buddhismus keine neue Religion geworden. Aber Buddhas Lehre fand Eingang und vermischte sich mit den Verehrungen der vielen Gottheiten und religiösen Riten und Vorstel-

lungen, die das Leben in Indien beherrschen. Diese bunte Mischung wird als Hinduismus bezeichnet. Fast jeder kann da eine ihm zusagende Glaubensrichtung finden.

Das chinesische Weltbild

Die chinesische Kultur entwickelte sich aus bäuerlichen Siedlungen in den fruchtbaren Niederungen der Flüsse Hwangho und Jangtsekiang. Lokale Feudalherrschaften wurden in der ersten Hälfte des 2. Jahrtausends v. Chr. erstmals in ein größeres Reich gezwungen. Handwerk (Bronzeguß und Keramik) hatten einen hohen technischen

Links: Der indische Gott Shiva, Zerstörer/Erzeuger, vernichtet tanzend einen Menschen, in der einen Hand eine Flamme als Symbol der Vernichtung, in der anderen das Symbol der Erzeugung. In seiner Doppelrolle hält er den Zyklus von Geburt, Leben, Tod und Wiedergeburt in Gang. *Rechts:* Shiva als zärtlicher Elefant beschert reichen Kindersegen in einer idyllisch blühenden Landschaft. Die beiden gegensätzlichen Darstellungen geben einen kleinen Einblick in die alle Lebensbereiche umfassende indische religiöse Vorstellungswelt

und künstlerischen Standard erreicht. In dieser frühen Zeit entstand auch die chinesische Schrift, und die Buchdruckerkunst wurde schon 500 Jahre vor Gutenberg erfunden.

Das chinesische Weltbild läßt den Wunsch nach Ordnung und Harmonie im Großen wie im Kleinen erkennen: Der »allwissende Himmel« kreist mit seinen Gestirnen über der flachen, unbeweglichen, quadratischen Erde. Die Achse der Himmelsschale zeigt vom Polarstern auf China als der Mitte der Erde (»Land der Mitte«). Das entsprach dem Gefühl der Überlegenheit gegenüber anderen Völkern und Rassen, das sich bei allen Völkern findet.

Etwa ab 1000 v. Chr. galt der höchste, allwissende Himmel als oberste Gottheit, der die Guten belohnt und die Bösen bestraft. Es werden also auch in dieser Vorstellung die moralischen, das soziale Leben stabilisierenden Werte als religiöse Forderungen bekräftigt. Zwischen dem Himmel und der Erde soll der Kaiser vermitteln, der als »Sohn des Himmels« mit einer Hierarchie gelehrter Beamter (Mandarine) das Reich zum Wohl seiner Untertanen verwalten soll. Wichtig für die stabilisierende Wirkung war die Auffassung, daß der Kaiser nicht auf Grund einer Erbfolge regieren sollte, sondern auf Grund seiner Tugend und Gerechtigkeit. Theoretisch sollte das Urteil des Volkes den Willen des Himmels zum Ausdruck bringen. Der Kaiser sollte also abwählbar sein. Es wird niemanden wundern, daß die Wirklichkeit diesem Ideal nicht entsprach, denn das Volk hatte ebensowenig die Möglichkeit einen regierenden Kaiser abzuwählen wie heute den Vorsitzenden einer sich sozialistisch nennenden Einheitspartei.

Von dem Glauben an ein Weiterleben nach dem Tod zeugt das 210 v. Chr. angelegte, erst kürzlich entdeckte Kaisergrab, das eine ganze Armee lebensgroßer, naturalistischer Tonfiguren von Soldaten und Pferden enthält. Heute herrscht der Glaube, daß die Verstorbenen durch die Verehrung ihrer männlichen Nachkommen weiterleben. Dieser Ahnenkult erschwert jetzt die notwendige Einschränkung des Bevölkerungswachstums.

Das reichhaltige philosophische Denken fand seine Grundlagen vor allem in den Büchern des Kung-fu-tse (551–479 v. Chr.), der in einer Zeit der Auflösung die alten Überlieferungen und Weisheiten in mehreren Büchern sammelte und mit eigenen Überlegungen kommentierte.

Die Suche nach einer – trotz aller offensichtlichen Gegensätze – übergeordneten Ordnung in der Welt wird durch das Yin- und Yang-

Yin-Yang-Symbol. Das dunkle weibliche und das helle männliche Prinzip harmonisch in einem Kreis vereint

Prinzip symbolisiert. In der bekannten graphischen Darstellung ist das männliche Yang mit dem weiblichen Yin, denen aber auch viele andere Gegensätze zugeordnet sind, in einem Kreis, als der vollkommensten geometrischen Figur vereinigt. Die Vereinigung von Gegensätzen zu einem größeren Ganzen ist ein fruchtbarerer philosophischer Ansatz als das abendländische Denken, das sich so leicht in scheinbar unvereinbaren Alternativen verstrickt, wofür die nun schon Jahrhunderte währende Diskussion über die Beziehung zwischen Geist und Materie das beste Beispiel ist. Ich habe mich früher auch einmal damit abgeplagt. Ich werde in einem späteren Kapitel (»Fiel der Geist vom Himmel«?, S. 351) auf das Yin Yang-Prinzip zurückkommen.

Auf die Masse des Volkes hatte diese rationale Philosophie wohl kaum Einfluß. Deren religiöse Bedürfnisse wurden durch die Ausbreitung des Buddhismus, buddhistischer Klöster und Heiligtümer befriedigt.

Trotz ihrer gesellschaftlich stabilisierenden philosophischen und religiösen Elemente war die chinesische Kultur nicht weniger blutig und kriegerisch als andere Kulturen.

Das bedrohliche Weltbild der Mayas und Azteken

Die mittel- und südamerikanischen Hochkulturen der Mayas, Azteken und Inkas sind, ohne Beeinflussung durch die älteren Kulturen der Alten Welt, aus bodenständigen Bauernkulturen entstanden. Ihre materielle Grundlage war vor allem die Kultivierung der Maispflanze. Die selbständige Entwicklung dieser Zivilisationen macht es möglich,

Stele (Gedenkstein) mit Relief: Menschenköpfe tragender Priester

an ihnen Toynbees Hypothese zu demonstrieren, daß Kulturen weitgehend das Ergebnis religiöser Vorstellungen sind.

Jede von diesen Zivilisationen hat sich, verglichen mit der Alten Welt, erst sehr spät aus Jäger- und Sammlerkulturen entwickelt, als deren Träger seßhaft wurden. Die geistigen Grundlagen waren daher animistische Weltbilder, die alle Erscheinungen der Natur der Tätigkeit und den Launen von Göttern, Dämonen und den magischen Kräften von Pflanzen und Tieren zuschrieben.

Diese Kulturen entstanden im Bereich des erdumspannenden Gebirgs- und Vulkangürtels, der den Pazifischen Ozean säumt. Es ist eine instabile, von häufigen Erdbeben geschüttelte, von Vulkanausbrüchen verwüstete und in weiten Teilen auch von Trockenheiten oder Flutkatastrophen heimgesuchte Welt. Deshalb ist es wohl kein Zufall, daß das Weltbild die immer wiederkehrende Bedrohung und Gefährdung spiegelte. Ihm lag der Glaube zugrunde, daß die Welt erst durch ein Selbstopfer aller Götter für Menschen be-

Kult-, Zeremonial- und Verwaltungszentrum Chichén-Itzá mit astronomischem Observatorium. Durch Sehschlitze konnten über Peilmarken die Sonnenaufgänge an den Sonnenwenden und Tag-und-Nacht-Gleichen festgestellt und diese Daten genau bestimmt werden

wohnbar wurde, eine Auffassung, die Christen nicht ganz fremd sein
sollte. Erst so entstand die Sonne und wurde ihr täglicher Weg über
den Himmel und zurück durch die Erde ermöglicht. Diese gefährdete Ordnung konnte nur bewahrt werden, wenn die Götter durch
Menschenopfer gespeist werden und wenn all die vielen in dem
Zeremonialkalender vorgeschriebenen Zeremonien strikt eingehal-
ten wurden. Ordnung bedeutete Selbstdisziplin und Opferbereitschaft für alle. Die Priester bestimmten mit astronomischen Beobachtungen die wichtigen Kalendertage, machten Wahrsagungen und
brachten die Menschenopfer. Im Aztekenreich wurden sie auf diese
Aufgaben mit Kasteiungen und strenger Disziplin vorbereitet, und
sie mußten sich zum Zölibat verpflichten, durften aber heiraten,
wenn sie das Priesteramt aufgaben. Den Spaniern erschienen die
Menschenopfer Teil eines entsetzlichen Teufelskultes zu sein, während zur selben Zeit in Europa das Verbrennen von Ketzern und
vermeintlichen Hexen durch das mittelalterlich-christliche Weltbild
gerechtfertigt erschien. Das zeigt, wie extrem abhängig das menschliche Verhalten von dem jeweiligen Weltbild ist. Das hat sich bis heute
kaum geändert.

Das Weltbild und die Organisation des Aztekenreiches ist glücklicherweise recht gut bekannt, weil spanische Chronisten die geschichtlichen Überlieferungen aufgezeichnet haben und die spanischen Archive viel in Bilderschrift abgefaßtes aztekisches Schrifttum
bewahren (Jaques Soestelle, DVA, Stuttgart 1956).

Das Aztekenreich

Als Cortez 1519 an der Küste von Mexiko landete, wurde er von einer
Gesandtschaft des Aztekenherrschers mit Geschenken empfangen
und hörte, daß dieser in einer großen Stadt im Hochland lebte. Man
kann das Reich ein Kaiserreich nennen. Es umfaßte Völker mit verschiedenen Sprachen, mehrere verbündete und unterworfene Stadtstaaten und war straff und zweckmäßig organisiert. Die Hauptstadt
Tenochtitlán (heute Mexiko-City) lag in einem See. Sie war nach
einem einheitlichen Plan mit Stadtvierteln, Kanälen, tempelgekrön-
ten Pyramiden, herrschaftlichen Palästen und Gärten weit besser
angelegt und verwaltet und sauberer als irgendeine europäische Stadt
des 16. Jahrhunderts. Die Zahl der Einwohner wird auf 250000
geschätzt.

»Die vornehmste Stadt der Welt« Tenochtitlán (aus der Vogelperspektive) zur Zeit der Ankunft der Spanier. Die im Hochlandsee liegende Stadt wurde durch Kanäle und Straßen in Stadtviertel geteilt. Versorgung und Entsorgung erfolgten mit Booten auf dem Wasserweg. Eine breite Dammstraße verband sie mit dem Land. Hohe Tempelpyramiden, auf deren Opfersteinen Menschen dem Sonnengott geopfert wurden, überragten den großen Marktplatz und die Paläste mit ihren Gartenanlagen. (Anm.: Die Radierung wurde 50 Jahre nach der restlosen Zerstörung der Stadt in Deutschland nach spanischen Quellen angefertigt. Die Türme sind wohl europäische Ausschmückungen. Radierung von Georg Braun/Franz Hogenberg, Cöln 1572)

Was gab diesem Reich, das wohl den Höhepunkt seiner Macht noch nicht erreicht hatte, als die Spanier kamen, Stabilität? – Alle Berichte stimmen darin überein, daß alle Lebens- und Tätigkeitsbereiche bis in Einzelheiten von Beamten geregelt wurden. Über alles wurde Buch geführt. Es war eine erstaunliche staatliche Organisation, vor allem wenn man bedenkt, daß der Aztekenstamm nur etwa 200 Jahre früher seine Stadt auf der Schilfinsel im See gegründet hatte. Der kriegerische Nomadenstamm wählte sich nach dem Vorbild der schon lange seßhaften Nachbarn einen König und übernahm von ihnen die Bilderschrift, das Kalenderwissen und sicher viele, für die Organisation eines Staates nützliche Einrichtungen. Es gelang den Azteken im Glauben an die Überlegenheit ihres Kriegsgottes Uitzilopochtli, der die Verkörperung der Sonne war, die ansässigen, schon zivilisierten Staaten zu unterwerfen oder sich mit ihnen zu verbünden. Dabei wurden nicht nur deren Fertigkeiten und Handwerk mitübernommen, sondern auch ihre Götter und religiösen Riten. Das war recht ähnlich wie im römischen Reich der Cäsarenzeit und dürfte die Integration sehr erleichtert haben. Tolerante Überlegenheit, welche die Unterlegenen nicht ganz entrechtet, wird leichter erduldet.

Wie sah die hierarchische Gesellschaftsstruktur aus, ohne die kein zentralistischer Staat existieren kann? – Der König (Häuptling) wurde sicher ursprünglich, wie sich das bei Bauern- und Nomadenvölkern weltweit als praktisch erwiesen hat, gewählt. Daß dabei Mitglieder angesehener, einflußreicher Familien bevorzugt wurden, versteht sich von selbst. Auch daß, nach erfolgreicher Regierung, die Wahl oft auf einen Sohn fiel, bedarf keiner näheren Begründung. Das ändert sich, wenn ein König nach einer Eroberung oder der Niederschlagung einer Revolte Land und Privilegien treuen Gefolgsleuten zur Verwaltung schenken kann. Dann entsteht eine Adelsklasse. Solche Rechte können nur schwer entzogen werden, wenn ein Herrscher sich nicht Feinde machen will. Erblichkeit ist vorprogrammiert! Das sind Selbstorganisationsvorgänge, die – ungeplant – immer wieder in ähnlicher Weise abgelaufen sind.

Als die Spanier Mexiko eroberten, war die Entstehung einer Adelsklasse im Gang, sie hatte aber noch nicht das Stadium der Erblichkeit erreicht. Höhere Würdenträger, Beamte und Verwalter eroberter Provinzen wurden vom Kaiser auf Lebenszeit ernannt. Ansehen, Befugnisse und die sich aus diesen ergebenden Vorrechte waren noch das Ergebnis persönlicher Verdienste und konnten deshalb auch leichter von den Untergeordneten ertragen werden. Die

Hierarchie besaß noch keine so starren Grenzen, wie das damals in Europa der Fall war.

Die Handwerker wohnten in nach Handwerken gesonderten Stadtteilen. Sie gehörten Stämmen an, die von den Azteken unterworfen worden waren, und verehrten, neben der Teilnahme an den großen religiösen Opferfesten, noch eigene Gottheiten. Wer denkt da nicht an die »Webergassen« und »Schusterstraßen« mittelalterlicher europäischer Städte und die von bestimmten Zünften besonders verehrten Heiligen? Das handwerkliche Können und das Stilgefühl waren sehr hoch entwickelt. Albrecht Dürer sah im Jahre 1520 einige Goldarbeiten, die Cortez an Karl den Fünften geschickt hatte. Er schrieb: »Diese Stücke sind so wertvoll, daß man sie auf 100000 Gulden schätzt. Ich hab in meinem Leben nichts so Herzerquickendes gesehen, denn ich halte sie für ganz große Kunst« und war von dem eigenen und feinen Talent dieser fernen Länder überrascht. Handwerker konnten an der Wahl der Räte und des Vorstehers der Stadtviertel teilnehmen. Der Vorsteher mußte aber vom Kaiser bestätigt werden. Die Söhne konnten eine Stadtschule besuchen oder eine Tempelschule. Ein Aufstieg in höhere soziale Ränge war nicht ausgeschlossen, die Erziehung war streng.

Die Kaufleute waren eine aufsteigende Klasse. Sie konnten mit Unternehmungsgeist und Glück reich werden, genossen aber kein Ansehen, das dem der höheren Beamten gleichkam.

Die Klasse der Arbeiter (die aztekische Bezeichnung ist von »arbeiten« abgeleitet) hatte schwere, festumschriebene Pflichten, aber auch gewisse Rechte. Ihre Angehörigen waren, wie die aller anderen Stände auch, zum Militärdienst verpflichtet und konnten auf diesem Wege die Klassenschranken überwinden. Der Militärdienst galt zugleich als Ehre und Gottesdienst. Hohe militärische Ränge waren ebenso angesehen wie höhere Beamte. Arbeiter waren steuerpflichtig und in ihren Stadtvierteln oder Wohnorten wahlberechtigt. Sie konnten nicht von ihrem Wohngrundstück oder Land vertrieben werden. Es herrschte also ein gutes Maß an sozialer Gerechtigkeit.

Die Rechtsprechung war sehr gut. Alle Chronisten loben die Sorgfalt, mit der der Kaiser und die verbündeten Könige die Richter aus der Mitte des Volkes wählten. Nur erfahrene, ältere Beamte, die »weder trunksüchtig, bestechlich und weder beeinflußbar noch zu leidenschaftlich in ihren Urteilen waren« wurden mit diesem angesehenen Amt betraut. Es wurde viel prozessiert. Schreiber hielten alle

Aussagen fest. Die unparteiische Rechtsprechung trug wohl viel zu der sozialen Stabilität bei.

Die Hauptgrundlage für die erfolgreiche Geschichte des Aztekenreiches dürfte die vollkommene religiöse Ausrichtung aller Lebensbereiche gewesen sein.

Nach ihrem Glauben war das Schicksal jedes Menschen durch das Geburtsdatum vorherbestimmt. Ob er arm bleiben, zu Ansehen kommen, Priester werden, als Krieger auf dem Schlachtfeld für Uitzilopochtli sterben oder als Gefangener, als geehrter Stellvertreter des Gottes, sein Herz opfern würde, um dann als Kolibri sorglos zwischen Blüten weiter zu leben, war Schicksal ebenso wie sein Charakter. Es war ein Weltbild, das, gepaart mit einer guten Rechtsprechung, große soziale Unterschiede erträglich machte. Ob das auf Dauer so geblieben wäre, kann bezweifelt werden.

Diese Kulturen wurden durch die spanische Eroberung vernichtet. In Europa begann ab dem 15. Jahrhundert das einheitliche christliche Weltbild unter dem Einfluß undogmatischer Denker, wirtschaftlicher Veränderungen und wissenschaftlicher Erkenntnisse seine Einheitlichkeit zu verlieren. Die folgenden Kapitel sollen einige von diesen Entwicklungen betrachten. Ich bin mir bewußt, daß dabei viele wichtige Aspekte zu kurz kommen.

Vom Mittelalter zur Neuzeit

Der Weg von der Theologie zur Naturwissenschaft

Das Christentum überlebte die Zeit der Verfolgung und auch die Zeiten, in denen es als Staatsreligion, selbst mächtig geworden, zur Stütze von Kaisern und Königen wurde und seine Vertreter oft Haß statt Nächstenliebe predigten. Es verdankte sein Überleben dem Glauben, daß im Jenseits die Guten mit ewiger Seligkeit belohnt, die Bösen mit höllischen Qualen bestraft würden, wie Dante das drastisch geschildert hat (eine Vorstellung, die vielleicht ursprünglich aus Ägypten stammte). Es überlebte nicht zuletzt, weil Klöster Zuflucht vor den Verstrickungen der sündigen Welt boten und zugleich zu Stätten der Gelehrsamkeit, des Denkens, Wissens, der Bewahrung, Vervielfältigung und Weitergabe von Wissen wurden. Ohne diese weitgehend ungeplanten Leistungen hätten griechisches Gedankengut und römisches Recht wohl kaum den Zusammenbruch des römischen Reiches überlebt. Ohne schreibkundige Mönche hätten die mittel- und westeuropäischen Staaten, die nach der Völkerwanderung entstanden, ihre Geschichte ohne ein leistungsfähiges Schrifttum begonnen. Die unzähligen von allen Herrschern veranlaßten und geförderten Klostergründungen entlasteten das Gewissen vieler Mächtiger und erschlossen ihnen unentwickelte Ländereien mit oft primitiven, widerspenstigen Bewohnern. Die Motive der Menschen sind selten einfach!

An vielen Stellen ersetzten Kapellen oder Kirchen ehemalige heidnische Kultstätten. Das ganze Leben wurde – ähnlich wie in anderen Kulturkreisen – von der Geburt bis zur Beerdigung von religiösen Zeremonien begleitet. Der Jahresrhythmus gab dem einzelnen und der Gemeinde Halt durch sonntäglichen Kirchgang, und die großen und kleinen religiösen Feiertage punktierten den Alltag mit emotionalen Erlebnissen und der Verkündigung einer überirdischen Macht. Bei Unglück und Verzweiflung gab es tröstliche Gebete und Worte, und bei beängstigenden Vorkommnissen konnte man sich bekreuzen. Die stabilisierende Wirkung des Glaubens auf eine wenig gefestigte Gesellschaftsstruktur kann gar nicht überschätzt werden.

Das vom Glauben geprägte christliche Weltbild war, trotz aller grauenvollen Verirrungen, die Grundlage der abendländischen Kulturentwicklung. In bezug auf solche Entwicklungen wirken akzeptierte religiöse Vorstellungen ähnlich wie Erbprogramme in der biologischen Evolution: Beide lassen unter der Vielfalt von Möglichkeiten manche zu und verhindern andere. Der Glaube macht manche Denkmöglichkeiten unmöglich, selbst ohne direkte Verbote, an denen es nicht mangelt. Weltbilder, sowohl religiöse als auch ideologische, sind für die meisten Menschen geistige Filter.

In diesen geistigen Grenzen wuchsen in dem Jahrtausend nach der Völkerwanderung die Staaten und gesellschaftlichen Strukturen. Aus den gewählten Führern kriegerischer Bauern wurde eine erbliche Adelskaste. Aus den Verkündern und Lehrern des Glaubens entstand eine kaum weniger privilegierte Hierarchie von Kardinälen, Bischöfen und Äbten. Die Last der Privilegien hatten die Bauern, vor allem die leibeigenen Bauern, zu tragen. Aber für die Masse der Bevölkerung schienen diese sozialen Strukturen ein Teil der göttlichen Weltordnung zu sein. Berichtet nicht selbst die Bibel von Königen?

Im selben Rahmen entstand eine neue Entwicklungslinie in Städten und einigen Stadtstaaten, die sich in starken Mauern militärisch verteidigen konnten oder durch ihre geographische Lage gut geschützt waren (eindrucksvollstes Beispiel ist Venedig). Mit reichen Kaufmannsfamilien, selbstbewußten Handwerkergilden, imposanten Domen, Schulen, eigener Gerichtsbarkeit und Selbstverwaltung wurden sie zu Zentren kultureller und technischer Entwicklungen. Nicht umsonst hieß es: »Stadtluft macht frei!« Handel und technische Fortschritte gewannen wachsenden Einfluß. Das Weltbild wurde davon zunächst kaum berührt.

Unmerklich, ganz allmählich bahnte sich unterdessen ein Wandel des Verhältnisses zur Natur an. Der Glaube, daß ein allmächtiger Gott die von ihm geschaffene Welt von außen regiert, ließ die uralte Scheu vor den in vielen Naturerscheinungen und Lebewesen vermuteten magisch-dämonischen Eigenschaften verblassen. Das hatte eine Folge von großer Tragweite: Der Glaube an eine von Gott geschaffene Natur führte zu dem Gedanken, daß die Existenz Gottes sich aus den Gesetzen der Natur beweisen lassen müßte. Anregungen zu philosophisch-naturwissenschaftlichem Denken fanden sich in den Klosterbibliotheken, in den Werken der griechischen Denker. Es war deshalb kein Zufall, daß Theologen sich mit naturwissenschaftlichen Forschungen zu beschäftigen begannen. Die älteste Universität Europas war im 11. Jahrhundert in Bologna aus einer theologischen Fakultät entstanden. Der Zweck, damit dem wundersamen Wirken Gottes näher zu kommen, rechtfertigte auch die Eingriffe in die Natur durch Experimente. Menschen, deren Kulturen auf andere Weltbilder gegründet waren, hatten das nur selten gewagt. Es war deshalb wohl kein Zufall, daß es Benediktinermönche in Nordwesteuropa waren, die zwischen dem 8. und 10. Jahrhundert als erste von Naturkräften – nicht von Menschen oder Tieren – angetriebene Maschinen erfanden, indem sie Wasser- und Windräder zum Antrieb von Mühlen verwendeten. In der Antike waren Wasser- und Windräder nur Spielzeuge gewesen.

Die obigen Zusammenhänge lassen sich erst im Rückblick erkennen. Dem Zeitgenossen der Entwicklung naturwissenschaftlicher Forschungsmethoden blieben sie verborgen.

Einige Denker und Forscher haben die Entwicklung besonders nachhaltig beeinflußt. Der französische Philosoph René Descartes (1596–1650) versuchte, das Wesen des Menschen und die ihn umgebende Natur durch reines Denken zu ergründen. Seine Schlußfolgerung: Die Welt besteht aus zwei Grundsubstanzen: Dingen, die Raum einnehmen (was später Materie genannt wurde) und Geist (Denkvermögen und Bewußtsein). Nur der Mensch besitzt beides. Die ganze übrige Natur gehorcht ausschließlich, wie ein Uhrwerk, mechanischen Gesetzen. Der Leser wird erkennen, daß diese Auffassung der Schöpfungsgeschichte nicht widerspricht: Nur Adam empfing den Odem Gottes! Die Hypothese von der Doppelnatur des Menschen (Dualismus) ist für viele abendländische Philosophen bis heute ein Problem geblieben: Welcher Art ist die Beziehung zwischen den beiden Teilen? Regiert der Geist den Körper, also die Materie, oder ist er nur eine Begleiterscheinung materieller Vorgänge?

Für die fortschreitende Änderung des Weltbildes wurde die praktische Forschung mit Hilfe von Experimenten und genauen Messungen entscheidend. Die bahnbrechenden Arbeiten stammen von Francis Bacon (1561–1626) und Galileo Galilei (1564–1642). Experimente und Messungen wurden gezielt zur Überprüfung und Korrektur von Hypothesen und Vermutungen eingesetzt. Ideen wurden bewußt einer Auslese durch praktische Erfahrungen unter-

Der schiefe Turm von Pisa. Hier maß Galilei die Beschleunigung der Fallgeschwin-
digkeit bei freiem Fall, Messungen, die später zur Berechnung der Erdanziehungs-
kraft führten und letztlich zur Erschließung von Rohstoffvorkommen mit Hilfe
geophysikalischer Schweremessungen. Das hätte selbst ein Galilei sich nicht träumen
lassen

worfen. Es verdient hervorgehoben zu werden, daß das ein Vorgang
ist, der – auf das Denken angewendet – der Wirkung der Darwinschen
Auslese gleicht. Diese Prüfung von Hypothesen durch Experimente
und mathematische Berechnungen wurde zur erfolgreichsten Annäherung an die Realität. Heute arbeiten nicht nur Wissenschaftler,
sondern auch Tausende von Computerprogrammen nach diesem
Prinzip.

Obwohl Francis Bacon bewußt Experimente zum Zwecke der Naturbeherrschung einsetzte, konnte keinem der damaligen Beobachter, Experimentatoren und Mathematiker in den Sinn kommen, daß seine Erkenntnisse einmal politische Macht erzeugen und dadurch große soziale Veränderungen bewirken könnten.

Die Verbreitung neu gewonnener Erkenntnisse ging rasch vor sich, denn alle Gebildeten in Europa sprachen und schrieben Lateinisch. Die Erkenntnisse erschütterten in keiner Weise den Glauben ihrer Entdecker an die Allmacht Gottes. Im Gegenteil! Verlangten die wundervollen Gesetzmäßigkeiten der Planetenbahnen nicht geradezu einen planenden Konstrukteur? Konflikte mit der Kirche entstanden, nicht weil die christliche Verkündigung bezweifelt wurde, sondern weil die Ergebnisse dem Dogma widersprachen, daß die Erde das Zentrum des Weltalls sei. Die neue, vermeintliche Irrlehre, zuerst 1543 von dem Domherrn Kopernikus formuliert, wurde mit Folter und Feuertod verfolgt.

Die Erfindung des Fernrohrs und des Mikroskops erweiterte das Weltbild um ungeahnte Dimensionen. Kepler entdeckte die Gesetze der Planetenbewegung, Galilei die Jupitermonde, Newton die Schwerkraft und mathematische Methoden, die die Berechnung vieler Beobachtungen möglich machten. Das 17. Jahrhundert war eine aufregende Zeit.

Die Erweiterung des christlichen Weltbildes änderte die Grundannahme seiner Deutung nicht: Gott hatte die Welt so erschaffen, wie sie ist, die Himmelskörper und ihre Bahnen, die Erde mit ihren Kontinenten und Ozeanen, Pflanzen, Tieren und Menschen, »jedes nach seiner Art«. Bewegten sich die Himmelskörper nicht wie das Räderwerk einer gut gemachten Uhr? Waren ihre Bewegungen, die Sonnen- und Mondfinsternisse nicht vorausberechenbar? Bewies das nicht, daß letztlich alles vorhergeplant und also vorausberechenbar sein mußte? Astronomische Beobachtungen wurden schon seit Jahrtausenden gemacht, nicht um ihrer selbst willen, sondern als Grundlage astrologischer Vorhersagen. Auch Kepler und Newton verwendeten viel Zeit auf solche Schicksalsberechnungen.

Wie immer man diese Phase kultureller Entwicklung betrachtet, es ist sicher, daß sie den Menschen unabhängiger von seiner Umwelt gemacht hat. Es war in dieser Hinsicht eine Fortsetzung der biologischen Evolution, die schon mehr als 3,5 Mrd. Jahre früher mit der Bildung der ersten Zellhaut begonnen hatte. Die wissenschaftlich-technische Entwicklung ist ein Teil dieser Evolution. Sie hat der

Menschheit eine Macht gebracht, deren rücksichtslose Anwendung jetzt unsere Lebensgrundlagen bedroht. Sind wir unbeabsichtigt in die Falle des Erfolgs getappt, die im Laufe der Erdgeschichte den meisten Lebensarten zum Verhängnis wurde?

Der Weg in die heutigen Gefahren ist vor allem das Ergebnis des rasch wachsenden Einflusses von wirtschaftlichen (ökonomischen) und technischen Entwicklungen auf das Leben und Denken in den europäischen Ländern. Es scheint mir deshalb angebracht, hier einige Betrachtungen über die Evolution von ökonomischen Verhaltensweisen einzuschieben.

22 Erfolgsrezept: Ökonomie

Das Wort Ökonomie ist aus dem Griechischen abgeleitet und bedeutet Haushaltung, also in erster Linie Vorratswirtschaft, und vernünftige Verwaltung von Besitz.

Vorratshaltung ist im Pflanzen- und Tierreich weit verbreitet. Es sei an die Speicherung von Wasser in Kakteen, von Nährstoffen in Zwiebelgewächsen, von Fettreserven für den Winterschlaf oder für Flüge über Tausende von Kilometern bei Zugvögeln erinnert. Selbst Bakterien speichern Fette in mikroskopisch kleinen Tröpfchen. Eichhörnchen sammeln Wintervorräte, Bienen Honig. Ameisen hegen Blattläuse, und Termiten züchten Pilze. Solche Verhaltensweisen sind lebenswichtig, aber, da angeboren, nicht geplant. Den Menschen, deren Vorfahren in tropischen Waldgebieten mit recht ausgeglichenem Klima lebten, ist solches Verhalten nicht angeboren. Das erwies sich als ein Vorteil, denn als sich Frühmenschen als Jäger und Sammler in andere Klimazonen ausbreiteten, stand bewußter Vorratsplanung kein ererbtes Programm entgegen. Ackerbau und feste Siedlungen förderten die Bereitschaft, zukünftigem Bedarf durch vorsorgliche Arbeit zuvorzukommen. Viehhaltenden Nomaden fällt das viel schwerer. Dörfer sind Vorsorgegemeinschaften genannt worden.

Tauschhandel fand, in geringem Umfang, schon lange vor der Entstehung fester Siedlungen statt. Mit zunehmender Einwohnerzahl der Siedlungen und der Ausbildung unterschiedlicher Berufe und Bedürfnisse wurde Handel zu einem neuen, erfolgversprechenden Beruf. Städte wurden neben Kult- und Regierungszentren automatisch auch Handelszentren, ein typisches Beispiel für sich selbst verstärkende und organisierende Entwicklungen. Produktion und Handel waren die wirtschaftliche Grundlage jeder städtischen Entwicklung und die Voraussetzung für kulturelle, geistige Fortschritte.

Wie wurde der Wert der Handelsgüter bestimmt? – Er regulierte sich selbst durch die Beziehung zwischen Angebot und Nachfrage. Das ist ein sehr relativer Wert. Für einen Verdurstenden kann ein

Trunk Wasser mehr Wert sein als sein ganzer Besitz. Andererseits zeigt mancher Reiche seinen Status durch sinnlose Verschwendung. Auch bei Tieren ist das Zeigen von Rangordnung, etwa durch ein besonders stattliches Geweih, weit verbreitet. Es ist ein Teil des Konkurrenzverhaltens. Wer angibt, hat mehr vom Leben (oder hat es nötig)!

Bei Tauschhandel kam es sicher häufig vor, daß für den Verkäufer der angebotene Tausch uninteressant war. Diese Schwierigkeit wurde durch die Erfindung des Geldes überwunden: Gold, wertvolles Metall, das auch in kleinen Mengen einen Wert hat, dessen Menge mit einer kleinen Waage ermittelt werden kann, das leicht umgeschmolzen und mit Wertzeichen versehen werden kann. Es wurde zu einem leicht transportierbaren, äußerst anpassungsfähigen Instrument des Handels. Aber Geld erleichterte nicht nur den Handel, es konnte auch zur Bezahlung von Dienstleistungen verwendet werden. Es konnte gehortet oder gegen Zinsen verliehen werden und wurde damit zu einem Machtinstrument, das die menschliche Geschichte entscheidend beeinflußt hat.

C. F. v. Weizsäcker hat Macht definiert als den Erwerb und die Anhäufung von Mitteln (Geld, Vorräte, Waffen, Wissen), die im Konkurrenzkampf Vorteile bringen. Nach v. Weizsäcker ist es das Streben nach Machtanhäufung, das menschliche Gesellschaften von tierischen unterscheidet. Das gilt aber nur für das bewußte Streben. Der Trieb, Besitz zu erwerben und zu verteidigen, ist schon im tierischen Verhalten angelegt: Der Besitz eines guten Territoriums bietet viele Vorteile. Es wird entschlossen gegen Artgenossen verteidigt. Bei Grenzkonflikten erkennen die Herausforderer das »Besitzrecht« bis zu einem gewissen Grade an. Sie sind eher geneigt, sich zurückzuziehen als die Besitzer, wie Beobachtungen an Wölfen, Wildhunden, Hyänen u. a. m. gezeigt haben. Wahrscheinlich sind die Verteidiger eher zu einem Verletzungskampf entschlossen. Besitz wird nicht nur von Menschen – auch Kleinkindern – als Teil des Selbst betrachtet. Das Verlangen nach Besitz als Erweiterung der eigenen Persönlichkeit ist den Menschen angeboren. Es wurde zum Hauptantrieb wirtschaftlicher Entwicklungen. Die Anerkennung von Eigentum (»Du sollst nicht stehlen«) und sein gesetzlicher Schutz haben zu den Grundlagen jeder erfolgreichen kulturellen Evolution gehört.

Wirtschaftliche Entwicklungen sind das Ergebnis von vielfältigen Wechselwirkungen zwischen Produktion (Landwirtschaft und Fertigung, Handwerk), Handel, sozialen und politischen Verhältnissen, technischen Fortschritten, kulturellen Wertvorstellungen und Zielen und vielen anderen Faktoren, z. B. Zugang und Verfügbarkeit bestimmter Rohstoffe, Verhalten der Konkurrenz, Kaufkraft, Besteuerung usw. Dabei können die einzelnen Faktoren sich ganz verschieden auswirken, je nach dem Gesamtzustand des Wirtschaftssystems und dem Grad der unterschiedlichen Wechselwirkungen. Es dürfte klar sein, daß bei solch vielfältiger Vernetzung, in der auch Langzeit- und Kurzzeitwirkungen sich teils verstärken, teils hemmen, eine wirkliche Stabilität unmöglich ist. Wie unsicher Voraussagen sind, ist wohl bekannt, und daß jeder Versuch einer ins einzelne gehenden staatlichen Steuerung fehlschlagen muß, hat das Versagen der staatskapitalistischen, sich sozialistisch nennenden Wirtschaft zur Genüge gezeigt. Andererseits zeigt das Elend von Millionen Arbeitslosen, verbunden mit Zyklen von Aufschwung und Depression, daß die kapitalistischen Wirtschaftstheoretiker keinen Grund haben zu triumphieren.

Wie sind die heutigen Verhältnisse entstanden? – In einer Darstellung, die das Wirtschaftsgeschehen als einen Evolutionsvorgang betrachtet, können nur einige Hauptschritte in der sich seit dem Mittelalter rasant beschleunigenden Entwicklung herausgestellt werden.

Nach dem Untergang des Weströmischen Reiches, der Eroberung von Nordafrika und des größten Teils von Spanien durch die Araber und der Teilung des Großreiches von Karl dem Großen wurde der Handel langsam wieder zu einem bedeutenden Wirtschaftszweig. Im Mittelmeergebiet, wo die römischen Traditionen nie ganz erloschen waren, wurden die norditalienischen Städte, vor allem Venedig und Genua, zu Wirtschaftsmächten. Hier begann Kapital zuerst, zu einer eigenständigen Macht zu werden. Händler wurden zu Bankiers, die Geld gegen Zinsen (Lombard) oder Privilegien verliehen, vor allem an Fürsten und Könige, die Geld zur Bezahlung von Söldnern und Waffen brauchten. In Mitteleuropa zeugen die großen Dome und schmucken Rathäuser von dem Wohlstand, den Handel und Handwerk brachten. Mit viel handwerklicher Phantasie wurden komplizierte Schlösser, Uhren mit Glockenspielen, Kanonen, Keuschheitsgürtel und Folterwerkzeuge konstruiert. Am folgenreichsten für die Entwicklung der Menschheit war wohl die Erfindung des Druckens mit beweglichen, in Metall gegossenen Lettern durch Gutenberg im Jahre 1445. Rasche, billige Vervielfältigung von Büchern, Gedanken,

Aufrufen, Hetz- und Schmähschriften wurde möglich und beschleunigte die Durchdringung der Gesellschaft mit dem kritischen Gedankengut der Reformatoren und der Aufklärung. Das Drucken erweiterte die biologische Informationsvermehrung um viele Größenordnungen.

Die plötzliche, äußerst wirkungsvolle Verbesserung der Kommunikation fiel zusammen mit anderen, folgenschweren technischen Entwicklungen: Die Konstruktion seetüchtiger Schiffe und besserer Instrumente zur Ortsbestimmung erweiterten die Kenntnis der Erde, ihrer verschiedenartigen Menschen, Tiere und Pflanzen in ungeahnter Weise. Der Weg um Afrika wurde gefunden, Amerika erreicht, – sehr zum Unglück für seine Bewohner.

Die Wechselwirkungen zwischen den Denkrichtungen und Erkenntnissen führten zwangsläufig zu einer Änderung des christlichen Weltbildes, die auch heute noch nicht abgeschlossen ist. Auch das ökonomische Verhalten wurde nachhaltig beeinflußt. Ich fasse diese Entwicklung kurz zusammen.

Der Weg in die industrielle Revolution

Dieser Weg war nicht – wie von manchen angenommen wird – das Ergebnis der Formulierungen und mathematischen Erfassungen von Naturgesetzen im 17. und 18. Jahrhundert. Er hatte – ganz allmählich – schon etwa 4500 Jahre früher mit der Erfindung des Rades und anderer praktischer mechanischer Hilfsmittel begonnen, ohne daß die zugrundeliegenden Naturgesetze im mindesten verstanden wurden. Auch der Anstoß, der die langsame, aber sich beschleunigende technische Entwicklung zu einer Revolution steigerte, ging nicht von den Naturforschern aus. Er wurde im 18. Jahrhundert in England ausgelöst von praktisch denkenden, oft relativ ungebildeten Männern, die die Möglichkeit erkannten, billige Waren in großer Menge mit Gewinn auf den Markt zu bringen. Die Landbevölkerung war im 18. und zu Beginn des 19. Jahrhunderts durch die Enteignung der Gemeindeländereien verarmt. Da lohnte sich die Vergabe von schlecht bezahlter Heimarbeit. Der Handel blühte, denn der Handel mit den großen überseeischen Kolonien brachte gute Gewinne, und der englische Binnenmarkt war nicht durch unzählige Zollgrenzen zerstückelt, wie das in dem durch den 30jährigen Krieg verarmten Deutschland der Fall war.

In Frankreich herrschte ein staatlicher Wirtschaftsdirigismus, der kaum eigene Initiative zuließ.

Nichts beflügelt den Erfindergeist so sehr wie Verdienstmöglichkeiten: Wie kann billige Heimarbeit noch billiger gemacht werden? Doch wohl durch Zusammenlegen, so daß Arbeit und Arbeitszeit überwacht werden können. Menschliche Kraft konnte auch billig ergänzt oder ersetzt werden. Dazu gab es schon seit einigen hundert Jahren Wasserräder. Diese konnten von praktischen Leuten verbessert und den örtlichen Verhältnissen angepaßt werden, auch ohne physikalische oder mathematische Kenntnisse. Ein Kapitalgeber, der am Gewinn beteiligt wurde, eine günstige Stelle an einem Fluß, so entstanden die ersten Manufakturen auf dem Land. Die Lohnarbeiter mußten von ihren Wohnplätzen oft stundenweit zu Fuß zur Fabrik gehen. Die Löhne waren miserabel, denn es gab mehr Arbeitsuchende als Arbeit. Die Unternehmer brauchten kein schlechtes Gewissen zu haben. Hatte nicht Adam Smith 1776 in seiner berühmt gewordenen Wirtschaftslehre nachgewiesen, daß der Wohlstand einer Nation am besten gedieh, wenn jeder seinen eigenen Interessen ohne staatliche Eingriffe (z. B. Zölle) folgen konnte? Und war nicht wirtschaftlicher Erfolg ein sichtbares Zeichen der Gnade Gottes? So vertrug sich im Verständnis puritanischer Religiosität sonntäglicher Kirchgang mit der gnadenlosen Ausbeutung der Industriearbeiter.

Damit waren die Weichen für eine ungehemmte Entwicklung gestellt. Auch der nächste große Entwicklungsschritt war nicht das Ergebnis der Erforschung von Naturgesetzen. Die erste praktische Verwendung einer Dampfmaschine diente im Jahr 1715 zur Entwässerung einer Kohlengrube in England, lange bevor die Gasgesetze oder die Hauptsätze der Wärmelehre erforscht waren. Die Erfindung revolutionierte die Wirtschaft. Es wurde möglich, größere Fabriken zu bauen, auch an Standorten ohne Wasserkraft. England besaß reichlich Kohle und Eisen und exportierte seine Eisen- und Stahlprodukte in alle Welt. Eisenbahnen, Kanäle, eiserne Brücken, Dampfschiffe erweiterten die Transportkapazitäten tausendfach. Das Handelsvolumen wuchs und wuchs und mit ihm die Verdienstmöglichkeiten und die Konkurrenz. Wo große Fabriken entstanden, lohnte es sich für die Arbeiter, Unterkünfte in der Nähe zu bauen. So entstanden Industriestädte wie Manchester und Birmingham. Wer viel produzierte, konnte mit niedrigen Preisen Gewinne machen. Kleinere Betriebe blieben auf der Strecke, wenn sie nicht spezialisiert waren. Die Anlage großer Fabriken erforderte viel Kapital. Wer es nicht hatte, konnte es sich durch Verkauf von Beteiligungen (Aktien) beschaffen.

Der Wert von Aktien richtet sich, wie bei jedem Handel, nach Angebot und Nachfrage: Angeboten werden Gewinnerwartungen. Die Konkurrenz um Kapital zwingt den Unternehmer, möglichst große Gewinne zu machen, denn er muß die Anteilseigner zufriedenstellen. Diese verdienen, ohne selbst arbeiten zu müssen. Das Geld wurde zum Hauptenergieträger der wirtschaftlichen Entwicklung. Wer Kapital hatte, konnte überall in der Welt Rohstoffe kaufen, konnte Arbeitskräfte kaufen, konnte Ingenieurswissen kaufen. Das ist noch immer so. Die Arbeiter, die nur ihre ungelernte Arbeitskraft anzubieten hatten, wurden zu Sklaven des Kapitals, nicht zu Sklaven des einzelnen Unternehmers, sondern von dessen Zwang, möglichst hohe Gewinne zu erwirtschaften. Karl Marx (1818–1883), empört über die unmenschlichen Lebensbedingungen der Industriearbeiter, hat diese Zusammenhänge am klarsten herausgearbeitet. Seine geschichtlichen Studien brachten ihn zu der Überzeugung, daß die ganze menschliche Geschichte eine Folge von Klassenkämpfen gewesen sei, die eine direkte Folge materieller, wirtschaftlicher Bedingungen seien. Da die Versuche der Arbeiter, sich zu organisieren, um bessere Bedingungen zu erreichen, von Unternehmern und Staatsmacht gewaltsam unterdrückt wurden und die Kirchen die Armen auf das Jenseits vertrösteten, zog er den Schluß, daß schließlich Revolutionen zu einer kommunistischen Gesellschaft ohne privaten Besitz an Produktionsmitteln (Fabriken, Landbesitz) und ohne Staatsmacht führen würde, denn, hatte nicht Jean-Jacques Rousseau in seinem berühmten Werk »Der gesellschaftliche Vertrag« 1762 behauptet, alles Übel sei das Ergebnis gesellschaftlicher Zwänge, während andererseits Menschen, die keiner Ausbeutung unterworfen seien, vernünftig und kooperativ handeln würden? Marx predigte Revolution und versprach ein Paradies auf Erden. Der Marxismus wurde zu einer Heilslehre ohne Religion: »Ewig der Sklaverei ein Ende, heilig die letzte Schlacht« (Strophe der Internationale). Marx wäre sehr schockiert, könnte er heute die Lebensbedingungen in den sich sozialistisch nennenden Staaten sehen und die Millionen Flüchtlinge aus dem Wirtschaftssystem, das die Menschen »befreien und beglücken« sollte.

Es war ein neues Weltbild. Seine Verkünder behaupteten, nicht in göttlichem Auftrag zu handeln, wohl aber im Einklang mit einer angeblich naturgesetzlichen Notwendigkeit. Es brachte Märtyrer hervor und beeinflußte das Verhalten von Millionen. Mit seinen Dogmen wird staatliche Machtausübung und die grausame Verfolgung von Andersdenkenden gerechtfertigt. Das marxistische Weltbild zeigt eindrucksvoll, wie groß der Einfluß von Weltbildern auf das menschliche Verhalten sein kann, aber auch, welche Grenzen ihm durch die ererbten menschlichen Anlagen gesetzt sind: Die Bildung von sozialen Rangordnungen läßt sich weder durch religiöse noch weltliche Wertvorstellungen ganz unterdrücken! Was wir brauchen, ist ein realistischeres, weniger überhebliches Bild von der Natur des Menschen und seiner Rolle in der Welt.

Die Erwartung einer glücklichen Zukunft für die Menschheit war nicht auf die marxistische Lehre beschränkt. Diese Hoffnung verbreitete sich und wuchs in Europa und in Amerika mit der zunehmenden Enträtselung der Naturgesetze und der Umsetzung der neuen Erkenntnisse in technische und wirtschaftliche Erfolge. Einige Stichworte mögen genügen:

- Zusammenhang zwischen Magnetismus und Elektrizität; Generatoren; elektrisches Licht; Telephon usw.
- Erforschung der chemischen Grundlagen der Pflanzenernährung führten zu besserer Düngung und höheren Erträgen und schienen die pessimistische Voraussage von Thomas Malthus (1766–1834) zu widerlegen, daß die Bevölkerung rascher wachsen werde als die Erzeugung von Nahrungsmitteln.
- Bakterien und später Viren wurden als Urheber vieler tödlicher Krankheiten und Seuchen entdeckt und konnten mit Schutzimpfungen und Medikamenten immer besser bekämpft werden.
- Das Ingenieurwesen machte immer raschere Fortschritte: Explosionsmotoren; Kraftfahrzeuge; Flugzeuge; Riesenschiffe; Bohrmaschinen zur Suche nach Rohstoffen; große Staudämme; Flußregulierungen; Erntemaschinen – und alles immer größer.
- Als um die Jahrhundertwende viele Wissenschaftler glaubten, nun seien praktisch alle physikalischen Gesetze bekannt, und deshalb vom Physikstudium abrieten, da wurde die Radioaktivität entdeckt. Es schien keine Grenzen für den Fortschritt zu geben! Es tat diesem Optimismus kaum Abbruch, daß jeder große Krieg furchtbarer war als der vorhergehende. Selbst die Vernichtung von Hiroshima und Nagasaki brachte keinen Umschwung in dieser Meinung. Würden nicht Atomkraftwerke der Menschheit unbegrenzte Energie bescheren?

Bei all diesen Entwicklungen wuchs das Wirtschaftsvolumen der Industrieländer, besonders der kapitalistischen, in einem Umfang, den 50 Jahre früher niemand für möglich gehalten hätte. Die von Marx vorhergesagte fortschreitende Verarmung der Arbeiterschaft blieb aus. Soziale Gesetzgebung – die erste wurde von Bismarck zur Abwehr des wachsenden Einflusses der Sozialdemokratie erlassen – und vor allem die wachsende Macht der Gewerkschaften verhinderten dies. Das waren und sind konfliktreiche Anpassungsprozesse, die durchaus denen ähneln, durch die im Haushalt der Natur ökologische »Gleichgewichte« entstehen. Steigende Löhne, verkürzte Arbeitszeiten, Krankenversicherung, Altersrente, warum sollte es nicht so weitergehen können? – Es kann nicht. Warum nicht? – Weil die Wirtschaftslehre von Adam Smith, abgesehen von den sozialen Folgen, noch weitere Faktoren nicht berücksichtigte. Das ist ihm nicht vorzuwerfen, denn der Wirtschaftsraum war damals so beschränkt, daß diese Faktoren ohne großen Schaden vernachlässigt werden konnten. Außerdem fehlte das notwendige Wissen. Dieses ist jetzt vorhanden. Es gibt keine Ausrede mehr für seine Vernachlässigung.

Als richtig erwiesen haben sich dagegen die Behauptungen von Adam Smith, daß ein ungehemmter Wettbewerb auf einem freien Markt sowohl das Angebot bereichern als auch die Preise niedrig halten würde. Daß aber dieser Mechanismus zusammenbricht, wenn Produzenten eine Monopolstellung erlangen, wurde früh erkannt. Antikartellgesetze sollen dies verhindern (darüber unten mehr). In den staatskapitalistischen Ländern wurde der sich selbst steuernde Marktmechanismus unterdrückt. Das Ergebnis sind mangelhafte, oft fehlgeplante oder fehlgeleitete Produkte und Stagnation. Korrekturen erweisen sich als äußerst schwierig, wenn nicht unmöglich.

In der Smithschen Wirtschaftstheorie war nicht berücksichtigt:

- daß die Erdbevölkerung in großen Gebieten rascher wachsen würde als die Versorgungsmöglichkeiten. Das ist geschehen vor allem dank der großen Fortschritte der Medizin in der Seuchenbekämpfung und der Reduzierung der Kindersterblichkeit. Die noch vor 50 Jahren verlachte Voraussage von Thomas Malthus hat uns eingeholt;
- daß auf der Erde viele Rohstoffe, vor allem ausbeutbare Energien, nur in beschränkter Menge vorhanden sind, so daß schließlich

Monopole und Abhängigkeiten – also Sachzwänge – den freien Wettbewerb verzerren müssen;

daß viele wirtschaftliche und soziale Entwicklungen auf das engste mit erdgeschichtlichen Vorgängen längst vergangener Zeiten verflochten sind, wurde am Beispiel der südafrikanischen Goldlagerstätten besprochen;

daß auch Grundlagen des Lebens wie sauberes Wasser, Luft und fruchtbarer Boden nicht unbegrenzt – wie ohne Überlegung vorausgesetzt wurde – vorhanden sind;

daß automatisch, unkontrolliert ins Gigantische wachsende Produktionen auch gigantische Massen schädlicher Abfallstoffe hinterlassen würden, die die Lebensgrundlagen ernsthaft gefährden und künftigen Generationen Probleme hinterlassen könnten, die nicht mehr korrigierbar sind (Klimakatastrophen, radioaktive Verseuchung);

daß der Marktmechanismus es vielen Ländern unmöglich machen würde, aus eigener Kraft den Anschluß an die technische Entwicklung zu finden und die Zinsen für geliehenes Kapital aufzubringen, während andererseits Industrieländer eigene Produktionen (z. B. Landwirtschaft) hoch subventionieren unter Mißachtung der eigenen Wirtschaftstheorie;

daß der Verdrängungswettbewerb, der sich auf die Regeln der Darwinschen Auslese beruft, gigantische multinationale, Grenzen überschreitende Konzerne entstehen läßt, die über mehr Kapitalmacht verfügen als viele kleinere Staaten. Ja, daß selbst große Staaten erpreßbar werden durch die Drohung, Arbeiter zu entlassen oder Betriebe ins Ausland zu verlagern. Wenn solche Konzerne auch noch international eine gewisse Monopolstellung haben, wie die Ölproduzenten, dann kann von freiem Wettbewerb nicht mehr die Rede sein;

daß auf dem internationalen Kapitalmarkt mit Milliardenbeträgen operiert wird, die nicht durch entsprechenden Besitz gedeckt sind, die also nur auf dem Papier existieren. Durch Verschiebungen von solchem Spekulationskapital werden große Gewinne gemacht bzw. Verluste verursacht, ohne daß die Gewinner irgendeine produktive Leistung vollbringen;

daß ein großer Teil des Volksvermögens an Intelligenz, Produktionskraft und wertvollen Rohstoffen zur Herstellung völlig unproduktiver Rüstungsarsenale verschwendet wird.

Diese Entwicklungen stehen alle in Wechselwirkung miteinander.
Das hat zur Folge, daß

1. auch in den privatkapitalistischen Ländern kein wirklich freier
   Wettbewerb vorhanden ist;
2. sowohl die Entwicklung der Gesamtwirtschaft als auch die
   einzelner Wirtschaftszweige immer in Konjunkturzyklen verlaufen wird;
3. der Staat durch die Vorgabe von gesetzlichen Rahmenbedingungen schädliche Auswirkungen begrenzen muß;
4. die Möglichkeiten, wirtschaftliche Entwicklungen zu steuern,
   nicht sehr groß sind, weil infolge der vielfachen Wechselwirkungen
   ständig neue Sachzwänge entstehen, z. B. Zwang zur Verwendung
   elektronisch gesteuerter Maschinen, die Arbeiter zu Arbeitslosen
   machen.

Zusammenfassend läßt sich sagen, daß die technologisch-wirtschaft-
liche Entwicklung den Menschen eine nie für möglich gehaltene
Macht über die Natur verliehen hat. Trotzdem ist die ehemalige
optimistische Erwartung einer leichteren, glücklicheren Zukunft ihrer
Erfüllung nicht näher gekommen. Im Gegenteil, die Zukunft erscheint aufgrund menschlichen Tuns bedrohlicher als je zuvor.
Welche der oben angeführten Faktoren – es gibt noch mehr – haben
dazu am meisten beigetragen? – Es scheinen vor allem zwei progressiv
wachsende (sich beschleunigende) Vorgänge zu sein:

1. Die Vermehrung der menschlichen Bevölkerung von etwa 500
   Millionen im Jahr 1500 auf etwa 6 Milliarden im Jahr 2000. Das ist
   ein ganz natürlicher Vorgang, wie er bei anderen Lebewesen auch
   vorkommt, wenn die Lebensbedingungen überdurchschnittlich
   günstig sind. Es sei an Bakterien bei einer Seuche erinnert,
   Mäuseplagen nach milden Wintern und nicht zu nassem Frühjahr
   oder an Lemminge. Die menschliche Vermehrung ist durch die
   großen Erfolge der Medizin beträchtlich beschleunigt worden,
   denn die natürliche Vermehrungsrate hatte sich an die hohe
   Sterblichkeit, besonders Kindersterblichkeit, angepaßt, die noch
   bis zur Mitte des letzten Jahrhunderts auch in Europa herrschte.
2. Der Antrieb für das Wirtschaftswachstum ist das Streben nach
   Gewinnsteigerung, also Vergrößerung des Eigentums und der
   Vorteile, die dieses bringt. Zu diesen gehört vor allem die

Erlangung und Verteidigung eines höheren sozialen Ranges, ein Streben, das Menschen mit vielen Tierarten teilen. Der Handel diente seit Jahrtausenden diesem Ziel und wirkte als Motor für kulturelle Entwicklungen. Die Industrialisierung vergrößerte das Geldvolumen und machte schließlich Gewinn- und Konsumsteigerung zum Hauptmerkmal des persönlichen Erfolgs und Wertgefühls, eine Entwicklung, die von der Werbeindustrie mit allen Finessen psychologischer Beeinflussung angeheizt wird.

Sachzwänge machen es notwendig, die Gewinne ständig zu maximieren. Der Unternehmer, der Investitionen durch Kreditaufnahme oder Verkauf von Aktien finanzieren muß, ist gezwungen, möglichst hohe Gewinne zu machen, wenn er kreditwürdig bleiben will. Ähnlich wirken die berechtigten Forderungen der Arbeiter, an den steigenden Gewinnen teilzuhaben.

Dieser Zwang zur Gewinnmaximierung führt automatisch zur Entstehung immer größerer Unternehmen und immer gigantischerer technischer Einrichtungen mit ihren Menschen und Umwelt gefährdenden Begleiterscheinungen. Das ist nicht das Ergebnis einer Verschwörung böser Kapitalisten. Es ist der Weg eines Wirtschaftssystems, das Menschen verleitet hat, Erfolg im Leben an materiellem Gewinn zu messen. Daß diese Entwicklung angeborenen menschlichen Neigungen entgegenkommt und diese verstärkt, sei noch einmal betont. Wir sind alle mit schuld! Zwar ist der Wunsch, das eigene Leben sinnvoll zu gestalten, eine wesentliche Voraussetzung kultureller Evolution, doch ist ständige Gewinnsteigerung der falsche Maßstab, denn das Totenhemd hat keine Taschen und die Zeit, in der Menschen glaubten, irdische Güter könnten einen Toten ins Jenseits begleiten, liegt einige tausend Jahre zurück!

Haben das die großen Religionen nicht schon immer gelehrt? Haben nicht die Naturwissenschaftler mit ihrem Kampf gegen religiöse Dogmen und Aberglauben auch tiefe Einsichten in die zwiespältige Natur des Menschen entwertet?

Thesen zur Wirtschaftsentwicklung

- Wirtschaften bedeutet, vernünftig mit Hilfsquellen (Ressourcen) umzugehen.
- Alle Lebewesen sind auf den Erwerb von Nahrung und Energie (Licht, Wärme) aus ihrer Umwelt angewiesen.

Oben: Roboter montieren Autos in einer menschenleeren Fabrikhalle, oft Modelle, welche die Energieverschwendung steigern. *Unten:* Auch Menschen werden verschwendet

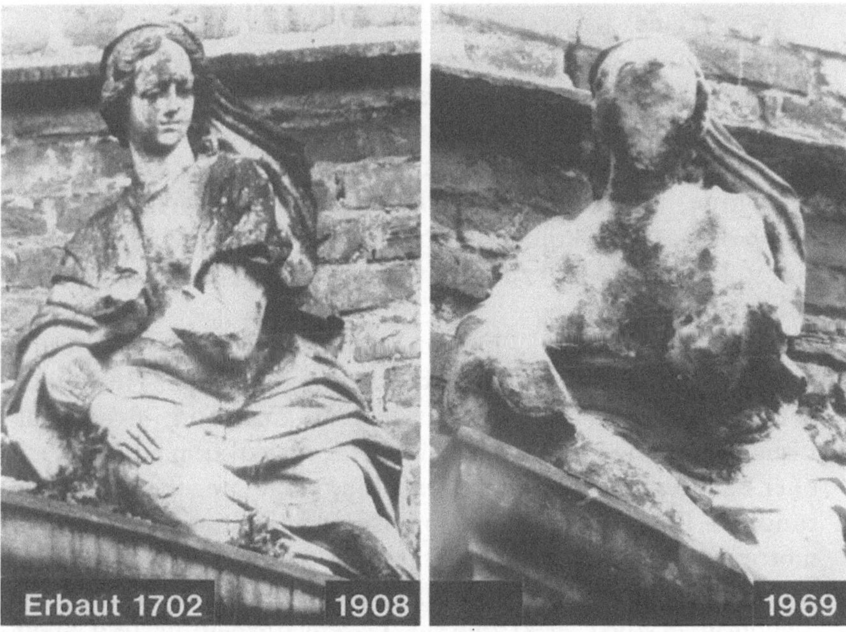

Oben: Stapel von Autowracks. Das Ende vieler teurer Statussymbole. Auch die Wiedergewinnung wertvoller, oft selten werdender Rohstoffe erfordert nochmals einen großen Energieeinsatz. *Unten:* Durch sauren Regen und Luftverschmutzung zerstörtes Gesicht einer Statue. Die weltweiten, vielfältigen Schäden der Energieverschwendung, von Gesundheit bis Klima, übersteigen jedes Vorstellungsvermögen

Vorratshaltung in vielerlei Form ist bei Pflanzen und Tieren weit verbreitet.

Der Wert von Ressourcen richtet sich nach Angebot und Nachfrage. Im Tierreich läßt sich der Wert von Ressourcen, z. B. Territorien, an der Intensität abschätzen, mit der sie verteidigt werden.

Lebensraum ist, abgesehen von Nahrung, die wertvollste Ressource. Um Erwerb und Verteidigung kämpfen fast alle höherentwickelten Tierarten. Bei solchen Kämpfen zwischen Artgenossen, vor allem Kämpfen zwischen sozial lebenden Familienverbänden (Ameisen, Ratten, Zwergmungos, Wölfen, Schimpansen), fehlt eine Tötungshemmung. Menschen machen da, entgegen einer von Konrad Lorenz einmal geäußerten Ansicht, keine Ausnahme. Lebensräume sind Eigentum und Wirtschaftsräume! Die Neigung, sie zu verteidigen, ist sicher auch den Menschen angeboren.

»Tauschgeschäfte« scheinen bei Tieren nicht vorzukommen, wohl aber das Vorzeigen von Besitz: so bei den Laubenvögeln ein sorgfältig geschmücktes Laubenhäuschen bei der Brautwerbung oder in der Antarktis, wo Steine zum Nestbau rar sind, das Vorzeigen eines Kieselsteines bei Pinguinen.

Die Erfindung von Geld hat den Tausch von Handelsgütern unbegrenzt anpassungsfähig gemacht. Es ist ein Entwicklungsschritt, der in bezug auf seine vielseitigen Folgen der Evolution von Warmblütigkeit nicht unähnlich ist. Wo immer Geld verwendet wurde, änderten sich die Beziehungen zwischen Menschen nachhaltig. Geld konnte leichter gehortet werden als andere Güter. Es wurde damit zu Kapital, zu Macht für viele Zwecke, gute und böse.

Wirtschaftliche Entwicklungen sind von Zeit zu Zeit durch technische Erfindungen stark beschleunigt worden: Herstellung von wasser- und feuerfesten Gefäßen aus Ton; Bronzeguß; Eisengewinnung und Schmiedekunst; Konstruktion hochseetüchtiger Schiffe; Eisenbahnnetze und Flugzeuge; ungeheuere Steigerung der Energiegewinnung mit Dampfmaschinen, Explosionsmotoren; Atomkraft; Energietransport durch elektrische Leitungen; Übermittlungssysteme für Nachrichten (Post, Telegraph, Telephon, Radio); elektronische Datenverarbeitung und Steuerungssysteme.

Die Entwicklung multinationaler Gesellschaften, deren Finanzmacht größer ist als die vieler Staaten, hat die Sachzwänge der wirtschaftlichen Entwicklungen stark vergrößert.

Durch die vielseitigen internationalen Verflechtungen sind erfolgreiche, rein nationale Planungen nicht mehr möglich.

Die kapitalistische Wirtschaftslehre war durch die Rechtfertigung eines krassen Egoismus ein erfolgreicher Wegbereiter der Industrialisierung.

Die marxistische Gesellschaftstheorie versagte, weil sie den gesunden menschlichen Egoismus leugnete und glaubte, die Menschen könnten zu ihrem Glück gezwungen werden.

Uneingeschränkte Marktwirtschaft führt unausweichlich zu sozialen Konflikten und zu Umweltkatastrophen.

Der Vorrat der Erde an Luft, Wasser und landwirtschaftlich nutzbarem Boden – um nur das Allerwichtigste zu nennen – ist beschränkt. Die in erster Linie gewinnorientierte Wettbewerbswirtschaft zerstört diese Lebensgrundlagen.

Wenn diese bewahrt werden sollen, müssen realistische Kosten für ihren Verbrauch und ihre Verschmutzung den Preisen hinzugeschlagen werden. Eine anpassungsfähige Steuerung ist nur möglich, wenn der Gesetzgeber Rahmenbedingungen schafft, die den Preis-Nachfragemechanismus nicht außer Kraft setzt, z. B. durch Besteuerung der Verwendung und Freisetzung bestimmter Schadstoffe.

Obige und viele andere Faktoren sind so eng miteinander verflochten, daß es gerechtfertigt erscheint, die Entwicklung von Kulturen – wie die von Naturwäldern – mit Ökosystemen zu vergleichen.

Kultur als Ökosystem

Eine Kultur ist ein geistig-wirtschaftliches Ökosystem, in dem in jahrhundertelanger Wechselwirkung vielfältige geistige und ökonomische Entwicklungen ein labiles fließendes Gleichgewicht gefunden haben. Das sind Vorgänge, die, ähnlich wie in einem biologischen Ökosystem, im Spannungsfeld konkurrierender, sich teilweise widersprechender Bedürfnisse stattfinden. Die Geschichte zeigt, daß solche Auseinandersetzungen das ganze Spektrum von friedlicher Anpassung, gewaltsamen Konflikten zwischen verschiedenen Interessengruppen bis zu Aufständen, blutigen Revolutionen und Kriegen umfassen. Dieses ganze Geschehen ist ein typischer Yin Yang-Prozeß, in dem gegensätzliche Spannungen zu unerwarteten neuen Leistungen und oft auch Einsichten geführt haben. Es ist – wie die Evolution biologischer Ökosysteme – immer ein sehr verlustreicher Prozeß gewesen. Weder die zu zahlreich gewordene Menschheit noch das irdische Ökosystem, von dem sie lebt, können in Zukunft die gewaltsame Austragung von Konflikten ohne katastrophale Zusammenbrüche verkraften. Gibt es überhaupt eine Möglichkeit, einen Ausweg aus dieser Sackgasse zu finden? Was ist zu tun?

Korrekturen sind nur möglich, wenn genügend Menschen die Gefahr erkennen. Die Hauptgefahr liegt in der menschlichen Neigung, Interessenkonflikte, religiös-ideologische Weltbildkonflikte und nationale Herrschaftsansprüche mit Gewalt auszutragen. Diese Neigung ist gefährlicher geworden, weil sie heute, durch Politiker mit Hilfe der Massenmedien schnell verstärkt, zu Feindschaft angeheizt und zur Förderung der eigenen Karriere mißbraucht werden kann. Man muß sich eingestehen, daß jeder für solche emotionale Verführungen mehr oder weniger empfänglich ist. Wie kann man sich wehren? – Nur indem man sich vor Augen hält, daß diese Neigung, die weit in der vormenschlichen Vergangenheit das Überleben der Sippenverbände begünstigte, heute zu einer tödlichen Gefahr geworden ist. Wir müssen uns erinnern, daß:

- Menschen zu Mitgefühl fähig sind;
- auch scheinbar unbedeutende Tätigkeiten dem Ganzen dienen und daher Anerkennung finden sollten. »It takes all sorts to make a world« (man braucht alle, um eine Welt zu machen), sagt ein englisches Sprichwort; daß es dem, der andere seine Überlegenheit fühlen läßt, an der menschlichsten aller Fähigkeiten fehlt, dem Einfühlungsvermögen;
- Menschen über Probleme diskutieren und vernünftige Kompromisse finden können;
- die erfolgreichsten biologischen »Kompromisse«, die Symbiosen durch Koevolution von ungleichen Partnern, unter wechselseitiger Anpassung entstanden sind, bei der kein Partner dominiert, aber jeder Vorteile hat. Es sei an die Koevolution von Blütenpflanzen und Insekten erinnert.

Sind wir wirklich nicht vernünftig genug, um mit all unserem Wissen und Können der Menschheit eine Zukunft zu sichern in Koevolution mit einer vielfältigen, lebenswerten Umwelt und Mitwelt?

In obigen Betrachtungen habe ich wiederholt auf den negativen Einfluß von Macht verwiesen. Was für eine Rolle spielt Macht im Evolutionsgeschehen?

23

Ist Macht verwerflich?

Die Gefahren, die die weitere Entwicklung der Menschheit bedrohen, sind offensichtlich das Ergebnis eines viel zu raschen, sich selbstverstärkenden Gewinns an wissenschaftlicher, technischer und wirtschaftlicher Macht. Auch die menschliche Geschichte ist gekennzeichnet durch den ständigen Mißbrauch von Macht. Das hat zu der Frage geführt, ob Macht nicht überhaupt verwerflich ist. Dieser Gedanke wurde zur Grundlage der anarchistischen Ideologie, die politisch erfolglos blieb. Versuche, ohne Obrigkeit zu leben, wurden und werden immer wieder gemacht. Erfahrungsgemäß gedeihen solche Gemeinschaften nur, solange die Zahl ihrer Mitglieder klein ist, diese sich also persönlich mehr oder weniger gut kennen und stark motiviert sind: Sie sind kein geeignetes Vorbild für größere Staaten und haben immer nur innerhalb solcher existiert. Anarchie ist nicht lebensfähig!

Ist das Streben nach Macht eine ethisch verwerfliche menschliche Eigenschaft? – Dazu zunächst die Frage: Was ist Macht? – Das Wort ist nach Duden aus dem Tätigkeitswort vermögen, im Sinne von etwas tun können, abgeleitet. C. F. v. Weizsäcker hat Macht definiert als »Bereitstellung von Mitteln für unspezifische Zwecke«. Das entspricht der obigen Ableitung.

Der Begriff Macht und dessen negative Beurteilung wird vor allem auf menschliche Verhältnisse und soziale Strukturen angewendet (Militärmacht, Geldmacht, politische Macht). Man spricht zwar auch von einem mächtigen Elefanten und denkt daran, daß er einen Baum umstoßen oder einen Menschen in die Luft schleudern kann.

Gibt es vielleicht, ähnlich den unbewußten Erkenntnisgewinnen, unbewußte Machtgewinne bei der Evolution der Lebewesen? – Das ist sicher der Fall. Ein Elefant verfügt über Kräfte, die jeder Löwe fürchtet. Besitzen auch die ganz kleinen, empfindlichen Einzeller das Vermögen, Bedürfnisse durchzusetzen? – Auch das ist der Fall. Amöben können mit ihrem chemischen Sinn eine Bakterie aufspüren, sich ihr nähern, sie sich einverleiben und sie verdauen. Sie überwältigen sie mit ihren chemischen Waffen. Für Typhusbakterien sind menschliche Eingeweide ein gefundenes Fressen. Auch das ist ein chemischer Angriff. Ein Schrittchen weiter in der Überlegung sagt uns, daß auch die Zähne des Löwen chemische Gebilde sind und ebenso die Denkstrukturen unseres Gehirns, das Faustkeile, Speere und Atombomben erdacht hat, alles Instrumente der Machtausübung. Was ermöglicht die Bereitstellung solcher Machtinstrumente? Natürlich der Stoffwechsel, durch den sich Lebewesen Energie aus der Umwelt nutzbar machen und aufgrund ihrer Erbanlagen einen Teil dieser Energie für zukünftige Bedürfnisse bereithalten.

Es gibt keinen grundsätzlichen Unterschied zwischen der Macht von Einzellern und der von Menschen. Trotzdem ist eine Bewertung gerechtfertigt, denn der Mensch kann seine Macht bewußt einsetzen und kann wissen, ob er mit ihrem Gebrauch Leid verursacht, und er weiß heute, oder muß schnellstens lernen, daß die Macht seiner Technik selbstmörderisch geworden ist, wenn mit ihr alles gemacht wird, was Gewinn verspricht.

Diese Überlegungen dürften gezeigt haben, daß im Evolutionsgeschehen Machtgewinn weitgehend das Ergebnis von Energiegewinn war, sei es durch größere Körper oder die Masse kooperierender Individuen wie bei Insektenstaaten und Menschen. Es seien deshalb einige Gedanken über die Rolle der Energie für die Höherentwicklung angefügt.

Über dieses vielschichtige Problem – vielschichtig, weil es so unterschiedliche Leistungen umfaßt wie das Säugen der Jungen durch ein Muttertier und den rasanten Spurt einer fliehenden Antilope – sind viele Untersuchungen unter unterschiedlichen Fragestellungen gemacht worden. W. Wieser hat diese Ergebnisse in einer ausgezeichneten kleinen Arbeit diskutiert. Die folgenden Überlegungen sind im wesentlichen dieser Arbeit entnommen.

Die Grundlage dieser Ausführung ist die gut gesicherte Erkenntnis, daß jede Tätigkeit eines Lebewesens, sei es Erzeugung von Nachkommen, Fortbewegung, Nahrungserwerb oder menschliches Denken und Fühlen, Energie erfordert, ja sogar im Schlaf verbraucht der Körper viel Energie zur Aufrechterhaltung der Lebensprozesse. All diese Energie, gleichviel für welche Tätigkeit sie gebraucht wird, wird durch Stoffwechsel gewonnen. Aber im Laufe der Höherentwicklungen verschiebt sich der Anteil der Energie, die für bestimmte Funktionen und Tätigkeiten gebraucht bzw. bereitgestellt wird, in charakteristischer Weise zugunsten größerer Selbständigkeit der

Individuen. Es lassen sich 4 Hauptentwicklungsschritte erkennen, die auch mit anderen bedeutenden Evolutionsfortschritten verknüpft sind:

1. Der Übergang von der Einzelligkeit zur Vielzelligkeit.
2. Die Entwicklung von Warmblütigkeit.
3. Die besondere Entwicklung der Affen und Menschenaffen (Primaten).
4. Die Entwicklung arbeitsteiliger menschlicher Gesellschaften mit sich beschleunigender, technischer Energiegewinnung.

Wie unterscheidet sich der Energiehaushalt bei diesen Entwicklungen? Die Einzeller verbrauchen etwa 90% der aufgenommenen Energie für die Vermehrung durch Teilungen. Für aktive Fortbewegungen, soweit sie überhaupt vorkommen, wird nur ein winziger Bruchteil der Energie benötigt, weil das Wasser praktisch kaum Widerstand bietet. Für die Stoffwechselleistungen werden etwa 10% verbraucht.

Die ersten Vielzeller waren wechselwarme Verbindungen erbgleicher Einzeller, eine sehr erfolgreiche kooperative Organisationsform. Die Vielzeller bilden heute, nach den Einzellern, sowohl nach der Zahl ihrer Arten (Pflanzen, Insekten, Fische, Lurche, Reptilien, Säugetiere, Vögel, Weichtiere) als auch an lebender Substanz (Biomasse) den Hauptteil des irdischen Ökosystems.

Die Vielzelligkeit hat in bezug auf den Energiehaushalt mehrere Folgen: Die Fortpflanzung wird von speziellen Keimzellen übernommen, die wesentlich weniger als 90% der Stoffwechselleistung benötigen. Dadurch steht bedeutend mehr Energie für das Wachstum und die Betätigung von Muskeln, Stützskeletten, Verdauungsorganen und – mit zunehmender Entwicklungshöhe – Sinnesorganen zur Verfügung. Die der Umwelt anvertrauten Eier, Larven und Jungtiere sind natürlich sehr gefährdet, aber das sind alle Einzeller ebenfalls. Die meisten wechselwarmen Vielzeller müssen deshalb sehr große Zahlen von Nachkommen hervorbringen. Aber auch dabei haben die meisten Vielzeller einen Vorteil: Ihr Fortpflanzungszyklus hat sich an die Jahreszeiten ihres Lebensraumes so angepaßt, daß die Hauptwachstumsphase der Jungtiere in die Zeit des günstigsten Nahrungsangebotes fällt. Es kann also ein beträchtlicher Teil der Nahrung zum Wachstum des einzelnen Lebewesens genutzt werden. Das ermöglicht größere und damit kräftigere Muskeln und Gliedmaßen, die optimalen Energieeinsatz ermöglichen und die Bildung von Energiereserven, die kurzfristig Schwimm-, Lauf- oder Flugleistungen möglich machen, die die normale Stoffwechselleistung um Größenordnungen übertreffen. Dazu kommen Beiß- und/oder Stechapparate, welche, nach einem physikalischen Gesetz, Muskelkräfte ähnlich wie Scheren oder Nadeln konzentrieren, so daß sie harte und zähe Materialien durchdringen können. Das alles sind Reserven, die von Erbanlagen für zukünftigen Gebrauch bereitgestellt werden. Von menschlichen Machtmitteln unterscheiden sie sich nur dadurch, daß ihre Entstehung nicht geplant ist.

Der Übergang zu Warmblütigkeit hat eine weitere Verbesserung des Energiegebrauchs bewirkt. Bei Warmblütern wird die Körpertemperatur durch die Wechselwirkung mehrerer Regelsysteme nahezu konstant auf einer Temperatur gehalten, die besonders günstig für Stoffwechselreaktionen ist. Warmblüter setzen pro Gewichtseinheit etwa 10mal mehr Energie um als Wechselwarme und wachsen im Durchschnitt etwa 10mal schneller. Das ermöglicht schnellere Bewegungen (ein Mungo kann dem Biß einer Schlange ausweichen) und eine entsprechend bessere Gehirntätigkeit, weitgehend unabhängig von der Umwelttemperatur. Das sind große Vorteile. Diese sind aber mit der Notwendigkeit verknüpft, die Jungen vor starken Temperaturschwankungen zu schützen und sie mit konzentrierter Nahrung zu versorgen. Brutfürsorge und Pflege wurde für Vögel und Säugetiere zu einer Notwendigkeit, die für eine gewisse Zeit von einem Elternteil – meist der Mutter – oder von beiden einen hohen Energieeinsatz erfordert. Diese Notwendigkeit führte zu einem weiteren Vorteil: Die Fürsorge verbesserte die Überlebensaussichten der Jungen außerordentlich, im Vergleich mit denen der meisten Wechselwarmen. So verbrauchen viele Wechselwarme in einer Fortpflanzungsphase bis zu 95% ihrer Stoffwechselenergie zur Erzeugung von Unmassen (bis zu Hunderttausenden) von Nachkommen, von denen nur ein paar bis zur Fortpflanzung überleben, während Warmblüter eine Population mit sehr wenigen Nachkommen aufrechterhalten können, mit um so weniger, je größer die Erwachsenen sind und je älter sie werden. Auch zwischen diesen beiden Größen besteht eine statistisch nachgewiesene Verknüpfung. Diese ist leicht einzusehen: Unter sonst ähnlichen Bedingungen sind größere Tiere weniger gefährdet, sie können ihre Jungen besser schützen und verfügen mit zunehmendem Alter über mehr nützliche Erfahrungen.

Säugetierjunge werden großenteils in recht unfertigem Zustand in Erd- oder Baumhöhlen geboren. Das brachte zwei Vorteile mit sich: für das Muttertier eine frühe Entlastung und für die Jungen die Möglichkeit, in einem besonders lernfähigen Alter im elterlichen Schutz Erfahrungen zu sammeln und die individuelle Lernfähigkeit durch Nachahmen zu verbessern. Individuelles Lernen gewann an Bedeutung, und – für weitere Höherentwicklung sicher ebenso wichtig – im Zusammenleben der Familienmitglieder konnte soziales Verhalten zu einem Vorteil werden. Es sei an die Zwergmungos erinnert.

Die Verlängerung der Jugendphase setzte sich bei den Affen, Menschenaffen und Menschen fort. Das zeigt ein Vergleich des Energieverbrauchs für das Körperwachstum bis zur Geschlechtsreife. Bei Warmblütern, die nicht zu der Ordnung der Primaten (Affen und Menschenaffen) gehören, werden für das rasche Jugendwachstum etwa 30% der Stoffwechselenergie verbraucht, bei den viel langsamer wachsenden Menschen nur etwa 5%. Das heißt, den heranwachsenden Primatenkindern und vor allem Menschenkindern steht ein Vielfaches an Energie zum Spielen und Sammeln von Erfahrung zur Verfügung als anderen Säugern. Im Vergleich mit Wechselwarmen ist die sich ergebende Begünstigung des Lernvermögens noch wesentlich größer. Ein Teil dieser Energie kommt dem Wachstum und der Organisation des Gehirns zugute.

Vielleicht besteht eine Beziehung zwischen diesem Entwicklungsweg und der Tatsache, daß Affen- und Menschenbabys mit offenen Augen zur Welt kommen und sofort im Schutz des mütterlichen Fells und mütterlicher Arme in eine abwechslungsreiche Welt schauen können.

Das waren Entwicklungen, die durch die Darwinsche Auslese verbessert werden konnten. Die gute Fürsorge und wachsende Intelligenz senkten die Jugendsterblichkeit. Die Geburtenzahl und damit die Belastung der weiblichen Tiere konnte sich verringern, ohne daß der Fortbestand der Population gefährdet wurde. Selbst den Schimpansen bleibt, obwohl sie von relativ wenig energiereicher, überwiegend pflanzlicher Nahrung leben, relativ viel Muße für soziale Kontaktpflege. Diese Entwicklung war wohl nur in tropischen Waldgebieten mit ganzjährig gleichbleibendem Nahrungsangebot möglich. Eine Steigerung des Energiedurchsatzes ergab sich, als Vorfahren der Australopithecinen vor mehr als 5 Mio. Jahren im östlichen Afrika damit begannen, ihren Speisezettel mit mehr tieri-

scher Nahrung anzureichern, indem sie die Nahrungssuche in die sich
ausbreitenden Baumsavannen verlagerten. Das Essen beanspruchte
weniger Zeit, und die einverleibte Energie ermöglichte sowohl
größere Anstrengungen als auch längere soziale Tätigkeiten und
längere, das individuelle Lernen fördernde Spielzeiten für die Kleinen
und Halbwüchsigen.

Wahrscheinlich hat sich mit der Zeit die Altersstruktur der
Familien- und Sippenverbände geändert. Statistische Untersuchun-
gen haben ergeben, daß bei Säugetieren die Jugendsterblichkeit mit
zunehmender Körpergröße abnimmt, wie schon oben erwähnt. Im
Vergleich verschiedener Arten steigt auch die durchschnittliche
Lebenserwartung mit der Körpergröße. Bei unseren Vorfahren hat
die Körpergröße vom Homo habilis zum Homo erectus beträchtlich
zugenommen. Es ist anzunehmen, daß in Homo erectus-Sippen der
Anteil älterer Individuen größer war als auf der Homo habilis-
Stufe. Ein größerer Anteil älterer Mitglieder vergrößert das kollektive Wissen des Verbandes und erhöht damit seine Anpassungsfähigkeit; eine Entwicklung, die zweifellos mit verbesserter sprachlicher Kommunikation weiter gesteigert wurde. Der Rat der Ältesten,
eine Einrichtung, die sich in allen Kulturkreisen findet, hat eine
sehr alte Wurzel! Das sind alles Entwicklungen, die der Wechsel
von einer im wesentlichen vegetarischen zu einer vielseitigeren,
energiereicheren Ernährung möglich gemacht hat und die gleichzeitig die Bedeutung des individuellen Lernens und damit die des
Individuums für den Erfolg der kooperativen Verbände immer
weiter erhöht haben. Der Unterschied zu den sozial lebenden
Insekten ist offensichtlich.

Wo erhöhte individuelle Lernfähigkeit zu einem Vorteil wird,
begünstigt die Auslese die Entwicklung größerer und besser organi-
sierter Gehirne. Für das unter den irdischen Lebensformen einmalig
rasche Wachstum des Gehirns stand bei Menschen die notwendige
Stoffwechselenergie zur Verfügung. Das Gehirn wurde das Erfolgsor-
gan des Menschen. Es war unversehens zu einem Entdecker und
Erfinder von Instrumenten zur Machtausübung geworden. Schon vor
mehr als 2 Millionen Jahren wurde entdeckt, daß die mäßige Kraft
von Hand und Arm, in der scharfen Kante eines zerschlagenen Steines
konzentriert, ausreichte, um zähe Tierhäute und Sehnen zu durch-
schneiden. Vielleicht war damals auch schon entdeckt worden, daß
ein spitzer Stock eine ausgezeichnete Stoßwaffe ist. Über die Lanzen-
funde in Deutschland wurde schon oben berichtet. Aus etwa dersel-

ben Zeit ist in China, in den Höhlen von Choukoutien, der Gebrauch von Feuer belegt. Der Gebrauch dieser Energie, die nicht dem eigenen Stoffwechsel entstammt, war eine Entdeckung des Homo erectus von ungeheurer Tragweite. Durch Braten und Rösten konnte manche Nahrung schmackhafter und verdaulicher gemacht werden. Feuer verlieh die Macht, gefährliche Tiere zu verscheuchen. Feuer gewährte nicht nur Schutz, es machte auch noch bis in die Nacht hinein ein Felsdach oder eine aus Ästen und Fellen errichtete Hütte nicht nur zu einem sicheren Schlafplatz, sondern auch zu einem Zentrum geselligen Beisammenseins. Vielleicht haben flackernde Lagerfeuer die Sprachentwicklung beflügelt. Nur das Feuer ermöglichte es den Jägern und Sammlern in Mitteleuropa und Asien, mehrere Eiszeiten zu überleben und den Weg nach Amerika und Australien zu finden. Die mehrfachen großen Klimaänderungen waren ein hartes Training für Lernfähigkeit, Erfindungsreichtum und vor allem für die Fähigkeit vorauszuplanen. Die 15000 Jahre alten Mammutjägerquartiere mit den in den Dauerfrostboden gegrabenen »Gefrierfleischkellern« sind ein Beispiel.

Mit der Technik des Feuermachens tat der Mensch den ersten Griff in die Vorräte gespeicherter Energie, die Evolution und Erdgeschichte erzeugt hatten. Es war ein naheliegender Griff, denn nach jedem vom Blitz entfachten Steppen- oder Waldbrand glimmen noch tagelang Baumstümpfe oder Dunghaufen, und es können kleine gebratene Tiere aufgesammelt werden.

Die Langzeitfolgen waren ungeheuer: ohne Feuer gäbe es keine Keramik. Ohne die Möglichkeit, Samen durch Kochen aufzubereiten, wäre der Getreideanbau wohl nie entwickelt worden, hätten keine Städte entstehen können. Ohne die Entdeckung der Metallgewinnung durch Schmelzen und Schmieden wäre die menschliche Technik noch heute eine Steinzeittechnik.

Eine weitere nichtkörpereigene Energiequelle ergab sich mit der Entwicklung des Ackerbaus. Nahrungsüberschüsse machten es möglich, menschliche Arbeitskraft auszubeuten. Sklavenarbeit wurde zu einem bedeutenden Wirtschaftsfaktor und blieb das für Jahrtausende, ja, mit einem Wandel in der Art der Unfreiheit, in mancher Beziehung bis heute.

Auch die Energie von Tieren erwies sich als ausbeutbar. Rinder konnten, nachdem ihre Zähmung geglückt war, nicht nur als Nahrungsquellen verwendet werden, sondern auch zum Ziehen von Pflügen und Wagen, und die Schnelligkeit und Lenkbarkeit von

Pferden hat, bis zum Anfang dieses Jahrhunderts, in unzähligen Schlachten den Ausschlag gegeben.

Die Energien von Wind und Wasser wurden in Dienst genommen. Viel Wissen wurde mit dem Handel verbreitet. Das progressive Wachstum von kollektivem Wissen, gepaart mit individueller Lernfähigkeit, erschloß in immer schnellerer Folge neue, vielfältigere Techniken der Energiegewinnung, -übertragung und -steuerung: Flaschenzüge; Zahnräder und Zahnradgetriebe; Steinkohle; Schießpulver; Dampfmaschinen; Erdöl; Elektrizität; Explosionsmotoren; Kernspaltung und Kernfusion und elektronische Regeltechnik.

Überblickt man die menschliche Geschichte, so ist sie einerseits gekennzeichnet durch phantastische geistig-kulturelle Entwicklungen, andererseits durch Ketten von Kriegen und grausamen Verfolgungen und Unterdrückungen der verschiedensten Art. Beides beruht auf der Konzentration von Macht. Bei den Kriegen ist das offensichtlich, aber auch bedeutende intellektuelle und künstlerische Entwicklungen sind nur möglich, wenn bestimmte Bevölkerungsschichten durch Besitz – Besitz ist Macht – Muße finden, sich dem kulturellen Überbau zu widmen. Es sei an die Blütezeiten Athens oder Venedigs erinnert, die auf Wohlstand im Schutz militärischer Macht entstanden.

Der Mißbrauch von Macht ist ein so allgemeiner Zug, daß Menschen sich immer wieder gefragt haben, ob der Besitz von Macht nicht an sich verwerflich ist. Deshalb haben Menschen immer wieder versucht, ohne Besitz zu leben, um nicht an solchem Unrecht beteiligt zu sein (Einsiedler, Mönche, kleine Kommunen). Solche Versuche haben sich immer nur im Kleinen, und meistens nur für kurze Zeit bewährt. Große Klöster kamen nie ohne großen Besitz aus. Trotzdem konnten und können solche Versuche kulturelle Entwicklungen beeinflussen, denn sie zeigen, daß Menschen sich von starken biologischen Trieben und Neigungen befreien können, wenn feste Überzeugungen dies verlangen. Sie beweisen, daß Menschen nicht nur Marionetten von ererbten Verhaltensweisen und wirtschaftlichen Sachzwängen sein müssen!

Der Gebrauch von Macht aber ist, wie oben dargelegt, keine Besonderheit des Menschen. Die Konzentration von Macht ist vielmehr ein normales Element des ganzen Evolutionsgeschehens und als solches weder gut noch böse. Es ist erst die Verantwortung für seine Entscheidungen, die dem Menschen mit dem Selbstbewußtsein zugewachsen ist, die den Gebrauch von Macht zu einem ethischen Problem gemacht hat.

Da es immer leicht fällt, alle Schuld bei anderen zu suchen, möchte ich betonen, daß viel Macht unbeabsichtigt entsteht als Folge von schwer oder nicht voraussehbaren Vernetzungen. Das gilt für viele technische Entwicklungen. Der entstehende Mißbrauch, z. B. wirtschaftlicher Macht, ist nur selten von vornherein beabsichtigt. Um so leichter müßten sich die daraus Profitierenden zu Korrekturen bereitfinden. Es ist aber den meisten Menschen unmöglich, auf einen entstandenen Vorteil freiwillig zu verzichten. Das gilt erst recht für Aktionäre, die nur die Dividenden zu sehen bekommen. Es ist deshalb unvermeidlich, daß der Gesetzgeber regulierend und vorbeugend, wie das ja schon in beträchtlichem Umfang geschieht, eingreifen muß, und es ist ebenfalls unvermeidlich, daß die Verbürokratisierung mit zunehmender Vernetzung aller Lebensbereiche weiter wachsen wird. Da helfen keine Klagen! Die Zwangsläufigkeit dieser Entwicklung ist leicht einzusehen: Die erdumspannende Vernetzung von Wirtschaft, Finanzen und allgemeinem Informationsaustausch verleiht vielen Teilbereichen, z. B. Kommunen, Staaten, multinationalen Unternehmen, manche Systemeigenschaften von lebenden Organismen. Deren Lebensfähigkeit hängt aber von unzähligen eingebauten Kontroll-, Regelungs- und Reparaturmechanismen ab. Ich erinnere nur an die Fehlerkontrolle bei der Selbstkopierung des genetischen Codes, die vielen Regulierungsinstanzen für Blutkreislauf und Atmung und die lebenswichtigen »Polizeiorgane« des Immunsystems. In einem vernetzten Wirtschafts- und Sozialsystem können entsprechende Aufgaben nur mit Hilfe von Gesetzen und bürokratischen Organisationen bewältigt werden. Auch das ist eine Art Selbstorganisationsvorgang. Je weiter die Vernetzung – mittlerweile immer mehr computergerecht – fortschreitet, um so weniger Handelsspielraum bleibt dem einzelnen und einzelnen Gruppen. Die Gefahr des Verlustes von Entwicklungsfähigkeit als Folge bürokratischer Erstarrung ist groß. Dem kann nur entgegengesteuert werden, indem die Selbstverwaltung, z. B. von Kommunen und Minderheiten, bewußt gestärkt wird. Die erfreulichste neue soziale Entwicklung scheinen mir die Bürgerinitiativen zu sein. Im »Organismus Gesellschaft« spielen sie die Rolle von Schmerzempfindungen, sind sie Warnungen vor Fehlentwicklungen.

Welches sollte das Hauptziel der Gesetzgeber und von uns allen sein? – Wenn das menschliche Leben und Streben einen Sinn haben soll, kann es nur das Ziel sein, unseren Kindern und Enkeln eine Erde und soziale Verhältnisse zu hinterlassen, die eine Weiterentwicklung der Menschheit möglich machen.

Das heißt: Wir müssen mehr Macht gewinnen – nicht über andere, sondern über uns selbst, über unsere angeborenen egoistischen Neigungen und unser vordergründig opportunistisches Denken, das einen schnellen Gewinn höher bewertet als die Zukunft unserer Nachkommen. Mehr Macht über unser Handeln können wir nur erreichen, wenn sich die Erkenntnis durchsetzt, daß das menschliche Denkvermögen in vieler Beziehung recht beschränkt ist und unsere Motive sehr oft unvernünftig sind. Solche Einsichten können nur aus verbesserten wissenschaftlichen Erkenntnissen erwachsen. Starre religiöse und politische Dogmen führen geradewegs in die Hölle einer sich selbst vernichtenden Menschheit auf einer ausgeplünderten, überbevölkerten Erde.

Am Ende dieses Kapitels sei hervorgehoben, daß auf vielen Evolutionsstufen Höherentwicklungen durch *bessere Fürsorge für weniger Nachkommen* eingeleitet wurden.

Ist es wirklich nötig, an der Einrichtung von Kindergärten und der Einstellung von Lehrern zu sparen?

24

Die Verantwortung der Naturwissenschaftler

Seit die Gefahren der jetzigen Entwicklungen erkannt wurden, ist den Naturwissenschaftlern von verschiedenen Seiten eine Mitschuld vorgeworfen worden. Hätten sie sich nicht weigern müssen, an vielen gefährlichen oder in ihrer Wirkung zweifelhaften Vorhaben mitzuwirken?

Nun, die Forscher konnten lange Zeit ein gutes Gewissen haben, denn wo immer neue Erkenntnisse sich abzeichneten, etwa bei der Erforschung der Elektrizität, der chemischen Reaktionen oder der Radioaktivität, war in keiner Weise vorauszusehen, daß die Ergebnisse 50 oder 100 Jahre später die Grundlagen gigantischer Industrien und Rüstungstechnologien werden könnten. Ja, diese Forschungen, meist mit minimalen Mitteln und oft unter viel persönlichem Verzicht durchgeführt, wurden um der Erkenntnis, nicht um des Gewinnes willen betrieben, z. B. von Madame Curie. Daher die Vorstellung, daß Forschung wertfrei sei. Das ist richtig. Die Kenntnis der atomaren Reaktionen in der Sonne ist nicht verwerflicher als die Kenntnis des Feuermachens. Auf die Anwendung kommt es an.

Die Unschuld hört auf, wenn der Forscher sich an der praktischen Verwertung des Wissens beteiligt, sei es für wirtschaftliche, sei es für militärische Zwecke. Dann muß der Naturwissenschaftler, wenn er gegen sich selbst ehrlich bleiben will, moralische Entscheidungen treffen. Das ist leichter gesagt als getan, denn dann unterliegt sein Wissen und Können den Gesetzen des Marktes, dann hängt sein Verdienst, ja seine Aussicht, Mittel für teure Apparaturen zu bekommen, von den geplanten oder vermuteten Vermarktungsmöglichkeiten ab. Kann ein Wissenschaftler mit gutem Gewissen an Vorhaben mitarbeiten, deren Schädlichkeit er voraussehen kann? Da ist es bisher – die ganze Größe der Gefahren wurde erst in den letzten 3 Jahrzehnten erkennbar – den meisten nicht schwergefallen, sich mit dem Gedanken zu beruhigen, daß für die Anwendung andere die Verantwortung trügen, daß im Falle seiner Weigerung ein anderer den guten Job bekäme. Darf man den Fortschritt überhaupt aufhalten? Haben nicht bisher Wissenschaft und Technik immer wieder drohende Gefahren abgewendet? Etwa drohende Hungersnöte durch künstlichen Dünger? Oder, wenn es sich um militärische Entwicklungen handelt: Ist man nicht Soldat im Abwehrkampf gegen eine böse, aggressive Macht?

Das Weltbild der Naturwissenschaftler hatte sich, zusammen mit der fortschreitenden Entschlüsselung von Naturgesetzen und dem daraus erwachsenden Gewinn an Macht und Handlungsspielraum, herausgebildet. Es schien kaum Grenzen für das Verstehen und Können zu geben. Eine erfreuliche, von Menschen nach ihren eigenen Bedürfnissen gestaltete Zukunft schien sich abzuzeichnen. War der Mensch nicht durch die Evolution dazu vorherbestimmt? – Jetzt sind die Grenzen plötzlich sichtbar geworden: Die Erde ist zu klein für die Zahl der Menschen und ihr unbedachtes, nur auf Gewinn ausgerichtetes Wirtschaften. Die Erde droht, zu einem Jammertal voll Hunger und fürchterlichster Kriege um knappe Lebensgrundlagen zu werden.

Es gilt, entschlossen Abschied zu nehmen von der allzu bequemen Vorstellung, daß Wahrheitssuche neutral sei. Das Evolutionsgeschehen war nie bequem für die Geschöpfe, die es hervorgebracht hat. War die ganze wissenschaftlich-technologische Entwicklung ein Irrweg? Vielleicht sogar die ganze menschliche Entwicklung? – Es gibt Menschen, die das behaupten. Dies sind nutzlose Spekulationen. Wir sind, ohne es zu wissen oder zu planen, auf einen zunächst sehr erfolgreichen Evolutionsweg geraten, dessen Richtung aber jetzt von immer größeren Sachzwängen bestimmt wird. Der Vorgang ähnelt der Vermehrung eines Schmarotzers, der sich so erfolgreich vermehrt, daß sein Wirt stirbt und er mit ihm. Solche Parasiten können sich nur in der Umwelt halten, wenn es genügend Wirtstiere oder -pflanzen gibt. Wir aber sind zu Parasiten des ganzen irdischen Ökosystems geworden. Ein anderes ist nicht in Sicht!

Das Verhalten von Parasiten ist durch ihr Erbprogramm festgelegt. Sie sind ihm ausgeliefert. Auch menschliches Verhalten – dazu gehört auch das Denkvermögen – ist in beträchtlichem Umfang durch Erbanlagen begrenzt. Müssen wir deshalb an uns verzweifeln? Robert Jungck hat gesagt: »Resignation ist ein ‹Luxus›, den wir uns in unserer Lage nicht leisten dürfen.« Das ist auch nicht angebracht, denn Menschen können über ihr Tun nachdenken, und wir können heute, dank naturwissenschaftlicher Erkenntnisse (Treibhauseffekt, Ozonabbau u. a. m.) gefährliche Entwicklungen voraussehen. Das ist neu im Evolutionsgeschehen. Trotzdem ist zu befürchten, daß die Sachzwänge sich als stärker erweisen als die Einsichten. Das ist eine Gefahr, aber keine unabwendbare. Die Betrachtungen über den großen Einfluß, den Weltbilder und an diesen ausgerichtete Wertvorstellungen auf menschliches Verhalten haben, dürfte gezeigt haben, daß Sachzwänge nicht unüberwindbar zu sein brauchen, daß Menschen ein gutes Maß an Entscheidungsmöglichkeit haben und »natürliche« Neigungen überwinden können, wenn ihr Weltbild das verlangt.

Das bisherige wissenschaftlich-technologische Weltbild muß einen grundlegenden Fehler haben. Was ist der Fehler? Wie ist er entstanden? – Jetzt, im Rückblick, läßt sich gut erkennen, daß die Forschung zu einseitig auf die Analyse, die Zergliederung und Auflösung der Dinge (Chemie) und Vorgänge (Physik) in kleinste Einheiten, unter Vernachlässigung von Wechselwirkungen und den oft ganz anderen Eigenschaften vernetzter Vorgänge gerichtet ist. Ein Lebewesen ist nicht *nur* eine Masse verschiedenartiger Moleküle! Diese Einseitigkeit war wohl unvermeidbar, denn erstens konnten nur die kleinen Schritte mathematisch behandelt werden, und zweitens waren die Erfolge so überraschend groß, daß sich die Erwartung einschlich, man würde mit dieser Methode schließlich alles verstehen können. Niemand konnte am Beginn dieser Entwicklung auch nur ahnen, daß alles, was uns umgibt, ob belebt oder unbelebt, und alles, was wir erleben, das Ergebnis geschichtlicher Vorgänge ist und daß wir eingebunden sind in ein Ökosystem, dessen Anpassungsfähigkeit das Ergebnis von myriadenfachen Wechselwirkungen ist.

Seine massive Schädigung durch gänzlich umweltfremde, künstliche Giftstoffe schädigt die Anpassungsfähigkeit und damit langfristig auch die Voraussetzung weiterer Evolution. Die wirtschaftliche Ausbeutung der Ergebnisse von Grundlagenforschungen haben neuartige Gefahren heraufbeschworen, Gefahren, die nicht wie die eines Krieges sich mit der Zeit wiedergutmachen lassen. Das gilt für radioaktive Verseuchungen, die große Landstriche für Jahrhunderte, bei Plutonium für Zehntausende von Jahren unbewohnbar machen können. Wird dabei ein erheblicher Teil der Bevölkerung in Mitleidenschaft gezogen, wie in der Ukraine, dann droht eine langfristige Ausbreitung genetischer Schäden, die vielleicht nur mit gezielten Sterilisationsprogrammen bekämpft werden kann. Auch die medizinisch-technischen Hochleistungen führen mit der Zeit zu einem Verlust von Gesundheit für von Generation zu Generation anwachsende Teile einer Bevölkerung. Ein gutes Beispiel ist die Bluterkrankheit, die früher auf einem niederen Niveau gehalten wurde, weil viele Bluter das Fortpflanzungsalter nicht erreichten. Heute müßten Ärtzte – zugleich mit der Behandlung – auch versuchen, das Verantwortungsbewußtsein der Patienten zu wecken und sie zu einem Verzicht auf Kinder zu bewegen. Das gilt für viele erblich bedingte Schäden und Erkrankungen. Die medizinische Abkopplung von der natürlichen Auslese der biologischen Evolution muß durch eine bewußte Fortpflanzungsmoral ersetzt werden. Die dafür geeigneten Techniken, von Verhütungsmitteln bis zur freiwilligen Sterilisation, stehen zur Verfügung.

Gentechnik ist nicht prinzipiell verwerflich. Letzten Endes sind ja zufällige genetische Änderungen die Grundlage der ganzen biologischen Evolution. Aber massenhafte gentechnische Änderungen führen – trotz aller Vorsichtsmaßnahmen und Verträglichkeitsprüfungen – zu unvorhersehbaren Risiken. So könnte z. B. irgendein unbekannter Virus mit Hilfe eines solchen veränderten Gens äußerst gefährliche Eigenschaften entwickeln.

Eine weitere, nicht wiedergutzumachende Schädigung ist die Verschwendung selten werdender Rohstoffe für sinnlosen Luxuskonsum und die das Überleben bedrohende Superrüstung. Dadurch hinterlassen wir unseren Nachkommen weit schlechtere Lebensgrundlagen als die, in welche wir hineingeboren wurden. Wir haben damit – das muß betont werden – den Evolutionsweg verlassen, der zur Menschwerdung geführt hat: Die Fürsorge für die Nachkommen!

Zu diesem Fehlverhalten ist es gekommen, weil nicht berücksichtigt wird, daß Evolution das Ergebnis von Ausleseprozessen ist, an denen vielerlei Wechselwirkungen mit der Umwelt beteiligt sind, darunter nicht zuletzt solche, die wahrscheinliche zukünftige Entwicklungen berücksichtigen, wie z. B. den Gang der Jahreszeiten (Winterschlaf, Zugvögel). Ein Entwicklungsweg verliert an Anpassungsfähigkeit, wenn die Zahl der ihn steuernden Faktoren sich verringert, z. B. bei Tieren, die nur von einer einzigen, seltenen Nahrungspflanze leben. Das sind Entwicklungswege, die kaum Aussicht haben, sich weit in die Zukunft fortzusetzen.

Die technologische Entwicklung ermöglicht (wenigstens theoretisch) die Berücksichtigung vieler Möglichkeiten und unterschiedlicher Zukunftsszenarien, denn Menschen können, Bedürfnissen und Zielen entsprechend, planvoll handeln. Wir haben auf diesen unschätzbaren Vorteil – unbeabsichtigt – verzichtet, indem wir Gewinn- und Konsumsteigerung zu dem Hauptziel der Wirtschaft werden ließen und alles, aber auch wirklich alles tun, was den Gewinn steigert. Jetzt stecken wir tief in Sachzwängen, die unsere Zukunft bedrohen. Da hilft auch kein technologischer Machbarkeitswahn. Wir werden ohne Verzicht auf manche Bequemlichkeit und vielen leichten Gewinn die sich anbahnenden und sich sicher verschärfenden Krisen gewiß nicht meistern können.

In der Diskussion dieses Problems findet man jetzt häufig die Ansicht, daß naturwissenschaftliche Forschung so gefährlich ist, z. B. die Gentechnik, daß man sie besser ganz verbieten sollte. Hatte nicht die von Menschen nicht beeinflußte Evolution vorher alles gut gemacht? – Dazu ist erstens zu sagen, daß es *die* Evolution nicht gibt und daß die sich selbst überlassenen Evolutionsprozesse keiner Lebensform eine langfristig gedeihliche Zukunft garantieren. Zweitens: Der Mensch hat schon mit der Erfindung des Ackerbaus und dem Gebrauch des Feuers begonnen, das Ökosystem zu beherrschen, nicht erst mit Dampfmaschinen, ärztlichem Wissen und Kernspaltung. Es war ein langsamer Vorgang, der, als er bemerkt wurde, den biblischen Auftrag: »Mache Dir die Erde untertan« zu bestätigen schien. Daß sich der Mensch damit auch die Verantwortung für sein Wirken in der Natur auflud, wurde erst vor kurzem erkannt, und das auf Grund naturwissenschaftlicher Forschungen, die längerfristige Voraussagen möglich machten. Jetzt haben wir die Verantwortung und können ihr nur gerecht werden durch ständige Verbesserung der Kenntnis *aller* natürlichen Zusammenhänge. Das aber ist nicht mit weniger, sondern nur mit noch mehr und noch besserer Forschung möglich. Auf das Tempo der Entwicklung und die Zielrichtung kommt es an. Es gibt keine Alternative zur naturwissenschaftlichen Methode, denn nur sie liefert überprüfbare und damit laufend verbesserbare, der Wirklichkeit näherkommende Erkenntnisse. Der Naturwissenschaftler erfüllt seine ethische Pflicht, wenn er dabei auf erkennbar werdende Gefahren so nachdrücklich hinweist, wie er kann und sich weigert, an schädlichen, praktischen Anwendungen teilzunehmen. Eine wachsende Zahl von Wissenschaftlern tut dies heute. Die größten Gefahren sind das Ergebnis mangelhafter Kenntnis der eigenen Natur in zweifacher Hinsicht:

1. Einer Überschätzung der eigenen Fähigkeiten und Möglichkeiten.
2. Der Unterschätzung der vielen Beschränkungen des menschlichen Erkennungs- und Denkvermögens, denn dieses enthält – als Erbteil unseres langen Evolutionsweges – Eigenheiten, die nicht mehr im Einklang mit unserer heutigen Lebensweise sind.

Die wohl wichtigste Aufgabe der Naturwissenschaften ist heute die Entwicklung eines naturwissenschaftlichen Weltbildes als Grundlage für ein zukunftsweisendes System von Wertvorstellungen. Das Wertsystem muß, meines Erachtens, auf drei Grundeinsichten fußen:

1. Daß alles, was wir Natur nennen, das Ergebnis einer in Entwicklung begriffenen Schöpfung ist, die ständig Neues erzeugt.
2. Daß das irdische Leben ein auf das engste vernetztes Verbundsystem (Ökosystem) ist – die menschliche Natur mit eingeschlossen –, das nur aus seiner langen Geschichte verstanden werden kann.
3. Daß die schwierigste Aufgabe die ist, Fortschritte im Verständnis für die zwiespältige menschliche Natur zu erzielen, denn hier sind alle Wege mit religiösen und politischen Dogmen verbaut wie mit Stacheldrahtverhauen.

Der letzte Teil des Buches beschäftigt sich mit dieser Aufgabe, an der erfreulicherweise eine wachsende Zahl von Wissenschaftlern und einsichtigen Laien arbeitet.

Teil III

Zur Natur des Menschen

Aus den lichtlosen Höhlen menschlicher Köpfe Ausblicke in die ungeheueren Räume
und Zeiten des Kosmos. *Aber auch:* Erbitterter Streit und grausame Kriege um die
Deutung und den Wert von Weltbildern, die erst im letzten Bruchteil der letzten
Sekunde der Erdzeituhr entstanden sind

25 Sündig ohne Sündenfall

Über ihre Natur haben Menschen nachgedacht – nicht nur über mythische Deutungen –, seit an dem Apollotempel in Delphi die Inschrift eingemeißelt wurde: »Erkenne Dich selbst«.

Seither ist die Natur des Menschen im Laufe der Zeit recht gegensätzlich definiert worden, als politisches – gemeint ist soziales – Lebewesen; als sündig gewordene Kreatur Gottes; als von Natur gut und kooperationsbereit; als von Natur bösartig und egoistisch. Mit »gut« und »böse« ist die Einhaltung bzw. Übertretung von Wertvorstellungen gemeint, die je nach Kultur, Religion oder Standeszugehörigkeit große Unterschiede zeigen. Die Idee, daß es allgemein gültige Menschenrechte geben müßte, Freiheit von obrigkeitlicher Willkür, von Sklaverei und Leibeigenschaft, Gleichheit vor dem Gesetz, freie Meinungsäußerung, ist recht jungen Datums. Dieses Ideal, zuerst 1776 in der amerikanischen Menschenrechtsdeklaration formuliert, ist ein Kind der Aufklärung. Es ist heute nur in wenigen Staaten einigermaßen verwirklicht. Selbst in Amerika wurden diese Rechte den Sklaven und deren Nachkommen noch lange Zeit vorenthalten. Die Grundlage für dieses Ideal ist die Hypothese, daß der Mensch von Natur aus gut, vernünftig und kooperativ sei, daß sein schlechtes soziales Verhalten nur die Folge gesellschaftlicher, staatlicher und religiöser Zwänge sei (Jean-Jacques Rousseau).

Das alles sind einseitige Auffassungen. Menschen sind, je nach den Umständen – dazu gehören auch die Erbanlagen – all das, was an ihnen gut oder schlecht gefunden wird. Menschen sind in vieler Beziehung zwiespältig, denn sie sind einerseits auf ein Leben in sozialen Organisationen angewiesen, stellen aber auch immer wieder ihre Einzelinteressen über die der Gemeinschaft, wenn sie daran nicht durch Gesetze und Strafen gehindert werden. Die Zwiespältigkeit ist das Ergebnis der großen Unterschiede in den Begabungen, die einerseits erfolgreiche Arbeitsteilung, Erfindungsreichtum und rasche kulturelle Entwicklungen ermöglichen, aber andererseits auch Konflikte verschärfen. Ein gewaltiger Unterschied zu den staatenbildenden Insekten! Die Hauptursache für bösartige Konflikte ist der Gruppenegoismus. Dazu einige Betrachtungen:

- Bei Menschen aller Rassen und Kulturen findet sich eine starke Neigung zur Bildung von Gruppen, die sich gegeneinander mehr oder weniger feindlich abgrenzen. Es ist eine angeborene Neigung, die sich schon bei Kindern zeigt und sich mit dem Grad der Fremdheit, den Unterschieden in Aussehen, Sprache und Gebräuchen leicht zu Haß und Aggression auswächst. Abgrenzung mit Hilfe von Feindbildpflege erhöht das kollektive Selbstbewußtsein! Viele politische Karrieren gedeihen auf diesem giftigen Nährboden. Die Wurzel reicht weit zurück in die tierische Vergangenheit, zu den Ahnen, die in Familienverbänden ein Revier gemeinsam gegen Nachbarsippen verteidigten. Auf dieser Entwicklungsstufe war das ein nützliches Verhalten, das bei Erfolg die Zukunft der Nachkommen sicherte. Es wurde später auf Stammesverbände, Dorfgemeinschaften usw. übertragen. Dies Verhalten ist nicht auf Menschen beschränkt. Auch manche staatenbildenden Insekten ebenso wie in Sippen lebende Säugetiere, z. B. Zwergmungos, Ratten, Wildhunde, Paviane, Schimpansen verhalten sich aggressiv gegen Nachbarn derselben Art. Das Ergebnis ist eine scharfe Trennung im Verhalten gegen Zugehörige und Fremde.
- In der menschlichen Entwicklung ist dieses Verhalten auf kollektive Wertsysteme, religiöse Vorstellungen, Ideologien, nationale Überheblichkeiten übertragen worden. Diese sind zu »geistigen Territorien« geworden und werden verbissen verteidigt und anderen gewaltsam aufgezwungen. Schreckliche Beispiele finden sich in der Geschichte der letzten 50 Jahre.
- Geographische und geistige Revierbildung haben schon seit den ältesten Zeiten zu einem moralischen Doppelstandard im Umgang mit Mitmenschen geführt: Den Zugehörigen wird Zusammenarbeit, Hilfsbereitschaft, Mitgefühl, Nachsicht gewährt, gegen »Feinde« ist alles gestattet: Wer viele Feinde tötet, ist ein Held. Wer viele Länder erobert, bekommt den Beinamen »der Große«. Wie oft schon haben beide Seiten zu demselben Gott um Sieg gefleht! Mit diesem moralischen Doppelstandard hat die Menschheit die Erde erobert und mit viel Krieg, Schmerz und Leid ihre erstaunlich vielseitigen Kulturen und phantastischen geistigen Fortschritte erkauft. Es war ein Konkurrenzkampf, eine Spielart der Darwinschen Auslese, bei der durch Tradition vermittelte

Wertsysteme eine ähnliche Rolle spielten und spielen wie Erbanlagen in der biologischen Evolution.

Den Lehren der großen Religionsstifter und Philosophen ist es nicht gelungen, diese Doppelmoral zu überwinden, obwohl einzelne Menschen und kleine Gruppen es immer wieder versucht haben, oft unter großen Opfern. Gerade die sich »christlich« nennenden Völker haben sich in keiner Weise durch Friedfertigkeit ausgezeichnet. Es hat sich vielmehr gezeigt, daß Menschen wahre Meister sind in der Erfindung von Rechtfertigungen für ihre »natürlichen« Neigungen, auch wenn diese ihren Wertvorstellungen widersprechen!

Heute ist die Zukunft der Menschheit durch Überbevölkerung, Umweltzerstörungen, von Menschen verursachte Klimakatastrophen, bösartige, vor allem religiös und ideologisch motivierte Kriege und Bürgerkriege akut bedroht. Die Feindbildpflege hat Hochkonjunktur. Diese Zwangslage ist das ungewollte Ergebnis von unzähligen, über Jahrhunderte geschichtlicher Vergangenheit verteilten Entscheidungen unzähliger Menschen. Dabei ist wahrscheinlich die Mehrheit der besonders einflußreichen politischen und wirtschaftlichen Entscheidungen unter dem Einfluß der angeborenen Neigung zu persönlichem und kollektivem Egoismus gefällt worden. Das war unvermeidlich, solange Langzeitfolgen nicht vorhersehbar oder relativ gering waren. Jetzt aber führt diese Art von Entscheidungssteuerung in immer schnellerem Tempo in immer größere Katastrophen.

Trotzdem gibt es eine Hoffnung: Die meisten Menschen sind angeborenen Neigungen nicht ganz so hilflos ausgeliefert wie Lemminge ihrem Erbprogramm. Menschen haben zu allen Zeiten um eines Glaubens oder einer Überzeugung willen die größten Opfer auf sich genommen. Das zeigt die Betrachtung der verschiedenen Kulturen eindrücklich. Müßte es nicht möglich sein, um unserer Kinder und Enkel willen die Neigung zu Intoleranz, leichtfertiger Schuldzuweisung und feindlicher Abgrenzung, welche vernünftige Entscheidungen unmöglich macht, zu bekämpfen? Das ist nicht leicht, denn es ist leichter, anderen die Schuld zu geben: Den Kommunisten, Kapitalisten, Kolonialisten, Nationalisten, Parteien, Minderheiten, Andersgläubigen der verschiedensten Art. Jeder Mensch hat diese Neigung. Schon kleine Kinder bezichtigen andere, um einen Tadel zu vermeiden.

Selbstkritik ist die höchste Form menschlicher geistiger Tätigkeit. Nur mit ihr können Menschen wirklich verantwortlich handeln, aber nur, wenn das oberste Ziel des Handelns die Sicherung der Zukunft der Menschheit und die Bewahrung biologischer und kultureller Vielfalt ist.

Wo beginnen mit dieser vielschichtigen Betrachtung? – Wohl am besten mit der Frage: Wodurch unterscheiden sich Menschen grundlegend von Tieren? – Man hatte einmal gedacht, durch die Fähigkeit, Werkzeuge herzustellen und zweckmäßig zu verwenden. Ansätze dazu sind aber gar nicht so selten im Tierreich, unter anderem bei unseren nächsten Verwandten. Menschen sind heute die einzigen Säugetiere, die ganz aufrecht auf zwei Beinen gehen. Das taten aber unsere noch tierischen Vorfahren schon vor mindestens 4 Millionen Jahren. Was uns wirklich deutlich unterscheidet, ist die abnorme Größe unseres Gehirns. Alles, was wir erleben, denken und zu erkennen glauben, ist das Ergebnis von Leistungen unseres Gehirns. Welche Leistungen vermag es zu vollbringen?

26 Fiel der Geist vom Himmel?

Es wird immer wieder bezweifelt, daß typisch menschliche Fähigkeiten wie Vernunft, Sprache, Selbstbewußtsein, Selbsterkenntnis, Erfindungsreichtum, Verlangen nach Gerechtigkeit und Wahrheit sich auf natürliche Weise aus den Anlagen tierischer Vorfahren entwickelt haben könnten. Müssen nicht diese Gaben dem Menschen von einem Gott eingehaucht oder von einer göttlichen Vorsehung geschenkt worden sein? – Wenn dem so sein sollte, dann ist Gott mit der Vernunft sehr sparsam umgegangen, sonst wäre die Menschheit jetzt nicht dabei, sich selbst und ihre Umwelt zu zerstören.

Meine bisherigen Ausführungen dürften gezeigt haben, daß die Entstehung der menschlichen Natur ein geschichtlicher Vorgang war, der auf das engste mit der Evolution des Lebens und des Kosmos verknüpft ist. Ich will versuchen, in diesem Abschnitt die Evolution geistiger Fähigkeiten in einem zusammenfassenden Überblick darzustellen.

Wir, ebenso wie alle Mitlebewesen, sind Kinder der kosmischen Evolution. Die kosmische Expansion – sie entspricht physikalisch einer Abkühlung – führt zu Energiekonzentrationen von sehr unterschiedlicher Art und Dauerhaftigkeit (Sternsystemen, Atomen, Molekülen usw.). Diese größeren Strukturen entstehen durch Wechselwirkungen zwischen gegeneinander gerichteten, sich anziehenden bzw. abstoßenden Kräften. Diese größeren Einheiten haben Eigenschaften, die sich oft radikal von denen der kleineren unterscheiden, die an ihrer Bildung beteiligt sind. Als Beispiel wurde Wasser genannt. Jede entstandene Struktur bewahrt Informationen über ihre Bildungsbedingungen und kann den Energiefluß späterer Prozesse blockieren, verstärken oder in andere Bahnen lenken. Es sei an Katalyseeffekte erinnert, durch die Moleküle zur Bildung von Strukturen gezwungen werden, die sie, sich selbst überlassen, nicht bilden würden. Im Bereich der Atome und Moleküle erfolgen alle diese Selbstorganisationsprozesse in den Spannungsfeldern zwischen positiven bzw. negativen elektrischen Ladungen.

Im Alt-Archaikum machte der reiche Gehalt der entstehenden
Gewässer an unbelebten reaktionsfreudigen chemischen Molekülen
die Erde zu einem Experimentierfeld für die Bildung und den raschen
Um- und Abbau einfacher und komplexer unbelebter Substanzen.
Daß aus diesen eine praktisch unbegrenzte Zahl der unterschiedlichsten Molekularstrukturen gebildet werden kann, zeigen heute die
Erfolge der chemischen Industrie. Der entscheidende Schritt von
unbelebten zu lebenden Strukturen war die Bildung vermehrungsfähiger Nukleotidketten. Nun wurden die in ihnen enthaltenen Informationen vermehrt. Das bedeutete, daß unterschiedliche Kopien
(Mutanten), um vermehrungsfähig zu bleiben, sich bewähren mußten. Nun konnte der Informationsgehalt leistungsfähiger, zufällig
entstandener Kombinationen vermehrt und durch Auslese verbessert
werden.

Das Leben begann – schon auf der molekularen Ebene – mit dem
Zusammenwirken (man könnte von einer Kooperation sprechen) der
Grundbausteine der Nukleotide. Aus der Vereinigung entstand ein
neues, unvergleichlich leistungsfähigeres Ganzes, das sich im Spannungsfeld zwischen ständigem Abbau und neuem Aufbau (Vernichtung und Leben) bewähren mußte.

Die Strukturbildung in Spannungsfeldern von Gegensätzen setzt
sich nahtlos von der physikalisch-chemischen Evolution in die
biologische und geistig-kulturelle fort. Als umfassendes Sinnbild
bietet sich wieder das bekannte chinesische Yin Yang-Symbol an, die
Vereinigung des gegensätzlichen weiblichen und männlichen Prinzips
in dem harmonischen Rund eines Kreises (s. Abb. S. 299). Wer denkt
da nicht an die befruchtete Eizelle?

Die Kreativität von Yin Yang-Spannungen wächst mit dem Informationsgehalt der beteiligten Strukturen. Deshalb bestehen enge
Wechselbeziehugen zwischen Evolutionsprozessen und der Entstehung neuer Spannungsfelder. Im folgenden eine unvollständige Liste
von Yin Yang-Spannungsfeldern:

- Schwerkraft – Zentrifugalkraft.
- Elektrische Ladungen: negativ – positiv.
- Die biologische Evolution erfolgt zwischen notwendiger Vermehrung und beschränkten Ressourcen, etwa Nahrung und Lebensraum.
- Leben ist eine Gratwanderung zwischen Aufbau- und Abbaupro-
  zessen.

- Evolution erfolgt zwischen Erneuerung und Sterben. Ohne Sterben gäbe es keine Evolution!
- Weiblichkeit – Männlichkeit garantieren evolutionsfähige Vielfalt.
- Mangel – Bedürfnis.
- Gegensätzliche Bedürfnisse erzeugen Ökosysteme, steigern Leistungsfähigkeiten (Jäger – Beute; Höhenwachstum von Bäumen in Wäldern).
- Wachsende Spannungen zwischen Individuen – Familien – Gruppen – Gesellschaften – Staaten steigern und vervielfältigen Leistungsfähigkeiten.
- Informationsgewinne als Ergebnis von unbewußter und bewußter Kommunikation (Informationsaustausch durch Dialog).
- Sprache und sprachliche Logik entwickeln sich zwischen Behauptungen, Fragen und Antworten.
- Denken entsteht in der Spannung zwischen Bedürfnissen (im weitesten Sinn) und verschiedenen Möglichkeiten.
- Geistig-kulturelle Entwicklungen finden im Spannungsfeld zwischen angeborenem Lebenswillen und Todesgewißheit statt: der Suche nach dem Sinn.
- Wissenschaft nähert sich der Wirklichkeit durch logische Bewältigung der Widersprüche zwischen Beobachtungen, Hypothesen und Experimenten.
- Wissenschaft ist ein Dialog mit der Natur, in dem diese immer das letzte Wort haben muß.
- Kreativität ist das Ergebnis der Suche nach Sinn in dem Spannungsfeld zwischen Sinn und Unsinn.
- Moralisches Handeln zwischen persönlichen Neigungen, angeborenen Trieben (Sexualität) und kulturellen Werten.
- Handel zwischen Angebot und Nachfrage.
- Die Industrie organisiert sich im Widerspruch der Interessen der Unternehmer und Arbeitnehmer.

In diesen und vielen anderen Spannungsfeldern, die weitgehend miteinander vernetzt und mit vergangenen, geschichtlichen Vorgängen rückgekoppelt sind – ich erinnere an das Beispiel des Bergsturzes –, entstehen ständig neue, oft verlustreiche Konflikte. Es ist keine friedliche Welt!

Die unausweichlichen Auseinandersetzungen können nur entschärft werden, indem Regeln für ihre Austragung gefunden werden,

die für beide Seiten erträglich sind. Ich erinnere an die Rangordnungs-
kämpfe im Tierreich. Das Yin Yang-Prinzip ist die Grundlage jeder
Art von Strukturbildung im Spannungsfeld von Gegenkräften. Ohne
diese Gegenkräfte lösen Strukturen sich auf oder brechen zusammen:
Bergstürze; Schwarze Löcher; Verdunstung von Wasser und Eis;
Auflösung von Salzkristallen; genetische Degeneration und Erstarrung bei fehlender Auslese; soziale Degeneration bei gewaltsamer
Ausschaltung von Opposition; Bedeutungslosigkeit nichtprüfbarer
Behauptungen; Tonlosigkeit einer Geige im luftleeren Raum oder
einer Stimme auf dem Mond; Wirkungslosigkeit individueller Einsichten in einer erregten Menschenmasse!

Obwohl es keine friedliche Welt ist, lassen die obigen Betrachtungen erkennen, daß aufsteigende Entwicklungswege das Ergebnis des
Zusammenwirkens und der Integration von immer mehr und immer
größeren Einheiten waren. Man könnte – vermenschlichend – durchaus von sich ausweitender Kooperation sprechen. Ich erinnere an die
Entwicklung von Dörfern zu Städten und Staaten.

Was aber hat das alles mit der Evolution von höheren geistigen
Fähigkeiten zu tun? – Ich denke, sehr viel, denn Erkennen ist die
Grundlage aller höheren Fähigkeiten. Erkennen aber ist immer ein
Wiedererkennen, erfordert also ein Vergleichen. Dieses kann auf
vielerlei Weisen geschehen: Riechen, Sehen, Befühlen, Hören und
Ausprobieren, was paßt, z. B. den richtigen Schlüssel für ein bestimm-
tes Schloß. Dieses Beispiel wird oft verwendet, um zu verdeutlichen,
auf welche Weise Moleküle den richtigen Platz in einem entstehenden
Großmolekül finden. Auch die Kooperation zwischen Unternehmern
und Gewerkschaft wird durch Probieren gefunden, und dieses
Probieren beruht – wenn man es recht überlegt – letztlich auf der
Suche nach passenden molekularen Schaltmustern in den beteiligten
menschlichen Gehirnen. Jede Strukturbildung – gleichviel auf welcher Ebene der Komplexität – ist ein Ergebnis erkennungsähnlicher
Vorgänge in Yin Yang-Spannungsfeldern. Es lohnt sich, darauf noch
etwas näher einzugehen.

Die Fähigkeit, Dinge und Ereignisse zu erkennen, ist die Grund-
voraussetzung für jede Evolution. Wir erkennen einen Nachbarn,
einen Weg, einen Namen, eine Melodie; feindliche Soldaten erkennen sich an der Uniform oder einer Parole. Tiere erkennen ihre
Artgenossen und Geschlechtspartner am Geruch, an Farbmustern,
Stimmgebung, sie erkennen ihre Beute und ihre Feinde und vieles,
vieles mehr. Aber auch eine Bakterie erkennt ihre Nahrung. Erken-

nen steuert all die Tausende von Lebensvorgängen, die in jeder Sekunde in unserem Körper stattfinden, bis hin zum Erkennen von Tausenden Arten von Fremdkörpern durch die Antikörper (Abwehrstoffe) unseres Immunsystems und zum Austausch von Erbprogrammen bei der geschlechtlichen Vermehrung oder zur Entstehung von Sprache und menschlichem Denken mit Hilfe von Wortsymbolen. Diese können Gedächtnisinhalte mobilisieren und damit Vergangenheit lebendig machen.

Im Sprechen mit anderen wuchs auch – wohl sehr langsam – das Ichbewußtsein und die Fähigkeit, über sich selbst nachzudenken, und damit die schreckliche Erkenntnis der eigenen Sterblichkeit und die nie mehr endende Frage nach dem Sinn von alledem, dem Warum, Woher und Wohin. Mit dem Selbstbewußtsein kam auch die Fähigkeit, vergangenes Handeln zu überdenken und zukünftiges zu planen und damit Verantwortung und Selbstkritik.

Selbstkritik vergrößert die Selbständigkeit!

Ich will versuchen, das Verständnis für diese Selbstorganisationsvorgänge zu vertiefen, indem ich sie noch von einer anderen Seite betrachte: Jede Änderung, sowohl in belebten als auch in unbelebten Strukturen, entspricht einem Entscheidungsschritt zwischen zwei Möglichkeiten: Paßt oder paßt nicht; bewährt sich oder nicht; ja oder nein. Auf diese Weise wachsen z. B. Salzkristalle in einer Salzlauge, in der positiv geladene Natriumionen und negativ geladene Chlorionen sich entsprechend den anziehenden und abstoßenden Ladungen finden und, entsprechend ihrer Größe und in Anpassung an die Geometrie des Raumes, zu würfelförmigen Kristallen zusammenfügen. Auf dieselbe Weise, nur mit sehr viel mehr Ja-nein-Schritten, weil große Zahlen von verschiedenartigen Atomen und Molekülen beteiligt sind, erfolgen bei Lebewesen Stoffwechsel, Wachstum, Nahrungssuche und Vermehrung. Jeder Evolutionsfortschritt fügte neue Entscheidungsmöglichkeiten hinzu, von denen jeder zur Grundlage von weiteren werden konnte, wenn er sich bewährte: Die sexuelle Vermehrung z. B. machte das Erkennen von Partnern notwendig. Das ermöglichten zuerst chemische Geruchssignale. Mit der Entwicklung des Sehens kam das Erkennen von Farben und Farbmustern hinzu, besonders in dichtbesiedelten Lebensräumen (Korallenriffe, Waldränder). Mit dem Hören wurden auch Lautäußerungen zu Erkennungssignalen (Balzgesänge, Froschchöre, Grillen). Auf diese Weise

wuchs das Unterscheidungs- – und damit das *Entscheidungsvermö-
gen* – um Größenordnungen.

Das langsam anwachsende Erkennungs- und Entscheidungsver-
mögen war – wie andere Höherentwicklungen auch – kein geradliniger Weg. Das zeigt seine Verfolgung durch die Erdgeschichte. Es war
vielmehr ein Zickzack-Weg mit vielen Verzweigungen, von denen die
meisten in Sackgassen endeten. Der Aufstieg glich einer Bergwande-
rung im Nebel.

Zum Abschluß der Betrachtungen über das Erkennungsvermögen
will ich noch auf eine ganz andere Art von Erkennen eingehen:
Erkennen von Harmonie und Schönheit.

Das Erkennen von Farbmustern, Rhythmen und Proportionen
kann mit einer Gefühlsqualität verbunden sein, die wir mit Begriffen
wie gut proportioniert, ansprechend, harmonisch umschreiben. Sie
sind maßgeblich an unserem Empfinden für Schönheit beteiligt. Es
sind Eigenschaften, die uns weder offensichtlich nützen noch schaden, aber trotzdem die Lebensfreude bis zur Begeisterung steigern
können. Kann die Naturwissenschaft sich überhaupt zu so »nutzlo-
sen« Empfindungen äußern? – Das ist in der Tat einem neuen
Forschungszweig der Mathematik gelungen, der den Namen Chaosforschung bekommen hat.

27 Chaos, Ordnung, Harmonie und Erkenntnisfähigkeit

Wir erkennen in der Natur Ordnungsmuster und regelmäßige Vorgänge, die Vorhersagen möglich machen. Manche von diesen empfinden wir als schön, z. B. Blumen, musikalische Tonfolgen, bestimmte Landschaften. Sie befriedigen etwas in uns, obwohl wir keinen Nutzen davon haben. Anderes, etwa die Trümmer und Schlammassen eines Bergsturzes, finden wir chaotisch, formlos, häßlich, auch wenn sie uns nicht geschadet haben. Auch solche Empfindungen vermitteln eine Art Erkenntnis. Welche Information vermitteln sie? – Das ist eine Frage, die die Grenze zwischen Naturwissenschaft und Philosophie berührt.

Mathematiker haben seit einiger Zeit versucht, die Unterschiede zwischen geregelten, vorausberechenbaren Vorgängen und unberechenbaren, chaotischen mit neuen mathematischen Methoden zu erforschen. Die Ergebnisse sind verblüffend, wie Friedrich Cramer (1989) zeigt: Bei Wechselwirkungen, etwa den Bewegungen der Himmelskörper, sind Bahnen dann recht gut berechenbar, wenn der Einfluß einer Masse die anderen um ein Vieltausendfaches übertrifft, wie das bei der Sonne und ihren Planeten der Fall ist. Wenn aber die Massen von drei oder mehr Körpern ähnlicher Größe miteinander gekoppelt sind, werden ihre Bahnen unregelmäßig. Es treten plötzliche Veränderungen auf, die nicht vorausberechenbar sind. Es treten Resonanz- und Rückkopplungseffekte auf, und sie machen die Bewegungen chaotisch. Das ist schon länger bekannt und läßt sich heute mit geeigneten Computerprogrammen auf dem Bildschirm sichtbar machen.

Wie unvergleichlich komplizierter sind die Rückkopplungen in allen Bereichen des Lebens! Da sind nicht nur Massen durch die Schwerkraft miteinander gekoppelt, da sind Erbprogramme mit Tages- und Jahreszeiten, dem Verhalten von Mitlebewesen, schwankenden Hormonspiegeln, sozialen Wechselwirkungen, individuellen Erinnerungen und noch vielem, vielem mehr unentwirrbar vernetzt. Daß trotzdem, selbst bei Menschen, vieles vorhersehbar, wenn auch im einzelnen nicht berechenbar ist, ist dem übergeordneten Einfluß der Darwinschen Auslese zu verdanken, der allzu große Ausschläge abschneidet. Das ganze System würde sonst in Chaos zusammenbrechen. Das ist eine alte Einsicht, die durch die Chaosforschung bestätigt wird.

Nun zu der unerwarteten neuen Erkenntnis: Es ist schon lange bekannt, daß in der Natur Atome und Moleküle in drei Aggregatzuständen langfristig vereinigt sein können, einem kristallinen, einem flüssigen und einem gasförmigen. Im ersteren sind sie durch elektrische Ladungskräfte mehr oder weniger fest aneinander gebunden, im zweiten werden sie durch schwache Bindungen nur lose zusammengehalten, können sich aber im Verhältnis zueinander bewegen. Im Gaszustand bewegen sich die Teilchen völlig frei und unabhängig voneinander, das Gas füllt den ihm zu Verfügung stehenden Raum aus. Die Aggregatzustände unterscheiden sich in ihrem Wärmegehalt. Für gleiche Substanzen, z. B. Wasser, ist dieser für den gasförmigen Dampf und das flüssige Wasser beträchtlich höher als für das Eis. Im gasförmigen und flüssigen Zustand sind Atome und Moleküle in ständiger, chaotischer Bewegung, in Kristallen sind sie in geometrisch geordneten Strukturen (Kristallgittern) gefangen, solange der Kristall besteht. Manche sind so alt wie die ältesten Lebensspuren.

Die mathematische Erforschung des Übergangsbereiches, in dem ein Energieaustausch zwischen den Zuständen stattfindet, hat gezeigt, daß dabei erstaunlich vielfältige, durch Rückkopplungen geregelte Bewegungsabläufe auftreten können. Es entstehen Bewegungsmuster, die wir oft ansprechend, ja schön, empfinden und in deren Geometrien – das ist die unerwartete Überraschung – sich die Proportionen des Goldenen Schnittes finden. Das sind Abmessungen, die seit Jahrhunderten, bewußt, sicher noch öfter auch unbewußt, in Architektur und Malerei benutzt wurden und – der Name sagt es – als besonders ansprechend gelten. Weitere Überraschung, obwohl schon länger erkannt: Die Gestalten vieler Lebewesen oder Teile von diesen zeigen ebenfalls die Verhältnisse des Goldenen Schnitts, z. B. Blüten- und Samenstände, Blattformen, Schneckenhäuser, Ammonitenschalen, oder oft auch, wenigstens annäherungsweise, die Proportionen von aufeinander abgestimmten Körperformen, Flügeln oder Flossen. Da drängt sich die Frage auf: Lebt Leben im Grenzbereich zwischen Chaos und Ordnung?

Das ist in der Tat der Fall. Leben existiert im Grenzbereich zwischen den chaotischen Zuständen der Luft- und Wasserhülle und der kristallin erstarrten Erdkruste in dem Temperaturgefälle zwischen der von der Sonne erwärmten Erdoberfläche und der erstarrenden Kälte des Weltraums. Es ist eine, im Erdmaßstab, hauchdünne Zone mit vielfältigen physikalischen und chemischen Energieflüssen. Es dürfte einleuchten, daß es unter diesen Bedingungen nur eine Sicherheit geben kann: *Nichts wird so bleiben, wie es ist!* Lebewesen sind in dieser instabilen Zone entstanden und konzentrieren in ihren Körpern Energien mit Hilfe von Stoffwechsel und den in ihren Erbprogrammen gespeicherten Informationen, die ihnen Wachstum, Vermehrung und schließlich immer vielfältigere Tätigkeiten ermöglichen – weitab von den physikalisch-chemischen Gleichgewichtsbedingungen ihrer Umgebung –, aber in ständiger Rückkopplung mit dieser. Das Leben hat sich seit mehr als 3,5 Mrd. Jahren in fortschreitenden Zyklen von Zerfall (Tod) und Erneuerung an der Grenze zwischen komplexer Ordnung und Chaos bewegt. Seine Formen zeigen die Proportionen und Harmonien, die durch vielfältige Rückkopplungen in solchen Grenzbereichen auftreten. Ist es nicht wundersam, daß relativ einfache mathematische Formeln Zugang zu so schwer in Worte zu fassenden Beziehungen gewähren, Beziehungen, die unsere Empfindungen anrühren? – Es sind Formen, die in dynamischen, also sich zeitlich gesetzmäßig ändernden Vorgängen entstehen. Sie charakterisieren evolutionäre Gestaltbildung. Ist es ein Wunder, daß wir solche Formen schön finden? Sie sind uns zutiefst wesensverwandt, sind Kennzeichen einer lebenswerten Welt!

Franz von Assisi war zutiefst beglückt vom Gefühl einer Verwandtschaft mit der ganzen Schöpfung. Die Forschung hat die Berechtigung dieses Gefühls bestätigt!

28 Was tut sich in unseren Gehirnen – was tun wir mit unseren Gehirnen?

Wir erleben die bunte Welt in der dunklen Höhle unserer Köpfe, in die kein Lichtstrahl dringt. Schon bei der Besprechung der Evolution von Nervennetzen (s. Kapitel »Evolution von Nervensystemen und Gehirnen«, S. 57) wurde betont, daß die Verbindung des Gehirns mit der Umwelt nur durch elektrochemisch verschlüsselte Symbole erfolgt. Diese vermitteln nur kleine Ausschnitte aus der unvorstellbaren Vielfalt der wirklichen Ereignisse. In derselben Symbolsprache, ergänzt durch Hormone, wird das Gehirn über Vorgänge im Körper informiert, auch dies wieder nur in einer sehr beschränkten Auswahl. Solches »Auswählen« wird auf niederen Evolutionsstufen ganz von den Erbanlagen bestimmt und variiert entsprechend. Auf höheren Evolutionsstufen vergrößern sich die Wahlmöglichkeiten und können durch individuelles Lernen in bestimmten Grenzen modifiziert werden. Die Gehirne von Tieren und Menschen empfangen nur Informationen, die sich auf den jeweiligen Evolutionswegen als nützlich erwiesen haben. Es dürfte klar sein, daß es eine völlige Illusion ist zu glauben, daß die ganze Wirklichkeit für uns erkennbar sein könnte.

Gehirne sind »Weltbildapparate« (K. Lorenz). Das menschliche übertrifft alle anderen himmelhoch an Leistungsfähigkeit. Das gilt aber keineswegs für alle Gehirnleistungen. Da diese weitgehend unser Denken und unsere Handlungen bestimmen, sollen die Leistungen unter folgenden Gesichtspunkten betrachtet werden:

- Gedächtnisleistungen
- Bau und Funktionsweise des menschlichen Gehirns
- Beschränktheit des menschlichen Denkens
- Phantasie und Kreativität
- Freier Wille
- Gehirnleistungen in einigen Thesen

29 Besondere Gehirnleistungen

Für das Leben von Individuen und die fortschreitende Evolution von
Arten dürfte die wichtigste Tätigkeit von Gehirnen die Speicherung
von Erinnerungen und deren Wechselwirkung mit den ökologischen
Bedingungen sein, zu denen vor allem auch die Beziehungen zu
anderen Lebensformen gehören. Auf dem Gebiet der Gedächtnisfor-
schung sind in den letzten Jahren so große Fortschritte gemacht
worden, daß man – trotz vieler Erkenntnislücken – hoffen darf, daß
viele von diesen Lücken sich in absehbarer Zeit werden schließen
lassen. In bezug auf die Natur des Menschen interessiert vor allem die
Frage, inwieweit der Mensch in dieser Beziehung anderen Tieren
ähnlich, überlegen oder unterlegen ist.

In bezug auf die Beständigkeit von Gedächtnisinhalten läßt sich
ein prinzipieller Unterschied erkennen zwischen dem Artgedächtnis,
das in der Struktur des Erbprogrammes festgelegt ist und bei
manchen Arten in Jahrmillionen kaum eine Änderung erfährt, und
der Gedächtnisspeicherung im Laufe der Lebenszeit von Individu-
en. Das Artgedächtnis steuert die angeborenen Instinkthandlungen,
die immer nach demselben Schema ablaufen, z. B. Partnerwahl,
Nestbau, Benutzung bestimmter Zugrouten bei Zugvögeln, Gebrauch von Beinen und Flügeln und viele andere lebenswichtige
Verhaltensweisen. Bei Vögeln und Säugetieren, deren Junge zur
Welt kommen, bevor die Nervenstrukturen ihres Gehirns voll
ausgereift sind, gewinnt das Artgedächtnis an Anpassungsfähigkeit
durch eine sogenannte Prägungsphase, in der sich bestimmte, wichtige aber variable Beziehungen ein für allemal dem Gedächtnis
einprägen. Die Zeitspanne der Prägung kann sehr kurz sein. So
nehmen Küken in den ersten 15–20 Minuten nach dem Schlüpfen
jeden größeren Gegenstand, etwa eine Schachtel, die sich bewegt
und Töne von sich gibt, als Mutter an und folgen ihm unentwegt.
Für das Erkennen des Unterschiedes zwischen einem Raubvogel
und einem ungefährlichen großen Vogel an der Flugsilhouette ist
die Prägungsphase wesentlich länger, dabei gibt es wohl Übergänge

zum individuellen Lernen durch Nachahmen des Verhaltens der Erwachsenen. Bei Menschen spielen prägungsähnliche Ausgestaltungen von Gehirnstrukturen in der bis zu 6 Jahren währenden Entwicklung des Gehirns eine wichtige Rolle. In dieser Zeit werden viele Grundlagen einer Kultur wie Sprache, Wertvorstellungen, etwa durch eindrucksvolle Zeremonien usw. schneller aufgenommen und fester verankert als in späteren Lebensabschnitten. Das gilt auch für Erlebnisse, die intensive Angst und Panik erzeugen. Sie bleiben oft für das ganze Leben wirksam, ohne daß der Betreffende sich dessen bewußt ist.

Auch im späteren Leben können manche Tätigkeiten in prägungsähnlicher Weise durch Einübung automatisiert werden. So wird Schwimmen, wenn es einmal gelernt ist, nicht wieder verlernt.

Das »normale« Gedächtnis zeigt drei Arten von Speicherung mit unterschiedlicher Dauer. Man unterscheidet:

1. Das Kurzzeitgedächtnis. Experimente haben gezeigt, daß im Kurzzeitgedächtnis Erlebnisse für 6–25 Sekunden aufbewahrt werden, bevor man sie vergißt. Das ist eine zweckmäßige Zeitspanne, um Ereignisabläufe zu beurteilen und wenn nötig, auf sie zu reagieren.
2. Das mittelfristige Gedächtnis hält Erlebnisse für 5 Minuten bis zu 24 Stunden bereit. Es ist im Tierreich weit verbreitet. Ich erinnere an die Fähigkeit von Bienen, die Lage eines Futterplatzes ihren Arbeitskolleginnen mitzuteilen. Das Vergessen solcher Erinnerungen, wenn sie nicht mehr gebraucht werden, macht den Speicher wieder frei für Neues. Es ist eine ökonomische Einrichtung. Anders betrachtet: Unsere Sinnesorgane versehen das Gehirn mit einer nützlichen Auslese aus der überwältigenden Fülle von Umwelt- und körpereigenen Ereignissen. Das Vergessen sorgt für eine nochmalige Auslese aus dieser Vielfalt. Auslese ist die Grundlage jeder Selbstorganisation!
3. Das Langzeitgedächtnis. Experimente haben ergeben, daß die Speicherung erlernter Aufgaben je nach Tierart von wenigen Tagen bis zu mehreren Jahren variiert, so bei Vögeln bis zu 225 Tagen; Schweine bringen es auf bis zu 2,5 Jahre; Pferde auf 1 Jahr; ein Elefant auf 4,5 Jahre; Rhesusaffen kommen – gemessen an ihrer Lebenserwartung – mit 27 Jahren schon in den Bereich menschlicher Größenordnung. Es scheint in dieser Beziehung, in Abhängigkeit von der Evolutionshöhe, zwischen den Anforde-

rungen, denen eine Art in der Natur ausgesetzt ist, und der Art der Lernaufgabe fast lückenlose Übergänge zu geben. Den Menschen hat wohl erst die Sprachentwicklung auf eine unvergleichlich höhere Stufe gehoben.

Die Entstehung und Festigung des Langzeitgedächtnisses ist ein Problem, das z. Z. intensiv erforscht wird (Rahmann u. Rahmann, 1988). Das sind sehr komplizierte molekulare Vorgänge, die erst teilweise aufgeklärt sind. Es scheinen vor allem zwei Prozesse beteiligt zu sein. Einmal das Wachstum neuer Nervenverbindungen, zum anderen eine Erleichterung der Durchlässigkeit vorhandener Schaltungen (Synapsen) für elektrische Impulse in Form von Ionen. Das gezielte Wachstum neuer Verbindungen ist vor kurzem mit Filmaufnahmen dokumentiert worden. Dabei scheinen im Gehirn selbst gebildete

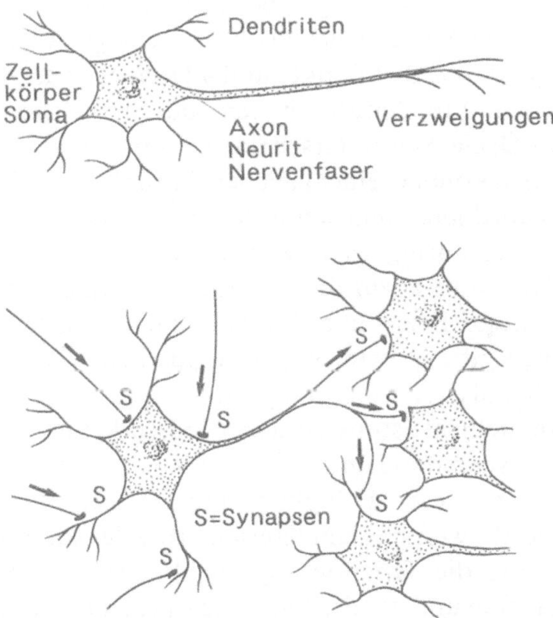

Oben: Schemazeichnung einer Nervenzelle des Gehirns (Neurone) mit Zellkörper, ableitender Nervenfaser mit Verzweigungen (Dendriten). *Unten:* Schema der Verknüpfung von Neuronen in der grauen Substanz des Gehirns durch Nervenfasern und Dendriten. Die bläschenförmigen Synapsen an den Kontaktstellen können Impulse weitergeben oder blockieren. Jedes dieser Schaltwerke besitzt seine eigene Energiequelle. Die Pfeile zeigen die Richtungen der Impulsübertragung

chemische Substanzen den Weg vorzubereiten oder mögliche Wege zu markieren. Die verbesserte Durchlässigkeit der Schaltstellen für elektrische Ladungsträger (Ionen) bei wiederholtem Gebrauch (Übung) oder unter dem Einfluß starker Emotion erfolgt durch den Umbau von Eiweißmolekülen in der Synapsenmembran, in der auf diese Weise dauerhafte Ionenkanäle entstehen. Die elektrochemischen Entladungen bahnen sich einen Weg ähnlich einem Fluß, dessen Bett durch jede Flut vertieft wird. Schaltmuster mit erhöhter Durchlässigkeit machen sich in unserem Bewußtsein bemerkbar, so wenn uns eine bestimmte Melodie den ganzen Tag verfolgt oder wenn wir herumratend nach einem Namen suchen und, wenn uns der richtige einfällt, sofort wissen, daß es der richtige ist. Dann haben mobilisierte Ionen den leichtesten Weg gefunden. Das sind Selbstorganisationsprozesse, durch die sich das Gehirn – innerhalb eines vorgegebenen ererbten Rahmens – an neue Anforderungen anpassen kann.

In bezug auf Gehirnleistungen wird das Erkennen, daß Zahlen Eigenschaften einer Menge sind, als hohe geistige Abstraktionsleistung angesehen, daß z. B. 4 Punkte und 4 Dreiecke eine gemeinsame Eigenschaft, eben ihre Anzahl, haben, durch die sie sich von 3 Punkten und 3 Dreiecken unterscheiden. Versuche haben ergeben, daß Dohlen lernen können, einer gleichen Anzahl von 3–4 eine gleiche Bedeutung zuzuordnen, auch wenn das die einzige Gemeinsamkeit ist. Ein Graupapagei bringt es bis zu 8, ein Rabe bis 11, andere Tiere bis 7, Menschen – ohne abzuzählen! – auch nur auf 8. Man sieht, der Mensch ist in dieser Beziehung durchaus nicht einsame Spitze! In einigen Sprachen gibt es über »vier« hinaus keine Worte. Größere Anzahlen werden als »viele« bezeichnet.

Eine andere Gehirnleistung ist das Wiedererkennen von komplizierten Figuren, wenn diese unter verschiedenen Blickwinkeln dargeboten werden. In dieser Fähigkeit sind Tauben den Menschen überlegen, vielleicht weil sie beim Kreisen, trotz des ständig wechselnden Blickwinkels, die Orientierung nicht verlieren dürfen. Das Kreisen beim Abflug und vor der Landung ist ja eine charakteristische Verhaltensweise von Tauben. Die Ausbildung und Verbesserung von Verarbeitungsschaltungen im Gehirn erfolgt in der Wechselwirkung von Verhaltensweisen und Umweltbedingungen. Beim Menschen hat, mit fortschreitender kultureller Evolution, das kulturelle Umfeld zunehmend die natürliche Umwelt ersetzt. Die Bedeutung des individuellen Lernens hat entsprechend zugenomen. In bezug auf das Erlernen irgendeiner beliebigen körperlichen oder geistigen Fähigkeit gibt es sowohl bei Tieren – wie Experimente gezeigt haben – als auch bei Menschen immer gute und schlechte Lerner. Das sind erblich bedingte Unterschiede, die zunehmen, je mehr Betätigungsfelder eine natürliche oder kulturelle Umwelt bietet.

Solche Überlegungen führen zu der Frage, welche Bedingungen bei Kindern die Ausbildung von Lernfähigkeit verbessern bzw. verschlechtern. Versuche mit Tieren und Beobachtungen an Kindern haben ergeben, daß Jungtiere und Kinder wesentlich rascher lernen als Erwachsene, daß – unabhängig von der Begabung – eine abwechslungsreiche Umwelt das Lernvermögen verbessert und eine Überflutung mit unverarbeitbaren Reizen schädlich wirkt. Letzteres dürfte vor allem der Fall sein, wenn der Fernseher dazu gebraucht wird, Kleinkinder still zu halten, und wenn ältere Kinder jeden Tag Stunden vor dem Flimmerkasten verbringen. Da wird, ohne jede körperliche Tätigkeit, das Gehirn mit passivem Leerlauf beschäftigt! Dabei müssen Initiative und Kreativität, die beim aktiven Spielen geübt werden, auf der Strecke bleiben.

Gehirne vollbringen ihre erstaunlichen Leistungen durch Verarbeitung elektrochemischer Symbole, die selbst Abstraktionen einer weit komplizierteren Wirklichkeit sind. Es wäre lächerlich zu glauben, daß uns durch diese zweifache Verschlüsselung und Vereinfachung mehr als eine sehr unvollkommene, wenn auch recht praktische Annäherung an die ganze Wirklichkeit möglich sein könnte. Trotz dieser Einschränkung ist es eine wunderbare Leistung, daß unser Gehirn Milliarden von gespeicherten Informationen zu einem Weltbild zusammenstellt und es uns sogar möglich macht, über dieses und uns selbst nachzudenken und uns selbst – bis zu einem gewissen Grade – zu kritisieren.

Selbstkritik macht Selbstverbesserung möglich und nur *was kritisiert werden kann, kann verbessert werden!* Das sollten sich Politiker und Dogmatiker jeder Art hinter den Spiegel stecken zur täglichen Erinnerung! Mit der Fähigkeit zur Selbstkritik hat menschliches Denken seinen bisher höchsten Stand erreicht. Wird diese Fähigkeit unvollkommen bleiben, weil sie im Konflikt mit dem angeborenen Streben nach Rang und Macht zu oft den kürzeren zieht? Dann hätte die Menschheit wohl keine Zukunft.

30 Bau und Funktionsweise des menschlichen Gehirns

Tausende von Ärzten und Anatomen haben in den letzten 150 Jahren menschliche Gehirne studiert und Karten gezeichnet, auf denen die Regionen angegeben sind, an die bestimmte Funktionen (Leistungen) gebunden sind. Sehr viele Leistungen kommen allerdings erst durch die Verschaltung mehrerer Gehirnteile zustande, z. B. das Erkennen von Farben. Wie kommt man zu solchen Erkenntnissen? – Es sind vor allem zwei Methoden: Die Lokalität einer bestimmten Fähigkeit läßt sich erstens durch deren Ausfall nach der Schädigung einer bestimmten Stelle des Gehirns durch deren Verletzung oder Krankheit feststellen oder zweitens durch Tierversuche, bei denen mit Hilfe von feinsten Metalldrähtchen (Elektroden) die Aktivitäten bestimmter Neuronen bei bestimmten Tätigkeiten registriert werden. Es hat sich herausgestellt, daß jede psychische Fähigkeit an die Funktion bestimmter – meist mehrerer gleichzeitig aktivierter – Gehirnstrukturen gebunden ist; so kann das Erkennen von Gesichtern, auch des eigenen, oder die Fähigkeit, die eigenen Gedanken oder das eigene Wissen in grammatikalisch richtige Sätze zu fassen, verloren gehen, obwohl die Aussagen anderer richtig verstanden werden.

Gemütsstimmungen, die die ganze Persönlichkeit erfassen, wie Hochgefühl, Depression, Wut sind von der Wirkung bestimmter chemischer Stoffe (Hormone) abhängig, von denen manche im Gehirn selbst, andere in verschiedenen Organen im Körper produziert werden. Mangel oder Überfluß an solchen Stoffen scheinen weitgehend erblich angelegt zu sein. Die starken Veränderungen, die unser Fühlen, Denken und Handeln und damit das Seelenleben durch Drogen erfahren, sind gut bekannt. Vieles trägt also zu unserem Erleben und Denken bei: Erbanlagen aus der Evolution unserer tierischen Vorfahren, unserer Großeltern und Eltern, Kindheits- und spätere Erfahrungen, Wertvorstellungen des jeweiligen Kulturkreises, um nur das Wichtigste zu nennen. Es ist eine erstaunliche Leistung, daß die Gehirne der meisten Menschen es fertigbringen, aus diesem Material einigermaßen brauchbare Weltsichten und – in ständig wechselnden Situationen – Anweisungen für geeignete Tätigkeiten abzuleiten. Erstaunlich ist ebenfalls, daß dabei nicht mehr seelische Konflikte entstehen, es also nicht mehr seelisch kranke Menschen gibt, als das tatsächlich der Fall ist. Reparaturfähigkeit und Toleranz von Fehlern zeichnen alle Lebensbereiche aus.

Die Lage wäre wohl hoffnungslos, hätte der Mensch nicht mit der Sprache die Fähigkeit erworben, seine Gedanken und Empfindungen bis zu einem gewissen Grade logisch zu ordnen und dadurch eine Auswahl unter der unüberblickbaren Zahl von Möglichkeiten zu treffen.

Es ist gerade die bunte Vielfalt möglicher Verknüpfungen – sie offenbart sich eindrucksvoll in Träumen, wenn die bewußte Kontrolle schläft –, aus der Menschen ihre kreativen Fähigkeiten schöpfen: ihre Phantasie (s. Kapitel »Phantasie und Kreativität«, S. 372). Zunächst aber die Frage: Was wissen wir über die Funktionsweise der Gehirnstrukturen?

Bis vor etwa 50 Jahren war es ein völliges Rätsel, auf welche Weise komplizierte Informationen, z. B. Bilder, in Gehirnen gespeichert werden können. Erst mit der Entwicklung der Informatik zu einem neuen Zweig der Naturwissenschaften und der Konstruktion von Computern – der erste wurde 1941 gebaut –, die ähnlich dem Gehirn elektrische Symbole verarbeiten und ungeheure Mengen von Daten speichern können, begann man, die Arbeitsweise von Gehirnen wenigstens im Prinzip zu verstehen. Die vielleicht erstaunlichste Leistung des menschlichen Gehirns ist seine Fähigkeit, Begriffe zu Wortsymbolen zu verkürzen und mit diesen zu denken. Im Zusammenhang dieses Kapitels bedürfen die Gedanken zur Begriffsbildung, die schon oben (s. Lernfähigkeit) erortert wurden, einer Ergänzung: Die Begriffe, mit denen wir uns verständigen, sind nicht gleichwertig. Sie bilden Rangordnungen, die von sehr allgemeinen bis zu sehr spezialisierten Bezeichnungen reichen. Die allgemeinen fassen unzählige sehr nützliche Einzelerfahrungen und Erlebnisfolgen zu übergeordneten Entscheidungshilfen zusammen, z. B. freßbar. In unserem Sprachgebrauch würden wir von übergeordneten Begriffen sprechen. In der vorsprachlichen Entwicklung gibt es natürlich keine durch Nachdenken geschaffenen Begriffe. Stattdessen werden Verhaltensmuster, die der übergeordneten Kategorie zugeordnet sind, bereitgestellt oder eingeleitet, etwa Annäherung oder Flucht.

Für das Verständnis solcher Rangordnungen ist es notwendig, die zeitliche Reihenfolge ihrer Entstehung zu kennen. Geht man dieser

Frage nach, so zeigt sich, daß in der Evolution die umfassenderen, allgemeineren Unterscheidungsprozesse und -strukturen zuerst entstanden sind. So haben sich Augen aus Gruppen von lichtempfindlichen Nervenzellen entwickelt, die nur Helligkeitsunterschiede melden konnten. Eine Empfindlichkeit für Vibrationen ging der Entwicklung von Gehörapparaten, die auf bestimmte Frequenzen abgestimmt sind, voraus. Generell haben sich spezialisierte Organe und Fähigkeiten *immer* aus unspezialisierten entwickelt.

Die Folge von allgemeiner zu spezieller Erkenntnisfähigkeit wiederholt sich bei der Entwicklung unserer Kinder. Ihr Erbprogramm macht zuerst Gesichter schlechthin für sie wichtig, und erst wesentlich später lernen sie – wie sich am Fremdeln zeigt –, die Unterschiede zwischen verschiedenen Gesichtern zu erkennen. Dieses Schema wiederholt sich bei anderen Lernprozessen. Das ist vom Energieaufwand her verständlich: Es sind weit weniger Programmierschritte nötig, um zu beschreiben, was ein Becher ist, als woran ein Bierseidel mit Zinndeckel erkannt werden kann. C. F. v. Weizsäcker hat auf dieses Verhältnis hingewiesen. Die umfassenderen Unterscheidungsstrukturen sind also nicht aus den spezialisierten aufgebaut worden wie ein Haus aus Backsteinen. Sie sind das Ältere, Einfachere und deshalb auch nicht scharf begrenzt wie ein Haus gegen Nachbarhäuser. Gerade weil sie nicht spezialisiert sind, sind sie flexibel und erweiterungsfähig geblieben. Mit anderen Worten: Sie haben sich ein beträchtliches Maß an Entwicklungsfähigkeit bewahrt, das bei spezialisierten Unterscheidungsprogrammen verloren geht.

Noch eine Anmerkung zu dem Unterschied zwischen Gedächtnissen und Computern: Was der Mensch in seinem Gedächtnis findet, unterscheidet sich in einer Hinsicht wesentlich von den Fakten, die ein Computer speichert. Letztere bleiben genau. Dagegen sind unsere Erinnerungen immer ungenau, sie können sogar ganz falsch sein. Dafür sind die Erinnerungen immer mit anderen Erinnerungen und Gefühlen – manchmal auch widersprüchlichen – verknüpft (assoziiert). Dadurch bieten Erinnerungen statt einer genauen Wiedergabe eine Übersicht über ein ganzes Feld von Möglichkeiten. Sie lassen uns, wenn wir sie zur Planung von Handlungen brauchen, Wahlmöglichkeiten und vergrößern dadurch unsere Selbständigkeit und machen kreatives Denken möglich, können uns aber auch böse in die Irre führen. Dazu einige Betrachtungen:

Warum so klug und doch so unvernünftig?

Das menschliche Denkvermögen ist schlechthin wunderbar. Es hat den Bau von Atomen und Erbmolekülen enträtselt, mißt die kosmischen Entfernungen von Galaxien und überdenkt Milliarden Jahre der Erdgeschichte. Was hindert uns, unsere Macht über die Natur vernünftig zu gebrauchen, unsere wirtschaftlichen und sozialen Beziehungen vernünftig zu regeln und zu planen?

Dafür gibt es mehrere Ursachen, die unentwirrbar miteinander verflochten sind: Da ist vor allem die fast automatische Neigung, für jedes Ereignis eine bestimmte Ursache zu suchen. So fliegt ein Stein, weil er geschleudert wurde und verletzt den Getroffenen. Das sind nützliche, praktische Erkenntnisse. Man findet solche »vernunftähnlichen« (K. Lorenz) Tätigkeitsketten auch bei Tieren, etwa wenn ein Schmutzgeier, der ein Straußenei findet, einen Stein sucht und so lange auf das Ei wirft, bis dies ein Loch bekommt. Unter den einfachen Lebensbedingungen unserer frühmenschlichen Vorfahren war geradliniges Ursache–Wirkungs-Denken sehr nützlich, denn es ermöglicht schnelles Handeln. Daß die Wirklichkeit viel komplizierter ist – ich erinnere an den Bergsturz – spielte demgegenüber praktisch keine Rolle.

Heute aber leben wir in einer so vielfach vernetzten Welt, in der viele Preise – um nur ein Beispiel zu nennen – von den Produktionsbedingungen (Lebensstandard, sozialen Verhältnissen, technischen Fortschritten, politischen Erwartungen, Rohstoffkosten, Börsenspekulationen usw.) in mehreren Ländern abhängen, deren Wirtschaft von menschlichen Persönlichkeiten mit ganz unterschiedlichen Interessen beeinflußt wird. Das macht längerfristige Planung – wie sich immer wieder zeigt – unmöglich. Je undurchsichtiger die Zusammenhänge aber sind, um so leichter fällt es unserem vordergründigen Denken, Schuldige zu finden für alles, was schlecht ist: die Juden, die Kapitalisten, Kolonialisten, Kommunisten, Gewerkschaften, Ausländer usw., ein ideales Betätigungsfeld für Demagogen aller Art!

Die zweite schwerwiegende Beschränkung für vernünftiges, soziales Handeln ist ebenfalls ein Erbe, das seine Wurzeln weit zurück in unserer tierischen Vergangenheit hat: die Konkurrenz der Mitglieder sozialer Verbände um eine möglichst hohe Position in der Rangordnung (Hackordnung). Das ist bei Tieren und war auch bei unseren Vorfahren bis in die jüngste Zeit ein Selbstorganisationsprozeß, der von der Darwinschen Auslese begünstigt wurde, denn er bewirkte, daß die Sippen- und Stammesführer und Häuptlinge gesund, kräftig, entschlußfreudig waren. Es war eine Auslese, die ein gewisses Maß an Aggressivität im sozialen Bereich begünstigte (»Wir sind alle Nachkommen von Siegern«, C. F. v. Weizsäcker). Das erst 200 Jahre alte Ideal von »Freiheit, Gleichheit, Brüderlichkeit« hat die aus dem Konkurrenzstreben erwachsenden Ungerechtigkeiten ebensowenig unterbunden wie das christliche Gebot der Nächstenliebe. Das Statusdenken ist in den letzten Jahrzehnten besonders schädlich geworden, weil es einer raffinierten Werbeindustrie gelungen ist, ständige Konsumsteigerung zum Hauptmaßstab einer gehobenen sozialen Stellung zu machen. Die Folgen sind eine weltweite, katastrophale Verschwendung nicht erneuerbarer Rohstoffe und Umweltzerstörung.

Entsprechende Konsumansprüche, wie sie heute für die Mehrzahl der Bevölkerung der Industriestaaten selbstverständlich geworden sind, werden für die große Mehrheit der Menschen unerreichbar bleiben, denn dafür ist die Erde zu klein. Das macht Kriege, Bürgerkriege und Terror jeder Art unvermeidlich, zumal die Industrieländer an den Waffenexporten klotzig verdienen. Diese Entwicklung könnte nur gemildert werden, wenn die reichen Bewohner der Industriestaaten wirkliche, überzeugende Verzichte zugunsten der Armen auf sich nehmen würden. Besteht dazu überhaupt eine Aussicht? – Sie scheint verschwindend gering, denn der allen Lebewesen angeborene Trieb, zu wachsen und sich zu vermehren, hat die Menschen mit einem Egoismus ausgestattet, der Verzichten – es sei denn zugunsten von Familienangehörigen und Freunden – für die meisten Menschen unmöglich macht. Verzicht ist nicht mehrheitsfähig, also in Demokratien kaum durchsetzbar. Die Einsichten bleiben einstweilen auf Worte beschränkt. Der menschliche Geist findet allzu leicht Gründe zur Rechtfertigung egoistischer Handlungen! Trotzdem, wer zugunsten anderer auf einen Vorteil verzichtet, ist nicht dumm!

Was die Menschheit braucht, ist eine Erweiterung der vielen konkurrierenden und sich bekämpfenden Egoismen zu einem globalen, das ganze irdische Ökosystem umfassenden Superegoismus. Eine ähnliche Erweiterung hat bei der Entstehung der Nationalstaaten stattgefunden, allerdings nur mit unzähligen Kriegen. Grundlage einer solchen Erweiterung kann nur die Erkenntnis sein, daß:

1. alle Lebewesen Teile eines integrierten Leistungsverbundes sind, der im Laufe seiner Evolution atembare Luft, fruchtbare Böden, nährstoffreiche Gewässer erzeugt hat und auch wesentlich an der Steuerung des Klimas beteiligt ist;
2. die Menschen jetzt in kurzsichtigem Machbarkeitswahn und unter dem Druck schnell wachsender Überbevölkerung diesen Leistungsverbund an vielen Stellen zerstören.

Das oberste Ziel des erweiterten Egoismus muß die Bewahrung, Wiederherstellung und Pflege möglichst großer und artenreicher Lebensgemeinschaften (Biotope) sein, denn nur solche sind langfristig lebens- und evolutionsfähig.

Ich habe oben behauptet, daß Kulturen auf der Grundlage von Weltbildern gewachsen sind und daß ihre Entwicklungen nicht nur das Ergebnis wirtschaftlicher und machtpolitscher Faktoren sind. Sie sind darüber hinaus immer von Phantasie gestaltet und ausgeschmückt worden. Phantasien sind eine Tätigkeit des Gehirns. Wie kommen sie zustande?

32 Phantasie und Kreativität

Das Gehirn sucht automatisch nach dem Sinn, d. h. der Bedeutung und Deutung von Wahrnehmungen. Es ergänzt Teile zu einem Ganzen (z. B. perspektivische Abbildungen, Bruchstücke von Worten, Melodien). Wenn das nicht gelingt, werden weitere Gehirngebiete aktiviert und probeweise zu Hilfe geholt. Bei Problemen, für die keine befriedigende Lösung gefunden wird, geht die Suche weiter, selbst unterhalb der Bewußtseinsschwelle und in Träumen. So entstehen Verknüpfungen zwischen Erinnerungen, die in der realen Erfahrung nichts miteinander zu tun hatten und/oder Gedanken, die ganz anderen Erfahrungsbereichen angehören. Neue, intuitiv-kreative Erkenntnisse oder einleuchtende Möglichkeiten treten oft plötzlich ins Bewußtsein, während einer alltäglichen, keine besondere Aufmerksamkeit erfordernden Tätigkeit. Unter den Myriaden von phantastischen, meist völlig absurden Verknüpfungen – sie werden meist weggewischt, bevor sie voll ins Bewußtsein kommen – findet sich ab und zu ein genialer Einfall, der oft so stark ist, daß er als plötzliche Eingebung empfunden wird.

Kreativität ist das Ergebnis der Suche nach Sinn im Spannungsfeld zwischen Sinn und Unsinn!

Auch an dieser geistigen Tätigkeit ist das Hormonsystem in vielen Beziehungen beteiligt. Ich erinnere an die Rolle der Erotik in Literatur und Kunst. Nichts hat die menschliche Phantasie so beflügelt wie die Suche nach dem Sinn von Leben, Tod, Blühen und Vergehen, dem Gang der Gestirne, den Beziehungen der Menschen zu den Tieren, Pflanzen und zueinander. Diese Suche begann sicher schon vor mehr als 60 000 Jahren (bisher älteste Funde von Bestattungen mit Grabbeigaben). Gleichnisse wurden zu Mythen, die wohl oft in Träumen und Gesichten Bestätigung zu finden scheinen und in beschwörenden Gesten, Tänzen, Abbildungen verstärkt und ausgeschmückt wurden. Das war ein fruchtbarer Nährboden für noch umfassendere Eingebungen, die schließlich zu Religionen zusammenwuchsen und zu Weltbildern wurden. Ohne kreative Phantasie gäbe es weder Poesie, Musik, Erzählkunst, großartige Archtitektur, Malerei noch hilfreiche technische Erfindungen, Mathematik und Naturwissenschaft.

Leider spielt die Phantasie im Zusammenleben der Menschen durchaus nicht nur eine positive Rolle. Schon immer haben Machthaber und ihre Handlanger Menschen mit teuflischer Grausamkeit gefoltert und getötet. Selbst Sexualität, eine Grundlage der Liebesfähigkeit und dauerhafter, freudvoller Ehen, die den Kindern zugute kommen, entartet immer wieder in den Köpfen einzelner Menschen zu sadistischer Grausamkeit. Diese sadistische Entartung einer Lebensfreude wird z. Z. durch den Verkauf von Videokassetten finanziell ausgebeutet und vielleicht auch verbreitet und gefördert, ein krasses Beispiel für die Verwerflichkeit einer nur am Gewinn orientierten Wirtschaft.

Aber besitzen Menschen nicht einen freien Willen, mit dem sie sich gegen solche Anfechtungen wehren können?

33 Freier Wille

Über freien Willen herrschen ebenso verschwommene Vorstellungen wie über den Begriff Freiheit. Um den Boden unter den Füßen zu behalten, ein paar Fragen: Gibt es einen Willen? Wenn ja, worin liegt sein Nutzen? – Natürlich haben die meisten Menschen einen Willen. Es hat zwar Theoretiker gegeben, die das bezweifelt haben. Ich bin aber sicher, daß sie sich nie wirklich als Automaten betrachtet haben. Wie läßt sich der Begriff Wille näher definieren? – Das »Ich will« ist eine Äußerung des Bewußtseins und wie dieses eine geistige Tätigkeit. Sie dient der Steuerung von Tätigkeiten und ist immer auf ein zukünftiges Ziel gerichtet. Der Weg zu einem Ziel erfordert Planen, also reale Entscheidungen, gleichviel, ob das Ziel erreichbar ist oder nicht. Also ist das Wollen eine Tätigkeit, die es möglich macht, andere Bedürfnisse um eines Zieles willen zu unterdrücken, sogar das eigene Leben dafür zu opfern. Der Wille kann sich also von den stärksten biologischen Trieben befreien. – Ist das ein Beweis für seine Freiheit?

So einfach ist das Problem nicht: Erstens gibt es in bezug auf Willen und Urteilsfähigkeit große Unterschiede zwischen den Menschen. Die Gerichte tragen dem bis zu einem gewissen Grad Rechnung, wenn sie verminderte Zurechnungsfähigkeit bei einer Strafe berücksichtigen. Zweitens sind Ziele von vielerlei Einflüssen abhängig, nicht zuletzt von den Erbanlagen. Das hat das Studium der Lebenswege und Eigenschaften von identischen Zwillingen ergeben, die kurz nach der Geburt getrennt wurden und in verschiedenen Familien und oft ganz verschiedenen Städten aufwuchsen. Es hat sich gezeigt, daß im Durchschnitt etwa 50 % der untersuchten Eigenschaften erblich bedingt sind, darunter so ausschlaggebende geistige Anlagen wie Lernfähigkeit und die Neigung zu extrovertiert weltoffenem oder introvertiert nachdenklichem Verhalten. Das sind Charakterzüge, die weitgehend bestimmen, wie Erfahrungen verarbeitet und welche Schlußfolgerungen aus ihnen gezogen werden. Menschen sind keineswegs von Geburt gleich. Sie sollten es aber vor dem Gesetz sein!

Starke Einflüsse gehen auch von gesellschaftlichen Wertvorstellungen aus, die sowohl akzeptiert als auch abgelehnt werden können, ebenso von individuellen und kollektiven Erlebnissen. Außerdem gibt es unter diesen auch noch solche, die vergessen und verdrängt wurden und doch bestimmte Handlungen erzwingen, ohne daß man sich dessen bewußt wird, wie die Psychoanalyse gezeigt hat. Wie steht es bei so vielfältigen Abhängigkeiten mit der Entscheidungsfreiheit? Was bleibt von der Willensfreiheit übrig, wenn ich nicht einmal sicher sein kann, warum ich eine bestimmte Entscheidung treffe? – Andererseits ist im Evolutionsprozeß nichts entstanden, was nicht nützlich war. Wir müssen deshalb fragen: Welchen Nutzen hat der Wille – um zunächst vom freien Willen abzusehen? – Nun, bei unvereinbaren Zielen macht der Wille es möglich, die Kraft auf eines von diesen zu konzentrieren. Das kann viel Selbstbeherrschung erfordern und eine anstrengende Tätigkeit sein, wie jeder weiß, der sich, um einer Aufgabe willen, mit aller Gewalt wachgehalten hat. Selbstbeherrschung ist ein Ergebnis des Willens. Ihr Nutzen ist offensichtlich. Ein Mensch ohne Selbstbeherrschung ist schnell im Nachteil. Es ist auch klar, daß man den Willen bewußt für seine Ziele einsetzen kann. Jäger brauchen viel Selbstbeherrschung, um erfolgreich zu sein. Unsere Vorfahren haben einige zehntausend Generationen lang einen beträchtlichen Teil ihrer Nahrung durch Jagd erworben. Das war sicher ein gutes Training in Selbstbeherrschung, das die Fähigkeit, Ungemach willentlich zu ertragen, gestärkt haben muß.

Obige Betrachtungen dürften zeigen, daß die Wahl von Zielen durch viele Faktoren beeinflußt wird, also eingebunden ist in ein Netz von Wechselwirkungen. Das ist auch gar nicht anders denkbar, denn gänzlich willkürliche Ziele und Entscheidungen sind unrealistisch und meistens schädlich. Aber ich kann meinen Willen gebrauchen, um mit Hilfe meines Wissens, meiner Wertvorstellungen und Erfahrungen die wahrscheinlichen Folgen meiner Entscheidungen und Handlungen kritisch zu beurteilen und zu korrigieren. Das ist dann keine automatische Reaktion wie eine unter Hypnose durchgeführte oder durch unbewußte Motive gesteuerte Handlung, sondern eine überlegte Wahl zwischen verschiedenen Alternativen. Selbstkritik und verantwortliches Planen geben unserem Handeln eine gewisse Freiheit. Der Grad dieser Freiheit aber ist von Mensch zu Mensch und auch je nach den Umständen unterschiedlich groß. Wir sind nicht immer gleichermaßen Herren unserer Entschlüsse!

34 Gehirnleistungen und ihre Beschränkungen in einigen Thesen

- Gehirne sind Organe des ganzen Organismus. Sie dienen seiner Koordination und steuern seine Tätigkeiten.
- Ihre Verbindung mit der Umwelt erfolgt durch die Sinnesorgane mittels elektrochemischer Symbole.
- Nur eine beschränkte Auswahl von nützlichen Umweltdaten erreicht das Gehirn. Diese werden dort mit gespeicherten Erinnerungen und körperlichen und psychischen Bedürfnissen abgestimmt.
- Bei der Abstimmung haben Gemütsbewegungen, Wertvorstellungen und Ziele einen wesentlichen Einfluß auf die Entscheidungen, die unsere Tätigkeiten steuern.
- Gehirne sind programmiert zur Suche nach Bekanntem und dessen Bedeutung für das Selbst.
- Das menschliche Gehirn verdankt seine überragende Kommunikations- und Denkfähigkeit der Entwicklung von Sprachen. Diese bestehen aus zu Wortsymbolen kondensierten Begriffen, die sich nach grammatischen Regeln logisch verknüpfen lassen.

Eines muß betont werden: Der Gebrauch, den wir von unseren Erinnerungen und unserem Denken machen, ist nicht annähernd so vernünftig, wie wir uns einbilden. Unsere Schlußfolgerungen unterliegen – in wechselndem Maße – vielerlei Einflüssen, die nur beschränkt vernünftig bis gänzlich unvernünftig sind. Ein paar Beispiele:

- Erblich bedingte Charaktereigenschaften beeinflussen die Lernfähigkeit, Gefühle und Denken. Wir sind nicht so frei geboren, wie wir uns schmeicheln.
- Starke Gefühle überwältigen logisches Denken.
- Die angeborene Neigung zur feindlichen Abgrenzung von allem Fremden war zwar einmal ein nützliches Verhalten zur Sicherung von Lebensräumen, aber heute bedroht sie die ganze Menschheit.

- Sozial und kulturell geprägte Wertvorstellungen klaffen so weit auseinander wie die Weltbilder der verschiedenen Religionen und Kulturen.
- Die unterentwickelte Fähigkeit, in größeren, mehrfach rückgekoppelten vernetzten Zusammenhängen zu denken, führt zu voreiligen Entscheidungen.
- Diese und weitere Einflüsse sind außerdem durch unübersichtliche Wechselwirkungen miteinander verknüpft.
- Wir beherrschen leider unser Denken bei weitem nicht so frei, wie wir uns einbilden.

Was ist aus diesen Erkenntnissen zu folgern? – Ich denke, vor allem zweierlei: Wir sollten unsere Intelligenz und Vernunft mit einem guten Maß an Skepsis betrachten, und wir sollten nachsichtig mit Menschen sein, die anderer Meinung sind. Es mag vernünftige Gründe geben, uns über andere zu ärgern, aber es ist nicht unsere Vernunft, die uns wütend macht. Es sind unsere Hormone. Laßt uns froh sein über die Vielfalt, auch wenn sie oft unbequem und ärgerlich ist. Sie zeigt, daß die Menschheit ihre Evolutionsfähigkeit bewahrt und sogar erweitert hat. Sie kann im Spannungsfeld ihrer unterschiedlichen Kulturen und Begabungen noch über sich hinauswachsen.

35

Wie läßt sich mit der eigenen Unvernunft leben?

Die Erkenntnis, daß wir nicht so frei sind, wie wir uns fühlen, und daß manche angeborenen Neigungen in einer Zeit der Überbevölkerung, Umweltzerstörung und Massenvernichtungsmittel ihre ursprüngliche Nützlichkeit verloren haben, sollte uns besonders kritisch gegenüber unserem eigenen Wollen und Tun machen. Ich benutze absichtlich das Wort »wir«, denn die Aufforderung zur Selbstkritik kann jeder nur an sich selbst stellen. Das haben die Religionen schon immer gepredigt. Ihre wichtigsten Forderungen wurden als göttliche Gebote empfunden und verkündigt und haben die Beziehungen zwischen den Gläubigen erleichtert und dadurch vielerlei soziale Strukturen langfristig stabilisiert, indem sie dem »natürlichen« Familienegoismus und der angeborenen Selbstsucht Grenzen setzten, die von der Mehrzahl der Gläubigen – wenigstens im Prinzip – anerkannt wurden. Klar formulierte Dogmen und göttlich sanktionierte Strafen unterstützten und unterstützen diesen Einfluß.

Kein Wunder, daß in unsicheren Zeiten viele Menschen im Glauben an starre Dogmen Zuflucht finden, sei es in christlicher oder islamischer Buchstabengläubigkeit oder in anderen Dogmen. Es ist eine gefährliche Rückwärtswendung, denn die alten Dogmen bieten keine Hilfe für den Umgang mit Bevölkerungsexplosion, den Gefahren von Umweltzerstörung und den raschen gesellschaftlichen Veränderungen, die die Technisierung mit sich bringt. Starre Dogmen können die sich türmenden Probleme einer sich von Generation zu Generation rascher verändernden Welt nicht lösen. Dazu ist mehr Wissen nötig, vor allem mehr Wissen über uns selbst und der feste Wille, unseren Nachkommen eine lebenswerte Welt zu vererben!

Dieses Ziel wird wohl jeder gutheißen. Aber was bedeutet das für die Praxis? Für das Planen in Technik, Wirtschaft, Politik, Ausbildung usw., und das alles vielfältig miteinander verknüpft, in einer für den kurzen, vordergründigen gesunden Menschenverstand undurchsichtigen Weise? – Aus der menschlichen Geschichte läßt sich in bezug auf dieses Problem kaum etwas lernen, denn Menschen waren bisher dadurch erfolgreich, daß jeder einzelne und jede Gruppe bis hin zur Nation für sich das Beste zu erreichen versuchte. Die Erfolge wurden mit viel Unterdrückung, Leid und Krieg erkauft, gefährdeten aber die Menschheit im Ganzen nicht. Diese gute alte Zeit ist endgültig vorbei. Die Gefährdung ist global geworden. Die Menschheit ist in die Falle allzu erfolgreicher Naturbeherrschung getappt, ohne zu begreifen, daß, wer alles beherrscht, auch für alles verantwortlich ist! Wo gibt es ein Vorbild für erfolgreichen Umgang mit so komplexen Wechselwirkungen? – Das Vorbild kann nur die seit mehr als 3,5 Mrd. Jahren überaus erfolgreiche Evolution des irdischen Lebens sein, eine Schöpfung, in der ein paar tausend Jahre menschlicher Geschichte nur ein letzter Augenblick sind.

Ich habe versucht, aus diesem gewaltigen Geschehen, an dem nicht nur das Leben selbst, sondern auch die Erde, die Sonne, ja der ganze Kosmos beteiligt sind, einige erfolgreiche Evolutionswege aufzuzeigen und Erfolgsrezepte abzuleiten. Es hat sich herausgestellt,

- daß es keine geradlinige Entwicklung zu vorherbestimmten Zielen gegeben hat;
- daß jeder Weg von unzähligen erfolglosen Ansätzen begleitet war;
- daß viele, zunächst außerordentlich erfolgreiche Arten, die sich durch Individuenreichtum und/oder mächtige Körper auszeichneten, ausgestorben sind, ohne evolutionsfähige Nachkommen zu hinterlassen;
- daß es immer relativ kleine und wenig spezialisierte Arten waren, die ihre Entwicklungsfähigkeit vergrößern und dadurch Höherentwicklungen einleiten konnten;
- daß Maximierungen die Entwicklungsfähigkeit einschränken;
- daß Entwicklungsfähigkeit nur durch Vielfalt und Toleranz bewahrt werden kann.

Ich habe behauptet, daß Evolutionsprozesse nie auf bestimmte Ziele gerichtet waren, etwa die Entwicklung eines Adler- oder eines Libellenauges. Kann da das Ziel einer lebenswerten Welt überhaupt erreicht werden? – Ja, denn es gibt einen grundlegenden Unterschied zwischen diesen Vorgängen: Die beiden Augentypen konnten nur durch lange Ketten einmaliger Ausleseschritte entstehen, dagegen kann eine lebenswerte Welt auf vielerlei Wegen erreicht werden. Es ist ein offenes Ziel und ähnelt in dieser Beziehung der Evolution von Sehfähigkeit, die vielerlei Augen hervorgebracht hat. Beide Arten von

Vorgängen sind das Ergebnis von Ausleseschritten. Ohne solche entsteht Chaos.

Zur Zeit erleben wir ein sich beschleunigendes Anwachsen chaotischer Zustände, z. B. den Müllnotstand, weil Wirtschaft und Technik sich fast ausschließlich an einem völlig einseitigen Auswahlprinzip orientieren: der Gewinnmaximierung, die nicht möglich ist ohne ein Wachstum, das durch raffinierte Werbung über den wirklichen Bedarf hinaus forciert wird. Es sei noch einmal betont, daß dieser negative »Fortschritt« ungeheuer verstärkt wird durch weltweite, völlig unproduktive Aufrüstung, an der besonders viel verdient wird.

Gibt es überhaupt noch eine Aussicht, aus dieser von Sachzwängen eingezäunten Sackgasse zu entkommen? – Es gibt sie, wenn nur genügend Menschen in den Industrieländern – sie sind der Motor dieser Entwicklung – die Notwendigkeit einsehen und bereit sind, dafür Abstriche an Luxus und Bequemlichkeit hinzunehmen. Es ist ein Luxus, der alles übertrifft, was sich die große Mehrheit der Menschen auch nur erträumen kann. Dann könnte ein großes Potential hoher wissenschaftlicher, technischer und logistisch planender Intelligenz freigesetzt werden, das jetzt vergeudet wird für die Zukunft gefährdende, Sachzwänge erzeugende Mammutprojekte (Kernenergie), übertriebene Werbung und eine schizophrene militärische Verteidigung, die im Ernstfall vernichten würde, was sie schützen soll. Wofür müßten diese Fähigkeiten eingesetzt werden? – Jedenfalls nicht zur Erreichung maximaler Effizienz von Einzelvorhaben. Was not tut, ist eine vorausschauende Analyse der zu erwartenden Wechselwirkungen zwischen laufenden und geplanten Tätigkeiten. Diese müssen geprüft werden in bezug auf soziale Auswirkungen, Umweltverträglichkeit unter Anpassung an zu erwartende Bevölkerungsentwicklungen, Steueraufkommen, Geldvolumen und vieles mehr. Sicher können die Folgen des Zusammenwirkens so vielfältig vernetzter Faktoren nur mit Hilfe umfangreicher Computerprogramme ergründet und alternative Möglichkeiten aufgezeigt werden. Die Computer wurden gerade rechtzeitig erfunden. Eine Folge wird leider sein, daß die Tätigkeiten von immer mehr Menschen von Computern verwaltet werden. Gefordert ist eine Strategie, die von der Berücksichtigung beschränkter Wechselwirkungen auf immer weitere Bereiche ausgedehnt wird. Das kann unmöglich von oben geplant werden. Das zeigen die Mißerfolge der Planwirtschaft zur Genüge. Ein entwicklungsfähiges Verbundsystem muß wie ein Ökosystem, z. B.

ein neuer Wald, von unten emporwachsen unter ständiger gegenseitiger Anpassung seiner Teilsysteme und der Prüfung von deren Verträglichkeit mit dem ganzen Verbundsystem. Nur so kann ein sich selbst steuerndes Verbundsystem entstehen und gedeihen. Frederic Vester (1990) hat erfolgreiche Modelle für solche Anfänge vorgestellt. Diese Strategie muß ausgebaut werden. Es wird sich für unsere Kinder lohnen!

Trotz aller erhoffter Selbstregulierung wird eine Steuerung von oben durch Gebote und Verbote notwendig bleiben. Sie sollte aber möglichst viel Spielraum für unterschiedliche Anpassungsmöglichkeiten und damit für den menschlichen Erfindungsreichtum lassen. Das dürfte oft am besten durch Steuerung mit Besteuerung anstelle von Verboten erreichbar sein. Der Geldbeutel ist ja der empfindlichste menschliche Körperteil! Durch gezielte Besteuerung können Prioritäten gesetzt werden, ohne daß gesunder Wettbewerb unterbunden wird. Allerdings bedarf es vieler Aufklärung, um parlamentarische Mehrheiten für Steuern zu bekommen, die Verzichte auf Gewinne und/oder Bequemlichkeiten mit sich bringen.

36

Wo stehen wir heute?

Wir sind Kinder der Evolution und des Weltalls. Unsere Körper, ebenso wie die aller unserer Mitgeschöpfe, bestehen aus kosmischen Elementen. Sogar unser Fühlen, Wollen und Denken ist das Ergebnis energetischer Wechselwirkungen zwischen molekularen Strukturen, die auf unserem Jahrmillionen langen Evolutionsweg entstanden sind. Aus diesem Schöpfungsweg lassen sich weder der Abstand zur energiespendenden Sonne, der Tag- und Nachtrhythmus der Erdrotation noch die Neigung der Erdachse zu der Ebene der Ekliptik (Umlaufbahn um die Sonne) wegdenken, denn dieser Winkel bedingt den Gang der Jahreszeiten, nach dem sich das Verhalten so vieler Pflanzen und Tiere richtet.

Fragen wir nun, was den menschlichen Weg ausgezeichnet hat vor den Millionen anderen Wegen der ausgestorbenen und lebenden Mitgeschöpfe, so dürfte es einleuchten, daß es die große Vielfalt von Erfahrungen war, die unsere Vorfahren auf dem Weg vom Wasser – dem wir die Symmetrie unserer Körperform verdanken – auf das Land machten. Die vielgestaltige Umwelt von Bäumen, Büschen und Felsen mit ihren wechselnden Nahrungsquellen und Feinden brachte den Übergang vom Klettern mit Krallen zum Klettern mit Greifhändchen mit sich. Augen – anstelle der Nase als bevorzugter Orientierungshilfe – erwiesen sich als vorteilhaft. Mit zunehmender Körpergröße konnte schließlich das verbesserte Nahrungsangebot in den gefährlichen Baumsteppen ausgenutzt werden. Dort mußte das Sammeln und Erbeuten größerer Tiere und jede Wanderung von scharfäugigen Wächtern behütet werden, und bei alledem waren die Kleinen schon vom ersten Tag an – noch in der Entwicklungsphase ihres Gehirns – dabei, mit offenen Augen im Schutz mütterlicher Arme. Mußte das nicht die Evolution des Gehirns steigern? Es kam – mit der Erwerbung des aufrechten Ganges – die Änderung der Beckenstruktur. Dadurch wurden Geburten von Kindern mit zu großen Köpfen zu einer tödlichen Gefahr für Mutter und Kind. Da diese Entwicklung sich über Tausende von Generationen hinzog, begünstigte die Auslese eine Verschiebung der weiblichen Erbanlagen in Richtung auf frühere Geburten. Und siehe: Im Nachhinein läßt sich erkennen, daß die Köpfe und Gehirne der unfertig Geborenen noch weiterwachsen und sich dadurch die besonders lernfähige Kindheit verlängern konnte. Aus dem anatomischen Nachteil wurde ein Vorteil für die geistige Entwicklung! So unvorhersehbar sind die Ergebnisse evolutionärer Umwege! Diese Entwicklung hatte ihren Preis: Die Zeit der Fürsorge für die Kinder verlängerte sich. Aber auch daraus wurde ein weiterer Vorteil.

Schon weit zurück auf dem Evolutionsweg hatte sich – wie bei so vielen Affenarten – das Leben in Familien- und Sippenverbänden bewährt, in denen die Mitglieder sich genau kennen und auch Gefühlsbindungen entwickeln. Die Kleinen wuchsen so in eine soziale Struktur hinein, in der Spiele mit Geschwistern, Kommunikationen verschiedener Art, Lernen durch Nachahmung, Rivalitäten und die Beobachtung von Rangordnungskämpfen zwischen Erwachsenen ständig neue Herausforderungen brachten. Sie wuchsen so in einem Überfluß an Erfahrungen heran, der jeden Gewinn an Lernfähigkeit begünstigen mußte, schon lange, bevor die Sprachentwicklung diese auf eine unvergleichlich höhere Stufe zu heben begann.

Es kam die Freude, sich mitteilen zu können, die wir beim Sprechenlernen unserer Kinder beobachten, die Vertiefung von Mitgefühl und Freundschaft. Außerdem verstärkte die Sprachentwicklung die Mitteilungsfähigkeit noch in einer anderen, unerwarteten Weise: Das Sprechen erforderte die Ausbildung vieler neuer Muskeln im Mund- und Gesichtsbereich. Dadurch konnte das Mienenspiel vielfältigere Gefühle, z. B. Enttäuschung, Freundlichkeit, Erstaunen, Verachtung, Verlegenheit, Mitgefühl, liebevolle Zuneigung, auch ohne Worte besser zeigen, als das bei Tieren mit weniger differenzierter Gesichtsmuskulatur, etwa Hunden, möglich ist. Das Gesicht wurde ein Spiegel der Seele und der Mensch für den Menschen menschlicher, wenn nicht die Menschlichkeit durch bösartiges Machtstreben oder durch religiös oder ideologisch geschürten Haß deformiert wird. Dieser entmenschlichende Vorgang mußte sich mit der Zahl der beteiligten Menschen und deren Machtmitteln verstärken. Das läßt sich heute täglich beobachten.

Es kamen die sprachliche Zusammenfassung von komplexen Beziehungen zu Begriffen, die zeitliche Ordnung von Erlebnissen und Tätigkeiten im Gedächtnis und damit die Möglichkeit, über das eigene Tun und seine Folgen und über unsere Beziehungen zu

anderen Menschen nachzudenken, das Aufkeimen des Selbstbewußtseins und das große Erschrecken: die Erkenntnis der eigenen
Sterblichkeit! Das war – vor mehr als 60000 Jahren – nicht die
Vertreibung, wohl aber der Auszug aus dem Paradies, in dem die
Geschöpfe zwar nicht friedlich, aber unbekümmert zusammenleb-
ten. Es zeugt von tiefer Einfühlung, daß die Schöpfungslegende diese
Austreibung mit einem Erkenntnisgewinn begründet. Es war aber
nicht die Erkenntnis der Nacktheit. Diese Ausschmückung stammt
wohl aus einer viel späteren Zeit, in der Menschen in größeren
Gemeinschaften zu leben begannen und sich Sitten entwickelten – sie
finden sich bei allen Völkern ––, welche die soziale Sprengkraft der
Sexualität mäßigten.

Was wissen wir heute über menschliches Sexualverhalten? – Der
Mensch ist in dieser wie in so vielen anderen Beziehungen nicht streng
festgelegt durch seine Erbanlagen. Diese machen ihn weder streng
monogam wie die Wüstenasseln oder die Zwergmungos, noch
verdammen sie ihn zu einem Leben in reinen Haremsgruppen, in
denen die Frauen gar nichts zu sagen haben und die Männer ihre
Energien in ständigen Rangkämpfen verzehren. Männer zeigen auch
heute oft eine Neigung zu solchem Machogehabe. Da wirkt wohl noch
ein Erbe aus dem äffischen Evolutionsweg nach. Es ist kaum denkbar,
daß eine Fortsetzung dieses Weges zur Entstehung arbeitsteiliger
Kulturen hätte führen können. Menschen unterscheiden sich dadurch
von allen Säugetieren, daß die Frauen auch in den langen Zeiten, in
denen keine Empfängnis möglich ist, paarungsbereit sind. Das hat
Partnertreue möglich gemacht. Ohne diese wäre unter der Lebensweise der Jäger und Sammler eine erfolgreiche Versorgung der Kinder
unmöglich gewesen. Eine Andeutung zu einer solchen Entwicklung
scheint sich, wie berichtet, bei afrikanischen Wildhunden zu finden.
Bei weitem die Mehrzahl aller Menschen lebt in mehr oder weniger
dauerhafter Einehe, und die Tatsache, daß beide Geschlechter
gelegentlich Morde aus Eifersucht begehen, zeigt, wie tief verwurzelt
in unserem Wesen der Wunsch nach dem alleinigen Besitz eines
bestimmten Partners ist und daß diese Verwurzelung nicht nur
kulturell geprägt ist, obwohl es kulturell akzeptierte Abweichungen
gibt. Die menschliche Natur ist eben auch in dieser Beziehung nicht
starr festgelegt, also zwiespältig. Das macht schwere und schwerste
Konflikte unvermeidlich. Wir haben ja das Paradies verlassen! Dem
Zwiespalt entspringen aber auch Liebesglück und die wundervolle
Kreativität menschlicher Poesie, Malerei und Erzählkunst!

Zwiespältig sind auch die Beziehungen zwischen Männern und Frauen. Der Verliebte, der seine Geliebte auf Händen tragen wollte, entpuppt sich als Tyrann oder während der ersten Schwangerschaft als unverbesserlicher Schürzenjäger; das anschmiegsame Frauchen entwickelt extravagante Ansprüche oder macht dem Mann Vorwürfe, daß er zu sehr in seinem Beruf aufgeht, und natürlich machen auch Frauen gelegentlich Seitensprünge. Man versteht sich nicht mehr, und trotzdem bleibt die Gefühlsbindung so stark, daß eine Trennung nicht ohne Herzeleid möglich ist und in jedem Fall die Kinder schwer schädigt, ebenso wie ständiger Streit. Das gibt Dramen, die in vielen Romanen beschrieben werden. Andererseits kann neben der erotischen Bindung die seelische Zuneigung das ganze Leben währen und mit der Zeit die Gegensätze zu Ergänzungen vereinen. Das geschieht vielleicht – mehr oder weniger unbewußt – in den meisten Ehen. Dieser Vorgang kann bewußt gefördert werden!

Vor 20 Jahren hatte in unserem Kulturkreis, unter Intellektuellen, die Hypothese, daß Eheprobleme nur das Ergebnis gesellschaftlicher Zwänge seien, eine beträchtliche Anhängerschaft gewonnen. Ein gelangweilter Student schrieb auf sein Schreibpult: »Wer zweimal mit derselben pennt, gehört schon zum Establishment«. Diese Hypothese hatte ihren Ursprung in Sigmund Freuds sehr einseitigen Deutungen der menschlichen Psyche. Die damalige »sexuelle Revolution« hat, neben Auswüchsen, viel notwendige sexuelle Aufklärung gebracht, aber alle Versuche, durch Leben in Kommunen die Probleme des Zusammenlebens aus der Welt zu schaffen, sind – wie zu erwarten – gescheitert.

Wie steht es mit der Gleichberechtigung der Frauen? – Sicher eine berechtigte Frage in dem Jahr, in dem sich in der Schweiz, bis auf eine Gemeinde im Kanton Appenzell, zum erstenmal eine Mehrheit für die volle Wahlberechtigung für Frauen fand! – Es ist nützlich, kurz die geschichtliche Entwicklung zu streifen. Die meisten größeren Affen leben in Haremsverbänden, in denen die Männchen an Größe dominieren. Da bei Rangordnungskämpfen und den Kämpfen mit Nachbarsippen Stärke ein Vorteil ist – die Weibchen nehmen an solchen Kämpfen nicht teil – wurde dieser Geschlechtsunterschied von der Auslese begünstigt. Die im Durchschnitt größere Stärke der Männer ist ein Erbe unseres Evolutionsweges. Bei den Jägern und Sammlern findet sich keine auffällige Diskriminierung der Frauen. Streitigkeiten zwischen Eheleuten werden mit Worten ausgetragen.

Wichtige, die ganze Gemeinschaft betreffende Entscheidungen werden allerdings von einem Rat, der nur aus Männern besteht, gefällt. Die Rolle von Schamanen kann von beiden Geschlechtern wahrgenommen werden.

Unsere sozialen Verhältnisse leiden noch immer unter den Auswirkungen patriarchalischer Vorstellungen. Über den unheilvollen Einfluß, den das jüdisch-christliche Weltbild an deren extremer Ausformung gehabt hat, ist in den letzten Jahren so viel geschrieben worden, daß ich mich auf eine kleine biologische Ergänzung beschränken kann. Sie betrifft die Auffassung, die allen paternalistischen Gesellschaftssystemen zugrunde liegt, daß der männliche Beitrag zur Zeugung wertvoller sei als der weibliche (Eva von Adams Rippe gemacht; Fortleben vor allem in der Verehrung der männlichen Nachkommen). Das Gegenteil ist der Fall. Das zeigt die Jungfernzeugung (Parthenogenese), die bei manchen Tierarten vorkommt. Bei dieser Art der Vermehrung entsteht aus einer unbefruchteten weiblichen Eizelle durch Teilung ein in jeder Beziehung vollwertiges Tier. Männlichen Keimzellen ist so etwas unmöglich. Der Grund ist einfach. Das winzige männliche Spermium enthält praktisch nur einen Zellkern mit Chromosomen und Mitochondrien. Das reicht nicht aus für eine Selbstvermehrung. Dagegen enthält die weibliche Eizelle einen sehr großen Eiweißkörper (Plasma), in dem reichlich Nährstoffe für den Aufbau des Embryos enthalten sind. Auch der potenteste »Herr der Schöpfung« ist nicht so potent wie er sich einbildet. Dafür kann er sein Erbgut an sehr viel mehr Nachkommen weitergeben als eine Frau, aber nur mit Hilfe der vollständigeren weiblichen Zellen. Kooperation, nicht Dominanz ist das Erfolgsrezept für Höherentwicklungen!

Es gibt also absolut keinen biologischen Grund, die Geburt eines Knaben der eines Mädchens vorzuziehen, wie das in vielen Kulturkreisen und Volksgruppen geschieht, und natürlich sollten Frauen auf allen Gebieten gleichgestellt sein. Ich erinnere daran, daß es die unvergleichlich vielfältigere Breite individueller Begabungen ist, die menschlichen Gesellschaften eine weit größere Entwicklungsfähigkeit verleiht, als sie z. B. die sonst so erfolgreichen Insektenstaaten besitzen. Eine größere Beteiligung von gleichberechtigten Frauen, die oft mehr Einfühlungsvermögen besitzen als Männer, kann sich nur positiv auswirken, doch dürfen die Kinder – vor allem die wachsende Zahl von Einzelkindern – dabei nicht zu kurz kommen. Nun, gleichviel welche Organisationsformen sich herausbilden werden, der sogenannte »Kampf der Geschlechter« bedroht die Zukunft der Menschheit nicht.

Nachdem, durch die Vernunft Gorbatschows, die Gefahr eines großen Atomkrieges vorerst wohl gebannt scheint, geht die größte Bedrohung von der Bevölkerungsexplosion aus, ist also biologischer Natur. Menschen haben – wie alle Lebewesen seit dem Urbeginn der Evolution – den Trieb, sich unbeschränkt zu vermehren. Das würde schon bei den ersten Einzellern rasch zu einem Ende geführt haben, hätte nicht ihre Auffächerung in immer neue konkurrierende Entwicklungslinien (Koevolution) zu fließenden Gleichgewichten und, im Laufe von Höherentwicklungen, zur Umhüllung der Erde mit einem lebendigen Ökosystem geführt. Die zeitliche, geschichtliche Verflechtung aller beteiligten Lebenswege hat Goethe mit poetischer Einsicht formuliert: »Es sitzen die Nornen (nordische Schicksalgöttinnen) am sausenden Webstuhl der Zeit und wirken der Gottheit lebendiges Kleid.«

Unsere vom Sammeln und Jagen lebenden Vorfahren waren Teil dieses Verbundsystems. Ihre Vermehrungsrate war gering wegen der geringen Zahl der Geburten im Leben einer Frau, bedingt durch die lange Stillzeit von etwa 3 Jahren, wegen der hohen Kindersterblichkeit und wegen der im Durchschnitt geringen Lebenserwartung der Erwachsenen.

Eine mäßige Vermehrungsrate ist ein Evolutionserfolg, eine Bevölkerungsexplosion eine tödliche Falle.

Bricht eine Art aus irgendeinem Grund aus dem Gehege wechselseitiger Beschränkungen – oft als Harmonie der Natur aufgefaßt – aus und vermehrt sich ungehemmt, so ist ihr Massensterben vorprogrammiert: durch noch raschere Vermehrung von Krankheitserregern (Viren und Bakterien); Nahrungsmangel (Heuschreckenschwärme); Zusammenbruch sozialer Strukturen vor allem in Großstadtslums (bis zum Jahr 2000 werden wahrscheinlich 50% der Menschheit in Großstädten leben) u. a. m. Für die Menschheit begann dieser Ausbruch mit der Erfindung von Waffen und Geräten, der Entdeckung der Feuerbenutzung und des Ackerbaus. Jetzt haben uns konkurrierende Weltmächte, technisch-wissenschaftliches Können und eine nur an Gewinnmaximierung orientierte Wirtschaft, kombiniert mit erfolgreicher medizinischer Verringerung der Sterblichkeit, an den Abgrund geführt.

Die heutige hohe Vermehrungsrate ist nicht zuletzt das Ergebnis der gewaltig angewachsenen biologisch-medizinischen Kenntnisse.

Gegen die Anwendung dieses Wissens zur Rettung von Menschenleben und der Verhütung und Linderung von Leiden ist von kirchlicher Seite – abgesehen von einigen Sekten – noch nie Einspruch erhoben worden. Aber die Anwendung entsprechender Kenntnisse zur Vermeidung einer immer tödlicher werdenden Überbevölkerung durch eine vernünftige Familienplanung wird als Sünde verdammt. Dem liegt die Auffassung zugrunde, daß dies ein Eingriff in eine gottgewollte Naturordnung sei. Aber ist nicht ein Kaiserschnitt zur Rettung von Mutter und Kind ein solcher Eingriff oder die Rodung von Wäldern zur Gewinnung von Ackerland? Gibt es da wirklich irgendwo eine natürliche Grenze?

Ich glaube, in diesem Buch gezeigt zu haben – wie das schon viele andere Wissenschaftler in ähnlicher Weise getan haben –, daß die Evolution des irdischen Lebens ein schon Milliarden Jahre dauernder Schöpfungsprozeß ist, der nur als Ganzes verstanden werden kann. An der Spitze dieses Schöpfungsbaumes steht heute der Mensch, der eben erst begonnen hat, über all dies und über sich selbst in sehr unvollkommener Weise nachzudenken. Wir verfügen über keine geistig-seelischen Fähigkeiten, deren Wurzeln nicht schon in tierischen Vorfahren erkennbar sind. Das gilt auch – es sei hier noch einmal hervorgehoben – für das eigentlich Menschliche, das Humane, die Fähigkeit zu Mitgefühl, Rücksichtnahme, ja sogar Opferbereitschaft für andere. Dieses Menschliche ist langsam aus dem Leben in Familienverbänden emporgewachsen. Der Mensch wurde nicht zu einem bestimmten Zeitpunkt so geschaffen, wie er heute ist. Er wäre dann eine traurige Schöpfung! Nein, wir sind ein Schritt auf einem Evolutionsweg, der uns über uns hinaus weiterführen oder mit uns enden kann.

Menschen haben mit der Fähigkeit, über ihr Tun und dessen Folgen kritisch nachzudenken, ein beträchtliches Maß an Verantwortung erhalten. Falls diese Fähigkeit nicht zur Regulierung des Bevölkerungswachstums und der ständig wachsenden Ansprüche benutzt wird, verhalten wir uns wie Heuschrecken oder Lemminge. Solange diese Einsicht sich nicht gegen religiöse Dogmen, alte Traditionen und politisch-ökonomischen Opportunismus durchsetzt, vermögen auch die bestgemeinten Hilfsprogramme nichts. Im Gegenteil, sie vergrößern nur die kommenden Katastrophen, bis schließlich alles Mitgefühl erlischt. Weder Gebete um Regen werden überbevölkerten Regionen Hilfe bringen noch die Steigerung von Ernten durch wachsenden Einsatz von Kunstdünger und giftigen

Pflanzenschutzmitteln oder gentechnisch veränderten Nutzpflanzen. Dadurch werden die Katastrophen nur den nächsten Generationen aufgebürdet.

Natürlich sind fundamentalistische religiöse Dogmen nicht das einzige Hindernis für eine verantwortungsvolle Geburtenbeschränkung. Soziale Probleme spielen wahrscheinlich eine ähnlich große Rolle, denn in den meisten Ländern sind Kinder die einzige einigermaßen zuverlässige Altersversorgung für ihre Eltern. Die Hilfsbereitschaft nimmt ja leider mit dem Grad der Verwandtschaft ab. In einer Zeit, in der die nationalen Wirtschaften rasch an Bedeutung verlieren, weil multinationale Großunternehmen in allen Ländern um Marktanteile kämpfen, muß die Menschheit dringend eine erdweite, globale Solidarität und Ethik entwickeln. Diese muß auch die Umwelt einschließen, sonst vererben wir unseren Nachkommen eine ausgeplünderte, im Wachstumsmüll erstickende Erde.

So stehen wir nun, 4,5 Mrd. Jahre nach Entstehung der Erde, auf diesem wunderbar reich ausgestatteten Himmelskörper. Wir können hinausblicken in die unvorstellbaren Räume und Zeiten des Kosmos, in dem Abermilliarden Galaxien energiesprühende Bahnen ziehen. Unser Leben beweist, daß in diesem zwar berechenbaren, aber trotzdem nicht wirklich verstehbaren, gefühllos gewaltsamen Geschehen Leben wachsen kann, das mit wunderbar reichen Gefühlen ausgestattet ist und denkend nach Sinn und Erkenntnissen strebt.

Berechnen und doch nicht verstehen? Ist das nicht ein Widerspruch? – Nein. Berechnen heißt, rechnerisch aus bestimmten Beziehungen praktisch verwertbare Folgerungen abzuleiten. Wir können z. B. ein Ziel richtig treffen, ohne die Optik des Auges oder die elektromagnetische Natur des Lichtes im mindesten zu verstehen. Das geschieht über Verrechnungsschaltungen im Gehirn, die uns unbewußt bleiben. Ähnlich verhält es sich mit den mathematischen Formeln der Relativitätstheorie, die ebenfalls in Gehirnschaltungen entstanden sind. Sie ermöglichen praktisch anwendbare Vorhersagen und gewähren Einblicke in ganzheitliche Vorgänge, von denen wir nur in unzulänglichen Gleichnissen sprechen können. Mit anderen Worten: Unsere Sinnesorgane und unser Denkvermögen sind Anpassungen an bestimmte Eigenschaften der Umwelt. Im Anfang ihrer Entwicklung waren es ganz primitive Lebenshilfen, die im Laufe von Höherentwicklungen zu immer umfassenderen Einsichten tauglich wurden, aber sicher nicht zur Ergründung der ganzen Realität. Wer dem Unvorstellbaren, in allem wirkenden den Namen

»Gott« gibt, der macht keinen logischen Fehler. Er könnte mit dem
Mönch und Theologen »Meister Eckart« (1260–1327) sagen: »Gott
ist nicht neben der Welt, sondern überall in der Welt«. Wer aber
glaubt, daß Beten oder die Befolgung dogmatischer Gebote, denen
ein göttlicher Ursprung zugeschrieben wird, uns von der Verantwortung für unser Tun und Lassen befreit, der wird bitter ent-
täuscht werden. Da die Welt sich ständig ändert und unser Anteil
an den Änderungen ständig wächst, kann kein Dogma für ewig
gültig bleiben!

Ich habe viel von den Zwiespältigkeiten der menschlichen Natur
gesprochen. Was bedeutet Zwiespalt im Evolutionsgeschehen? – Es
dürfte einleuchten, daß Zwiespalt Unsicherheit bedeutet, also eine
Entscheidung erfordert. Haben alle Lebewesen Entscheidungsmöglichkeiten? – Doch wohl nicht. Lebewesen unterhalb der Stufe der
beginnenden individuellen Lernfähigkeit sind streng an ihr Erbprogramm gebunden. Sie leben, wie Carl Popper einmal gesagt hat,
»dogmatisch«. Dagegen vergrößert Erkenntnisgewinn durch individuelles Lernen, etwa Kenntnis des lokalen Lebensraumes, die Selbständigkeit und ermöglicht gewisse Entscheidungen.

In Sippenverbänden entstehen notwendigerweise Konflikte zwischen angeborenen Neigungen und den Anforderungen des Lebens
im Verband (Rücksicht auf ranghöhere Tiere). Da ist Zwiespalt
vorprogrammiert. Zwiespalt macht unsicher, regt zur Suche nach
neuen Möglichkeiten an, erzeugt Kreativität.

Mußte nicht das Zusammenleben vieler, vielfältig begabter Menschen in arbeitsteiligen Kulturen, in sozialen Ständen mit unterschiedlichen Traditionen und Wertsystemen die Zwiespältigkeiten
stark vergrößern und damit auch die Kreativität auf vielen Gebieten?
Diese Überlegungen führen zu der Frage: Welche Rolle spielt
Zwiespalt bei Evolutionsvorgängen? – Zwiespältige Gefühle stellen
den Betroffenen vor eine Entscheidung und mobilisieren dadurch
seine Aufmerksamkeit, versetzen das Gehirn in Tätigkeit. Da können
dann durch das Treffen einer Entscheidung neue Handlungs- und
Denkmöglichkeiten gefunden werden. Dasselbe geschieht bei der
Lösung naturwissenschaftlicher Probleme: Unstimmigkeiten zwischen gewohnter Deutung und neuen Beobachtungen oder Experimenten regen zu Spekulationen an. Nach vergeblichem Grübeln zeigt
sich manchmal eine Lösung ganz spontan während einer Routinetä-
tigkeit, die keine besondere Aufmerksamkeit erfordert, etwa dem
Anziehen der Schuhe, manchmal auch in einem Traum. Das sind

sogenannte intuitive Eingebungen. Sie zeigen, daß das Bedürfnis, Probleme zu lösen, so stark ist, daß es das Gehirn auch unterhalb der Schwelle des bewußten Denkens noch weiter beschäftigt. Hier treffen sich naturwissenschaftliche mit künstlerischer und religiös-mystischer Kreativität!

Solche Suche zeigt m. E., daß der Mensch ein gutes Maß an Freiheit und Kreativität besitzt. Der Preis besteht in vielfältigen persönlichen und gesellschaftlichen Konflikten. Wir sollten die Zwiespältigkeit unserer Natur nicht bedauern. Sie bleibt eine ständige Herausforderung. Waren es nicht immer die großen Herausforderungen, die von Lebewesen mit neuen Leistungen beantwortet wurden? Eine Schlußfolgerung:

Der Mensch ist zu einer ständigen Herausforderung für sich selbst geworden. Sein Zwiespalt garantiert Entwicklungsfähigkeit!

Kein Wunder, daß in diesen Tagen die Versuche, Meinungsverschiedenheiten und Konflikte auf Grund des marxistisch-leninistischen Dogmas gewaltsam zu unterdrücken, katastrophal gescheitert sind und daß mit dem Ruf »Freiheit« Menschen zu Hunderttausenden den Knüppeln, Gewehrläufen und Panzern erfolgreich getrotzt haben.

Die Gedanken und Gefühle der Menschen sind zwar nicht so frei, wie viele sich schmeicheln, aber sie können Menschen, Völker und Kulturen in neue Bahnen lenken, in gute und in böse.

Wo stehen wir heute?

Die weitgehend zu Dogmen verkommene christliche Heilslehre hat jahrhundertelang mit Inquisition und Scheiterhaufen gewütet und trägt jetzt durch das Verbot empfängnisverhütender Mittel dazu bei, die Erde unbewohnbar zu machen. »Ein starker Glaube ist ein verläßlicher Trost und Antrieb, aber ein unverläßlicher Führer« (Rupert Riedl).

Naturwissenschaft und Technik, die den Menschen zum Herren der Erde gemacht haben, haben ihn gleichzeitig zum Plünderer und Zerstörer seiner Umwelt gemacht, von der Anhäufung aberwitziger Chemie- und Atomwaffen ganz zu schweigen.

Der Marxismus, der unter der Fahne »Freiheit, Gleichheit, Brüderlichkeit« als irdische Heilslehre antrat, hat, zum Dogma erstarrt, hunderte Millionen der Freiheit beraubt, Millionen umgebracht und die Wirtschaften vieler Länder ruiniert. Was wird diese

gescheiterte Ideologie ersetzen? Die Menschen brauchen ja Weltbilder, die über das kurze Leben hinausblicken lassen!

Als Ersatz droht das erneute Aufleben von völkischem Nationalis-
mus, dessen Antriebe tief in der menschlichen Natur verwurzelt sind
und der schon zweimal in diesem Jahrhundert alte Kulturländer in
Schlachthäuser verwandelt hat. Diese Veranlagung macht friedliches
Zusammenleben so schwierig, weil auch in Demokratien die Mehrheit
immer Minderheiten unterdrücken kann. Unterdrückte Minderheiten
aber sind der Nährboden des Terrorismus.

Wird das rasch wachsende Netz grenzübergreifender, multinationaler Konzerne die Wucherung bösartiger Nationalismen mäßigen?
Es wäre schön. – Eines aber ist sicher: Die nationalen Wirtschaften
sind schon lange nicht mehr so souverän, wie Nationalisten sich das
einbilden. Die Nationalökonomien sind zu Teilbereichen einer Welt-
ökonomie geworden, vorangepeitscht von den Götzen des American
way of life: Wachstumspostulat, Machbarkeitswahn, Konsumsteigerung und Gewinnmaximierung. Selbst die höchstbezahlten Direkto-
ren und Präsidenten der mächtigsten Konzerne und Geldinstitute
sind nur Angestellte, die ihre Nacken vor diesen unersättlichen
Zwängen beugen müssen. Es ist eine Knechtschaft, sie merken es nur
nicht. Das Leid tragen die verarmenden Länder der »dritten Welt«, in
denen Millionen ihre Hoffnung auf den Sozialismus gesetzt hatten. Es
ließe sich viel Sarkastisches sagen zu der mit Schadenfreude gemisch-
ten Genugtuung, mit der von vielen der Zusammenbruch des »real
existierenden Sozialismus« beobachtet wird. Ich fürchte, unseren
Enkeln und Urenkeln werden keine Witze einfallen, wenn auf der
übervölkerten, ausgeplünderten, von Wohlstandsmüll vergifteten
Erde ihre persönlichen Freiheiten, darunter das Recht auf Kinder, auf
ein Minimum schrumpfen. Wir leben wie Heuschrecken, die ihr
biologisches Programm erfüllt und Milliarden Eier gelegt haben, aber
nicht die Fähigkeit besitzen, über deren Zukunft nachzudenken oder,
wenn sie es könnten, sagen würden: Es ist Gottes Wille!

Es wird vieler Katastrophen und schmerzlicher Lernprozesse
bedürfen, bis die Menschen gelernt haben, daß

- sie unwissentlich in die Falle zu großen Erfolgs getappt sind, in der
  so viele Lebensformen ausgestorben sind;
- es kein Patentrezept für ein Entkommen gibt;
- wir uns bemühen müssen, ein Wertsystem zu entwickeln, das die
  Menschen und die Umwelt umfaßt.

Ist das überhaupt möglich? – Sind die Begabungen, Temperamente, kulturell geprägten Denkweisen und die sich rasch ausbreitende Rückwende zu radikalen religiösen und politischen Fundamentalismen, deren Anhänger jede vernünftige Diskussion verweigern, nicht viel zu verschieden? Läßt sich da überhaupt eine gemeinsame Basis finden? – Es steht nicht gut um die Zukunft des Homo sapiens, dessen wunderbare Leistungsfähigkeit gerade auf der Vielfalt individueller Begabungen und der gegenseitigen Befruchtung unterschiedlicher Kulturen gewachsen ist.

Die Grundlage aller langfristig Kulturen tragenden Weltbilder waren und sind kreative Ausgestaltungen von sehr unterschiedlichen Erklärungen der Welt. Die abgeleiteten ethischen Forderungen waren Überlebensstrategien für das Diesseits und das zum Weltbild gehörende Jenseits. Wir sind jetzt dabei, ein neues, umfassenderes, in vieler Beziehung realistischeres Erklärungsmodell zu entwickeln. Es erkennt in unserer Welt eine innig vernetzte, sich gegenseitig stützende, ökologische Einheit der lebenden und unbelebten Natur. Ein evolutionsfähiger Fortbestand dieser Einheit kann nur gesichert werden, wenn es der menschlichen Kreativität gelingt, die wertvollen geistigen Strömungen der verschiedenen Kulturen zur Kooperation an der Entwicklung einer erdumfassenden, globalen Ethik zusammenzuführen. Ihr Inhalt wird im Letzten ein Superegoismus für die Zukunft der Menschheit sein.

Obige Überlegung rechtfertigt etwas Hoffnung, denn zur menschlichen Natur gehört auch die Fähigkeit, einander zu verstehen. Unter bestimmten Umständen können sich Männer und Frauen der verschiedensten Rassen ineinander verlieben. Menschliche Gemütsbewegungen (Freude, Trauer, Freundlichkeit, Abneigung, Aggression) finden bei Völkern aller Rassen – wie I. Eibl-Eibesfeldt eindrucksvoll dokumentiert hat – ihren Ausdruck in einer allen verständlichen Körpersprache. Wir können uns, auch ohne Sprache, recht gut verstehen! Jedes normale Kind kann jede Sprache spielend erlernen. Naturkatastrophen zeigen immer wieder, daß Hilfsbereitschaft dann groß ist, wenn von dem Bedürftigen keine Gefahr zu drohen scheint! Wir verfügen über ein beträchtliches Maß an Einfühlungsvermögen, auch für Fremde.

Eines ist fast allen Menschen angeboren: das mit dem Fortpflanzungstrieb gekoppelte Bedürfnis, für unsere Kinder zu sorgen. Dies führte bisher oft zu gewaltsamen Konfrontationen. Jetzt, wo diese in den nächsten Generationen die ganze Menschheit gefährden, sollte es doch möglich sein, eine globale, ökologische, alle Völker und die Natur umfassende Ethik zu entwickeln, welche der Menschheit ein Überleben möglich macht. Einfühlung, gegenseitige Hilfe und Zusammengehörigkeitsgefühl entstehen immer von selbst, wo kleinere Gruppen längere Zeit zusammen leben und sich gut kennenlernen, z. B. in Schulklassen mittlerer Größe.

Dieses Verhalten stammt aus den langen Zeiten des Lebens in Sippenverbänden. Es konnte – wie die Geschichte zeigt – auf große Staaten, die ursprünglich durch Eroberung geschaffen wurden, übertragen werden. Die Menschheit würde sich sofort zur Abwehr einer Invasion außerirdischer Lebewesen vereinigen. Jetzt droht eine ähnliche Gefahr. Sie droht aber von uns selbst. Sind wir wirklich zu dumm, um uns auf ein Überlebensprogramm zu verständigen, das von jedem persönliche Opfer verlangt? – Haben nicht viele Mythen und alle großen Religionen schon seit Jahrtausenden gelehrt, daß hohe Ziele nur erreicht werden können, wenn jeder sich selbst einsetzt, nicht von anderen Opfer verlangt? Dazu gehört die Einsicht, daß keiner die absolute Wahrheit besitzt. »Suche nicht nach dem Splitter in Deines Nächsten Auge.« Jeder von uns hat, wenn es um anders Aussehende, Sprechende, Betende, Denkende geht, Balken im Auge.

Auf den verschiedensten Gebieten schreiten die Entwicklungen und ihre Verflechtungen so rasant voran, daß wir alle überfordert sind. Wir müssen toleranter und nachsichtiger miteinander sein!

Für ein gedeihliches Zusammenleben gibt es ein paar einfache Regeln:

- Die humanste aller Fähigkeiten, die Möglichkeit, uns in andere einzufühlen und ihre Gedanken und Hoffnungen zu verstehen, muß bewußt gelehrt und geübt werden.
- Das allgemeine Verlangen nach Brüderlichkeit und Gerechtigkeit faßt ein alter Spruch zusammen: »Was Du nicht willst, daß man Dir tu', das füg' auch keinem anderen zu.«
- Das oberste Gebot für ein friedliches Zusammenleben muß lauten: Du sollst Dir kein Feindbild machen. Das hat schon Jesus in seinen Gleichnissen gelehrt.
- Wir müssen uns klar machen, daß die Geschichte der Evolution, obwohl sie keine Anleitungen für moralisch-ethisches Verhalten erkennen läßt, doch zeigt, daß Kooperation immer erfolgreicher war als Konfrontation. Kooperationen erhöhen die Evolutionsfähigkeit.

Fußspuren menschlicher Evolution: Den Fußabdruck eines Australopithecinen in Vulkanasche bei Laetoli trennen 3,6 Mio. Jahre und 390000 Kilometer von dem Abdruck des Astronautenstiefels im Mondstaub

In einem globalen Wertsystem muß der Wettbewerb um materielle und soziale Vorteile der Notwendigkeit des Überlebens in einer vielfältigen, gepflegten Umwelt, einem »Garten Eden« (Hubert Markl) untergeordnet werden. Das wird nicht ohne viele gesetzliche Auflagen möglich sein. Ursprüngliche Wildnis, die nicht behütet und mit gelegentlichen Eingriffen gepflegt werden muß, gibt es selbst in großen Nationalparks nicht mehr!

Wir sind Geschöpfe des Kosmos, ein neues Muster, das die Nornen auf dem sausenden Webstuhl der Zeit gerade in das lebendige Kleid der Erde weben. Viele bunte Fäden, herangeführt aus tiefster Vergangenheit, sind zu diesem Muster verknüpft. Ist es ein geglücktes Ornament? Läßt sich mit ihm weiterweben? – Wir wissen es nicht, obwohl einige neue Fäden durch unsere eigenen Finger laufen. Vielleicht sind unsere Hände zu plump. Dann werden die Nornen – wie schon so oft – neue Fäden einziehen.

Radioteleskopanlage. Lauschen ins Weltall. Wer lauscht wohl dort irgendwo?

Das wäre nicht das Ende der Höherentwicklungen auf der Erde. Sie würden von niederen Stufen aus – vielleicht sehr viel niedereren – weitergehen. Es könnte dann vielleicht 100 oder 200 Mio. Jahre dauern, bis wieder eine mit Bewußtsein und Denkvermögen ausgestattete Lebensform auf der Erde erscheint. Wäre das ein Unglück? – Sicher nicht, wenn die Mehrheit der Menschen ihre sozialen, nationalen und religiösen Egoismen nicht stärker zu zähmen und mehr Verantwortung für die weitere Zukunft unserer Nachkommen zu entwickeln vermag, als das heute der Fall ist.

Schade wäre es doch, denn die Sonne wird der Erde noch mindestens eine Milliarde Jahre lang sanfte Energie spenden, und die Menschheit hat den Höhepunkt ihrer Evolutionsfähigkeit noch keineswegs erreicht. Das zeigt eindrucksvoll die Vielfalt menschlicher Begabungen, Rassen und Völker. Natürlich wird Weiterentwicklung immer von der Abirrung in bequem erscheinende Sackgassen gefährdet sein, aber gerade der Zwiespalt unserer Natur garantiert die unentwegte Suche nach mehr Erkenntnis, das Ringen nach mehr Verständnis und den Zwang, über sich und die Welt immer wieder hinauszudenken.

Aus dem Spannungsfeld von Widersprüchen können, außer vielem Unsinn, manche neue Wege zu höherer geistiger Kreativität führen. Die Möglichkeiten lassen sich nicht einmal erahnen, denn die Evolutionsgeschichte hat klar gezeigt, daß man von den niederen Stufen – wie an steilen Bergen – nicht auf höhere hinaufblicken kann: Wer hätte, selbst bei genauester Kenntnis unserer Fischvorfahren, ahnen können, daß einmal Nachkommen in Bäumen leben könnten, oder, selbst bei genauester Kenntnis der Gehirnstrukturen und Lebensumstände eines Homo erectus, daß er ein Ahne von Menschen sein könnte, die Tempel und Kathedralen bauen und unvorstellbares Wissen in Bibliotheken und Computern speichern und verarbeiten?

Noch einmal sei es wiederholt, was uns der Rückblick in die 3,5 Mrd. Jahre der Geschichte des Lebens lehrt: Nur durch Vielfalt und Toleranz, nicht durch einseitige Beharrung, nur durch Kooperation, nicht durch Dominanz, ist die Chance zur Höherentwicklung und damit zum Überleben der Menschheit gegeben. Nützen wir diese uns gegebene Chance! Denn nur so kann die Menschheit aus der Falle zu großer Erfolge entkommen.

Weitere Literatur zum Thema

Coppens Y (1987) Die Wurzeln des Menschen. Das neue Bild unserer Herkunft. Ullstein, Berlin

Cramer F (1989) Chaos und Ordnung. Die komplexe Struktur des Lebendigen. DVA, Stuttgart

Dithfurth H von (1976) Der Geist fiel nicht vom Himmel. Die Evolution unseres Bewußtseins. Hoffmann und Kampe, Hamburg

Dithfurth H von (1985) So laßt uns denn ein Apfelbäumchen pflanzen. Es ist so weit. Rasch & Röhring, Hamburg

Dröscher VB (1989) Weiße Löwen müssen sterben. Spielregeln der Macht im Tierreich. Rasch & Röhring, Hamburg

Eglund RK, Nissen HJ (1988) Von der Abbildung zur Schrift. Spektrum der Wissenschaft, 2/1988, S. 74–85

Eibl-Eibesfeldt I (1986) Die Biologie des menschlichen Verhaltens. Grundriß der Humanethologie. Piper, München

Eibl-Eibesfeldt I (1987) Begriff und Welt. Parey, Berlin Hamburg

Eibl-Eibesfeldt I (1990) Der Mensch, das riskierte Wesen. Zur Naturgeschichte menschlicher Unvernunft. Piper, München

Eigen M (1987) Stufen zum Leben. Die frühe Evolution im Visier der Molekularbiologie. Piper, München

Gruhl H (1992) Himmelfahrt ins Nichts. Der geplünderte Planet vor dem Ende. Langen-Müller, München

Markl H (1986) Natur als Kulturaufgabe. DVA, Stuttgart

Markl H (1989) Wissenschaft: Zur Rede gestellt. Piper, München

Martin H (1988) Wenn es Krieg gibt, gehen wir in die Wüste. Verlag der S.W.A. wissenschaftlichen Gesellschaft, Namibia, Post Box 67, Windhuk

Pöppel E (1988) Grenzen des Bewußtseins. Über Wirklichkeit und Welterfahrung. DVA, Stuttgart

Rahmann H, Rahmann M (1988) Das Gedächtnis. Neurobiologische Grundlagen. Bergmann, München

Riedl R (1986) Die Strategie der Genesis. Naturgeschichte der realen Welt. Piper, München

Vester F (1990) Leitmotiv vernetztes Denken. Heyne, München

Weizsäcker CF von (1986) Aufbau der Physik. Hanser, München

Weizsäcker CF von (1988) Bewußtseinswandel. Hanser, München

Weizsäcker CF von (1992) Der Garten des Menschlichen. Beiträge zur geschichtlichen Anthropologie. Hanser, München

Wickler W (1991) Die Biologie der Zehn Gebote. Warum die Natur für uns kein Vorbild ist. Piper, München

Wickler W, Seibt U (1990) Männlich – weiblich. Ein Naturgesetz und seine Folgen. Piper, München

Zimmer DE (1988) Die Vernunft der Gefühle. Ursprung, Natur und Sinn der menschlichen Emotion. Piper, München

Zimmer DE (1988) So kommt der Mensch zur Sprache. Über Spracherwerb, Sprachentstehung, Sprache und Denken. Haffmans Verlag AG, Zürich

Nachweis der Abbildungen

Die unten angegebenen Illustrationen sind mit freundlicher Erlaubnis der betreffenden Fotografen, Verlage oder Bildarchive abgebildet. Nicht angegebene Zeichnungen und Fotografien stammen vom Verfasser.

Seite 4, 45, 54 und 592   O. H. Walliser, Göttingen

Seite 13   Awramik SM (1991) Archean and Proterozoic Stromatolites. In: Riding R (ed) Calcareous Algae and Stromatolites. Springer, Berlin Heidelberg New York

Seite 19   Ullstein

Seite 40 und 42   Bauer EW, Bossler A (1978) Die Zelle. CVK-Biologie Kolleg, Cornelsen Verlag Berlin

Seite 50   Copyright by Geophot Bernhard Edmaier

Seite 62   Kühn A (1949) Grundriß der allgemeinen Zoologie. Georg Thieme Verlag, Stuttgart

Seite 64   Romer (1966) Vertebrate Paleontology. The University of Chicago Press, Chicago

Seite 90   Kuhn-Schnyder E (1954) Geschichte der Wirbeltiere. Schwabe & Co AG, Basel

Seite 93   E.R. Look, Neustadt a. Rbge

Seite 119   D. Meischner, Göttingen

Seite 129   Rasa A (1984) Die perfekte Familie. Deutsche Verlagsanstalt, Stuttgart

Seite 156   Szalay, Delson (1979) Evolutionary History of the Primates. Academic Press (Schädel)
Thenius (1980) Grundzüge der Faunen- und Verbreitungsgeschichte der Säugetiere. Gustav Fischer, Stuttgart (Rekonstruktion von Adapis)

Seite 169   John Reader, Science Photo Library

Seite 186 und 204   Mertens A (1960) Children of the Kalahari. Collins, London

Seite 190   Reprinted by permission from *Nature* vol. 292, pp. 113–122; Copyright by Macmillan Magazines Limited, 1981

Seite 202   H. Kirchhoff, Göttingen

Seite 207   Colorphoto Hans Hinz

Seite 209   Gladkin MI, Kornijez NL, Soffer O (1984) Mammoth-Bone Dwellings on the Russian Plain. Scientific American

Seite 242, 243   Edition March, Foto dpa

Seite 264, 268, 269, 296 und 297   © Staatliche Museen zu Berlin, Stiftung Preußischer Kulturbesitz, Museum für indische Kunst, Berlin 1992

Seite 277   © Staatliche Museen zu Berlin, Stiftung Preußischer Kulturbesitz, Ägyptisches Museum, Berlin 1992

Seite 283   links: ehemaliges Münzkabinett, Gotha, rechts: Cabinet des Médailles, Brüssel

Seite 300   © Staatliche Museen zu Berlin, Stiftung Preußischer Kulturbesitz, Museum Dahlem, Berlin 1992

Seite 301   Müller P (1992) Sternwarten in Bildern. Springer, Berlin Heidelberg New York

Seite 303   Kupferstichkabinett SMPK, Berlin

Seite 310   M. Huch, Heidelberg

Seite 324 und 325   oben: Foto: dpa

Seite 325   unten: Winkler EM (1973) Stone: Properties, Durability in Man's Environment. Springer, Wien New York

Seite 346   ZEFA-Stockmarket

Seite 363   Daumer K, Heintz R (1979) Verhaltensbiologie. Bayerischer Schulbuch-Verlag, München

Seite 395   links: John Reader, Science Photo Library, rechts: Foto dpa

Seite 396   Max Planck Institut für Radioastronomie, Bonn

Sachverzeichnis